Marr/Cresser/Ottendorfer
Umweltanalytik

Analytische Chemie für die Praxis

Herausgegeben von
H. Hulpke, H. Hartkamp, G. Tölg

Georg Thieme Verlag Stuttgart · New York

Umweltanalytik

Eine allgemeine Einführung

Iain L. Marr, Malcolm S. Cresser und
Lambert J. Ottendorfer

Übersetzt von Lambert J. Ottendorfer
111 Abbildungen, 47 Tabellen

1988
Georg Thieme Verlag Stuttgart · New York

Iain L. Marr, M.Sc., Ph.D.,
Lecturer in Chemistry
University of Aberdeen, Scotland

Malcolm S. Cresser, D.I.C., Ph.D.,
Lecturer in Soil Science
University of Aberdeen, Scotland

Hofrat Dr. Lambert Ottendorfer †
ehem. Direktor der Bundesanstalt
für Wassergüte
Wien Kaisermühlen
Österreich

Prof. Dr. Heinrich Hartkamp
Lehrstuhl für Analytische Chemie
der Universität
– Gesamthochschule –
Wuppertal
Gaußstraße 20
D-5600 Wuppertal 1

Prof. Dr. Herwig Hulpke
Bayer AG
D-5090 Leverkusen
Bayerwerk
Postfach

Prof. Dr. Günther Tölg
Institut für Spektrochemie und
angewandte Spektroskopie
Bunsen-Kirchhoffstraße 11
Postfach 778
D-4600 Dortmund 1

Titel der Originalausgabe:
Environmental Chemical Analysis

Published by International Textbook Company
a member of the Blackie Group
Bishopbriggs, Glasgow G64 2 NZ, and
Furnival House, 14–18 High Holborn,
London WC 1V 6BX

Distributed in the USA by
Chapman and Hall
in association with Methuen, Inc.
733 Third Avenue
New York, N.Y. 10017

CIP-Titelaufnahme der Deutschen Bibliothek

Marr, Iain L.:
Umweltanalytik : e. allg. Einf. / Iain L. Marr, Malcolm S. Cresser u. Lambert J. Ottendorfer. Übers. von Lambert J. Ottendorfer. – Stuttgart ; New York : Thieme, 1988
(Analytische Chemie für die Praxis)
Einheitssacht.: Environmental chemical analysis ⟨dt.⟩
NE: Cresser, Malcolm S.:; Ottendorfer, Lambert J. [Bearb.]

Rüdigerstraße 14, D-7000 Stuttgart
Printed in Germany
Druck: Druckerei Gulde, Tübingen

ISBN 3-13-672101-2

Geleitwort

Die öffentliche Anteilnahme an Angelegenheiten der Umwelt hat in den Naturwissenschaften zu zahlreichen Denkanstößen geführt und vielfältige Arbeiten begründet. Die Analytik als eine fachübergreifende Disziplin hat bei der Bearbeitung dieser Aufgaben eine wichtige Rolle gespielt und das Erschliessen neuer Gebiet häufig erst ermöglicht. Viele stoffliche Zusammenhänge innerhalb der verschiedenen Umweltmedien bedurften spezieller Analyseverfahren, wobei sowohl die Kenntnis des zu untersuchenden Stoffes, Erfahrungen mit dem betrachteten Umweltmedium sowie die Einbindung von Wissen über die Wechselwirkung menschlicher Aktivitäten mit der Umwelt eine sehr bedeutsame Rolle spielen. Die Fülle sowie Komplexizität aller hieraus sich ergebenden Erkenntnisse hat bereits früh dazu geführt, daß bestimmte Teilaspekte des Gesamtgeschehens als ein eigenständiges Fachgebiet betrachtet werden. Typische Beispiele hierfür bilden die Spurenanalytik in Lebensmitteln oder die Analytik der Luft oder der Gewässer.

Für viele Fragestellungen ist es jedoch bedeutsam, das gesamte Gebiet der Umweltanalytik als ein ganzes, in sich geschlossenes Themengebiet zu betrachten. Trotz aller unbedingt notwendigen Spezialisierung zeigt es sich immer wieder, daß Erkenntnisse im Methodischen sowie Erfahrungen der experimentellen Durchführung aus einem Gebiet für ein anderes Gebiet wertvolle Anregungen geben können. Hinzu kommt, daß Umweltwissenschaften generell durch einen ausgeprägt fachübergreifenden Charakter gekennzeichnet sind.

Aus diesen Gründen wurde das vor einigen Jahren von Iain L. Marr und Malcolm S. Cresser veröffentlichte Buch in deutscher Übersetzung in die Monographienreihe "Analytische Chemie für die Praxis" aufgenommen. Dieses Werk zeichnete sich durch eine erfrischende Pragmatik aus, so daß es gelungen ist, das ungeheuer vielfältige Gebiet in überschaubarer Weise zu gestalten. Ein solcher Pragmatismus erfordert naturgemäß Kompromisse und Einschränkungen hinsichtlich der Darstellungen im Detail. Es ergibt sich dabei von selbst, daß manches lediglich exemplarisch erörtert werden kann, um nicht infolge der Verästelungen in den Details die Übersicht zu verlieren. Als Entschädigung für diesen Verlust ist jedoch der gelungene Überblick über das gesamte Geschehen zu werten. So werden wichtige umweltrelevante Stoffklassen ebenso dargestellt wie die wichtigsten zu beachtenden Eigenschaften der Umweltmedien. Auch wird an verschiedenen Stellen Bezug auf die laufende Umweltschutz-Gesetzgebung genommen. Die Übersetzung des inzwischen verstorbenen Herrn Hofrat Ottendorfer hat sich dankenswerterweise darum bemüht, gerade die gesetzlichen Bezüge an den Forderungen der Länder des deutschsprachigen Raums sowie der EG zu orientieren.

Der vorliegende Band der Monographienreihe richtet sich an die große Vielzahl aller Fachleute, welche auf dem umfangreichen Gebiet der Umweltwissenschaften tätig sind. Dabei soll die Einführung nicht allein dem Anfänger dienen, sondern sie möchte insbesondere auch fortgeschrittenen Spezialisten die Möglichkeit geben, die Übersicht über das gesamte Gebiet zu behalten. Das Buch richtet sich somit gleichermaßen an Anfänger wie Fortgeschrittene oder Studierende und Praktiker.

Leverkusen, im Februar 1988 Herwig Hulpke

Vorwort des Verfassers

Die Notwendigkeit, analytische Chemie zu unterrichten, ergibt sich in zweifacher Hinsicht: einerseits im Hinblick auf die allgemeine Aufgabenstellung der chemischen Analytik, andererseits um zu zeigen, auf welche Weise mit ihrer Hilfe verläßliche Daten gewonnen werden können, die auch für Fachleute anderer Wissenszweige verwertbar und aussagekräftig sind.

Darüber hinaus ist es ebenso notwendig, die Schwierigkeiten zu erläutern, mit denen sich der Analytiker konfrontiert sieht und aufzuzeigen, nach welchen Gesichtspunkten die Auswahl der für die jeweilige Situation am besten geeignete Methode und Arbeitstechnik erfolgt. Die vom analytischen Chemiker entwickelten Methoden und die von ihm erarbeiteten Ergebnisse mögen von so manchem anderen Fachwissenschaftler weiter verwertet werden. Ein gewisses Basiswissen und die richtige Einschätzung des Gegenstandes sind die unabdingbaren Voraussetzungen, um unvermutete Fehlerquellen und Irrtümer zu vermeiden.

Ich hoffe, daß Lehrkräfte in Universitäten, technischen und eventuell auch allgemein bildenden Schulen in diesem Buch einige Anregungen zu einer neuen Art der anfänglichen Befassung mit der Lehre der analytische Chemie finden mögen. Sofern der Inhalt des vorliegenden Bandes den persönlichen Anforderungen des einzelnen Lesers nicht genügen sollte, ist mit den Literaturzitaten ein brauchbarer Wegweiser zur spezielleren Fachliteratur gegeben. Den Studierenden der höheren Semester wäre zu empfehlen, sich mit einigen der angegebenen Literaturhinweise eingehender zu befassen. Für die Studierenden der unteren Jahrgänge sollte der fachliche Umfang dieses Buches im Großen und Ganzen ausreichen.

Dieses Buch wäre vermutlich immer noch ein Fragment, hätte ich mich nicht der großmütigen und enthusiastischen Mithilfe und der Ermunterung seitens meines Kollegen Malcom Cresser bedienen können. Nachdem er elf Jahre an einer Universität für Bodenkunde Studenten und graduierte Akademiker in analytischer Chemie unterrichtet hatte, war er ebenso wie ich selbst überzeugt, daß ein echtes Bedürfnis für ein Buch wie das vorliegende besteht. Zu Beginn konnten die von jedem von uns erworbenen persönlichen Erfahrungen als komplementär betrachtet werden. Durch die Zusammenarbeit mit meinem Kollegen kam es jedoch allmählich zu einem erheblichen Maß an fachlicher Ausgewogenheit, so daß die Endfassung des Manuskriptes als Gemeinschaftsarbeit betrachtet werden kann.

Verständlicherweise blieben jedoch einige Teilgebiete zu bearbeiten, auf denen uns beiden keine persönlichen Erfahrungen zur Verfügung standen. Wir haben nicht gezögert, Freunde und Experten um Rat und Hilfe zu bitten, die stets mit größter Bereitwilligkeit gewährt wurden. Diesen Kollegen sind wir besonderen Dank schuldig. Zu nennen wären in dieser Hinsicht Steve Black (antike Fundgegenstände), David Bullock (Bleigehalt von Blut), Bob Chalmers (Spezialist in der prompten Beantwortung zahlreicher ausgefallener Fragen), Brian Clark (Analytik der Umwelteinwirkungen), Peter Brown, Ian Davidson und Sam Frazer (Kostenberechnungen analytischer Arbeiten), Dieter Klockow und Jan Slanina (Luft- und Regenwasseranalysen), Eric Lachowski (Elektronenmikroskopie), Jim Marr (Röntgenbeugung), Andrew Morrison (LIDAR), Alistair Smith (GC/MS von Fettsäuren), Günther Tölg (Probleme der Ultra-Spurenanalyse), Richard Weddle (Lebensmittelanalyse) sowie eine Reihe von einschlägigen Firmen, die im Text Erwähnung finden. Einer beachtlichen Schar von Studenten gebührt mein Dank dafür, daß sie alle in diesem Buch beschriebenen Arbeitsmethoden und noch eine erhebliche Anzahl weiterer probeweise durchgeführt haben. Zuguterletzt danken wir unseren Ehefrauen Eva bzw. Louise, die sich beide sehr lange zu gedulden hatten, bis die längst überfälligen Umbauarbeiten in der Küche fertiggestellt wurden, ebenso aber den Herausgebern, die nicht nur große Geduld bewiesen, sondern auch stets ermunternd auf uns einwirkten.

Iain L. Marr

Inhaltsverzeichnis

1. Art und Ziel der chemischen Umweltanalyse............1

1.1 Einleitung..1

1.2 Eine typische Umweltstudie - Blei in der Umwelt.......6

1.3 Überprüfung und Bewertung der Umweltverträglichkeit ("Environmental Impact Assessment")..................9

1.4 Überlegungen zum thematischen Aufbau dieses Buches...11

Literatur...11

2. Leistungsfähigkeit und Struktur chemischer Analysenmethoden..................................12

2.1 Gesichtspunkte zur Auswahl einer Analysenmethode.....12

2.2 Die mathematisch-statistische Bewertung analytischer Methoden...............................13

2.2.1 Die Standardabweichung..............................14

2.2.2 Fehler...16

2.2.3 Erfassungsgrenze und Bestimmbarkeitsgrenze...21

2.2.4 Eichdiagramme und Regressionsanalyse.........22

2.2.5 Vergleich der Resultate zweier Meßreihen.....25

2.3 Kriterien für die Auswahl einer Analysenmethode......27

2.3.1 Richtigkeit und Genauigkeit.................27

2.3.2 Empfindlichkeit..............................28

2.3.3 Selektivität.................................29

2.3.4 Störfaktoren.................................29

2.3.5 Zeitaufwand..................................30

2.3.6 Kosten und Ausrüstung........................31

2.3.7 Anforderungen an die Mitarbeiter.............33

2.3.8 Anwendungsbereich..........................34

2.4 Fehlerquellen in der Spurenanalyse..................35

2.4.1 Das Laboratorium als "Umgebungsfaktor".......36

2.4.2 Behälter und Gefäße..........................37

2.4.3 Verflüchtigung und Verdunstung..............43

2.4.4 Reagenzien...................................44

2.5 Probenahme..47

2.5.1 Heterogenität................................47

2.5.2 Der Zeitfaktor...............................48

2.5.3 Bei der Probenahme entstehende Fehlerquellen.................................49

2.5.6 Lagerung und Vorbereitung der Proben.........50

2.6 Lösen und Aufschließen fester Proben...............51

2.6.1 Auflösen.....................................51

2.6.2 Schmelzaufschlüsse...........................52

2.6.3 Erhitzen im Gasstrom.........................53

2.7 Trennung..53

2.7.1 Trennung durch Phasenwechsel................54

2.7.2 Verteilung zwischen zwei flüssigen Phasen....54

2.7.3 Trennmethoden in der Praxis..................58

2.7.4 Allgemeine Probleme im Zusammenhang mit Trennungsmethoden............................62

2.7.5 "Scheinbare" Trennungen......................63

2.8 Endbestimmung.......................................64

2.8.1 Fehler bei der Endbestimmung.................65

2.8.2 Die Einstellgeschwindigkeit der Anzeige......65

2.9 Übersicht über die Fehlerquellen vollständiger Analysenmethoden.....................................65

Literatur....67

3. Die Atmosphäre....70

3.1 Zusammensetzung der Erdatmosphäre....70

3.2 Häufig vorkommende Luftverunreinigungen und ihre Ursachen....71

3.3 Gase, Dämpfe und Staubpartikel....73

3.4 Geruchsschwellenwerte....73

3.5 Luftverunreinigung und Gesundheitsfragen....75

3.5.1 Gesetzliche Regelungen....76

3.5.2 Umweltüberwachung in Großbritannien....77

3.5.3 Die Atmosphäre am Arbeitsplatz: "Health and Safety at Work Act, 1974"....79

3.6 Probenahme von Feststoffen in der Luft....80

3.6.1 Rauch und Staub....80

3.6.2 Luftprobennehmer für hohe Durchsatzvolumina....81

3.6.3 Tragbare "Personal-Filter"....82

3.6.4 Wahl des Entnahmeorts....82

3.6.5 Konzentrationsangaben von Flugstaub....82

3.6.6 Literaturübersicht....83

3.7 Untersuchung fester Staubteilchen....83

3.7.1 Gesamtgewicht und Teilchengrößenverteilung....83

3.7.2 Identifizierung von Mineralen durch optische Mikroskopie....84

3.7.3 Identifizierung von Mineralen durch Röntgenstrahlbeugung....85

3.7.4 Quantitative Bestimmung durch Röntgenstrahlbeugung....87

3.7.5 Umwandlung fester Substanzen auf Filtern....88

3.7.6 Zerstörungsfreie Elementaranalyse durch Röntgenfluoreszenz- und Emissionsspektrometrie....88

3.7.7 Chemische Analyse einzelner Elemente....92

3.7.8 Toxische organische Verbindungen....92

3.7.9 Radioaktivität des Flugstaubs....94

3.7.10 Ergebnisse der Untersuchung einer Staubprobe aus Stadtluft....94

3.8 Instrumentelle Methode zur direkten Bestimmung gasförmiger Schadstoffe....95

3.8.1 Infrarotspektrometrie....95

3.8.2 Nicht-dispersive Infrarot-Meßgeräte....98

3.8.3 Infrarot-Emissionsspektroskopie....99

3.8.4 Fernerkundung mit UV-Laser, LIDAR-Technik....100

3.8.5 Massenspektrometrie....102

3.8.6 Dräger-Prüfröhrchen....103

3.9 Probenahme von Gasen und der Atmosphäre

3.9.1 Behälter....105

3.9.2 Feststoff-Adsorptionssysteme....106

3.9.3 Kühlfallen....106

3.9.4 Kleine "persönliche" Diffusions-Probenahmegeräte....108

3.9.5 Flüssige Absorptionssysteme....108

3.9.6 Wirkungsgrad der Absorption....108

3.10 Gaschromatographie....111

3.10.1 Verteilung zwischen beweglicher und stationärer Phase....112

3.10.2 Der Gaschromatograph....113

3.10.3 Das Kontrollsystem für den Trägergasstrom...114

3.10.4 Probeneingabe....114

3.10.5 Die Trennsäule....115

3.10.6 Der Detektor....115

3.10.7 Optimierung der Trennleistung....118

3.10.8 Temperaturprogrammierung....121

3.10.9 Quantitative Auswertung von Gaschromatogrammen....122

3.10.10 Bestimmung aromatischer Kohlenwasserstoffe in Auspuffgasen, Treibstoffen und Luft....123

3.10.11 Bestimmung geringer Konzentrationen von Kohlenmonoxid durch katalytische Umwandlung....125

3.11 Chemische Methoden zur Bestimmung von Gasspuren....126

3.11.1 Schwefelhaltige Gase in der Atmosphäre....126

3.11.2 Stickoxide in der Atmosphäre....130

3.11.3 Kohlenstoffoxide in der Atmosphäre

3.12 Beispiele für Luftverunreinigungen - einige Fallstudien....134

3.12.1 Untersuchungen zum Problem des "Sauren Regens"....136

Literatur....137

4. Die Hydrosphäre....142

4.1 Hydrologischer Kreislauf und Wasserverschmutzung....142

4.1.1 Karstwasser....142

4.2 Sauerstoffgehalt natürlicher Gewässer....147

4.3 Wassergüte der Fließgewässer....150

4.4 Erforderliche wasserrechtliche Bestimmungen zur Verbesserung und Erhaltung der Gewässergüte....152

4.5 Gesetzeslage bezüglich der Wasserverschmutzung in Großbritannien....155

4.6 Programme für die Überwachung der Trinkwasser- und der Gewässerqualität....155

4.7 Bemerkungen zur Entnahme von Wasserproben..........158

4.8 Aufbewahrung von Proben und Verhinderung von Verunreinigungen (DEV A1)..........160

4.9 Untersuchung von Wasserproben - was ist zu bestimmen?..........161

4.10 Ausgewählte analytische Methoden zur Kontrolle der Wassergüte..........163

4.11 pH-Messung - die Glaselektrode (DEV C-5)..........163

4.12 Elektrische Leitfähigkeit (DEV C-8, 11. Lieferung)..........166

4.13 Gelöster Sauerstoff (DEV G-2)..........167

4.13.1 Sauerstoffbestimmung nach Winkler..........167

4.13.2 Elektrochemische Methode - Polargraphie..........168

4.13.3 Sauerstoffbestimmung mit der Mackereth-Zelle..........171

4.13.4 Voltammetrische Sauerstoffzelle nach Clark..172

4.14 Biologischer Sauerstoffbedarf (DEV H-5)..........173

4.14.1 Bestimmung des BSB nach der Verdünnungsmethode..........175

4.14.2 Bestimmung des BSB nach dem Warburg-Verfahren..........175

4.14.3 Bestimmung des BSB mit dem "Sapromat"..........176

4.15 Chemischer Sauerstoffbedarf..........177

4.16 Methoden zur Bestimmung von anorganisch und organisch gebundenem Stickstoff..........178

4.16.1 Bestimmung von anorganisch gebundenem Stickstoff..........186

4.16.2 Bestimmung von organisch gebundenem Stickstoff (DEV H-11)..........186

4.16.3 Berechnung des Gesamt-Stickstoffs..........186

4.17 Bestimmung der Phosphor-Verbindungen..........187

4.18 Automation kolorimetrischer Verfahren..........190

4.19 Bestimmung von Chlorid durch visuelle Titration..........193

4.20 Ionensensitive Elektroden....194

4.20.1 Glasmembranen....194

4.20.2 Einkristall-Membranen....194

4.20.3 Bestimmung von Fluorid....195

4.20.4 Polymer-Membranen....197

4.20.5 Flüssige Membranen....197

4.20.6 Selektivität....197

4.20.7 Potentiometrische Titrationen....197

4.21 Ionenchromatographie....200

4.22 Bestimmung von Schwermetallen....201

4.22.1 Photometrische Methoden unter Verwendung von Dithizon....202

4.22.2 Polarographische Bestimmung der Schwermetalle....205

4.22.3 Inversvoltammetrische Bestimmung von Metallen....207

4.22.4 Differentialimpuls-Inversvoltammetrie....209

4.23 Bedeutung einzelner chemischer Spezies - differenzierte Erfassung....210

4.24 Organische Substanzen in Wasser - der Gesamt-Kohlenstoffgehalt....211

4.24.1 Methoden zur Bestimmung des gesamten organisch gebundenen Kohlenstoffs (DEV; DIN 38 409 H-3)....212

4.25 Bestimmung einiger individueller Verbindungen oder Verbindungsgruppen....214

4.25.1 Photometrische Bestimmung von Phenolen....214

4.25.2 Bestimmung von Kohlenwasserstoffen....216

4.25.3 Bestimmung von Organohalogen-Verbindungen...220

4.26 Gaschromatographie/Massenspektrometrie (GC/MS)....221

4.27 EPA-Verfahren für die Gewässerüberwachung: "Priority Pollutants"....222

Literatur....223

5. Die Lithosphäre....228

5.1 Einleitung....228

5.2 Erforderliche chemische Analysen von Boden und Gestein....228

5.3 Frei verfügbare Elemente....230

5.4 Korngrößenverteilung im Boden....232

5.5 Zusammenhang zwischen Bodenanalyse und den an Pflanzen ersichtlichen Symptomen....232

5.6 Probleme der Probenahme von Gestein und Boden....233

5.7 Probenunterteilung....235

5.8 Probenaufschluß für die Gesamtanalyse....236

5.9 Einige ausgewählte Methoden der Bodenanalyse....237

5.9.1 Bestimmung des Boden-pH-Wertes....237

5.9.2 Bestimmung des Kalkbedarfs....239

5.9.3 Bestimmung des verfügbaren Phosphats....240

5.9.4 Bestimmung des verfügbaren Stickstoffs....241

5.9.5 Bestimmung des Gesamt-Stickstoffs....242

5.10 Atomabsorptionspektrometrie (AAS)....243

5.10.1 Störungen bei der AAS....246

5.10.2 Anwendung der AAS in der Boden- und Gesteinsanalyse....249

5.10.3 Bestimmung austauschbarer Kationen durch AAS....251

5.11 Flammen-Emissionspektrometrie (FES)....252

5.12 Andere Emissionsmethoden....255

5.13 Identifizierung von Mineralien....257

5.13.1 Röntgenstrahlbeugung....257

5.13.2 Thermische Analysenmethoden....................258

Literatur....................................295

6. Die Biosphäre....................................260

6.1 Natur der Biosphäre..................................260

6.2 Erforderliche Analysen von Pflanzenmaterial.........260

6.2.1 Probleme im Zusammenhang mit Mangelerscheinungen..........................261

6.2.2 Toxizitätsprobleme.........................262

6.2.3 Analyse des Grünfutters....................263

6.2.4 Biogeochemische Lagerstättensuche..........263

6.3 Erforderliche Analyse von tierischem Probenmaterial....................................264

6.4 Vorteile der ganzheitlichen Betrachtung der Biosphäre....................................265

6.5 Probleme der Probenahme.............................266

6.5.1 Pflanzen....................................266

6.5.2 Tierisches Probenmaterial...................268

6.6 Fragen der Probenvorbereitung........................268

6.6.1 Waschen oder nicht waschen?................268

6.6.2 Trocknen....................................270

6.6.3 Mahlen......................................270

6.6.4 Homogenisieren..............................271

6.6.5 Probenvorbereitung zur Bestimmung pflanzlicher Pigmente.......................271

6.7 Lösen der Proben.....................................271

6.7.1 Aufschluß zum Zweck einer Multielement-Analyse....................................271

6.7.2 Säureaufschluß für die Spurenanalyse........272

6.7.3 Probleme bei der Trockenveraschung..........273

6.7.4 Schmelzaufschlüsse....273

6.8 Bestimmung von N, P, K. Ca und Mg in pflanzlichem Material....273

6.8.1 Aufschluß....274

6.8.2 Stickstoff-Bestimmung durch Destillation und Titration....274

6.8.3 Spektrophotometrische Phosphor-Bestimmung...274

6.8.4 Flammenphotometrische Kalium-Bestimmung....274

6.8.5 Bestimmung von Calcium und Magnesium durch AAS....274

6.9 Bestimmung von Bor in pflanzlichem Material....275

6.9.1 Fluoreszenzspektrometrie....276

6.9.2 Aufschluß von Pflanzenmaterial....279

6.9.3 Fluorimetrische Bor-Bestimmung....279

6.10 Bestimmung von Cobalt in pflanzlichem Material....280

6.11 Bestimmung des Schwefel-Gehalts von Pflanzenproben....281

6.12 Simultane Multielement-Analyse....282

6.12.1 Multielement-Analyse mit Hilfe der Emissionsspektrometrie....282

6.12.2 Plasma-Emissionsspektrometrie....282

6.13 Bedeutung der Spurenelemente für Lebewesen....283

6.13.1 Enzyme....283

6.13.2 Enzym-kontrollierte Reaktionen kinetische Analysenverfahren....283

6.13.3 Desaktivierung von Enzymen....285

6.13.4 Hemmung von Enzymen....286

6.14 Spurenelementbestimmung an sehr geringen Probemengen....287

6.14.1 Elektrothermische Atomisierung....287

6.15 Kaltdampfmethode und Systeme zur Erzeugung von Hydriden in der AAS-Technik....289

6.15.1 Bestimmung von Quecksilber im Urin..........290

Literatur.................................291

7. Nahrungsmittel..................................293

7.1 Einleitung......................................293

7.2 Lebensmittelgesetze.............................294

7.3 Zusammensetzung der Nahrungsmittel..............295

7.4 Konservierungsmittel............................297

7.4.1 Bestimmung von Fungiziden auf Schalen von Citrusfrüchten.........................299

7.4.2 Identifizierung chromatographischer Peaks bei der GC/MS..........................300

7.5 Antioxidantien..................................301

7.6 Vitamine..302

7.6.1 Bestimmung von Vitamin C...................302

7.7 Flüchtige Verbindungen in Lebensmitteln: Head-space-Analyse..............................303

7.8 Pestizide.......................................306

7.8.1 Organochlor-Pestizide.......................306

7.8.2 Organophosphor-Pestizide....................307

7.8.3 Säulen zur gaschromatorgraphischen Trennung der Pestizide.......................308

7.8.4 Standards für die Analyse von Pestizid-Rückständen.................................310

7.9. Derivatisierung von Fettsäuren für die Gaschromatographie.................................310

7.9.1 Bestimmung der Fettsäuren in eßbaren Fetten und Ölen.............................310

7.9.2 Weitere Derivatisierungsreaktionen..........313

7.9.3 Kapillar-Gaschromatorgraphie................313

7.10 Chromatographie nicht-flüchtiger Verbindungen.......314

7.10.1 Die Hochleistungsflüssigkeitschromatographie (HPLC) 316

7.10.2 Voranreicherungsverfahren für HPLC 320

7.11 Natürliche Gifte: die Mycotoxine 320

7.11.1 Trennung der Aflatoxine durch Dünnschichtchromatorgraphie (Thin Layer Chromatography, TLC) 321

7.12 Spurenmetalle in Lebensmitteln 323

7.12.1 Bestimmung der Gesamt-Spurenmetalle in Lebensmitteln 324

7.12.2 Bestimmung der metallorganischen Verbindungen 326

Literatur 328

8. Vergleichende Untersuchungen der analytischen Chemie 330

8.1 Mondgestein 330

8.2 Spurenelemente in Flugasche 332

8.3 Der 100%-Trugschluß - Analysen eines Amphibols 332

8.4 Ein umfassendes Programm zur Untersuchung von Eruptivgesteinen 334

8.5 Neue anstelle alter Methoden 335

8.6 Spurenelemente im Meerwasser 336

8.7 Analytische Untersuchungen in der Archäologie 337

8.8 Grenzen analytischer Methoden - Eisenspuren in Wolfram 338

8.9 Bestimmung von Ethanol in pharmazeutischen Zubereitungen 339

8.10 Quecksilber in der Umwelt 340

8.11 Blei-Bestimmung im Blut - endlich ein Erfolg 342

Literatur 345

Anhang 1 336

Anhang 2 348

Anhang 3 352

Sachverzeichnis 358

1. Art und Ziel der chemischen Umweltanalyse

1.1 Einleitung

Nahezu jedermann hat bestimmte Vorstellungen von der chemischen Umweltanalyse und ihren Anwendungsbereichen. Diese vorgefaßten Meinungen können jedoch oft ein Haupthindernis in der Arbeit des Umweltanalytikers darstellen. Die Allgemeinheit sieht im Umweltanalytiker, ähnlich wie im praktischen Arzt oder im Tierarzt, eine mögliche Quelle äußerst wertvollen Wissens und ebensolcher Informationen - kurz gesagt, man glaubt, er verfüge über den Schlüssel zu den vielen kleinen Wundern und Geheimnissen des Lebens.

Auf der anderen Seite aber gewinnt der Analytiker nur allzu oft den Eindruck, daß die Allgemeinheit - und sogar jener Teil derselben, von dem man größeres Verständnis erwarten sollte - eine überraschend naive Vorstellung von seiner Tätigkeit hat. Wenn z.B. Stachelbeersträucher die Symptome eines Spurenelementemangels oder das Vorhandensein toxischer Komponenten aufweisen, wäre es ebenso möglich, daß es sich um Parasitenbefall, um Pflanzenkrankheiten oder um Reste eines vom Nachbarn verwendeten Herbizids handeln könnte. Im letzteren Fall würde eine noch so sorgfältig ausgeführte, umfassende Analyse einer Bodenprobe mit dem dafür erforderlichen hohen Zeitaufwand kaum Licht in die Frage nach der Ursache der Schädigung der Sträucher bringen. Die chemische Analyse für sich allein sollte somit niemals als Allheilmittel, sondern als ein höchst leistungsfähiges Werkzeug betrachtet werden, mit dessen Hilfe sehr spezifische Fragestellungen beantwortet werden können.

In den meisten Fällen hat der Analytiker schon vor Beginn der Untersuchung eine ziemlich klare Vorstellung davon, welche chemische Substanzen er in seinen Proben vorfinden wird und mit welchen Konzentrationsbereichen zu rechnen ist. Die Analyse hat dann lediglich die Aufgabe, die getroffenen Annahmen zu bestätigen oder zu widerlegen. Erfreulicherweise sind jedoch die Fälle, in denen der Analytiker einem völlig unbekannten Material gegenübersteht, ziemlich selten. Derartige Untersuchungen werden vor allem dann sehr schwierig, wenn die verfügbare Probemenge sehr gering ist.

Die Vorstellungen, die sich die Allgemeinheit von einer Analyse macht, werden sich dennoch in den meisten Fällen, wenn man sie auf die fundamentalen Begriffe zurückführt, mit jenen decken, die sich der Analytiker selbst macht. Unter qualitativer Analyse versteht man die Identifizierung der in der Probe enthaltenen Elemente oder Verbindungen, während sich die quantitative Analyse mit der Messung der in derselben enthaltenen Mengen oder Konzentrationen befaßt. In der Praxis läßt sich diese einfache und auch praktische Unterscheidung zwischen qualitativer und quantitativer Analyse - speziell im Fall der Umweltanalytik - bei genauerer Betrachtung nicht aufrechterhalten, wie die folgenden Überlegungen zeigen.

Es ist sehr oft der Fall, daß der Analytiker in der Lage ist, das Vorhandensein einer bestimmten Substanz mit Sicherheit nachzuweisen, während andererseits der Beweis der Abwesenheit derselben Substanz nur sehr schwer zu führen ist. In den meisten Fällen wird man sich mit der Feststellung zu begnügen haben, daß eine bestimmte Verbindung (bzw. ein bestimmtes Element) wenn überhaupt, so nur in einer Konzentration oder Menge vorliegen kann, die mit der in diesem Fall verwendeten Bestimmungsmethode nicht mehr nachzuweisen ist. Diese Größenordnung kann in vielen Fällen als völlig bedeutungslos und somit gleichbedeutend mit dem Wert Null betrachtet werden. In zumindest ebensovielen Fällen bewegt sich jedoch die eben noch erfaßbare Menge noch beträchtlich über jener, die in der Umwelt vorkommen und Anlaß zur Besorgnis geben kann. Die mehr erfolgsversprechende Möglichkeit besteht sichtlich in der Entwicklung weiterer quantitativer und semiquantitativer Analysenmethoden, mit deren Hilfe der Analytiker der unangenehmen Verpflichtung enthoben wird, das anscheinend rätselhafte Auftauchen oder Verschwinden einzelner Elemente in Ökosystemen zu interpretieren. In der Praxis liegt das Hauptgewicht der Arbeit des Umweltanalytikers jedenfalls im Bereich der quantitativen Analyse.

Der kritische Leser wird sich möglicherweise fragen, warum es den Autoren so bedeutungsvoll erscheint, besonders hervorzuheben, daß der Analytiker nur solche Fragen zufriedenstellend beantworten kann, die mit der nötigen Klarheit gestellt wurden. Es kommt sehr oft vor, daß sich Fachleute aus anderen Wissensgebieten ziemlich allgemein ausdrücken, wenn sie die Hilfe des Analytikers benötigen. So läßt sich beispielsweise die Frage nach der Ursache eines Fischsterbens ohne Kenntnis zahlreicher Einzelheiten nur schwer oder gar nicht dadurch beantworten, daß man nur Wasserproben allein untersucht. Es könnte sich auch um Fischkrankheiten oder Parasitenbefall handeln; oft genügt ein Temperaturschock oder im Fall von Fließgewässern eine durch heftige Niederschläge ausgelöste Hochwasserwelle, in deren Folge durch starke Erhöhung der Fließgeschwindigkeit Faulschlamm aufgewirbelt wird, so daß es zu einer akuten Sauerstoffverarmung kommt. Bei Teichwirtschaften sind auch noch die Art der Fütterung, die Qualität des Futters und viele andere Faktoren zu berücksichtigen. Es muß also - und das gilt ganz besonders für Untersuchungen im aquatischen Milieu - stets angestrebt werden, die Untersuchung auf multidisziplinärer Basis durchzuführen, also unter Beiziehung von Experten aus dem gesamten Bereich der Limnologie und Hydrobakteriologie. Auf diese Weise kann zumeist ein abgerundetes, klares Gesamtbild erhalten werden. Im oben angeführten Fall ist es durchaus möglich, daß erst die histologische Untersuchung des Fischgewebes oder die Analyse des Futters den entscheidenden Hinweis auf die Ursache des Fischsterbens liefern können.

Man kann nun kaum erwarten, daß der Umweltanalytiker über all das Fachwissen verfügt, das von Experten in den zahlreichen verschiedenartigen Bereichen der Umweltkontrolle erwartet werden kann. In vielen Fällen kann und soll sich der Analytiker auf den oft zitierten "gesunden Menschenverstand" verlassen, wenn es darum geht, die für die Analyse sehr bedeutungsvollen näheren Umstände ausfindig zu machen. Einfacher und zeitsparender ist es allerdings, sich der Summe bereits gemachter Erfahrungen in ähnlichen Fällen zu bedienen. Die beste Möglichkeit hierzu ergibt sich durch ständigen Erfahrungsaustausch auf breitester Ebene. Wenn der Analytiker weder über persönliche Erfahrung noch über Literatur verfügt, die den Untersuchungsgegenstand beschreibt, ist das zahlenmäßige Ergebnis der Untersuchung ohne Aussagewert. Erst die Kenntnis der "normalen" Werte zeigt, ob ungewöhnliche oder unzulässige Abweichungen vorliegen. Es kann auch nicht oft genug darauf hingewiesen werden, daß die Arbeit des Analytikers mit der Ermittlung von Analysenwerten noch lange nicht beendet ist. Das eigentliche Ziel ist in der korrekten Interpretation der Resultate zu sehen, wobei nach Möglichkeit versucht werden muß, Hinweise auf die Ursachen zu finden und gegebenenfalls Vorschläge für die Behebung unerwünschter Zustände zu machen.

Ein weiteres Beispiel soll die Bedeutung der sogenannten "Beweissicherungsuntersuchungen" unterstreichen. Wenn zum Beispiel in der Umgebung einer Zinkhütte oder einer Buntmetallgießerei Bodenproben auf ihren Gehalt an Zink und Cadmium untersucht werden sollen, ist es zwar sehr einfach, nachträglich zu der Erkenntnis zu gelangen, daß man schon vor der Inbetriebnahme der Werksanlage Bodenproben untersuchen oder zumindest entnehmen und aufbewahren hätte sollen. Bodenproben, die in einer Entfernung von einigen Kilometern entnommen werden, können kaum zu einem aussagekräftigen Vergleich herangezogen werden, da die Zusammensetzung des Bodens von Ort zu Ort sehr stark variieren kann. In derartigen Fällen mag es z.B. möglich sein, Proben unterhalb von Fundamenten schon länger bestehender Gebäude zu entnehmen, da man annehmen darf, daß die Überbauung das spätere Eindringen von Verunreinigungen verhinderte. In diesem Beispiel stellt sich dem Analytiker die konkrete Frage nach der in der Bodenprobe als Kontamination vorhandenen Menge an Zink und Cadmium. Es sind daher die in der unbelasteten Probe gefundenen Werte von den Gesamtwerten abzuziehen. In diesem Zusammenhang soll auch darauf hingewiesen werden, daß für die Untersuchung der Gesamtprobe der Begriff "Analyse" und für die Einzelkomponente der Begriff "Bestimmung" verwendet wird.

Die im obigen Beispiel gestellte Frage hätte aber auch folgendermaßen lauten können: "Sind die Elemente Zink und Cadmium in Form von solchen Verbindungen und in Konzentrationen vorhanden, die für das in der fraglichen Gegend angebaute Gemüse schädlich sein könnte?"

Diese völlig andere Fragestellung erfordert eine andere analytische Arbeitsweise, wenn man ein brauchbares Resultat erzielen will. Dieses Beispiel zeigt neuerlich, wie wichtig es ist, daß bezüglich der Fragestellung völlige Klarheit herrscht. Erst unter dieser Voraussetzung ist der Analytiker in der Lage, die am besten geeigneten Methoden auszuwählen und die Analysenresultate in der gewünschten Art zu interpretieren.

Es wäre aber auch falsch, den Eindruck zu erwecken, daß ein erfahrener Analytiker vor jeder einzelnen Analyse detaillierte Detektivarbeit zu leisten hätte, bevor er mit der eigentlichen Laborarbeit beginnen kann. Diese Notwendigkeit ergibt sich nur in besonderen Fällen, die außerhalb der üblichen Routine liegen. Im allgemeinen hat der Analytiker in einer bestimmten Anzahl von Proben stets dieselben Elemente oder Verbindungen zu bestimmen, wofür jeweils die gleichen und erprobten analytischen Methoden zum Einsatz kommen. In diesen Fällen ist das Hauptgewicht auf die verläßliche, repräsentative Probenahme zu legen. Die eigentliche analytische Untersuchung wird, sobald sich die gewählte Methode als verläßlich erwiesen hat, zur Routinearbeit.
Die meisten Umweltanalysen lassen sich in eine der beiden folgenden Gruppen einteilen:

- Qualitätskontrolle
- Routineüberprüfung.

Im Falle der Qualitätskontrolle hat der Analytiker sicherzustellen, daß ein bestimmtes Produkt die geforderten chemischen, unter Umständen auch physikalischen oder sonstigen Eigenschaften aufweist, die innerhalb der für dieses Produkt festgelegten Grenzwerte liegen. Es kann beispielsweise gefordert werden, daß die in einer Metallegierung enthaltenen Verunreinigungen unter einem festgelegten Grenzwert liegen, da anderenfalls die Festigkeitswerte den Anforderungen nicht entsprechen würden. Ebenso kann der Gehalt an aktiven Komponenten in pharmazeutischen Zubereitungen überprüft werden, um die therapeutische Wirksamkeit gewährleisten zu können. In den meisten der angeführten und in vielen anderen, ähnlichen Beispielen ist es nicht erforderlich, die höchste erreichbare Genauigkeit anzustreben. Manchmal jedoch, wie beispielsweise bei der Analyse von nuklearen Brennstoffelementen, bei Edelmetallen und anderen sehr teuren Elementen, würde schon ein relativ kleiner Fehler sehr nachhaltige finanzielle oder sogar noch ernstere Folgen nach sich ziehen. Ein Irrtum bei der Analyse einer entsprechend großen Menge von plutoniumhaltigem Material könnte ein Mengendefizit ergeben, das für die Anfertigung einer kleineren

Kernwaffe durchaus ausreichen könnte!
Bei Routineüberprüfungen werden die Proben mit geeigneten Standards verglichen, wobei die Absicht verfolgt wird, das Ausmaß eines vorhandenen Problems quantitativ zu umreißen und gleichzeitig den Umfang der allenfalls erforderlichen Sanierungsmaßnahmen festzustellen. Diese etwas kompliziert erscheinende Definition läßt sich durch folgende Beispiele verständlicher machen.

Eine typische Fragestellung mag lauten, wie groß die Kunstdüngergaben für die zur Untersuchung gelangenden Bodenproben sein müssen oder ob aus den Ergebnissen der Blut- und Harnuntersuchung eines Patienten Anlaß zu der Vermutung besteht, daß eine Bleivergiftung vorliegen könnte.

Als weiteres Beispiel wäre die Bestimmung des Zinkgehaltes der Blätter von Apfelbäumen zu erwähnen, womit festgestellt werden kann, ob Mangelerscheinungen zu erwarten sind.
Wie man sieht, befassen sich Routineuntersuchungen zwar auch mit der Beantwortung spezieller Fragestellungen, jedoch ohne auf eine Qualitätskontrolle abzuzielen.

Die in den vorangegangenen Absätzen getroffene Unterscheidung zwischen Qualitätskontrolle und Routineüberprüfung ist einigermaßen willkürlich. Es ist durchaus möglich, daß dieselbe Analysenmethode sowohl für den einen, als auch für den anderen Zweck und darüber hinaus noch für die Bearbeitung spezieller analytischer Aufgaben herangezogen werden kann. Die getroffene Unterscheidung ist aber dennoch von Bedeutung, indem sie zeigt, wie weitgehend die Arbeit des analytischen Chemikers in den Alltag eingreift. Man denke etwa an kriminaltechnische Untersuchungen, die sich des letzten Standes der Wissenschaft bedienen müssen und somit auch oft Analysenmethoden zu übernehmen haben, die für die Qualitätskontrolle oder Routineüberprüfungen entwickelt worden waren. Einige Beispiele sollen die Vielfältigkeit der an den Analytiker gestellten Anforderungen zeigen:

- Stammt der Glassplitter, der in der Tasche eines Verdächtigten gefunden wurde, tatsächlich von einem zerbrochenen Bierglas (wie er behauptet) oder von einem zerbrochenen Fenster am Tatort?

- Läßt der Phosphorgehalt von Bodenproben, die im Bereich archäologischer Grabungen entnommen wurden, den Schluß zu, daß es sich um menschliche Aktivitäten handeln könnte?

- Läßt sich aufgrund der Untersuchung von Lacksplittern von Wrackteilen nach einem Flugzeugabsturz ein Anhaltspunkt finden, wie der Bruch erfolgte?

Diese drei Beispiele haben eines gemeinsam: sie stellen den Analytiker vor die entscheidende Frage, welche Analysenmethode die bestmöglichen Aufschlüsse zur Klärung des gegebenen Problems ergibt. Sobald diese Frage geklärt ist, kann es ohne weiteres möglich sein, daß ein Routineverfahren aus der Glasindustrie, der landwirtschaftlichen Analytik oder Anstreichmittel-Industrie, evtl. nach entsprechender Anpassung, zum Einsatz kommt.

1.2 Eine typische Umweltstudie – Blei in der Umwelt

Ein Aspekt vor allem unterscheidet umweltbezogene chemische Analysen von den weiter oben angeführten Beispielen:
Die Untersuchungen haben die gesamte Umwelt - das sogenannte Ökosystem zum Gegenstand. Einer der Gründe für die chemisch-analytische Untersuchung von Proben aus der Umwelt ergibt sich aus der Absicht, die biologischen Abläufe und Zyklen, insbesondere von Schadstoffen, zu verstehen. Die Resultate dieser Umweltuntersuchungen sollen dem Spezialisten für Gesundheit und Umweltfragen helfen zu entscheiden, welche Maximalkonzentrationen einzelner Schadstoffe toleriert werden können und ihn über die tatsächliche Höhe der bestehenden Belastung informieren. Dabei ist es von zusätzlicher Bedeutung, ob Schadstoffe in einer von Pflanzen und Tieren leicht zu resorbierenden Form vorliegen.

Durch weitere Untersuchungen läßt sich beispielsweise feststellen, ob Schadstoffe im menschlichen Körper angereichert oder wieder, unter Umständen sogar unverändert ausgeschieden werden. Dieser Sachverhalt soll durch das nachfolgende Beispiel leichter verständlich gemacht werden:

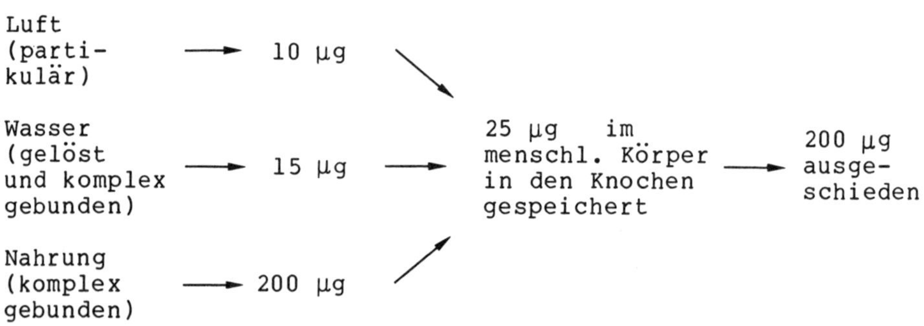

Abb. 1.1 Tägliche Bleibilanz für einen typischen Stadtpendler

Die Abb. 1.1 zeigt den durchschnittlichen täglichen Bleidurchsatz eines Stadtpendlers in einem Industrieland[1]. Das Diagramm läßt aber auch erkennen, daß es sehr wesentlich ist, eine größere Anzahl umweltrelevanter Faktoren zu berücksichtigen, bevor es gerechtfertigt ist, mit der Interpretation der Untersuchungsergebnisse zu beginnen. In einem solchen Fall muß man über eine erhebliche Anzahl Bleiuntersuchungen von Luftproben, von Aerosol und Staubpartikeln, von Trinkwasser und von verschiedenen Lebensmitteln verfügen, um zu einer einigermaßen verläßlichen Aussage zu gelangen. Außerdem benötigt man sowohl den Gesamt-Bleigehalt, als auch den wasserlöslichen Anteil, um schließlich aus diesen Teilresultaten nicht zuletzt unter Zuhilfenahme des "wöchentlichen Einkaufskorbes" die Gesamtbelastung einer Person durch Lebensmittel zu errechnen.

Es ist völlig klar, daß zwei beliebige Analysengruppen aus dieser Serie aller Wahrscheinlichkeit nach große Abweichungen voneinander aufweisen werden, je nachdem wann und wo die Proben gezogen wurden. Daher ist es notwendig, eine große Anzahl von Proben von verschiedenen Örtlichkeiten über einen längeren Zeitraum zu entnehmen, um als Endergebnis das in Abb. 1.1 gezeigte einfache Diagramm zu erstellen. Man mag allerdings einwenden, daß die Zusammenfassung einer so großen Anzahl von Daten (anwendbar beispielsweise auf einen durchschnittlichen Schotten im Jahr 1971 mit 0,83 Ehefrau und 1,20 Kindern) nicht sehr sinnvoll sei. Es wäre vielleicht empfehlenswerter, die Gesamtbevölkerung in Gruppen zu unterteilen - etwa in die Stadt- und die Landbewohner. Oder man könnte diejenigen, die mit weichem Wasser versorgt sind, mit jenen vergleichen, die hartes Wasser zu benutzen haben, und dann Vergleiche zwischen diesen Gruppen anstellen.

Sobald die Berechnung der in Abb. 1.1 angeführten Daten abgeschlossen ist, erheben sich die nächsten Fragen, z.B. wo im menschlichen Körper die ausgewiesenen 25 µg gespeichert werden. Um diese Frage zu beantworten, müßte man die verschiedenen Körperteile analysieren. Es ist einfach, Blut- und Urinproben von lebenden Personen zu erhalten, und die meisten Ergebnisse beruhen auf solchen Untersuchungen. Es gibt aber Gründe zu der Annahme, daß Blei in den Knochen gespeichert und nur in Streßsituationen freigesetzt wird. Daher ergibt sich die Frage, ob Blutanalysen ein korrektes Bild zu geben vermögen. Andere Untersuchungen beziehen sich auf Zähne, die Patienten gezogen wurden, wieder andere auf Milchzähne heranwachsender Kinder, worauf sich als nächstes die Frage erhebt, wie sich diese Ergebnisse in das Gesamtbild einfügen.

Es trifft sich besonders unglücklich, daß ausgerechnet die Bestimmung von Blei in der Umwelt alles andere als einfach ist, so daß sich derzeit die Möglichkeit nicht ausschließen läßt, daß einige der in der Fachwelt angegebenen Zahlenwerte grobe Fehler aufweisen könnten.

Gerade diese Angaben sind es zumeist, die die Aufmerksamkeit der Massenmedien und somit der Öffentlichkeit erwecken, die ja keineswegs in der Lage ist, zwischen korrekten und weniger korrekten Untersuchungsergebnissen zu unterscheiden. So wurden beispielsweise in einer Veröffentlichung aus dem Jahre 1974[1] Bleikonzentrationen von Bewohnern Großbritanniens in der Höhe von 230 µg/l mit Proben von Bergbewohnern aus Neu-Guinea mit 220 µg/l verglichen und aus diesen Ergebnissen der Schluß gezogen, daß dieser Wert ein "natürlicher" und somit harmloser sein müsse. In der Literatur, die von Grandjean[2] zusammenfassend dargestellt wurde, findet man Zahlenwerte zwischen 30 und 50 µg/l für den Bleigehalt im Blut von Kindern in entlegenen Gebieten. Im Gegensatz dazu ist aus anderen Quellen zu entnehmen, daß die Bleibelastung der Umwelt im alten Ägypten etwa um zwei Zehnerpotenzen unter jener lag, die derzeit in den Industriestaaten festgestellt wird. Diese Ansicht wird durch Untersuchungen der polaren Eisschichten erhärtet. Aus den Untersuchungen der verschiedenen Schichten des Polareises, die unschwer den verschiedenen Geschichtsepochen zugeordnet werden können, ergibt sich zweifelsfrei, daß der auf den atmosphärischen Niederschlag zurückzuführende Bleigehalt seit dem Beginn der Industriellen Revolution vor etwa 200 Jahren signifikant angestiegen ist (s. Abb. 3.2, S. 72).

Es ist durchaus möglich, daß soziologische und psychologische Studien, die parallel zu den chemischen Untersuchungen unbedingt erforderlich sind, noch größere Schwierigkeiten bereiten, da ja zu beweisen ist, ab welchem Konzentrationsbereich Blei in den verschiedenen Bereichen des Umweltschutzes als Risiko betrachtet werden muß. Es kann nicht allzusehr überraschen, daß in einem Bericht über die derzeitige Höhe der Bleibelastung in Großbritannien[3] der Schluß gezogen wird, daß kein Grund zur Besorgnis bestehe. Ein Jahr später wurde in einem neuen Bericht festgestellt, daß zwischen den Bleigehalten im Blut von Schulkindern und deren Intelligenz ein statistisch gesicherter Zusammenhang besteht[4].

Wenn es auch schwierig sein mag, derartige Untersuchungen mit der notwendigen Sorgfalt und dem dafür erforderlichen wissenschaftlichen Können durchzuführen und somit verläßliche Ergebnisse zu erhalten, darf doch keinesfalls übersehen werden, daß die Belastung der Umwelt durch Blei ein ernst zu nehmendes Problem darstellt. Die Erstellung einer Massenbilanz für den "Durchschnittsbürger" ist sicherlich nicht schwieriger als das Vorhaben, eine ebensolche Bilanz für ein ganzes Land aufzustellen. Der Jahresbedarf für Blei liegt beispielsweise in Großbritannien in der Größenordnung von 4×10^5 t, von denen etwa 10^4 t für Zusätze zu Vergasertreibstoffen in der Form von Tetraethylblei benötigt werden. Diese Menge findet sich zum größten Teil entweder als Aerosol oder als Staubniederschlag in den angrenzenden Ackerflächen wieder. Es ist somit keinesfalls überraschend, daß Luftproben von verkehrsintensiven Straßenverbindungen beunruhigend hohe Bleikonzentrationen zeigen (s. Kap. 3, S. 95).

Im Vergleich dazu mag es noch überraschender wirken, daß die Todesursache von Schwänen sehr oft auf Bleivergiftung zurückzuführen ist. Die von Fischern oft verlorenen Senkbleikügelchen, die zur Beschwerung der Fischleinen verwendet werden (in Großbritannien etwa 250 t/Jahr), werden von den Schwänen zusammen mit ihrer Nahrung, die sie im Schlamm suchen, aufgenommen. Diese können aber aus dem Verdauungstrakt nicht wieder ausgeschieden werden und führen so zu einer allmählichen und schließlich letalen Anreicherung von Blei im Blut[5].

1.3 Überprüfung und Bewertung der Umweltverträglichkeit („Environmental Impact Assessment")

Ein Grundgesetz der Physik stellt fest, daß jede Kraft eine Gegenkraft hervorruft; ein ähnliches Gesetz könnte auch für die Umwelt definiert werden, denn alle menschlichen Einwirkungen auf die Umwelt rufen Gegenreaktionen hervor.

So hat zum Beispiel jede Störung der Assimilationsvorgänge weiterreichende Folgen im Gesamtbereich des an sich stabilen Ökosystems, die letzten Endes auf die Lebensbedingungen der Menschheit negativ einwirken können. Die Bemühung, die vielfachen Auswirkungen umweltrelevanter Faktoren zu erfassen, steht im Mittelpunkt der Bemühungen von Experten aus den verschiedensten Fachbereichen.

Die optimale Auswertung dieser einzelnen Faktoren, die für Projekte, Fachstudien und sicherlich auch für Entscheidungen auf politischer Ebene von ausschlaggebener Bedeutung sind, stellt eine Aufgabe dar, die die Zusammenarbeit aller damit befaßten Personen im Bereich der Wissenschaft und der öffentlichen Verwaltung erfordert. Nur auf diese Weise können schließlich jene Entscheidungen getroffen werden, die die nachfolgenden Gesichtspunkte ausreichend berücksichtigen:

- die etwaigen Auswirkungen eines Projektes auf die Umwelt;
- die Zusammenfassungen aller jener unvermeidbaren Auswirkungen, die sich aus dem Vorhaben ergeben;
- eine kritische Überprüfung möglicher Alternativlösungen, einschließlich jener, die sich als undurchfürbar erweisen!
- Planung von Überwachungs- und Kontrollsystemen;
- Ausarbeitung von Vorschlägen zur Verminderung der Auswirkung von Schadstoffen auf die Umwelt.

Im Rahmen dieser allgemeinen Betrachtungen müssen die schädlichen Einflüsse auf die Umwelt zunächst festgestellt, zahlenmäßig festgehalten, dann interpretiert und schließlich den für die Entscheidungsfindung zuständigen Stellen und gleichzeitig auch der Öffentlichkeit zugeleitet werden. In den meisten Ländern wird diese Art des Informationsdienstes als wesentliches Hilfsmittel zur Verbesserung der allgemeinen Umweltschutzmaßnahmen betrachtet.

Es wäre zweckmäßig, zwei große Gruppen von Umweltvertäglichkeitsuntersuchungen zu unterscheiden:

- Untersuchungen zur Feststellung des jeweiligen Ist-Zustandes der Umweltbelastung bzw. -beeinträchtigung, einschließlich der Auswertung der Ergebnisse;

- Untersuchungen, die auf zu erwartende Beeinträchtigungen der Umwelt abzielen. In diesem Zusammenhang wären etwa mathematische Modelle für die Vorhersage der Konzentration von Luftverunreinigungen in Abhängigkeit vom Abstand von der Immissionsquelle zu nennen.

Man kann bereits auf eine erhebliche Anzahl bekannter Methoden zurückgreifen, mit deren Hilfe die benötigten Daten erhoben, geordnet, interpretiert und übersichtlich zusammengestellt werden. Es gibt Arbeitsmethoden für die verschiedensten Bereiche, wie z.B. die Bewertung von Unfalls- und Gefahrenrisikoraten, Luft- und Wasserverunreinigung, Müllablagerung, Volksgesundheit, ökologische Folgeerscheinungen und schließlich auch die Bewertung ästhetischer Auswirkungen von Eingriffen in die Umwelt. In allen diesen Bereichen kommt der Umweltanalytik mit allen ihren zahlreichen Teilbereichen eine sehr bedeutsame Rolle zu, da sie wesentliche Informationen für den Ablauf der umweltrelevanten Projekte zu liefern hat.

So ist es u.a. sehr wichtig festzustellen, auf welchen Wegen die durch menschliche Aktivitäten entstehenden Schadstoffe in die Umwelt gelangen und welche Effekte sie dabei auslösen. Dazu sind sehr sorgfältige und meist komplizierte Analysen und auch das für die Durchführung derselben notwendige hochqualifiziertes Personal erforderlich. Darüber hinaus trägt die Umweltanalytik nicht nur erheblich dazu bei, den einschlägigen Stand des Wissens und der Technik zu bereichern, sie wirkt auch entscheidend bei der Entwicklung neuartiger Kontroll- und Untersuchungsmethoden mit, wodurch ein wertvoller Beitrag dazu geleistet wird, eventuelle Gefahrenquellen rechtzeitig zu erkennen und ihren möglichen Auswirkungen wirkungsvoll entgegenzutreten.

Aus der Umweltchemie lassen sich die Grundlagen für die Erstellung von Grenzwerten für die Belastung der Umwelt sowie Höchstwerte für die Emission von Schadstoffen ableiten. Ohne Verständnis der chemischen Vorgänge wären Versuche zur Reduktion von Umweltbelastungen auf das unvermeidbare Minimum zum Scheitern verurteilt, vor allem dann, wenn es sich um Neuplanungen handelt. Schließlich und endlich ist die Umweltanalytik nur als Teilbereich der gesamten multidisziplinären Methodik der Umweltbewertung zu sehen. Der in diesem Fachgebiet tätige Analytiker muß sich stets darüber im klaren sein, zu welchen vielfältigen Zwecken sein spezielles Wissen und Können angewendet und optimal eingesetzt werden kann. Die Bewertung von Umweltbeeinträchtigungen kann nicht als exakte Wissenschaft betrachtet werden. Sie beruht auf der korrekten Interpretation der Bedeutung zahlreicher Einzelbelastungen, wobei man sich für die Entscheidungsbildung der objektiven naturwissenschaftlichen Betrachtungsweise ebenso zu bedienen hat wie der subjektiven Bewertung aller Teilergebnisse.[6,7]

1.4 Überlegungen zum thematischen Aufbau dieses Buches

Mit diesem Buch wird der Versuch unternommen, eine Übersicht über den gesamten Arbeitsbereich des Umweltanalytikers zu geben und auch das wissenschaftliche Rüstzeug zu beschreiben, das ihm für die Bewältigung dieser Aufgaben zur Verfügung steht. Darüber hinaus ist auch eine Auswahl jener Probleme etwas eingehender beschrieben, die die Begründung für die Tätigkeit des mit Umweltfragen befaßten Analytikers darstellen. Schließlich wurde auch versucht zu erklären, warum für eine bestimmte Aufgabe gerade diese eine und keine andere anayltische Methode gewählt werden mußte. In einem kurzen abschließenden Kapitel werden dann einige besonders schwierige Aufgaben beschrieben, mit denen ein Umweltanalytiker gelegentlich konfrontiert wird.

Literatur

1 Department of the Environment, Großbritannien (1974) Lead in the Environment and its Significance to Man. Pollution Paper No.2, HMSO, London.

2 Grandjean, P. (1981) Nature, 291 (188).

3 Department of Health and Social Security, Grobritannien, (1980) Lead and Health (The Lawther Report), HMSO, London.

4 Yule, W., Landsdown, R., Miller, I.B., Urbanowicz, M.A. (1981) Dev. Med. Child Neurol., 3 (567).

5 Birkhead, M. (1981) New Sci., 2. April, S. 14.

6 Clark, B.D., Bisset, R., Wathern, P. (1980) Environmental Impact Assessment, Mansell, London.

7 Canter, L. (1977) Environmental Impact Assessment, MacGraw-Hill, New York.

2. Leistungsfähigkeit und Struktur chemischer Analysenmethoden

2.1 Gesichtspunkte zur Auswahl einer Analysenmethode

Die Durchführung einer chemischen Analyse erfolgt in der Regel, wenn man von Lehre und Forschung absieht, aufgrund eines Auftrages, aus dem die Zielsetzung klar zu erkennen sein muß. Es ist in diesem Zusammenhang belanglos, ob der Auftraggeber eine Einzelperson oder eine Behörde ist oder ob das Laboratorium auf privater Basis, als Universitätsinstitut oder als Teil einer behördlichen Organisation geführt wird. In allen diesen Fällen kann es vorkommen, daß der Auftraggeber nicht so sehr an höchster Genauigkeit der Ergebnisse, als vielmehr am Vergleich mit den Resultaten früherer, ähnlicher Untersuchungen interessiert ist. Es kann sich um die Feststellung von Änderungen oder Trends oder um eine stichprobenartige Qualitätskontrolle handeln. Es kann aber auch von Bedeutung sein, Ergebnisse verschiedener Laboratorien oder die mit anderen Analysenmethoden erzielten Resultate miteinander zu vergleichen. In einem derartigen Fall erhebt sich jedoch die Frage, ob der Auftraggeber ausreichend qualifiziert ist, solche Vergleiche mit der nötigen Fachkenntnis durchzuführen. In Anbetracht des nahezu unbegrenzten Vertrauens, das der Laie im allgemeinen in die Leistungsfähigkeit der modernen Chemie setzt, darf dies nicht ohne Vorbehalt angenommen werden. Andererseits muß vom Analytiker nicht nur erwartet werden, daß er korrekte, verläßliche Analysenresultate erzielt, sondern daß er auch in der Lage sein muß, sein Vertrauen in die eigene Leistung im Falle der Notwendigkeit überzeugend zu demonstrieren und unter Umständen auch durch objektive mathematische Kriterien zu belegen.

Als wichtigste Voraussetzung für die erfolgreiche Durchführung chemischer Analysen sind stets eine möglichst sorgfältige Planung und die Auswahl der am besten geeigneten Methode zu betrachten. Der Bearbeiter wird zumeist gut daran tun, von der Annahme auszugehen, daß der Auftraggeber nicht über das notwendige spezielle Fachwissen verfügt, um beurteilen zu können, welche Art von Proben untersucht und welche Komponenten darin bestimmt werden sollen, um auf dem rationellsten Weg zu der geforderten Aussage zu kommen. Eine möglichst eingehende Vorbesprechung ist stets anzuraten. Nur durch möglichst genaue Kenntnis der Einzelheiten, unter Umständen auch der örtlichen Situation, erhält man die Informationen, die zu einer einfacheren, schnelleren oder auch billigeren Lösungsmöglichkeit führen. Auch ist es so leicht möglich, durch das Ausschalten von Störfaktoren zu präziseren Aussagen zu kommen kann. Auch eine ausführliche Diskussion über die Art und mutmaßliche Zusammensetzung der

Proben, Informationen über die Homogenität und zeitliche Beständigkeit der Proben kann erheblich dazu beitragen, unnötige Arbeiten und möglicherweise auch Fehler zu vermeiden.

Es dürfte kaum nötig sein darauf hinzuweisen, daß der ständige Kontakt mit der einschlägigen Fachliteratur aufrecht erhalten werden muß. Da es heutzutage kaum mehr möglich ist, die immer größer werdende Flut von Fachzeitschriften auch nur annähernd zu überblicken, wird man sich in erster Linie der Referatenzeitschriften bedienen. Dazu gehören etwa die "Zeitschrift für analytische Chemie" und "Analytical Abstracts". Ergänzend dazu ist die Kenntnis der Veröffentlichungen nationaler und internationaler Körperschaften erforderlich, da diese oftmals allgemein verbindliche oder in manchen Ländern sogar zwingend vorgeschriebene Untersuchungsmethoden enthalten.

Soweit es zweckmäßig erscheint, wird auf derartige Veröffentlichungen in diesem Buch besonders hingewiesen. Sofern der Analytiker bei der Wahl seiner Methode freie Hand hat, wird er seine Entscheidung auf eine Anzahl bestimmter Kriterien und auch den Vergleich mit möglichen Alternativen gründen. Bevor jedoch dieses Thema eingehender behandelt wird, ist es angebracht, einen kurzen Abschnitt über die mathematisch-statistische Behandlung der Analysenmethoden und ihrer Ergebnisse einzufügen, obwohl über dieses spezielle Thema bereits eine äußerst umfangreiche Literatur vorliegt.[1,2]

2.2 Die mathematisch-statistische Bewertung analytischer Methoden

Die statistische Wissenschaft kann im weitesten Sinne als der Versuch beschrieben werden, vom Durchführbaren zum Undurchführbaren zu extrapolieren. Man versucht, aus einer endlichen, relativ geringen Anzahl von Beobachtungen oder Messungen gültige Schlüsse zu ziehen, die eigentlich nur durch die Auswertung einer sehr viel größeren Zahl von Daten gezogen werden könnten.

Von grundlegender Bedeutung ist die Definition und die Unterscheidung der beiden Begriffe Grundgesamtheit (englisch population) und Stichprobe (sample). Unter Grundgesamtheit versteht man die gesamte Menge der zu untersuchenden Menge oder Substanz. Es kann sich dabei um eine sehr große Anzahl von gleichartigen Einzelgegenständen (wie etwa Schrauben) oder um eine große Materialmenge (z.B. die Tagesproduktion eines Bergbaubetriebes) handeln. Die Stichprobe stellt jenen Teil der Grundgesamtheit dar, der tatsächlich zur Messung oder zur Analyse verwendet wird. Wie die Erfahrung lehrt, wird die Untersuchung oder Messung mehrerer gleicher Stichproben auch bei sorgfältigster Durchführung nicht völlig übereinstimmende Ergebnisse liefern. Selbst bei der

Entnahme aliquoter Teile einer wäßrigen Lösung, die man sicherlich als homogen betrachten darf, werden sich kleinere Differenzen ergeben. Aus diesem Sachverhalt resultieren zunächst zwei Aufgaben:

- Es ist zu klären, worauf die Abweichungen zurückzuführen sind.
- Der "wahre", d.h. für die Gesamtmenge (Grundgesamtheit) zutreffende Wert soll mit möglichster Genauigkeit bestimmt werden.

Die Frage nach den Ursachen der Schwankungen der Meßwerte ist zumeist einfach zu beantworten, während sich die zweite Frage als wesentlich komplizierter erweist.

2.2.1 Die Standardabweichung

Man nehme an, daß von einem homogenen Material eine Anzahl von Bestimmungen durchgeführt wird, die die Werte x_1, x_2 ... x_i ... x_n ergeben. Die Berechnung des Mittelwertes $\bar{x}$ erfolgt nach der einfachen Gleichung

$$\bar{x} = \frac{x_1 + x_2 + \ldots + x_i + \ldots + x_n}{n} \qquad (2.1)$$

Für jeden der einzelnen Werte x_1 ... x_n wird sich nun eine Abweichung vom Mittelwert $(\bar{x} - x_i)$ ergeben, deren Betrag positiv oder negativ sein kann. Führt man eine sehr große (genauer: unendlich große) Zahl von Einzelbestimmungen durch und stellt fest, wie oft jeder Wert von x vorkommt, so wird sich eine Häufung um einen mittleren Wert ergeben. Stellt man diesen Sachverhalt graphisch dar und wählt als Einheit für die Ordinatenachse die Größe dN/N (also jenen Bruchteil der Gesamtzahl vom Wert N, die im Bereich von x bis (x+dx) liegt) und für die Abszisse die Werte von x, so erhält man eine symmetrische Kurve, die als Gaußsche Verteilungsfunktion bekannt ist und durch die Gleichung

$$\frac{dN}{N} = \frac{1}{\sigma\sqrt{2\pi}} \cdot e^{-(\bar{x} - x_i)^2/2\sigma^2} \cdot dx \qquad (2.2)$$

beschrieben wird. Die Größe σ ist für eine gegebene Grundgesamtheit eine Konstante und bestimmt die relative Breite und die Steilheit dieser Kurve, wie sie in Abb. 2.1 gezeigt ist.

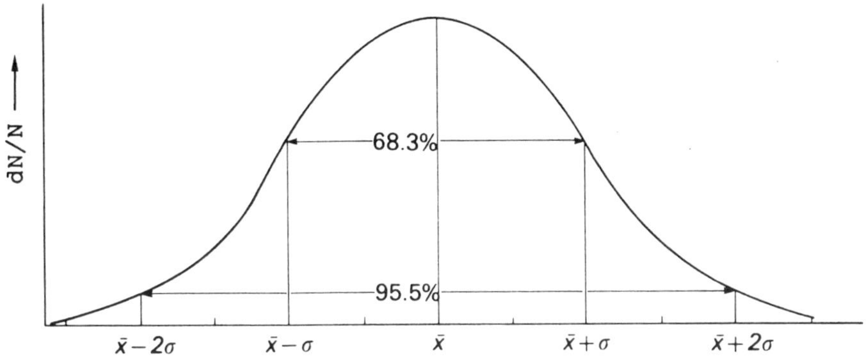

Abb. 2.1 Gaußsche Normalverteilung von Resultaten $\bar{x}_i$ um den Mittelwert $\bar{x}$ mit der Standardabweichung σ

Sie wird als Standardabweichung bezeichnet und in denselben Einheiten wie x oder als Bruchteil von x angegeben. Die Fläche unter einem Teil der Glockenkurve gibt jenen Prozentsatz von Werten für x an, die in diesen Bereich fallen. Wie man sieht, liegen ca. 68,3 % aller Werte im Bereich von $(\bar{x} \pm \sigma)$, (also ca. 2/3). Im Bereich $(x \pm 2\sigma)$ findet man bereits 95,5 % (also bereits 19 von 20 Werten innerhalb des Bereichs).
Wenn man überlegt, daß im ersten Falle von drei Resultaten eines als falsch zu betrachten ist, wählt man eher den Bereich $(x \pm 2\sigma)$ als Richtlinie für die Brauchbarkeit einer Methode. Dabei hat man mit einer Fehlerquote von 1 : 19 zu rechnen, was für viele praktische Zwecke ausreichen kann. Nun ist es aber kaum durchführbar, eine ganze Grundgesamtheit zu bestimmen, um den gesuchten Wert σ zu erhalten. Man definiert nun für die experimentell bestimmte Standardabweichung eine Größe s, die auf zwei Wegen berechnet werden kann. Die einfachere Lösung bedient sich der Spannweite zwischen dem höchsten und niedrigsten Wert und ist für eine Anzahl von etwa vier bis sechs Bestimmungen zweckmäßig. Die gesuchte Standardabweichung erhält man aus der Gleichung

$$s = R \cdot k. \qquad (2.3)$$

Tab 2.1 Werte für k zur Berechnung der Standardabweichung nach der Spannweiten-Methode

n	3	4	5	6	7
k	0.59	0.49	0.43	0.39	0.37

Sind mehrere Resultate, etwa ab 10, zur Verfügung, so ergibt sich aus der Gleichung

$$s = \left(\frac{\sum_{i=1}^{i=n} (\bar{x} - x_i)^2}{(n-1)} \right)^{\frac{1}{2}} . \qquad (2.4)$$

Wie man sieht, handelt es sich um die Quadratwurzel der Quadrate der Abweichungen, wodurch die negativen Werte in positive umgewandelt werden. Die Division durch (n - 1) erklärt sich aus der Tatsache, daß ein Freiheitsgrad bereits für die Bildung des Mittelwertes n weiter verwendet werden mußte. Wie man weiter sieht, erhält man für eine sehr große Zahl von Beobachtungen (die nunmehr mit dem Symbol N bezeichnet werden) die wahre Standardabweichung nach der Gleichung

$$\sigma = \left(\frac{\sum_{i=1}^{i=n} (\mu - x_i)^2}{N} \right)^{\frac{1}{2}} \qquad (2.5)$$

wobei der Mittelwert aller Beobachtungen x_i mit μ bezeichnet wird. Diese Gleichungen eignen sich sehr gut zur Berechnung mit Taschenrechnern. In vielen Modellen sind diese Rechengänge bereits im Software-Programm enthalten. Man sollte es jedoch vermeiden, jene in der Fachliteratur oftmals angegebenen Formeln zu verwenden, die sich der Differenz

$$x_i^2 - \frac{(\sum x_i)^2}{n}$$

bedienen, da einfachere Modelle nicht über die genügende Anzahl von Ziffernstellen verfügen, die erforderlich sind, um ein ausreichend genaues Resultat zu erhalten.
Die bisherigen Überlegungen gingen von der Annahme aus, daß bei einer ausreichend großen Zahl von Werten die Größe s in σ und x in μ übergeht. Während dies für s $\longrightarrow \sigma$ zutrifft, muß dies für x $\longrightarrow \mu$ nicht unbedingt richtig sein, woraus sich die Notwendigkeit einer Klassifizierung der zu erwartenden Fehler ergibt.

2.2.2 Fehler

In den vorigen Abschnitten wurden lediglich die zufälligen Fehler (random errors) betrachtet. In diesem Fall ergeben sich ebensoviele positive wie negative Abweichungen: Sie sind also zufällig verteilt. Sofern eine ausreichend große Zahl von Beobachtungen vorliegt, kann der Wert x als genügend genaue Näherung für μ als wahrer Mittelwert für eine gegebene Population angesehen werden. Diese Abweichungen, die von Eckschlager[3] als Meßfehler bezeichnet werden, ergeben sich beispielsweise, wenn verschiedene Arbeiten wie das Füllen eines Meßkolbens, das Ablesen einer Bürette, die Beobachtung eines Farbumschlages oder die Auswertung von

Meßkurven von Registrierschreibern usw. durchgeführt werden. Für einen aus mehreren Schritten bestehenden vollständigen Arbeitsgang ergibt sich nun ein zufälliger Fehler, der sich aus den Fehlern jedes einzelnen Arbeitsschrittes zusammensetzt. Jeder einzelne Fehler, etwa in der Art wie er sich bei der Füllung eines Meßkolbens ergeben würde, kann experimentell bestimmt werden, wie im folgenden Beispiel näher erläutert wird. Man bezeichnet die Standardabweichungen

- für die Einwaage einer Probe mit s_w,
- für das Abfüllen eines Meßkolbens mit s_f,
- für das Entnehmen eines aliquoten Anteils mittels einer Pipette mit s_p,
- für die Endpunktbestimmung der abschließenden Titration mit s_t.

Die Standardabweichung S des gesamten Arbeitsganges ergibt sich nunmehr aus der Gleichung 2.6

$$S^2 = (s_w^2 + s_f^2 + s_p^2 + s_t^2) \qquad (2.6)$$

Sollte die auf diese Weise ermittelte Gesamtstandardabweichung bei mehrfacher Wiederholung des geamten Arbeitsganges signifikante Abweichungen zeigen, so muß überprüft werden, ob nicht andere Fehlerquellen wie Inhomogenität der Probe, Änderungen der Druck- und Temperaturverhältnisse im Arbeitsraum, Änderung der Titerkonstanten oder Reagenzienqualität in Betracht gezogen werden müssen.

Systematische Fehler (errors of procedure nach Eckschlager[3]) bleiben bei wiederholten Bestimmungen innerhalb einer Probenserie konstant und verursachen somit eine einseitige, positive oder negative Verschiebung (bias), wodurch in weiterer Folge auch der Mittelwert $\bar{x}$ mit dem gesuchten wahren Wert der Grundgesamtheit μ nicht übereinstimmen kann.

Derartige Fehler sind auf die verschiedensten Ursachen zurückzuführen, wie z.B. fehlerhafte Eichung vom Meßkolben oder Büretten, Titerfehler von Meßlösungen durch Verdunsten, Verunreinigung oder Unbeständigkeit der Lösung, Fehler in der Eichkonstanz von Analysengeräten und Registrierschreibern. Es ist auch möglich, daß der gesamte chemische Prozeß nicht erwartungsgemäß abgelaufen ist. Unvollständige Oxidation oder Reduktion oder sonstige chemische Umsetzungen können zu groben Fehlern Anlaß geben. Einige dieser Fehler lassen sich durch sorgfältige Kontrolle jedes einzelnen Arbeitsschrittes und durch Nacheichen beheben. Falls keine geeigneten, verläßlichen Standardsubstanzen bzw. Eichpräparate vorhanden sind, empfiehlt es sich, jeden einzelnen Analysenschritt sorgfältig zu überprüfen oder wenn irgend möglich, zu versuchen, die gewünschte Analyse mit einer völlig anderen Arbeitstechnik durchzuführen und das Ergebnis der erst angewandten Methode zu kontrollieren. Die

Zweckmäßigkeit dieser Vorgangsweise wurde von Tölg[4] am Beispiel der Bestimmung von Spurenelementen in hochreinen Metallen überzeugend bewiesen.

<u>Grobe Fehler</u> unterlaufen eigentlich nur denen, die einen besonders schlechten Tag haben. Es kann gelegentlich auch dem besten Analytiker passieren, daß das Becherglas mit der einzigen noch vorhandenen Probelösung zerspringt oder zu Boden fällt oder daß aus unerklärlichen Gründen ein Rostpartikel in einer Probe landet, in der man Mikrogrammengen Eisen zu bestimmen beabsichtigte. Solche unliebsamen Vorkommnisse sind zumeist nicht allzu tragisch, da sie in den meisten Fällen rechtzeitig erkannt werden können. Sollte dies aus irgendeinem Grund nicht möglich gewesen sein, hat die statistische Wissenschaft die sogenannten "Ausreißertests" entwickelt, mit deren Hilfe man die Früchte analytischer "Glanzleistungen" identifizieren und eliminieren kann.

In der einschlägigen Literatur sind etliche Rechenmethoden entwickelt, mit deren Hilfe eindeutig festgestellt werden kann, ob es sich tatsächlich um einen derartigen Ausreißer handelt. Der einfachste dieser Tests geht von der Überlegung aus, daß die mittlere Abweichung $\bar{d}$ einer normalverteilten Population 0,8 der Standardabweichung beträgt. Man vergleicht nunmehr die Abweichung d des "verdächtigen" Wertes vom Mittelwert x. Da 95 % aller Werte in den Bereich x + 2s fallen und 2s = 2,5 d entsprechen, folgt, daß von zwanzig Meßwerten einer außerhalb des 95 %igen Bereiches liegen kann. Man wird somit einen Wert, dessen Abweichung diese 2,5 d-Grenze überschreitet, als unzuverlässig verwerfen. Dieser sehr einfache Text soll nur als grobe Richtlinie betrachtet werden. Darüber hinaus besteht ein gewisses Risiko, daß ein Meßergebnis ausgeschieden wird, das noch als korrekt zu betrachten wäre.

Etwas verläßlichere Resultate liefert der Q-Test nach Dean und Dixon[5], der besonders bei einer kleineren Anzahl von Werten ($n \leq 7$) angebracht erscheint, da in diesem Fall die Standardabweichung nicht mit ausreichender Genauigkeit bestimmt werden kann. Man bezeichnet den verdächtigen Wert mit x_n, ordnet sämtliche Einzelwerte der Größe nach von x_1 bis x_n und berechnet die Größe Q nach der Gleichung

$$Q = \frac{x_n - x_{n-1}}{x_n - x_1} \quad . \qquad (2.7)$$

Man vergleicht Q mit den in Tab. 2.2 angegebenen Werten. Wenn der gefundene Wert Q den Tabellenwert (für die jeweilige Anzahl der Bestimmungen n) für die Vertrauensgrenze 90 % überschreitet, ist ein Ausreißer wahrscheinlich. Bei 95 % kann er als statistisch gesichert, bei 99 % als hochsignifikant gesichert betrachtet werden.

Tab. 2.2 Q-Werte für den Ausreißertest nach Dean und Dixon[5]

n	Vertrauensbereich 90 %	95 %	99 %
3	0,89	0,94	0,99
4	0,68	0,77	0,89
5	0,56	0,64	0,76
6	0,48	0,56	0,70
7	0,43	0,51	0,64

Einige typische Fehlerquellen in der Spurenanalyse werden in Abschn. 2.4 behandelt, weitere Beispiele finden sich in Kap. 8.

Zur Feststellung von Außreißern wird in vielen einschlägigen Veröffentlichungen der Test nach Nalimov vorgeschlagen. In jüngster Zeit wird jedoch der Text nach Shapiro - Wilks (entnommen aus Kaiser und Mühlbauer[2]) bevorzugt, der zwar eine etwas kompliziertere Berechnungsmethode erfordert, dafür aber auch schon für kleinere Stichproben ($n \geq 3$) ebenso scharfe Unterscheidungen liefert, wie für eine größere Zahl von Einzelmessungen. Der Test wird in folgender Weise durchgeführt:

Man ordnet die Meßwerte nach ihrer Größe, mit dem niedrigsten beginnend: x_1, x_i, ... x_n; man berechnet die Standardabweichung s; außerdem benötigt man den Koeffizienten $a_{n,n-i+1}$, der aus der Tabelle "W_a" zu entnehmen ist. Nun wird die Kenngröße W nach folgender Gleichung berechnet:

$$w = \frac{[\sum_{i=1}^{[n/2]} a_{n.n-i+1} (x_{(n-i+1)} - x_i)]^2}{[(n-1)s^2]}$$

Unter Σ (n/2)" ist der ganzzahlige Wert des Bruches n zu verstehen, also 3/2 ergibt 1, 4/2 ergibt 2 usw.
Zum besseren Verständnis folgt ein Zahlenbeispiel:

Vier Meßwerte liegen vor: 30,41; 30,45; 30,49; 29,22. Sie werden der Größe nach gereiht:

x_1 = 29,22
x_2 = 30,05 n = 4; x = 30,043
x_3 = 30,41 s = + 0,581
x_4 = 30,49

Da vier Meßwerte zur Verfügung stehen, erhält man:
$\sum (n/2) = 4/2 = 2$. Daher sind aus der W_a-Tabelle für den Koeffizienten a nur zwei Werte zu entnehmen, für

n = 4 und i = 1: 0,6872 und
n = 4 und i = 2: 0,1677.

Somit erhält man

$$W = (0{,}6872 \cdot (30{,}49-29{,}22) + 0{,}1677 \cdot (30{,}41-30{,}05))^2/(3 \cdot 0{,}581^2)$$

$$W = 0{,}8598$$

In der W-Tabelle findet man W (95 %) = 0,748; W (99 %) = 0,687.

Ist der für W berechnete Wert <u>größer</u> als W (95 %), so ist kein Ausreißer feststellbar. Ist W <u>kleiner oder gleich</u> W (95 %), aber größer als W (99 %), so gibt es <u>wahrscheinlich</u> einen oder mehrere Ausreißer, wobei selbstverständlich die Werte mit der größten absoluten Differenz zum Mittelwert als "verdächtig" zu betrachten sind. Ist W <u>kleiner</u> als W (99 %), so sind einer oder mehrere Ausreißer signifikant nachgewiesen. Es ist zu beachten, daß im Gegensatz zu den sonst üblichen Testmethoden die Testgröße <u>kleiner</u> als der Tabellenwert sein muß!

Tab. 2.3 Auszug aus der "W_a-Tabelle"
(mit freundl. Genehmigung von Kaiser und Mühlbauer[2])

n	i = 1	2	3
3	0,7071		
4	0,6872	0,1677	
5	0,6646	0,2413	
6	0,6431	0,2806	0,0875
7	0,6233	0,3031	0,1401

Einige typische Fehlerquellen in der Spurenanalyse werden in Abschn. 2.4 behandelt, weitere Beispiele finden sich in Kap. 8.

Die <u>Genauigkeit</u> (precision) einer analytischen Methode ist ein Maß für ihre Wiederholbarkeit und läßt sich am besten durch die Standardabweichung ausdrücken, die entweder in derselben Einheit ausgedrückt wird wie der Wert selbst oder auch als Prozentanteil desselben. Man kann beispielsweise die Genauigkeit einer Spurenanalyse für Eisen im Bereich von 10 µg entweder als s = 0,5 µg oder s = 5 % angeben. Aus jeder der beiden Angaben kann man entnehmen, daß von 20 Bestimmungen einer Probe mit einem Gehalt von 10 µg 19 mal Werte zwischen 9 und 11 µg zu erwarten sind.

Die Standardabweichungen liegen für gute "klassische" Titrationsmethoden bei 0,1 - 0,2 %, für gute spektrophotometrische oder atomabsorptiometrische Bestimmungen bei 0,5 %. Zahlreiche instrumentelle Methoden, die für sehr kleine Probenmengen konzipiert sind, lassen 1 % erwarten, während im Spurenbereich 5 - 10 % nicht ungewöhnlich sind.

Die <u>Richtigkeit</u> (accuracy) eines Analysenresultates oder der Mittelwert mehrerer Bestimmungen ist als Maß dafür anzusehen, ob das Resultat korrekt ist - oder auch als Maß für die möglichst genaue Übereinstimmung von x und μ. Es kann gelegentlich, besonders im Fall der extremen Spurenanalysen, sehr schwer zu beweisen sein, ob das erzielte Ergebnis richtig ist oder nicht. Die beste Möglichkeit besteht darin, viel mühevolle Kleinarbeit aufzuwenden, um alle denkbaren Fehlerquellen auszuschließen und auch aufzuzeigen, daß die diesbezüglichen Bemühungen erfolgreich waren. Es gibt keinen anderen Weg, um dem Analytiker das Vertrauen in seine Arbeit zu geben. Ein Beispiel dieser Art ist im Falle der Bestimmung von Spuren von Quecksilber zu finden, wie sie von Tölg[6] S. 340).

2.2.3 Erfassungsgrenze und Bestimmbarkeitsgrenze

Im vorigen Abschnitt wurde erläutert, wie Genauigkeit eines Arbeitsganges für einen bestimmten Konzentrationsbereich bestimmt werden kann. Oft erhebt sich jedoch die Frage nach der Untergrenze der Bestimmbarkeit einer Substanz. Die Antwort ergibt sich zumeist durch die Einführung des Blindwertes und neuerlichen statistischen Überlegungen. Die Definition des Blindwertes ist einfach. Es handelt sich um jenen Wert, der erhalten wird, wenn der komplette analytische Vorgang unter Verwendung sämtlicher Reagenzien und Lösungsmittel, jedoch ohne Probe durchgeführt wird. Ein typisches Beispiel bringt Abb. 2.2 in Form einer Eichgeraden für eine spektrophotometrische Bestimmung.

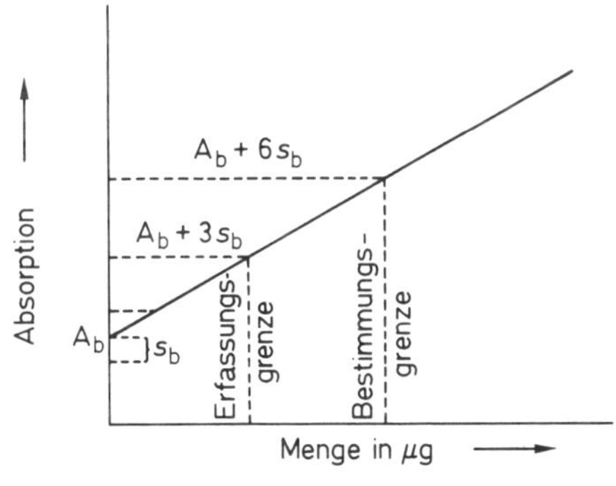

Abb. 2.2 Erfassungsgrenze und Bestimmungsgrenze für eine spektrophotometrische Methode. A_b = Blindwert der Absorption; s_b = Standardabweichung von A_b

Die Eichgerade schneidet die Absorptionsachse beim Blindwert A_b. Das kann auf Spurenverunreinigungen der Reagenzien oder auf die Eigenabsorption des Lösungsmittels zurückzuführen sein. Durch mehrfache Wiederholung der Blindwertbestimmung läßt sich die Standardabweichung des Blindwertes s_b berechnen. Man definiert nun die Erfassungsgrenze mit dem Wert $A_b + 3s_b$ und die Untergrenze der Bestimmbarkeit als $A_b + 6s_b$. Im ersten Fall ist lediglich das Vorhandensein der gesuchten Substanz gesichert. Nach weit verbreiteter Ansicht ist man aber erst ab $A_b + 6s_b$ in der Lage, einen korrekten Zahlenwert angeben zu können.

Die beiden genannten Faktoren sind wertvolle Indikatoren für die Leistungsfähigkeit einer spurenanalytischen Methode. Sie sollen auch im Zusammenhang mit einer kompletten Methode und nicht nur auf Einzelschritte bezogen betrachtet werden.

2.2.4 Eichdiagramme und Regressionsanalyse

Für alle instrumentellen Methoden, die auf dem Vergleich irgendeiner physikalischen Größe beruhen, für die eine Abhängigkeit von Konzentration oder Menge der zu bestimmenden Substanz bekannt ist, erfolgt die Auswertung am einfachsten mit Hilfe eines Eichdiagrammes (s. Abb. 2.3).

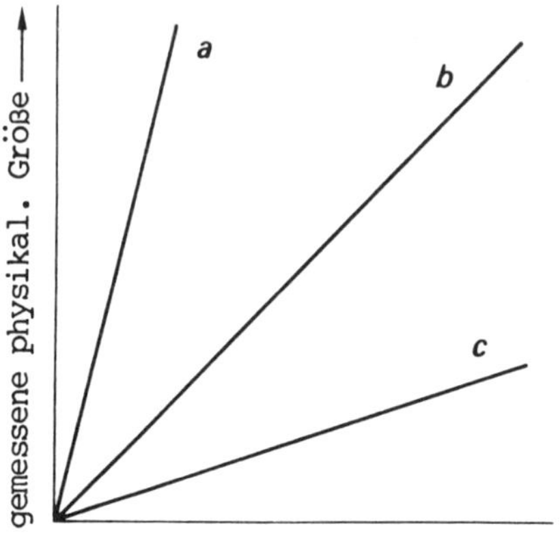

Abb. 2.3 Wahl des günstigsten Maßstabes für Diagramme; der zur Darstellung der Linie b gewählte Maßstab ist vorzuziehen

Die richtige Wahl der Maßstäbe für die beiden Achsen ist von großer Wichtigkeit. Für die optimale Ablesbarkeit und somit auch für die Genauigkeit der Ablesung soll die Eichlinie eine Neigung von etwa 45° haben. Außerdem ist es angebracht, die Längen der beiden Koordinatenabschnitte auf die gewählten Einheiten abzustimmen. Die gewählten Einheiten sollen nach Möglichkeit im Verhältnis 1 : 1, 1 : 2, 1 : 5 oder 1 : 10 stehen. Relationen wie 1 : 3 oder 3 : 1 und ähnliche Teilungsverhältnisse sollten unter allen Umständen vermieden werden. In manchen Fällen ist die Verwendung logarithmischer Maßstäbe erforderlich, wofür einfach- oder doppelt-logarithmisch geteilte Papiere im Fachhandel erhältlich sind. Das Diagramm sollte nicht größer als 10 - 20 cm sein. In nahezu allen Fällen reicht diese Größe für die benötigte Ablesegenauigkeit aus. Für komplizierte Darstellungen lohnt es sich, Einblick in die Fachliteratur zu nehmen. Es ist auch nicht allgemein bekannt, daß zur Darstellung von Zeitreihen spezielle Papiere erhältlich sind, deren Abszisse in 24 Stunden, in Wochen, Monate oder auch Jahre geteilt ist, wodurch ein beträchtlicher Zeitaufwand für das Zeichnen derartiger Raster vermieden werden kann.

Bei der Regressionsanalyse handelt es sich um eine statistische Rechenmethode, mit deren Hilfe aus den gefundenen Meßdaten, etwa aus einer Eichreihe, eine möglichst gut angepaßte Eichkurve ermittel werden kann. Abb. 2.4 zeigt eine auf diese Wiese ermittelte typische Eichgerade für eine spektrophotometrische Bestimmung. Durch die Eigenfarbe des Reagenz ergibt sich ein erheblicher Blindwert. Der Betrag der Standardabweichung für jeden Meßpunkt ist ebenfalls eingetragen.

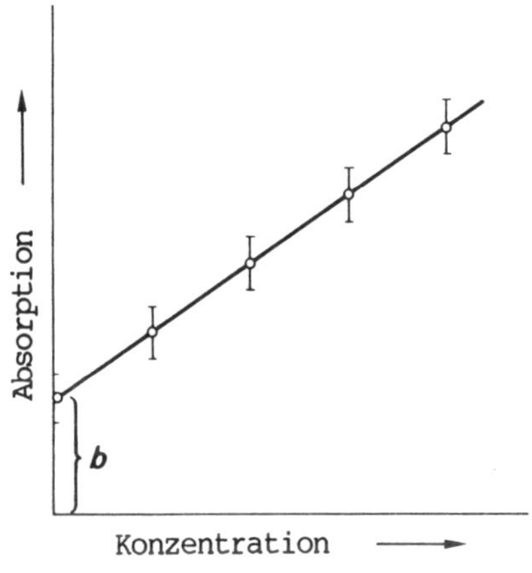

Abb. 2.4 Eichgerade nach der Formel A = kC + b

Diese Eichgerade gehorcht der Gleichung

$$A = k \cdot C + b \qquad (2.8)$$

entsprechend der Gleichung einer Geraden in der allgemeinen Form

$$y = mx + c \quad . \qquad (2.9)$$

Es ist durchaus denkbar, die fünf erhaltenen Meßwerte in das Koordinatensystem einzutragen und die Konstanten k und b für Gl. (2.8) zu berechnen. Anschließend wäre man in der Lage, aus jedem gemessenen Absorptionswert A die gesuchte Konzentration C zu berechnen. Theoretisch ist eine Gerade bereits durch zwei Punkte definiert, so daß man sich eigentlich die Bestimmung dieser weiteren Punkte als unnötig ersparen könnte. Wenn man aber bedenkt, daß jede einzelne Messung mit einem Meßfehler behaftet ist, folgert zwangsläufig, daß jedes Punktepaar eine etwas anders liegende Gerade (andere Neigung, anderer Ordinatenabschnitt) ergeben muß.

Es wird somit nötig sein, mit Hilfe einer geeigneten Rechenmethode jene Gerade zu finden, die alle Fehler auf ein Minimum bringt, wodurch die optimalen Voraussetzungen für die Verwendung als Eichkurve gegeben sind. Diese "Methode der kleinsten Fehlerquadrate" gehört zur Regressionsrechnung und ist nicht nur auf gerade Linien beschränkt. Selbstverständlich wird auch die erhaltene Gerade mit einem Fehler behaftet sein, da die beiden Konstanten k und b in Gl. (2.8) oder m und c in der allgemeinen Form nach Gl. (2.9) ebenfalls fehlerhaft sein können. Je mehr Meßpunkte für die Ermittlung zur Verfügung stehen, desto größer wird die Genauigkeit des Endresultates. Man wird aber im allgemeinen nicht mehr als fünf oder sechs Eichpunkte bestimmen. Da sich die relative Genauigkeit nur mit der Wurzel der Zahl der Werte erhöht, wäre es in Anbetracht des damit verbundenen Arbeitsaufwandes unökonomisch, noch mehr Meßpunkte festzulegen.

Es ergibt sich nun die Fragen, wie man feststellen kann, ob eine Reihe von Meßpunkten einer Geraden oder einer Kurve zuzuordnen ist. In den meisten Fällen kann diese Frage nach dem Einzeichnen der Meßpunkte in das Koordinatensystem schon mit freiem Auge entschieden werden. In einfacheren Fällen kann bereits eine allgemeine Parabel als Ausgleichskurve berechnet werden, wofür allerdings etwas mehr Meßpunkte als für eine Gerade erforderlich sind. Als Beispiel kann die in Abb. 2.5 gezeigte Eichkurve für die Natrium-Bestimmung durch Emissionsflammenphotometrie dienen.

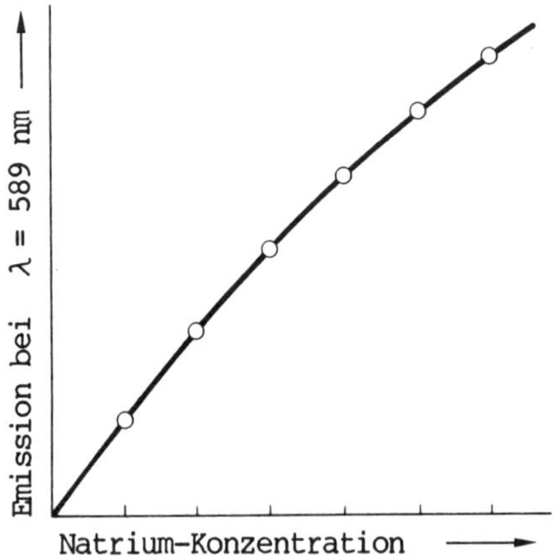

Abb. 2.5 Flammenphotometrische Natrium-Bestimmung

Bezüglich der mathematischen Durchführung der Regressionsrechnung muß auf die einschlägige Fachliteratur verwiesen werden. Außerdem sind die erforderlichen Rechengänge mit den meisten der leistungsfähigen Taschenrechner, noch besser mit Kleincomputern, unschwer durchzuführen. Die in der Bedienungsanleitung einzelner AAS-Geräte aufgestellte Behauptung, daß vier Meßpunkte für die Erstellung einer Meßkurve ausreichen, entspricht der Theorie. In der Praxis benötigt man aber doch acht bis zehn Punkte, um eine befriedigend genaue Kurve zu erhalten.

2.2.5 Vergleich der Resultate zweier Meßreihen

In vielen Fällen ergibt sich die Notwendigkeit, ein bereits untersuchtes Material ein zweites Mal zu analysieren. In diesem Fall erhebt sich die Frage, nach welchen Gesichtspunkten die zwischen den beiden Meßreihen bestehenden Unterschiede zu bewerten sind. Diese Überlegungen gelten verständlicherweise nur für den Fall, daß das zu untersuchende Material nicht von vornherein erhebliche, zeitlich bedingte Änderungen erwarten läßt. Zur Beurteilung des Sachverhaltes können zwei relativ einfache statistische Prüfverfahren verwendet werden, die von Kaiser und Mühlbauer[2] in knapper und leicht verständlicher Form zusammengestellt wurden. Man kann mit diesen Methoden zunächst die Varianzen und anschließend die Mittelwerte objektiv beurteilen.

Vergleich der Varianzen, F-Test

Unter Varianz versteht man das Quadrat der Standardabweichung, s^2. Der F-Test dient zur Feststellung der Unterschiede zweier Standardabweichungen von ausreißerfreien Meßserien aus vergleichbarem Probenmaterial und erlaubt die objektive Feststellung, ob ein Unterschied zwischen s_1 und s_2 nicht feststellbar, wahrscheinlich oder statistisch gesichert ist. Zu berechnen ist Prüfgröße PF nach der Gl. 2.10

$$PF = \left(\frac{s_1}{s_2}\right)^2 \geq 1 \qquad (2.10)$$

wobei zu beachten ist, daß PF nich kleiner als 1 sein darf. Die größere der beiden Standardabweichungen wird daher stets mit s_1 bezeichnet. Die zugrunde liegenden Einzelwerte der Meßserie erhalten sinngemäß die Bezeichnung

$$x_{11}, x_{12} \ldots. x_{1n} \quad \text{bzw. } x_{21}, x_{22} \ldots. x_{2n}.$$

Die weitere Vorgangsweise ist aus dem folgenden, kurz gefaßten Beispiel zu entnehmen (Tab. 2.4).

Tab. 2.4 Berechnung der Prüfgröße PF, Vergleich mit den Werten der F-Tabelle

	Datengruppe 1	Datengruppe 2
	(n_1 = 4)	(n_2 = 5)
	$f_1 = n_1 - 1 = 3$	$f_2 = n_2 - 1 = 4$
	$s_1 = \pm\, 0{,}2525$	$s_2 = \pm\, 0{,}0603$

$$\text{Prüfgröße PF} = \left(\frac{0{,}2525}{0{,}0603}\right)^2 = 17{,}53$$

Aus der F-Tabelle ergeben sich für f_1 = 3; f_2 = 4 und für die Vertrauensgrenzen 95, 99 und 99,9 % folgende Werte

F (95)	=	9,98
F (99)	=	24,30
F (99,9)	=	80,07

Aus dem Vergleich der Prüfgröße PF mit diesen Tabellenwerten ergibt sich folgende Entscheidung aus Tab. 2.5.

Tab. 2.5 Bewertung der Prüfgröße PF

wenn	ist ein Unterschied zw. s_1 und s_2
PF < (95)	nicht feststellbar
F(95) ≤ PF ≤ F(99)	wahrscheinlich
F(99) ≤ PF ≤ F(99,9)	signifikant festgestellt
F(99,9) ≤ PF	hochsignifikant festgestellt

Da in diesem Beispiel F(95)(= 9,98) < PF(= 17,53) < F(99) (= 24,30) ist, ergibt sich, daß ein Unterschied zwischen den beiden Meßserien wahrscheinlich ist. Die beiden Datengruppen dürfen daher nicht zu einer einzigen Datengruppe zusammengefaßt werden.

Vergleich von Mittelwerten, t-Test

Durch die objektive Beurteilung des Unterschiedes zwischen den Mittelwerten zweier ausreißerfreier Meßserien läßt sich entscheiden, ob die beiden Mittelwerte zu einem Gesamtmittelwert zusammengefaßt werden dürfen. Benötigt werden die Werte n, x und s der beiden Serien sowie das Ergebnis des F-Tests. Zu berechnen ist die Prüfgröße TAU, die mit den für F = $n_1 + n_2^{-2}$ tabellierten Werten der t-Tabelle verglichen wird.

$$\tau = \left| \frac{\bar{x}_1 - \bar{x}_2}{s_d} \right| \cdot \sqrt{\frac{n_1 \cdot n_2}{n_1 + n_2}} \quad (2.11)$$

$$s_d = \sqrt{\frac{(n_1 - 1) \cdot s_1^2 + (n_2 - 1) \cdot s_2^2}{n_1 + n_2 - 2}} \quad (2.12)$$

Beispiel

$n_1 = 5; \quad \bar{x}_1 = 30{,}445 \quad s_1 = 0{,}193$

$n_2 = 6; \quad \bar{x}_2 = 30{,}611 \quad s_2 = 0{,}169$

$$s_d = \sqrt{\frac{4 \cdot 0{,}193^2 + 5 \cdot 0{,}169^2}{5 + 6 - 2}} = \pm 0{,}18006$$

$$\tau = \left| \frac{30{,}445 - 30{,}611}{0{,}18006} \right| \cdot \sqrt{\frac{5 \cdot 6}{5 + 6}} = 1{,}522$$

Aus dem angeführten Beispiel ergibt sich F = 5 + 6 - 2 = 9

Man findet in der t-Tabelle	t(95)	=	2,26
	t(99)	=	3,25
	t(99,9)	=	4,78

Es ergibt sich folgende Beurteilung

TAU < t(95): ein Unterschied zwischen x_1 und x_2 ist nicht feststellbar
- t(95) ≤ TAU < t(99): ein Unterschied ist wahrscheinlich
- t(99) ≤ TAU < t(99,9): x_1 unterscheidet sich signifikant von x_2
- TAU ≥ t(99,9): es besteht ein hochsignifikanter Unterschied.

Die Zusammenfassung der Daten beider Serien ist nur dann zulässig, wenn weder die Mittelwerte, noch die Standardabweichungen Unterschiede aufweisen. Weitere Informationen über statistische Testmethoden finden sich bei Laitinen und Harris[7].

2.3 Kriterien für die Auswahl einer Analysenmethode

In den vorigen Kapiteln wurden objektive Vergleichsmethoden für die Leistungsfähigkeit analytischer Methoden beschrieben. Die folgenden Abschnitte befassen sich ergänzend mit eher subjektiven Kriterien, wobei einige von den örtlichen Gegebenheiten abhängen.

2.3.1 Richtigkeit und Genauigkeit

Diese beiden Begriffe wurden bereits in Abschn. 2.2 definiert. Es erhebt sich nun die Frage, welche Anforderungen in einem gegebenen Fall gestellt werden müssen. Dabei ist stets zu bedenken, daß ein höherer Leistungsstandard auch ein Mehrfaches an Mühe, Arbeitszeit und somit auch an Kosten erfordert. Es ist daher zu empfehlen, den zu erwartenden Fehlerbereich der ausgewählten Methode mit dem Streubereich der Analysenergebnisse von "normalen" Proben zu vergleichen. Der Ausdruck "normal" ist in diesem Zusammenhang lediglich so zu verstehen, daß damit oft anfallendes Probenmaterial ohne besondere Tücken gemeint ist. Man möge sich auch vor Augen halten, daß hohe Genauigkeit, die zumeist leichter zu erreichen ist als die Richtigkeit, eher dann gefragt ist, wenn es um die Erfassung von Veränderungen geht. Das gilt z.B. für Schwankungen der Konzentration einer bestimmten Komponente eines Produktes, die manchmal von höherem Interesse sind als die Absolutwerte an sich. Mit anderen Worten, es wäre sinnlos, Angaben eines Resultates auf Hundertstel Prozente anzustreben, wenn bekannt ist, daß die Werte aufgrund der Natur der untersuchten Substanz um ganze Prozente schwanken können[8].

Man unterscheidet des öfteren auch zwischen der Wiederholbarkeit (repeatability) = Übereinstimmung von Mehrfachbestimmungen innerhalb eines Laboratoriums und Reproduzierbarkeit (reproducibility) = Übereinstimmung zwischen Laboratorien für Analysen desselben Materials unter Einsatz derselben Methode. Die Reproduzierbarkeit ist jedenfalls als der strengere Maßstab zu betrachten. Bei der Einführung von offiziell verbindlichen Methoden, wie sie in nationalen oder auch internationalen Richtlinien zu finden sind, werden daher sogenannte "Ringtests" durchgeführt. Nähere Angaben finden sich bei Dinkloh et al.[9]. bzw. in den "Deutschen Einheitsverfahren für die Wasser-, Abwasser- und Schlammuntersuchungen ("DEV")" in Abschnitt A 41 und A 42[10].

2.3.2 Empfindlichkeit

Die Empfindlichkeit definiert jene Mindestmenge an "Analyt" (= die zu bestimmende Substanz), die erforderlich ist, damit ein zahlenmäßig greifbares Signal erhalten werden kann. Von wenigen Fällen gravimetrischer Bestimmungen abgesehen, erhält man das Resultat in Form eines physikalischen Parameters, der im Falle der "klassischen" Titration als Verbrauch von Meßlösung bis zum Farbumschlag visuell, meist aber als elektrisches Signal durch Ablesung eines Zeigeranschlages in Form eines Schreibstreifens oder neuerdings unmittelbar digital erfaßt wird. Es ergibt sich somit in jedem Fall ein Proportionalitätsfaktor zwischen dem gemessenen Parameter und der vorliegenden Menge Analyt. Dieser Faktor interessiert besonders für den Vergleich chromogener Reagenzien bei der Bestimmung von Metallen im Spurenbereich. In den meisten anderen Fällen könnte diese vereinfachte Interpretation des Begriffes "Empfindlichkeit" zu Fehleinschätzungen führen, da die Leistungsfähigkeit einer Methode und somit auch die Bestimmungsgrenze von einigen anderen Faktoren sehr wesentlich beeinflußt wird. Dazu gehören mögliche Verunreinigungen und instabile Blindwerte. Als sicherste Ausgangsposition dürfte die Angabe des üblichen Arbeitsbereiches durch die Größen $\mu g \cdot g^{-1}$ bzw. $mg \cdot l^{-1}$ Analyt mit Angabe des Matrixmaterials gelten. Die Auswahl einer geeigneten Methode zur Bestimmung geringster Mengen Eisen wird beispielsweise davon abhängen, ob es sich um Quarzsand oder um Reinstmetalle handelt.

2.3.3 Selektivität

Der wichtigste Schritt in allen analytischen Methoden besteht in der Trennung der Komponenten. Diese Trennung kann durch Verteilung auf zwei Phasen (Lösung/Niederschlag oder im Falle der Lösungsmittelextraktion, auf zwei flüssige Phasen) oder durch zeitliche Auflösung wie im Falle der Gaschromatographie erfolgen. Auch durch die Intensitätsmessung eines ausgewählten Bandes oder einer einzelnen Linie des Spektrums ist eine Trennung möglich, wobei man danach trachtet, die Auswahl so zu treffen, daß die Signalintensität ausschließlich von der Menge bzw. der Konzentration des zu bestimmenden Analyten abhängt. Dies kann etwa bei manchen der ionenselektiven Elektroden der Fall sein. Oft aber sind sehr erhebliche Störfaktoren durch andere Ionen zu erwarten, wobei das Verhältnis zwischen gesuchten und störenden Ionen berücksichtigt werden muß. Auch in diesem Fall müssen Grenzen definiert werden, die erkennen lassen, ab wann der Störeffekt signifikant wird.

2.3.4 Störfaktoren

Störungen durch Fremdsubstanzen sind zumeist auf zwei Ursachen zurückzuführen:

- Die Störsubstanz verursacht eine ähnliche Reaktion wie der Analyt, so daß das Signal größer ausfällt als der tatsächlich vorhandenen Menge Analyt entspricht.

- Es tritt ein Maskierungseffekt ein, etwa durch Komplexbildung, wodurch der Analyt der Messung ganz oder teilweise entzogen wird. So kann beispielsweise Calcium in Gegenwart von Phosphat flammenphotometrisch nicht bestimmt werden. Eine Fluorid-Elektrode wird keine Anzeige geben, sobald sich der Komplex $[FeF_6]^{3-}$ bildet.

Die erstgenannte Störung kann unter sehr verschiedenen Bedingungen auftreten. Der Konzentrationsbereich für die störenden Substanzen kann sehr weit gespannt sein, so daß manchmal schon geringe Mengen, manchmal aber erst hohe Konzentrationen ernsthaft stören. Im zweiten Fall müssen zumindest stöchiometrisch wirksame Mengen vorliegen, bis ein signifikanter Effekt auftritt.

Aus der Wahrscheinlichkeit des Auftretens von Störeffekten erklärt sich, wie wichtig es ist, alle greifbaren Informationen über das zu untersuchende Material zu sammeln, bevor mit der detaillierten Planung der Analysendurchführung begonnen wird.

2.3.5 Zeitaufwand

In nahezu allen Fällen wünscht der Auftraggeber die Analysenergebnisse "möglichst schon gestern"; dennoch ist es fast immer notwendig, die Analysen sobald wie möglich fertigzustellen. Dies gilt ganz besonders für biologische Proben und vor allem für Wasserproben. Mikrobielle Umsetzungen, die mit unglaublicher Geschwindigkeit vor sich gehen, können die Probe vom Augenblick der Entnahme an wesentlich verändern. Natürliche Gewässer ändern ihre Eigenschaften bereits durch Verschiebung des äußerst diffizilen Carbonat-Bicarbonat-Gleichgewichts, was auch eine Änderung des pH-Wertes zur Folge hat. Im anorganischen Bereich sind eventuelle Änderungen der physikalischen Bedingungen ebenso zu berücksichtigen: Die Löslichkeit von Bariumsulfat ist unter hohem Druck erheblich höher als unter Normalbedingungen, was bei Proben von Tiefenwässern zum Auskristallisieren führt. In derartigen Fällen ist es erforderlich, die Probe entweder durch rasches Einfrieren oder durch Zusatz eines für die vorgesehene Bestimmung inerten Konservierungsmittels haltbar zu machen.
Ein weiterer wesentlicher Aspekt für die Beurteilung des Zeitaufwandes besteht in der Unterscheidung zwischen Vorbereitungszeit, Zeitbedarf für den ebenfalls erforderlichen Aufschluß und für die Durchführung des letzten Arbeitsschrittes, der zum Endresultat führt. So ist beispielsweise der Kjeldahl-Aufschluß mit ca. 2 1/2 Stunden der zeitbestimmende Faktor bei der Bestimmung von Eiweiß-Stickstoff. Der nachfolgende Auswerteschritt kann im Gegensatz dazu auf einem Serien-Analysengerät in der Art eines "Autoanalysers" mit einem Durchsatz von 120 Proben pro Stunde durchgeführt werden. Ähnliche Überlegungen gelten für die Spurenmetallbestimmung in pflanzlichem oder ähnlichem Material, das erst verascht und anschließend wieder aufgeschlossen werden muß, um die gesuchten Komponenten für die Endbestimmung in gelöster Form vorliegen zu haben.

In diesem Zusammenhang muß auch darauf aufmerksam gemacht werden, daß die Anschaffung eines zumeist sehr kostspieligen Analysenautomaten auch dann sehr sorgfältig überlegt werden muß, wenn das betreffende Laboratorium nicht gezwungen ist, zumindest kostendeckend zu arbeiten. Die instrumentelle Ausstattung sollte jedenfalls nicht nur für den Langzeitdurchschnitt des Probenanfalles, sondern auch für öfter vorkommende Spitzenbelastungen gerüstet sein. Oftmals ist es zweckmäßig, Proben, die spezielle Bestimmungen erfordern, an andere Laboratorien weiterzugeben, für die derartige Bestimmungen zur Routine gehören. Als Beispiel wäre etwa die Bestimmung von Pestizidrückständen zu betrachten. Damit ist ein dritter Fall in Betracht zu ziehen, der sich ergibt, wenn Einzelproben anfallen, die eine längere Vorbereitungszeit für die Herstellung von Meßlösungen oder Reagenzien für das "Einfahren" von automatischen oder halbautomatischen Analysengeräten und die Durchführung von Eich- oder Kontrollanalysen erfordern. Ebenso kann die Überprüfung etwaiger Störfaktoren notwendig werden. In solchen Fällen ist es oft wesentlich zweckmäßiger, eine der "klassischen" chemischen Analysenmethoden anzuwenden, da andernfalls Stunden oder Tage aufgewendet werden müssen, um das Instrumentarium so vorzubereiten, daß wirklich verläßliche Resultate garantiert werden können.

2.3.6 Kosten und Ausrüstung

Wie schon im vorigen Abschnitt angedeutet, hängen diese beiden Faktoren sehr stark voneinander ab, so daß es zweckmäßig erscheint, sie gemeinsam zu betrachten. Geräte für ein weitgehend automatisiertes Labor sind teuer und amortisieren sich nur dann in absehbarer Zeit, wenn ein genügend hoher Probenanfall zu erwarten ist. Bei voller Auslastung ergeben sich nur so niedrige Eigenkosten für die einzelne Bestimmung. Parallel dazu ist aber zu bedenken, daß die Entlohnung eines Analytikers unabhängig von den Kosten der instrumentellen Einrichtung und der Arbeitsauslastung ständig weiterläuft. Die Autoren der englischen Originalfassung dieses Buches haben mit Unterstützung einiger Kollegen Kostenberechnungen für einige typische Analysen durchgeführt, wobei ein Vergleich zwischen manuellen Methoden unter Verwendung der "Grundausrüstung" eines analytischen Labors einerseits und mit Hilfe automatischer Analysengeräten für hohen Probendurchsatz andererseits angestrebt wird.

Die in Tab. 2.6 angegebenen Zahlen beziehen sich auf das Preisniveau in Großbritannien im Jahre 1981. Man kann aus diesen Beispielen auch entnehmen, wie eine Preiskalkulation durchzuführen ist:

Löhne, Chemikalien, Verbrauch von Gasen, Wertminderung (üblicherweise 10 %, jedoch 30 %, wenn überwiegend Glasapparaturen verwendet werden), Dienstleistungen und Energieversorgung (Gas, Strom, Heizung), Werkstätten- und Instandhaltungskosten und Generalunkosten wie Sekretariatsarbeit, Bibliothek, Datenverarbeitung und Transport.

Tab. 2.6 Kostenberechnung für chemisch-analytische Leistungen. (Für die Mithilfe bei der Zusammenstellung der Daten für die Tabelle - angegeben in £ geltend für 1981 - gebührt der Dank der Autoren den Herren: Prof. P. Brown, Dr. R.A. Chalmers, Dr. J. Davidson u. Prof. S. Frazer.)

Art der Analyse	1)	2)	3)	4)	5)	6) a	6) b	7) a	7) b
Klassische CH/Bestimm. in organ. Subst. manuell	200	200	4.400	2.000	6.800	12	2.880	2,36	1,18
Automatische Verbrennung	1.500	500	4.400	2.000	8.400	30	7.200	1,16	58 p
N in organ. Substanz Manuelle NH_3-Bestimmung	(30 %) 360	1.500	4.400	2.000	8.260	40	9.600	1,90	0,86
Kjedahl-Aufschluß	500	600	4.400	2.000	7.500	30	7.200	-	1,04
Autoanalyser, NH_3-Best.	(10 %) 360	1.240	4.400	2.000	8.000	160	38.600	1,25	0,21
10-Element Gesteins-mikroanalyse Manuelle Schnellmethoden	1.000	1.000	4.400	2.000	8.400	12 Wochen	576	14,60	1,46
Automatisierte Röntgen-Fluoreszenz-Analyse	10.000	1.800	13.200 (3)	5.000	30.000	0	9.600	3,12	31 p
Große medizinisch-chemische Analyse von Blut u. Harn	(14 %) 60.000	16.000	275.000 (33)	60.000	411.000	500	150.000	2,74	(av)27 p

1) Wertminderung 10 % d. Kapitals; 2) Chemikalien; 3) Löhne; 4) Generalunkosten; 5) Gesamtkosten
6) Probendurchsatz: a = pro Tag, b = pro Jahr; 7) Kosten: a = pro Analyse, b = pro Bestimmung.

Wenn man jedoch beispielsweise die beeindruckend niedrigen Kosten einer automatisierten Gesteinsanalyse betrachtet, muß man andererseits bedenken, wie viele Geologen beschäftigt werden müssen, um so viele Proben zu sammeln, daß ein Labor voll ausgelastet wäre! Es erscheint daher zweckmäßiger, die Betriebskosten eines Laborbetriebes als Dienstleistung und als Ganzes zu bewerten, anstatt die Kosten einzelner Analysen zu berechnen. Dies trifft besonders für Laboratorien zu, die sich mit Umweltanalytik befassen, da in diesem besonderen Fall Jahr für Jahr eine große Probenanzahl analysiert werden muß, um die benötigten Detailaussagen und aus diesen Informationen über Tendenzen, Ursachen und Auswirkungen zu erhalten.

Eine Aufschlüsselung und tabellarische Zusammenfassung der Kosten einzelner Analysen erweisen sich für den deutschsprachigen Raum als kaum durchführbar. Chemische Umweltanalysen werden in den einzelnen Ländern von sehr verschiedenartig organisierten Institutionen durchgeführt. Viele dieser Laboratorien sind Teil eines Bundes- oder Landesinstitutes. Oftmals werden umweltanalytische Untersuchungen routinemäßig oder als Teil von Forschungsprogrammen von Universitätsinstituten durchgeführt. Häufig werden auch Laboratorien der Industrie oder private Ingenieurbüros eingeschaltet.

Analytische Untersuchungen im Zusammenhang mit Fällen von Umweltverschmutzungen werden in vielen Fällen durchgeführt ohne den Veranlasser mit Kosten zu belasten, vor allem dann, wenn die Untersuchung im öffentlichen Interesse liegt.

Neben den Kosten der Bearbeitung der Proben im Laboratorium müßte auch die Probenahme berücksichtigt werden, für die sich oft sehr hohe Personal-, Transport- und Gerätekosten ergeben.

In der Bundesrepublik Deutschland wird üblikcherweise das von der Gesellschaft Deutscher Chemiker herausgegebene "Leistungsverzeichnis für chemische Analysen" (11. neubearb. Aufl. 1982, Verlag Chemie, Weinheim, 145 S.) als Unterlage für die Kostenberechnung herangezogen. Trotzdem bleibt im Einzelfall je nach Sachlage ein erheblicher Spielraum für die Kostenberechnung. Schon der Umstand, daß nach dem Erscheinen der 10. Auflage im Jahre 1967 fünfzehn Jahre für die Neubearbeitung der 11. Auflage erforderlich waren, zeigt, wie schwierig diese Frage zu behandeln ist.

2.3.7 Anforderungen an die Mitarbeiter

Ein bemerkenswerter Bericht[11] über einen Vergleich der in verschiedenen Laboratorien durchgeführten Bestimmung von Ethanol in medizinischen Produkten (entweder durch Destillation und Dichtebestimmung des Destillats oder mittels Gaschromatographie (s. Kap. 8, S. 339 f.) zeigte, daß in jedem

Laboratorium mit jener Methode, mit der das Fachpersonal vertraut war, bessere Resultate erzielt wurden. Die Entscheidung, welche der beiden Methoden als die bessere zu betrachten ist, kann auf diese Weise kaum getroffen werden. Man kann jedoch aus dieser Studie den Schluß ziehen, daß es sich günstig auswirken wird, bei der Auswahl einer neuen Methode aus der Fachliteratur eine solche auszusuchen, deren Arbeitstechnik dem Fachpersonal vertraut ist. Mit Forschungsarbeiten betraute Studierende höherer Semester (postgraduate students) machen des öfteren die enttäuschende Erfahrung, wie schwierig es ist, bei Anwendung von publizierten Methoden im eigenen Laboratorium die erwarteten korrekten Resultate zu erzielen. Das kann zum Teil an mangelnder Erfahrung und nicht ausreichender Beachtung der Einzelheiten liegen, es ist aber oft auch darauf zurückzuführen, daß der Autor die Arbeitsanleitung nicht genau genug beschrieben hat. Oftmals werden Details nicht erwähnt, die dem Autor als so selbstverständlich erscheinen, daß er sie für nicht erwähnenswert hält, oder daß er die von ihm vorgeschlagene Methode nur an synthetischen und nicht an "echten" Proben getestet hat.

2.3.8 Anwendungsbereich

Zwei Faktoren sind für Ermittlung des Anwendungsbereiches von ausschlaggebender Bedeutung:

- die Empfindlichkeit der Methode und

- die verfügbare Probenmenge (unter Berücksichtigung des Umstandes, daß zumeist destruktive Methoden angewendet werden müssen).

Als Beispiel kann die Bestimmung von Zinn in Lebensmitteln herangezogen werden. Eine Veröffentlichung aus dem Jahre 1917 beschreibt die Zinnbestimmung in Dosen-Rhabarber wie folgt: 75 g Rhabarber werden in 150 ml konzentrierten Säuren zersetzt. Zinn wird als Oxid gravimetrisch bestimmt. Für diese Methode werden große Reagenzienmengen benötigt. Große Volumina an Abgasen, insbesondere Säuredämpfe werden entwickelt. Die Arbeitszeit beträgt mehrere Stunden[12].

Im Gegensatz dazu sind aus einem 1973 veröffentlichten Bericht zwei moderne Methoden beschrieben. In diesem Fall geht man von 10 g Probe aus, die in 10 ml Säure aufgenommen wird. Die Zinnbestimmung im 10 - 100 µg-Bereich erfolgt photometrisch[13]. Diese beiden neueren Varianten benötigen erheblich weniger Arbeitszeit und sind insgesamt erheblich billiger durchzuführen.

Ein extremes Beispiel für die Grenzen, die durch die verfügbare Probemenge gegeben sind, ist die Analyse von Münzen aus einer Museumssammlung. Es konnte festgestellt werden, daß die mit einem aufgerauhten Stäbchen aus hoch reinem Quarz von einer Münze abgeschabten minimalen Probenmengen für die Bestimmung von Au, Ag und Cu mit Hilfe der Neutronenaktivierungsanalyse ausreichen. Die für die Analyse zur Verfügung stehende Probemenge liegt im Bereich von einigen Mikrogramm[14]. Das Gewicht der Probe kann in diesem Fall nicht bestimmt werden, man erhält jedoch die relativen Prozentanteile der verwendeten Elemente mit ausreichender Genauigkeit.

Als besonders beeindruckendes Beispiel für eine destruktive Analyse im Mikrobereich kann die Schwermetallbestimmung im menschlichen Haar durch Graphitstab-Atomabsorptionsspektrometrie angeführt werden. Ein Haar von ca. 1 cm Länge, das etwa 50 µg wiegt, reicht für die Einzelbestimmung von Cadmium, Blei oder Arsen aus. Die Konzentrationsänderungen entlang eines einzelnen Haares geben Auskunft darüber, wie die Belastung mit der betreffenden toxischen Verbindung über mehrere Wochen hinweg verlaufen ist[15].

In manchen Fällen ergibt sich die Größe der Probenmenge aus keinem der beiden oben angeführten Faktoren, sondern aus der Frage der Homogenität. So konnte beispielsweise gezeigt werden[16], daß erhebliche Fehler bei der Analyse von Wolframfäden für Glühlampen auf den Umstand zurückzuführen sind, daß das für den pulvermetallurgischen Prozeß vorbereitete Wolframoxid gelegentlich winzige Eisenoxidpartikel enthält. Ein solches Eisenoxidpartikel hat an einer Stelle des fertigen Wolframdrahtes eine lokale hohe Eisenkonzentration zur Folge. Der Draht wird beim Erhitzen auf Arbeitstemperatur an dieser Stelle brechen. Da die Wahrscheinlichkeit des Eindringens eines Eisenoxidpartikels sehr gering ist, muß man für eine wirksame Kontrolle eine große Probenmenge, üblicherweise 50 g, einsetzen. Die Frage der Probenhomogenität wird in Abschn. 5, S. 47 nochmals ausführlich behandelt.

2.4 Fehlerquellen in der Spurenanalyse

Die meisten Analysenmethoden setzen sich aus einer Anzahl von diskreten Einzelschritten zusammen, die allenfalls etwas modifiziert, wiederholt oder erweitert in der Mehrzahl der üblichen Methoden wiederkehren. Manchmal fällt einer dieser Schritte nicht sofort ins Auge, wenn etwa zwei derselben in einen Vorgang zusammengefaßt werden können - sie sind aber nichtsdestoweniger vorhanden. Die vier immer wiederkehrenden Schritte sind

- Probenahme,
- in Lösung bringen,
- Trennung und
- Bestimmung.

Einige der im Verlauf dieser Schritte auftauchenden allgemeinen Probleme und die in ihrer Folge resultierenden Probleme sollen in diesem Abschnitt behandelt werden. Fragen, die mit der Art des zu untersuchenden Materials zusammenhängen, wie z.B. Gase, Gewässer, Bodenproben etc. werden in den nachfolgenden Kapiteln im einzelnen behandelt. Einige wichtige Fehlerquellen, die Verunreinigung oder Substanzverluste zur Folge haben, können bei allen vier Schritten auftreten und werden aus diesem Grund als erstes behandelt.

2.4.1 Das Laboratorium als „Umgebungsfaktor"

Es wird manchmal behauptet, daß der am wenigsten geeignete Platz für die Durchführung von Spurenanalysen ein chemisches Laboratorium sei, da schon in der Luft eines Labors Elemente und Verbindungen in weit höherer Konzentration auftreten, als anderswo. Es kann sehr leicht vorkommen, daß das Arbeiten in einem gut entlüfteten chemischen Laboratorium die Bedingung für den Bearbeiter erleichtert, daß aber die aus den umliegenden Räumlichkeiten angesaugte Luft beachtliche Mengen Staub und Aerosol und flüchtige Chemikalien mitbringt, die ebenfalls zu einer unerwünschten Verunreinigung der Proben führen können. Die Liste der Elemente, die in der Laboratmosphäre in störenden Konzentrationen angetroffen werden können, umfaßt die Elemente Si, Al, Fe, Ca, Mg, Na, K, C, Ti, P, S, dazu kommen noch in den Stadtgebieten Hg, Pb, V, Br, Zn, Ni, Cu und Cl.

Der erste Schritt in dieser Richtung wäre das Arbeiten in einer mit Reinstluft gefüllten, geschlossenen Kammer ("Glove-Box"). Als bessere Lösung ist das Arbeiten an einem "reinen Arbeitsplatz" (clean room), der mittels einer laminaren, in spezieller Weise vorgereinigten, vertikalen Luftstromes nahezu frei von Verunreinigungen gehalten wird. Zu diesem Zweck wird die Luft durch hochwirksame Teilchenfilter geführt, wie dies in Abb. 2.6 dargestellt ist.

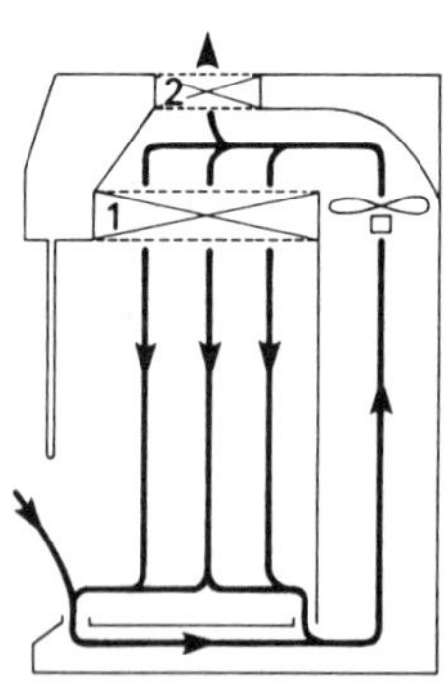

Abb. 2.6 "Reinstarbeitsplatz" mit hochwirksamen Teilchenfiltern 1 und 2; 90 % der Luftmenge wird im Kreis geführt, 10 % gehen durch Filter 2 zur Abluft. (Mit freundl. Genehmigung der Fa. Microflow Pathfinder Ltd., Fleet, Hampshire, Modell 11120)

Die von Boutron[17] angegebenen Resultate für die Bestimmung einiger oft anzutreffender Elemente im 10 $\mu g \cdot l^{-1}$-Bereich in Wasser nach Eindampfen auf ein kleines Volumen an einem normalen Laborarbeitsplatz und an dem oben skizzierten Reinstarbeitsplatz zeigen die Größenordnung des Problems sehr deutlich, wie aus Tab 2.7 hervorgeht. Die sicherste Lösung besteht natürlich in einer Flucht von Reinsträumen, von denen man partikuläre Verunreinigungen weitestgehend fernhalten kann. Wie Tölg[4] gezeigt hat, ist die verläßliche Bestimmung der "gewöhnlichen" Elemente in ultrareinen Metallen nur in solchen Räumen und unter Verwendung von ebenfalls ultrareinen Reagenzien und mit speziell gereinigtem Quarzgerät möglich.

Tab. 2.7 Verunreinigung sehr verdünnter Lösungen durch Laboratoriumsluft

Bestimmtes Element ($\mu g \cdot l^{-1}$)	Na	Mg	K	Ca	Fe
Offener Arbeitspl. gefunden	13,2	12,4	13,7	9,1	20,6
Reinstarbeitsplatz "	10,2	10,0	10,5	9,1	9,3

Zugabe jedes Elements entsprechend einer Konzentration von 10 $\mu g\ l^{-1}$. Nachdruck mit Genehmigung durch Boutron[17].

2.4.2 Behälter und Gefäße

Nur wenige Materialien, aus denen Behälter hergestellt werden, sind auch nur annähernd inert gegenüber einer Vielzahl von Flüssigkeiten und gelösten Chemikalien. Es ist daher notwendig, die Auswahl des für den jeweiligen Zweck am besten geeigneten Materials mit großer Sorgfalt vorzunehmen. Schon relativ geringe Anziehungskräfte zwischen der Oberfläche des Gefäßes und der gelösten Substanz können Verluste durch Adsorption zur Folge haben. Zwischen Verbindungen, die in wäßriger Lösung in ionisierter Form vorliegen und anorganischen Oberflächen wie Glas sind Ionenaustausch-Vorgänge zu berücksichtigen. Die unter einer Konzentration von ca. 10^{-3} $mol \cdot l^{-1}$ (etwa im $\mu g \cdot ml^{-1}$ Bereich) beachtliche Fehlerquellen darstellen können. Diese Effekte schwanken jedoch von einem zum anderen Mal so sehr, daß es praktisch unmöglich ist, von einem Fall auf einen anderen zu schließen. Es ist daher unumgänglich, jeden Fall einzeln experimentell zu überprüfen.

Beweise für die Adsorption von Ionen an Oberflächen wurden von Tölg und Mitarbeitern[18] gesammelt. Scheiben von verschiedenen Materialien wurden mit Testlösung von radioaktiven Verbindungen behandelt. Die Adsorptionsrate läßt sich auf diese Weise auch in ihrem zeitlichen Verlauf verfolgen. Zumeist erfolgte die Aufnahme während der ersten

Stunde sehr rasch, um dann allmählich einen Sättigungswert zu erreichen.

Adsorptionsverluste können z.B. zu erheblichen Fehlern führen, wenn Lösungen derselben Substanz in verschiedenen Konzentrationen zur Ermittlung einer Eichkurve verwendet werden. Abb. 2.7 zeigt ein Eichdiagramm für die gaschromatographische Bestimmung von Acrylsäure und Buttersäure. Die Substanzen wurden in Wasser-Aceton-Gemisch gelöst und in Natriumglas-Eichkolben aufbewahrt. Die Ähnlichkeit der Neigung des linearen Teils jeder der beiden Eichkurven zeigt, daß die Empfindlichkeit des gaschromatographischen Detektors für beide Substanzen nahezu dieselbe ist.

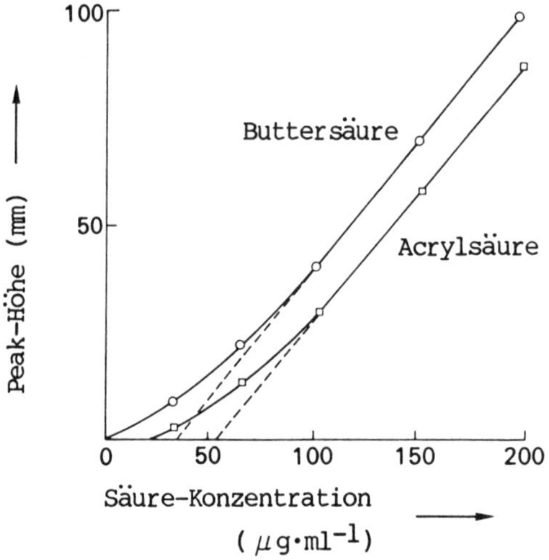

Abb. 2.7 Eichkurven zur gaschromatographischen Bestimmung zweier organischer Säuren, gelöst in Aceton-Wasser-Gemisch unter Berücksichtigung der Adsorptionsverluste. (Meßergebnisse von I.L. Marr)

Die Krümmung der Kurven im Bereich niedriger Konzentration zeigt, daß ca. 25 $\mu g \cdot ml^{-1}$ Acrylsäure durch Adsorption verloren gehen. Dazu ist noch zu bemerken, daß diese Zahlenangabe nur für ein bestimmtes Gefäßvolumen gilt, da mit zunehmendem Inhalt eines Gefäßes die Oberfläche (proportional einem Potenzexponenten des Wertes 2/3 = 0,667) kleiner wird.

Die Krümmung am unteren Ende einer Eichkurve ist typisch für zahlreiche ähnliche Eichkurven und hängt auch von der Art des Lösungsmittels ab. Für das angeführte Beispiel ist in Betracht zu ziehen, daß Acrylsäure mit einem pK-Wert von 4,2 eine schwache Säure ist, die aber in sehr verdünnter Lösung merklich dissoziiert (ca. 18 % bei einer Konzentration von

10^{-3} mol·l^{-1} = 48 µg·ml^{-1}). Die Dissoziation ist in Diethylether erheblich geringer, aber immer noch deutlich merkbar. Wird die Dissoziation durch Aussäuern mit Salzsäure zurückgedrängt, so lassen sich bei Acrylsäurelösungen in Ether in verschiedenen Gefäßmaterialien folgende Phänomene beobachten:

- Polypropylen führt zu sehr hohen Verlusten
- Natriumglas adsorbiert in den unteren Konzentrationsbereichen immer noch sehr stark
- Teflon (Polytetrafluorethylen) ergibt bereits wesentlich günstigere Resultate, obwohl es sich um eine organische Substanz handelt
- Quarzbehälter geben nahezu ideale Bedingungen, sobald die ätherische Lösung angesäuert wird.

Man kann daher den Schluß ziehen, daß die nicht dissoziierten Moleküle der Acrylsäure an Quarzoberflächen fast nicht, das Anion der Säure in der nicht angesäuerten, neutralen ätherischen Lösung doch noch in erheblichem Maß adsorbiert werden.

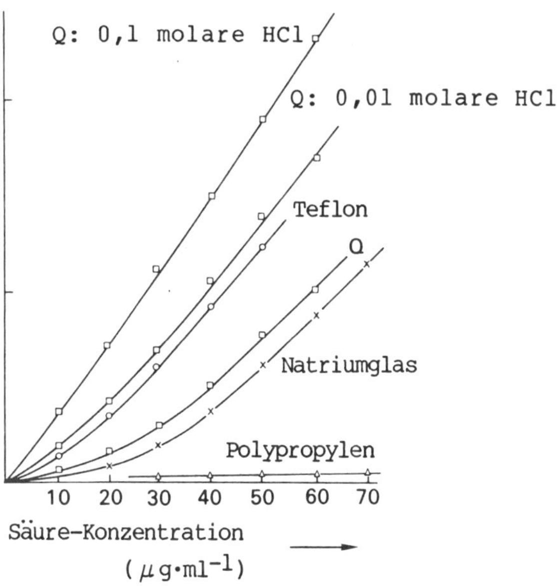

Abb. 2.8 Eichkurven zur gaschromatographischen Bestimmung von Acrylsäure in ätherischer Lösung mit verschiedenen Säurekonzentrationen, unter Berücksichtigung des Gefäßmaterials (Q = Quarz)

Die Frage der Adsorption von gelösten Substanzen an den Innenflächen von Gefäßen wurde etwas ausführlicher behandelt, um zu zeigen, wie vielfältig die Probleme bei der Herstellung von Eichlösungen sein können. Zusammenfassend läßt sich feststellen:

- Bei niedrigen Konzentrationen ergeben sich höhere Verluste
- Die Höhe der Verluste hängt vom Lösungsmittel und vom Gefäßmaterial ab
- Andere Eigenschaften der Lösung, wie z.B. der pH-Wert, können das Ausmaß der Adsorption erheblich beeinflussen.

Als anorganische Materialien für die Herstellung von Gefäßen und Behältern kommen in erster Linie verschiedene Glassorten mit verschieden hohem Silikatgehalt in Frage. In Tab. 2.8 sind die Zusammensetzungen und zwei der wichtigsten physikalischen Eigenschaften gängiger Glassorten angegeben.

Tab. 2.8 Glassorten für Laborgeräte

Typ	*)	**)	SiO_2	Na_2O	CaO	Al_2O_3	B_2O_3	Li_2O
Natron-Kalk-Glas	710	92	72	15	11	2	-	-
Borosilikat "Pyrex"	820	33	80	4	-	2	13	-
Borosilikat "Duran 50"	815	32	81	4	-	2	13	-
Hochsilikat "Vycor"	1520	8	96	-	-	-	3	-
Quarzglas	1590	5,5	100	-	-	-	-	-
Chemisch verstärktes "Corex" ***)	910	44	66	9	-	20	-	5

*) Erweichungspunkt in °C; **) Ausdehnungskoeffizient ($\cdot 10^{-7}$)
***) Handelsname Corning Ltc.

Glassorten mit niedrigerem thermischen Ausdehnungskoeffizienten sind naturgemäß gegen plötzliche Temperaturschwankungen weniger empfindlich. Glas besteht aus einem dreidimensionalen Silikatnetzwerk, in das die Kationen mit verschiedener Bindungskraft eingebaut sind, so daß sie dazu neigen, in einem gewissen Ausmaß ausgelaugt zu werden. Dieser Effekt macht sich ebenfalls bei Spurenanalysen nachteilig bemerkbar, da die Lösungen durch Natrium und Calcium, aber auch durch Kalium, Magnesium, Eisen, Aluminium und Silikat verunreinigt werden. Durch das Auslaugen wird außerdem die Oberfläche erheblich vergrößert, wodurch sich noch mehr Verluste aus Lösungen durch Ionenaustausch ergeben können. Ein ernsthafter chemischer Angriff, der zu einer sichtbaren Veränderung der Glasoberfläche führt, ist nur durch Einwirkung von Fluorwasserstoff oder Phosphorsäure und von konz. alkalischen Lösungen zu erwarten. Kochendes Wasser laugt kleinere Mengen Natrium- und Silikat-Ionen aus.

Für Spurenanalysen ist heute die Verwendung von Quarzgeräten allgemein üblich. Die Gefahren der Adsorption, des Auslaugens und des chemischen Angriffs sind weitaus geringer; die höheren Preise sind im Vergleich zu den besseren Eigenschaften durchaus in Kauf zu nehmen.

Das Reinigen der Glasgeräte bringt ebenfalls eine Reihe von Schwierigkeiten mit sich. Es gibt keine allgemein gültige Empfehlung, da die Wahl des am besten geeigneten Reinigungsmittels zunächst einmal von der Art der zu entfernenden Verunreinigungen abhängt und außerdem darauf zu achten ist, welche Spezies nach der Reinigung nicht vorhanden sein sollen.

Gute Erfahrungen macht man mit der traditionellen Chromschwefelsäure bei Raumtemperaturen für die Reinigung von Glas- und Quarzgeräten, wobei aber anschließend sehr gründlich gespült werden muß, um adsorbierte Cr-Ionen verschiedener Art weitgehend zu entfernen.

Als Nachteil ist anzuführen, daß Chromschwefelsäure äußerst aggressiv und toxisch ist. Vorsicht ist vor allem beim ersten Spülen geboten. Als Alternative kann ein Gemisch von Schwefel- und Salpetersäure verwendet werden, während für Quarzgeräte heiße, konz. Salzsäure zumeist ausreicht. Sehr gute Erfahrungen wurden auch mit speziellen, unter verschiedenen Handelsnamen angebotenen, leicht alkalischen Waschmitteln gemacht, die sich ganz besonders für die an sich problematische Reinigung von Pipetten eignen. Dazu sind automatische Spülgeräte erhältlich, die nach dem Syphonprinzip arbeiten und beliebig oftmaligen Wasserwechsel erlauben. Vorsicht ist allerdings geboten, wenn als Spülwasser sehr hartes Leitungswasser (≥ 20 dH°) verwendet werden muß. In diesem Fall ist eine allerletzte Spülung mit destilliertem Wasser unbedingt zu empfehlen.

Die meisten organischen Detergentien greifen Glas so gut wie gar nicht an, sind aber wegen ihrer Dipolstruktur auch durch sehr gründliches Spülen schwer zu entfernen. Abhilfe kann durch Ausdampfen geschaffen werden, wobei zugleich adsorbierte Ionen entfernt werden können. Nähere Einzelheiten über die Reinigung und Pflege von Glas- und Quarzgefäßen wurden von Adams sowie von Hetherington und Bell[19] zusammengestellt.

Behälter aus organischen Polymeren für Laborzwecke sind in großer Zahl auf dem Markt, wobei viele verschiedenen Arten von Polymeren verwendet werden. Man findet im Angebot Flaschen, Meßkolben, Meyßzylinder, Bechergläser und vieles andere. Die Eigenschaften variieren nicht nur von einer Type zur anderen, sondern werden auch durch die Art der Herstellung beeinflußt. Als Vorteile sind der niedrige Preis, die mechanische Festigkeit bzw. Bruchsicherheit und die Unempfindlichkeit gegen die meisten anorganischen Substanzen zu nennen. Nachteilig wirken sich die geringe thermische Beständigkeit und die geringe Resistenz gegen organische Lösungsmittel aus. In Tab. 2.9 sind einige der häufig verwendeten Kunststofftypen und einige ihrer wichtigsten Eigenschaften zusammengestellt.

Tab. 2.9 Eigenschaften einiger für Laborgeräte häufig verwendeten Kunststoffe

Polymer	Max Temp. in °C (gleichbleibend)	Transparenz	Chemische Säuren u. Alkalien	Resistenz organ. Lösungsm.
Polyethylen (niedr. Dichte)	80	schlecht	gut	-
Polyethylen (hohe Dichte)	100	opak	gut	-
Polypropylen	120	noch gut	gut	-
Polyvinylchlorid	65	gut	gut	schlecht
Polyacrylat	80	sehr gut	gut	schlecht
Polycarbonat	125	gut	wird von Alkali angegriffen	schlecht
Polymethylpenten	180	gut	gut	-
Polytetrafluorethylen	260	opak	ausgezeichnet	ausgezeichnet

Ein Vergleich der Eignung oder eine Bewertung der Verwendbarkeit läßt sich kaum auf einer gemeinsamen Basis durchführen, da die Brauchbarkeit unmittelbar mit dem Verwendungszweck zusammenhängt. Es wurde jedoch versucht, Hinweise zusammenzustellen, welche Materialien für gewisse Zwecke "nicht" verwendet werden sollten. So reiht z.B. Tölg[18] die nachfolgenden Materialien nach ihrer Verwendbarkeit für anorganische Ionen in saurer Lösung: Borosilikatglas, Na-

tronkalkglas, Platin, Quarz, Polyethylen, Polypropylen und als bestes Produkt Teflon (Polytetrafluorethylen).
Tölg weist aber zugleich auch ausdrücklich darauf hin, daß bereits eine pH-Änderung die Reihenfolge der Beständigkeit zumindest zum Teil ändern kann. Unter anderem hat die Erfahrung gezeigt, daß geringe Bleikonzentrationen im Trinkwasser allmählich von Polyethylen, nicht aber von Teflon aufgenommen werden.

Folgende allgemeine Vorsichtsmaßnahmen für den Transport wäßriger Lösungen, die für Spurenanalysen bestimmt sind, können empfohlen werden:

- Für die Analyse auf Metallspuren empfiehlt es sich, die Proben anzusäuern, wodurch sowohl Ionenaustausch, als auch Ausfällung von Hydroxiden aufgehalten werden; als Gefäßmaterial ist Polyethylen, Polypropylen oder Teflon zu bevorzugen.

- Proben, in denen organische Spurenstoffe bestimmt werden sollen, werden am besten in Quarzgefäßen aufbewahrt.

Eine ausführliche Literaturübersicht über die Fragen der Adsorption von anorganischen Spezies hat Bock[20] zusammengestellt. Eine Zusammenfassung der Probleme bei der Probenahme von Meerwasser wurde von Robertson[21] veröffentlicht.

2.4.3 Verflüchtigung und Verdunstung

Es sollte eigentlich kaum nötig sein, besonders darauf hinzuweisen, daß flüchtige Komponenten einer Probe verloren gehen, wenn keine geeigneten Vorkehrungen getroffen werden. Es ist z.B. wesentlich schwieriger, Dieselöl, Heizöl oder Benzin als wasserverunreinigende Stoffe zu identifizieren, wenn sie den Wetterbedingungen einiger Tage ausgesetzt waren. Es gibt aber auch in der anorganischen Analyse zahlreiche Beispiele für Verluste durch Verflüchtigung. Quecksilber-Verbindungen können in Gegenwart reduzierender Substanzen zu metallischem Quecksilber führen, das bei sehr feiner Verteilung infolge des relativ hohen Dampfdrucks schon bei Raumtemperatur relativ schnell verdampft. Bei höheren Temperaturen, wie etwa in kochenden Mineralsäuren, sind Verluste von Hg^{2+}, Sb^{3+}, Sn^{4+}, As^{3+}, Se(IV), Ru, Os und B in Form der Chloride oder Oxide zu erwarten. Außerdem ist auf organometallische Verbindungen zu achten, die bereits unter Bedingungen flüchtig sein können, die für die betreffenden Elemente selbst noch völlig problemlos wären. Im Zusammenhang mit Untersuchungen im Bereich der Umwelt sind derartige Organometallverbindungen z.B. Phenylquecksilber- und Methylquecksilbersalze, die trotz Verbot immer noch als Saatgutbeizmittel verwendet werden, als besonderes Risiko zu betrachten. Aufgrund ihrer Eigenschaften müssen Verluste während der Analyse als besonders schwerwiegend betrachtet werden.

2.4.4 Reagenzien

Jeder chemische Prozeß erfordert naturgemäß wesentlich höhere Mengen verschiedenster Chemikalien als Probenmaterial: Lösungsmittel, Säuren, Salzschmelzen, pH-Pufferlösungen oder -substanzen, die die Menge der Probe um das 10 bis 100fache übersteigen. Aus diesem Grund können schon in geringen Konzentrationen vorliegende Verunreinigungen der Reagenzien zu erheblichen Fehlern, insbesondere in der Spurenanalyse führen. Man betrachte folgendes Beispiel. Wenn das gesuchte Element in einer Konzentration von 1 $\mu g \cdot g^{-1}$ = 1 ppm vorliegt und ein 10facher Überschuß eines Reagenz verwendet werden muß, darf derselbe nicht mehr als 0,01 $\mu g \cdot g^{-1}$ enthalten, wenn gefordert wird, daß der Blindwert nicht mehr als 10 % des Analysenwertes betragen darf. Es erhebt sich somit die Frage, ob und auf welche Weise die vorhandenen Reagenzien noch weiter gereinigt werden können. Manche Verbindungen können durch Umkristallisieren gereinigt werden. Die sicherste Methode besteht allerdings, soweit sie anwendbar ist, in der Destillation. Die leicht flüchtigen Säuren wie Salzsäure, Salpetersäure und Essigsäure, ebenso auch Ammoniumhydroxid und Wasserstoffperoxid sind ohne Schwierigkeiten mit sehr hohen Reinheitsgraden erhältlich. Organische Lösungsmittel werden ebenfalls in hochreinen Qualitäten, natürlich zu entsprechend höheren Preisen angeboten. Für die Reinigung der leicht flüchtigen Säuren hat sich die Methode der Destillation bei Temperaturen unter dem Siedepunkt sehr bewährt, da auf diese Weise neuerliche Verunreinigungen durch Versprühen des Destillationsgutes vermieden werden. Noch besser eignet sich für Salzsäure und Ammoniumhydroxid-Lösung, deren aktive Komponenten besonders leicht flüchtig sind, die isotherme Destillation bei Raumtemperatur. Zu diesem Zweck bringt man eine offene Schale mit Ausgangsprodukt und eine zweite Schale mit reinstem Wasser in einen Vakuumexsikkator oder unter eine Glasglocke, wie in Abb. 2.9 gezeigt. Das reine Wasser wird nunmehr von der flüchtigen

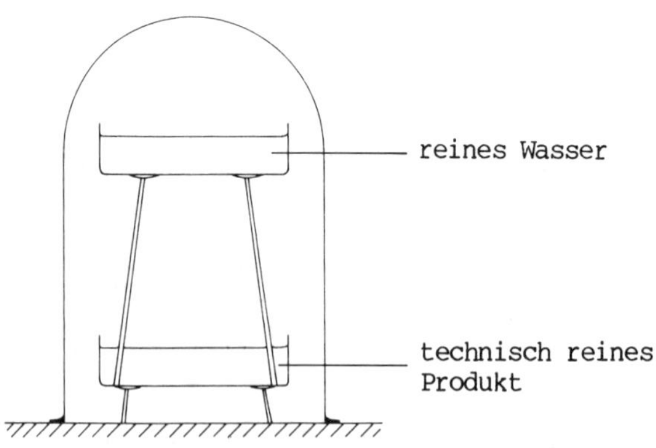

Abb. 2.9 Apparatur zur isothermen Destillation leicht flüchtiger Produkte (Ammoniak, Salzsäure)

Komponente soviel aufnehmen, bis der Partialdruck beider Lösungen ausgeglichen und somit Gleichgewicht erreicht ist. Bei Verwendung gleicher Volumina erhält man nach einigen Stunden ein sehr reines Reagenz der halben Konzentration. Durch mäßiges Vermindern des Drucks kann der Prozeß beschleunigt werden.

Reagenzien sind gewöhnlich in verschiedenen Reinheitsgraden auf dem Markt, so daß für den jeweiligen Verwendungszweck das geeignete Präparat verwendet werden kann. Die Preisunterschiede zwischen technisch reinen, analysenreinen und hochreinen Produkten können sehr erheblich sein und sollten daher stets berücksichtigt werden. In der Beschriftung von Flaschen etc. sind zumeist ausführliche Spezifikationen enthalten, die aber dennoch vom Verbraucher oft mißverstanden werden. Abb. 2.10 zeigt das Etikett eines sehr reinen Produktes. Die darauf wiedergegebenen Werte für verschiedene Verunreinigungen zeigen zunächst an, daß jede Charge von der Erzeugerfirma überprüft wurde und ob die im Reagenzienkatalog und auf dem Etikett angegebenen Höchstwerte auch eingehalten wurden. Diese Werte stellen stets Höchstwerte dar, so daß der Inhalt der Packung sehr wohl wesentlich geringere Konzentrationen an Verunreinigungen aufweisen kann. Sollte die Ware bei der Kontrolle durch die Erzeugerfirma den gestellten Anforderungen nicht genügen, wird das jeweilige Produkt entweder nochmals weitergehend gereinigt oder in eine niedrigere Qualitätskategorie eingereiht.

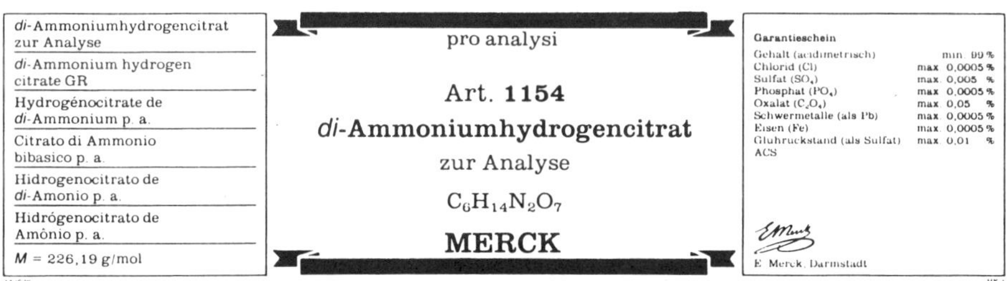

Abb. 2.10 Etikette eines Gefäßes für analytische Chemikalien (mit freundl. Genehmigung der Fa. Merck, Darmstadt)

Üblicherweise werden eine oder mehrere Hauptkomponenten der Chemikalie vor dem Abpacken überprüft. Man kann jedoch nicht sicher sein, daß eine einmal geöffnete Packung auch noch nach Monaten den Anforderungen entspricht. So neigen beispielsweise hydratisierte Salze, wie Magnesiumsulfatheptahydrat ($MgSO_4 \cdot 7H_2O$) dazu, je nach der herrschenden Luftfeuchtigkeit Wasser abzugeben oder aufzunehmen. Eine schon länger offene Packung wird zwar noch in etwa den garantierten Calcium-Gehalt aufweisen, für die Herstellung einer Eichlösung für AAS-Bestimmungen jedoch, wird einfaches Einwiegen sicherlich nicht ausreichend genau sein. Dazu sei noch bemerkt, daß Wasser bzw. Feuchtigkeit die am häufigsten vorkommende "Verunreinigung" darstellt, gefolgt von Kohlendioxid im Fall alkalischer Verbindungen. Bei alkalischen Lösungen ist auch zu bedenken, daß sie im Lauf der Zeit erhebliche Mengen Silikat aufnehmen, wenn sie in Glasgefäßen aufbewahrt werden.

Es ist offensichtlich, daß sich der Begriff "Reinheit" im analytischen Sinn nicht eindeutig definieren läßt. Man kann unter einer "reinen" Substanz eine solche verstehen, deren Zusammensetzung den stöchiometrischen Werten exakt entspricht, wodurch sie für die Herstellung von Eichlösungen für instrumentelle Methoden hervorragend geeignet sein kann; man kann unter "Reinheitsgrad" aber ebensogut die Abwesenheit meßbarer Mengen einer oder mehrerer Verunreinigungen verstehen. Man kann daraus folgern, daß eine Verbindung nur im Zusammenhang mit dem vorgesehenen Verwendungszweck als ausreichend rein betrachtet werden kann. Auch eventuelle Überprüfungen der Reinheit werden sich nach denselben Gesichtspunkten orientieren. Zur Zeit sind mehrere Firmen in der Lage, Reagenzien höchster Reinheit anzubieten, wie z.B. Merck Suprapur, BDH Aristar, J.T. Baker Ultrex.

Trotzdem sollte sich der Analytiker immer der Möglichkeit bewußt sein, daß nachträgliche Verunreinigungen durchaus im Bereich des Möglichen liegen. Eine von Perrin und Mitarbeitern verfaßte Monographie beschäftigt sich ausführlich mit den Methoden zur Reinigung von Reagenzien[22].

Wasser ist zweifellos das wichtigste und am meisten verwendete Lösungsmittel im Laboratorium. Es erscheint daher sinnvoll, auf die speziellen Eigenschaften von Wasser und die in Frage kommenden Reinigungsmethoden näher einzugehen. Die traditionelle Methode Wasser zu reinigen, ist fraglos die Destillation und es ist kaum denkbar, daß es Laboratorien gibt, die kein destilliertes Wasser zur Verfügung haben. Bis vor kurzer Zeit wurden in größeren Labors verzinnte Kupferleitungen zur Verteilung von Wasser benutzt. In letzter Zeit ist man aber zu Kunststoffleitungen übergegangen. Quarzapparaturen zur doppelten Destillation von Leitungswasser sind heute allgemein üblich, doch werden auf diese Weise flüchtige organische Verbindungen nicht eliminiert. Für diesen Zweck ist eine mehrstufige Reinigungsprozedur erforderlich.

Man säuert zunächst mit Phosphorsäure an, kocht und entfernt nach dem Erkalten flüchtige Verbindungen mit Hilfe von durchgeblasenem Stickstoff. Nach der anschließenden ersten Destillation wird das Destillat unter Zusatz von Kaliumhydroxid und Kaliumpermanganat gekocht, nochmals durch Durchblasen von Stickstoff gereinigt und zum zweiten Mal destilliert. Die Einzelheiten dieser und weiterer, ähnlicher Methoden finden sich bei Smith[23]. Neuerdings kommen auch Filtermethoden erfolgreich zum Einsatz. Die Anwendung ist höchst einfach, die Kosten für Wärmeenergie fallen weg, wofür jedoch andererseits das Auswechseln der Filter in Kauf genommen werden muß. Die Lebensdauer der Filter richtet sich natürlich in erster Linie nach der Härte des verwendeten Leitungswassers. Als Beispiel führen die Autoren das "Millipore Reagent Grade Water System" an, das mittels einer Reihe von Filtern Leitungswasser von anorganischen und organischen Verunreinigungen befreit.

In Laboratorien finden auch verschiedene Gase Verwendung. So wird z.B. Schwefelwasserstoff als Reagenz in der qualitativen Analyse eingesetzt. In Fällen, wo zum Schutz des Reaktionsablaufes für eine inerte Atmosphäre gesorgt werden muß, benützt man Stickstoff oder Argon. Eine Vielfalt derartiger Gase verschiedener Reinheitsgrade ist in Stahlzylindern unterschiedlicher Größe erhältlich. Neben Preßluft, Sauerstoff, Wasserstoff, Ammoniakgas, Helium und Argon kommen auch Gemische für radiologische Zwecke sowie Brenngase (Distickstoffmonoxid) für atomabsorptionsspektrometrische Bestimmungen in den Handel. Falls es sich als erforderlich erweisen sollte, sind Gase leicht zu reinigen. Die Verwendung von Gasen für den Aufschluß unlöslichen Materials muß besonders erwähnt werden, da hier der niedrige Verunreinigungsgrad besonders vorteilhaft zur Geltung kommt (s. Abschn. 6.3, S. 53).

2.5 Probenahme

Die Probleme, die sich bei der Probenahme ergeben können, sind im Bereich der Umweltanalytik von solcher Vielfalt, daß an dieser Stelle nur einige der allgemein auftretenden Fragen besprochen werden können.

2.5.1 Heterogenität

Die meisten der an Ort und Stelle entnommenen Proben sind grundsätzlich nicht völlig homogen. Man muß daher annehmen, daß die Zusammensetzung der Probe nicht derjenigen der zu untersuchenden Gesamtmenge entspricht. Entomologen, die die Populationsdichte von Insektenarten auf einer Kulturfläche oder Botaniker, die die Häufigkeit des Vorkommens einer bestimmten Pflanzenart in einem Landschaftsabschnitt zu ermitteln versuchen, sind mit den Schwierigkeiten der Erfassung größerer Flächen wohl vertraut, wobei ein systematisch erstelltes Netzwerk von kleineren Einheiten zur Anwendung kommt, die nach besonders für diesen Zweck entwickelten Methoden bearbeitet und ausgewertet werden. In ähnlicher Weise wird man etwa Bodenproben von einer größeren Zahl von Punkten innerhalb eines Meßnetzes unter Umständen auch aus verschiedenen Tiefen entnehmen.

Wasserproben aus Flüssen unterliegen ebenso wie solche aus Seen besonderen Regeln, da eventuelle Schichtungen und andere Faktoren von entscheidender Bedeutung sein können.

Luftproben, die auf Verunreinigungen aus hohen Schornsteinen untersucht werden sollen, müssen über längere Zeit in verschiedener Höhe und Entfernung entnommen werden, wobei atmosphärische Bedingungen von größter Wichtigkeit sind.

Die Auswahl der Entnahmestellen muß Rücksicht auf die Oberflächenformen, die herrschende Wetterlage und die vorwiegend auftretenden Windrichtungen nehmen. Alle diese Faktoren müssen berücksichtigt werden, wenn Korrelationen zwischen verschiedenen Beobachtungsserien berechnet werden.

Die Auswertung von Meßserien ist besonders im Bereich der Umweltanalytik von ausschlaggebender Bedeutung. Aus demselben Grund ist es äußerst wichtig, alle Faktoren festzuhalten, die die einzelnen Ergebnisse beeinflussen können und diese in die Auswertung mit einzubeziehen.

2.5.2 Der Zeitfaktor

Ein Beispiel für die Bedeutung des Faktors Zeit für die Probenahme ist in Abb 2.11 dargestellt, der die jährlichen Schwankungen des CO_2-Gehaltes der Atmosphäre über einen Zeitraum von mehreren Jahren darstellt.

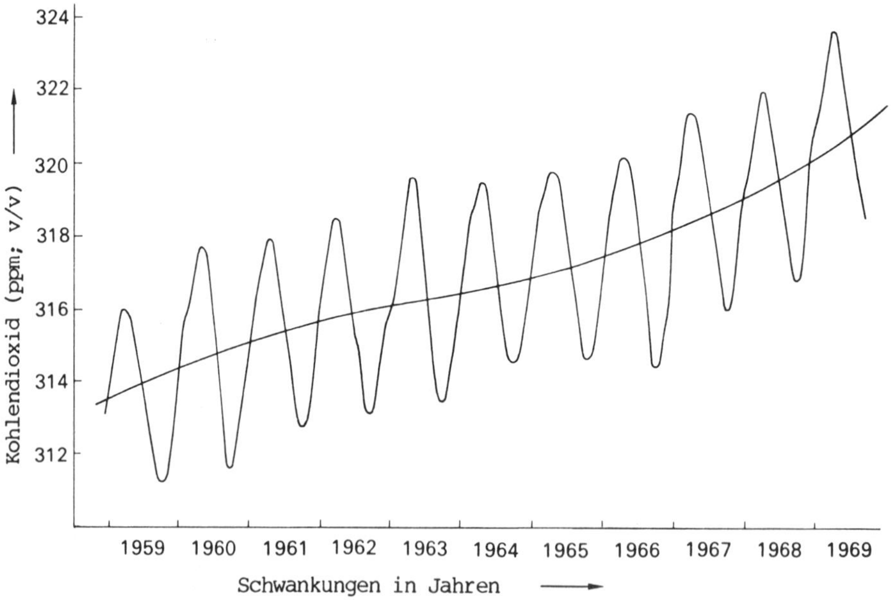

Abb. 2.11 Schwankungen der Monatsmittelwerte des Kohlendioxid-Gehaltes der Atmosphäre. Reproduziert mit freundl. Genehmigung aus Scientific American, Bolin 1970[24]

Bei ausreichender Genauigkeit der Messungen werden Schwankungen erkennbar. Die in Abb. 2.11 gezeigte zyklische Änderung der Monatsmittelwerte innerhalb eines jeden Jahres mit einem Maximum im Frühling und einem Minimum in Herbst erlaubt folgende Schlüsse:

- Einzelne Kurzzeitmessungen des Kohlendioxid-Gehaltes werden nicht sehr aufschlußreich sein, da man aus ihnen lediglich geringfügige Abweichungen vom "normalen" Mittelwert erkennen kann.

- Proben, die aufeinanderfolgend in verschiedenen Monaten entnommen werden, z.B. im Verlauf praktischer Übungen mit Studenten, können sogar einen insgesamt negativen Trend ergeben, falls nicht die Streuung der von den Studenten gezogenen Proben so groß ist, daß eine Trendberechnung keine verläßlichen Ergebnisse zuläßt.

- Schon eine kleine Änderung der Analysenmethode kann zu einem ebenfalls geringfügigen systematischen Fehler führen, der jedoch ausreicht, um die tatsächlich vorhandenen Schwankungen zu verdecken.

- Falls die Probenahme in einem Wald erfolgen soll, sind noch Änderungen von Stunde zu Stunde zu beachten, die die Auswertung von längerfristigen Trends sehr erschweren können.

- Die Aussagekraft von Beobachtungen, die über mehrere Jahre fortgesetzt werden, nimmt im Verlauf der Zeit ständig zu, da mit ihrer Hilfe der sogenannte Basistrend verläßlich ermittelt werden kann. Dieser Umstand ist als Beweissicherung vor der Errichtung neuer industrieller oder städtischer Anlagen ebenso bedeutsam, wie für die Prognose der weiteren Entwicklung. Aussagen dieser Art, die sich ja nicht nur auf Kohlendioxid beschränken, sind für Arbeitsmedizin und Volksgesundheit von großer Bedeutung.

- Jedes Probenahmeprogramm im Bereich der Umweltanalytik muß die Möglichkeit periodischer natürlicher und anthropogener Effekte im Auge behalten, so daß nicht nur die Periodizität, sondern auch Maxima, Minima und Mittelwerte mit ausreichender Genauigkeit bestimmt werden können.

2.5.3 Bei der Probenahme entstehende Fehlerquellen

Zusätzlich zu jenen Fehlerquellen, die sich bereits bei der Wahl von Entnahmeort und Entnahmezeit ergeben können, bestehen noch unzählige andere Möglichkeiten, die sich kaum anders als durch längere einschlägige Erfahrung erkennen und damit ausschalten lassen. Einige, wie Verunreinigung infolge mangelhafter Reinigung und Spülung der Entnahmegefäße, bzw. die bereits erwähnten Verluste durch Adsorption, sind an sich trivial. Dennoch kommen "simple" Fehler erfahrungsgemäß häufiger vor. Mitchell[25] beschreibt, daß Bodenproben mit hohen Gehalten an Bor dadurch verunreinigt wurden, daß die

Landwirte, die diese Proben zur Untersuchung brachten, dieselben einige Tage in Papiertüten aufbewahrt hatten. Die gefundenen Bor-Konzentrationen überstiegen die tatsächlich vorhandenen um ein Mehrfaches. Glas- oder Kunststoffflaschen, die ursprünglich für Lebensmittel bestimmt waren, sind für wäßrige Proben denkbar ungeeignet. Das gilt vor allem dann, wenn die Proben von Laien entnommen und zur Untersuchung gebracht werden, da diese Personen kaum in der Lage sind, derartige Gefäße sachgemäß zu reinigen.
Die - zumindest in Österreich - praktisch überall greifbaren 2-l-Weinflaschen bilden hier eine rühmliche Ausnahme, da solche Flaschen aus begreiflichen Gründen so rein sind, wie es sich auch der gewiegte Analytiker nur wünschen kann. Eine mehrfach mit der Wasserprobe ausgespülte und mit einem neuen Kork, evtl. mit einem Stück sauberer Kunststoffolie geschützte, verschlossene Flasche kann mit gutem Gewissen als einwandfrei betrachtet werden. Das relativ große Volumen vermindert auch die Gefahr der Veränderung wesentlicher Parameter. Eine weitere, oft übersehene Fehlerquelle ist gegeben, wenn Mitarbeiter des Laboratoriums ein- oder mehrtägige Ausfahrten zur routinemäßigen Gewässergütekontrolle unternehmen. Daraus folgt fast zwangsläufig, daß an bestimmten Entnahmestellen die Probenahme immer wieder zur selben Uhrzeit durchgeführt wird. Somit werden z.B. flußabwärts von größeren Einleitern periodische Schwankungen nur dann erkannt, wenn zunächst einmal eine 24-Stunden-Serie von Proben, eventuell sogar mit Unterstützung eines Mehrfachmeß- und Registriergerätes entnommen wird (Temperatur, Leitfähigkeit, Sauerstoffgehalt, pH und gegebenenfalls noch die Konzentration spezifischer Ionen wie Chlorid).

Es versteht sich von selbst, daß entsprechende Vorkehrungen getroffen werden müssen, die den Rücktransport der Proben ins Untersuchungslabor auf schnellstem Weg sicherstellen. Nähere Angaben finden sich bei Ottendorfer[8].

2.5.4 Lagerung und Vorbereitung der Proben

Die Wechselwirkungen zwischen Probe und Behälter wurde bereits in Abschn. 4.2, S. 37 behandelt. Eine weitere, nicht immer offensichtliche Fehlerquelle besteht in der Möglichkeit von Veränderungen der Probe während des Zeitraumes zwischen Entnahme und Bearbeitung. Manchmal können derartige Fehlerquellen nur zufällig entdeckt werden, wie die folgenden erwähnenswerten Beispiele zeigen.

- Eine Leitungsprobe, die auf Blei untersucht werden sollte, wurde vom Auftraggeber in einer Polyethylenflasche überbracht. Als die Bestimmung drei Tage später wiederholt werden sollte, da eine neue Elektrode für die inversvoltammetrische Blei-Bestimmung zur Verfügung stand, wurde ein bedeutend niedrigerer Blei-Gehalt gefunden. Dieser Fehler war auf Adsorptionsverluste zurückzuführen.

- Der aus einem Helium-Sauerstoffgemisch bestehende Inhalt einer Stahlflasche wies einen deutlichen Geruch nach Bleichmittel auf. Wegen dringender anderer Arbeiten konnte diese Angelegenheit nicht sofort untersucht werden. Einige Tage später war der Geruch nicht mehr feststellbar.

- Bei der Untersuchung von Tiefenwasser aus einer Ölbohrung, das u.a. auch auf Erdalkalien und Sulfat untersucht werden sollte, zeigten sich von Tag zu Tag niedrigere Barium-Werte, da zufolge der Druckentlasung Bariumsulfat auskristallisierte.

Wie schon mehrfach erwähnt, ändert sich die Zusammensetzung von biologischem Material sehr schnell. Nahrungsmittel, tierisches Gewebe, Pflanzenteile, Blut etc. werden am besten durch Tieffrieren in flüssigem Stickstoff konserviert. In diesem Zustand lassen sich diese Proben auch in einem Mörser aus Quarzgut pulverisieren.

2.6 Lösen und Aufschließen fester Proben

Aufschlußmethoden gehören zu den wichtigsten vorbereitenden Schritten bei der Analyse fester Proben oder Probenanteile. Obwohl es eigentlich nur wenige Grundprinzipien gibt, wurde doch eine sehr große Menge von Verfahrensvarianten entwickelt. Detailkenntnis und praktische Kniffe können darüber entscheiden, ob eine Analyse wunschgemäß durchgeführt werden kann oder nicht. Eine ausgezeichnete, umfassende Übersicht über den gegenwärtigen Stand der Technik wurde von Bock[20] zusammengestellt. Frühere Monographien von Gorsuch[26] sowie Dolezal und Mitarb.[27] beschränken sich auf organische bzw. anorganische Materialien. Die Aufschlußmethoden gliedern sich in drei Gruppen, je nachdem ob der Prozeß oxidierend, reduzierend oder neutral verläuft.

2.6.1 Auflösen

Die einfachste Möglichkeit ergibt sich, wenn die Solvatationsenergie die Gitterenergie in kristallisierter Substanz übersteigt, so daß die feste Substanz in Lösung gehen muß. Dieser Vorgang wird in den meisten Fällen durch Erwärmen beschleunigt. Bei anorganischen Substanzen eignet sich Wasser für ionische Verbindungen am besten. Bei organischen Stoffen finden auch organische Lösungsmittel Verwendung, wobei auch die weniger geläufigen wie Dichlormethan, Trichlormethan, Toluol, Butanon und Hexan zu berücksichtigen sind. Für Carbonate und Oxide empfiehlt sich ein Zusatz von Säuren, gelegentlich auch von Basen. Das jeweilige Anion trägt meist durch Komplexbildung dazu bei, Metallionen in Lösung zu halten (insbes. Chloride und Fluoride).

In einigen Fällen können zum Lösen von Mineralien konzentrierte heiße Mineralsäuren verwendet werden. In vielen

Fällen ist es ratsam, ein Oxidationsmittel wie Salpetersäure, Perchlorsäure oder Wasserstoffperoxid unter Beachtung der gebotenen Vorsichtsmaßregeln zuzusetzen. Relativ inerte Kunststoffprodukte wie Polyvinylchlorid können mit heißer Schwefelsäure unter vorsichtigem, tropfenweisen Zusatz von 50 %igem (Massengehalt) Wasserstoffperoxid aufgeschlossen werden.

Für die meisten dieser Reagenzien reichen Borosilikat- oder Quarzgefäße aus. Bei Verwendung von Fluorwaserstoffsäure sind Teflon- oder Platinbecher bzw. -schalen erforderlich. Sehr gute Dienste leisten kleine, innen mit Teflon beschichtete Aufschlußbomben aus rostfreiem Stahl. Man kann in diesem Fall bei höheren Temperaturen und folglich erhöhtem Druck aufschließen, ohne Verluste von flüchtigen Komponenten befürchten zu müssen (Quecksilber oder metallorganische Verbindungen.

2.6.2 Schmelzaufschlüsse

Salzschmelzen als Lösungsmittel unterscheiden sich in ihren Eigenschaften erheblich von Wasser, vor allem erlauben sie die Anwendung höherer Temperaturen.

Für saure Schmelzen verwendet man Kaliumhydrogensulfat (Fp. 219 °C), für basische Schmelzen Dinatriumtetraborat (Fp. 878 °C), Kaliumhydroxid (Fp. 404 °C) oder Natriumcarbonat (Fp. 853 °C).

Werden stark oxidierende alkalische Schmelzen benötigt, so verwendet man entweder Kaliumnitrat allein (Fp. 339 °C) oder in eutektischer Mischung mit Kaliumhydroxid ($KNO_3 \cdot 2KOH$, Fp. 230 °C).

Für nicht oxidierende Schmelzen können Platintiegel verwendet werden. Für alkalische Schmelzen, die keine höheren Temperaturen erfordern, eigenen sich Silbertiegel. Das Erhitzen kann über der freien Flamme oder in einem Muffelofen erfolgen, soll aber nicht länger als etwa 10 min dauern, da sich die Zusammensetzung der Schmelzen in vielen Fällen ändert und die Schmelztemperatur ansteigt. So geht beispielsweise Kaliumhydrogensulfat (KHSO4, FP. 210 °C) in Kaliumdisulfat ($K_2S_2O_7$, Fp. 300 °C), und schließlich durch Abgabe von Schwefeltrioxid in Kaliumsulfat (K_2SO_4, Fp. 1076 °C) über, während Kaliumhydroxid (KOH, Fp. 360 °C) in Kaliumcarbonat (K_2CO_3, Fp. 891 °C) übergeht.

Möglichst feines Pulverisieren der Probe ist die wichtigste Voraussetzung für das Gelingen (bzw. die Vollständigkeit) des Aufschlusses. Die Schmelze wird nach dem Erkalten in Lösung gebracht, falls erforderlich durch Ansäuern, wobei sorgfältig darauf zu achten ist, daß das Aufschlußgut quantitativ (rückstandsfrei) in ein Becherglas oder in einen Meßkolben überführt wird.

2.6.3 Erhitzen im Gasstrom

Es wurde bereits erwähnt, daß für analytische Zwecke besonders gereinigte Gase erhältlich sind, so daß zusätzliche Verunreinigungen der Probe ausgeschlossen werden können. Folgende Verfahren gelangen öfter zur Anwendung:

Luft oder Sauerstoff: Nach dem Verbrennen der organischen Anteile bleiben Metalloxide oder Carbonate zurück, die anschließend mit Minderalsäuren in Lösung gebracht werden können. Die in Kap. 6, S. 281 beschriebene Aufschlußmethode nach Schöniger wird vorzugsweise zur Bestimmung von Halogen und Schwefel in organischen Verbindungen benützt. Die Probe wird im geschlossenen Kolben in reinem Sauerstoff verbrannt und in Lösung gebracht.

Wasserstoff wirkt stark reduzierend und führt bei organischen Verbindungen zu Pyrolyseprodukten wie Methan, Ammonium, Schwefelwasserstoff etc., die nach Bedarf bestimmt werden können.

Sauerstoff mit Wasserdampf gemischt verwendet man, um aus Proben, die mit Vanadiumpentoxid vermischt werden, Fluor in Fluorwasserstoff und Bor in die flüchtige Borsäure zu verwandeln. Mit dieser pyrohydrolytischen Methode können auch sehr resistente Verbindungen aufgeschlossen werden[28].

Schließlich wäre noch auf Hochvakuummethoden hinzuweisen, die z.B. zur Bestimmung von in Metallen gelösten Gasen dienen können[29].

Die am meisten verwendete Methode, als "Veraschen" bekannt, besteht im Erhitzen der Probe in einem offenen Quarz- oder Porzellantiegel. Auf entsprechende Resistenz des Tiegelmaterials ist zu achten. Eine Schutzschicht aus frisch bereitetem Magnesiumoxid kann das Anschmelzen der Asche an der Tiegelwandung verhindern. Die Durchführung kann durch richtige Temperaturwahl und Zugabe von Hilfsstoffen erleichtert werden. Genaue Angaben zu diesem Thema finden sich bei Bock[20].

2.7 Trennung

Im dritten Arbeitsschritt erfolgt die Trennung der gewünschten Komponente oder Gruppe von Komponenten vom übrigen Probenmaterial, das oft auch als Matrix bezeichnet wird. Dieser Abtrennung kommt zumindest so viel Bedeutung zu wie der abschließenden Endbestimmung. Wird die Trennung nicht sorgfältig genug ausgeführt, so findet sich im Endergebnis ein entsprechend großer Fehler. In diesem Abschnitt werden lediglich die allgemeinen Gesichtspunkte behandelt, während in den nächsten Kapiteln auf Einzelbeispiele eingegangen wird. Mit dem Thema der chemischen Trennungen befaßten sich eingehend Bock[30] und Young[31].

2.7.1 Trennung durch Phasenwechsel

Aus dem Probenmaterial, das eine heterogene Mischung oder bereits eine Lösung sein kann, wird ein Zweiphasensystem erzeugt, das sich physikalisch trennen läßt. Als einfachstes Beispiel sind in Abb. 2.12 die drei Phasen von Wasser zusammen mit den zugehörigen physikalischen Vorgängen dargestellt.

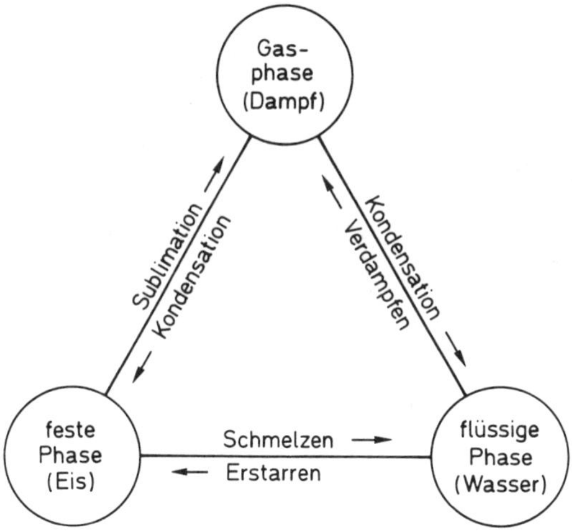

Abb. 2.12 Schematische Darstellung der möglichen Phasenübergänge anhand der Verbindung H_2O

Deartige Phasenübergänge lassen sich oft vorteilhaft zur Abtrennung einer Komponente eines Gemisches verwenden. So läßt sich beispielsweise der Wassergehalt einer fein pulverisierten, festen Substanz durch Verdunsten bzw. Verdampfen bestimmen. Der Gewichtsverlust könnte bereits eine ausreichend genaue Angabe liefern, wenn außer Wasser keine anderen flüchtigen Komponenten anwesend sind. In solchen Fällen ist es besser, ein spezifisches Adsorptionsmittel wie z.B. Magnesiumperchlorat zu verwenden und die Gewichtszunahme des Adsorbens festzustellen. In diesem Fall ist bereits ein zweiter Phasenübergang zur Anwendung gekommen. Mit der Selektivität des Adsorptionsmittels wird auch die Genauigkeit der Bestimmung verbessert. Es kann durchaus der Fall sein, daß die quantitative Abtrennung einer Komponente mehrere Zweiphasen-Übergänge erfordert.

2.7.2 Verteilung zwischen zwei flüssigen Phasen

Wie bereits gezeigt, ist es ohne weiteres möglich, Trennungen durch Manipulation einer einzigen Komponente zu erzielen. Man kann z.B. ein Lösungsmittel in einer Vakuumapparatur abdampfen und in einer Kühlfalle zur Kondensation bringen. Wesentlich ist jedoch, mit zwei verschiedenen

Substanzen zu arbeiten, wobei es sich um zwei Reagenzien, Lösungsmittel bzw. Flüssigkeiten oder auch um Gase handeln kann. Es kommt in erster Linie darauf an, die interessierende Komponente möglichst vollständig in einer der beiden Phasen quantitativ anzureichern. Dabei ergibt sich die Möglichkeit, Volumina in einer leicht hantierbaren Form einzusetzen. So ist sicherlich die Abtrennung einer der beiden flüssigen Phasen aus einem Scheidetrichter wesentlich einfacher durchzuführen als die mechanische Trennung einer kleinen Feststoffmenge von einer größeren Flüssigkeitsmenge.

Die Verwendung eines flüssig-flüssig-Zweiphasensystems bietet noch einen weiteren Vorteil: Selbst bei nicht besonders günstigen Verteilungskoeffizienten ist bei ausreichend oftmaliger Wiederholung des Extraktionsschrittes eine als vollständig zu betrachtende Trennung möglich. Wegen der Wichtigkeit dieser Methode sind einige Erläuterungen angeschlossen. Es sollen beispielsweise zwei flüssige, nicht mischbare Phasen wie Wasser und Benzol (leichter als Wasser!) verwendet werden. Als Modellsubstanz wird eine Verbindung benötigt, die in beiden Flüssigkeiten löslich ist, so daß sie sich gemäß dem Nernstschen Verteilungssatz auf beiden Phasen verteilt. Die Konzentrationen in beiden Lösungsmitteln gehorchen der Gleichung (2.13)

$$P = \frac{c_0}{c_w} \quad (= \text{Verteilungskoeffizient}) \qquad (2.13)$$

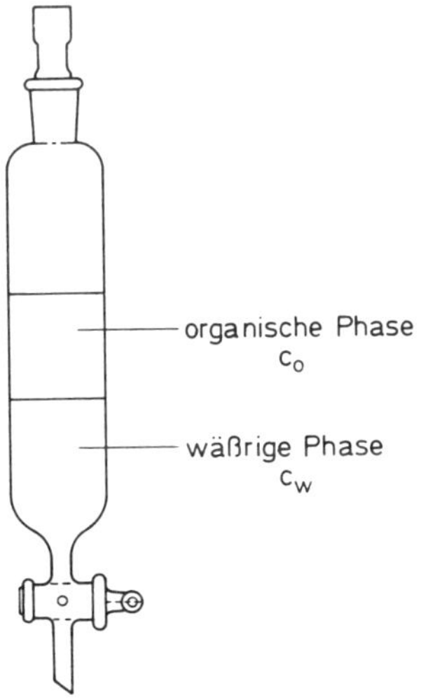

Abb. 2.13 Lösungsmittelextraktion mit Hilfe eines Scheidetrichters

Die Konzentration in der organischen Phase wird mit c_o, die in der wäßrigen Phase mit c_w bezeichnet. Da jedoch nicht die

Konzentrationen, sondern die absoluten Mengen der gelösten Substanz von Interesse sind, muß Gleichung 2.13 umgeformt werden. Man bezeichnet die gelösten Mengen mit m, die Volumina mit V und erhält

$$\frac{m_0}{V_0} = \frac{V_w}{m_w} = P \qquad (2.14)$$

Wenn man nun den in die organische Phase übergehenden Bruchteil der gelösten Substanz mit f bezeichnet, erhält man die Beziehung

$$f = \frac{m_0}{m_w + m_0} = \frac{P \cdot V_0}{V_w + P \cdot V_0} \qquad (2.15)$$

Zum besseren Verständnis soll der Verlauf der Trennung an einem Zahlenbeispiel erläutert werden:

Es werden 100 mg einer Substanz vorgelegt, deren Verteilungskoeffizient den Wert 9 aufweist. Werden je 10 ml Wasser und Benzol verwendet, so finden sich nach Gleichgewichtseinstellung 90 mg oder 90 % in der organischen Phase. Dieses Ergebnis kann auf zwei verschiedenen Wegen verbessert werden. Man könnte eine größere Menge Extraktionsmittel verwenden. Werden 10 ml wäßrige Lösung mit 100 ml Benzol extrahiert, so erhält man nach Gl. (2.15) $f = 9 \cdot 100/910 = 0{,}99$ (also 99 %). Es ergibt sich allerdings der Nachteil, daß das Volumen des Extrakts nun 10 mal so groß ist. Im zweiten Fall extrahiert man zweimal nacheinander mit je 10 ml Benzol und erhält ebenfalls eine Ausbeute von 99 %, aber in nur 20 ml Lösungsmittel. Eine dritte Extraktion ergibt den (theoretischen) Wert von 99,9 %.

Völlig anders liegen die Verhältnisse, wenn die behandelte Substanz in Wasser erheblich besser löslich ist, als in der organischen Phase, wie es an folgendem instruktiven Beispiel erläutert werden soll:

Unter der Annahme eines Verteilungskoeffizienten von 1/9 und unter Verwendung von je 10 ml Lösungsmittel wird die Ausbeute der ersten Extraktion 10 % und der zweiten 9 % betragen. Nach der dritten Extraktion erhält man eine Gesamtausbeute von 27,1 %. Wie man sieht, würden weitere Extraktionsschritte im Sinne einer fallenden geometrischen Reihe immer geringere Ausbeuten pro Schritt bringen, aber das Volumen des bereits verwendeten Extraktionsmittels jedesmal um weitere 10 ml vermehren. Man kann sich nun aber durch Rückextraktion helfen, d.h. man extrahiert die nach zwei- oder dreimaliger Extraktion erhaltenen 30 ml des organischen Lösungsmittels mit 10 ml Wasser. Die Ausbeuten sind in Tab. 2.10 zusammengestellt.

Tab. 2.10 Ausbeute von Lösungsextraktionen mit und ohne Rückextraktion. Verteilungskoeffizient für Substanz A: P = 9; für Substanz B: P = 1/9

		% Substanz in				
		Wasser		org. Phase		Volumen (in ml)
Schritte		A	B	A	B	der organ. Phase
(1)	1 Extraktion	10	90	90	10	10
(2)	2 Extraktionen	1	81	99	19	20
(3)	2 Extraktionen + 1 Rückex.	6	96,5	94	3,5	20
(4)	3 Extraktionen	0,1	73	99,9	27	30
(5)	3 Extraktionen + 1 Rückex.	3,7	93,3	96,3	6,7	30

Wie man aus der Zusammenstellung der Werte entnehmen kann, erhält man nach dreimaliger Extraktion für Substanz A mit Prozedur 4 die beste Ausbeute; für Substanz B ergibt die Prozedur 3 das günstigste Ergebnis. Selbstverständlich wird man stets versuchen, ein Lösungsmittelpaar zu finden, das die günstigsten Voraussetzungen für die Trennung erwarten läßt. Dabei ist auch auf die Dichte der beiden Lösungsmittel zu achten, da ansonsten die Entmischung sehr langsam und gelegentlich sogar unvollständig verläuft.

Es gibt noch eine Möglichkeit, das Extraktionsverhalten im gewünschten Sinn zu beeinflussen, indem man durch Veränderung des pH-Wertes die Dissoziation (von Carbonsäuren), die Protonisierung (von Aminen) oder die Komplexierung (von Metallionen) erzielt. Man kann auf diese Weise eine wirksame Trennung erreichen, wie dies am Beispiel der Benzoesäure gezeigt werden soll:

$$(C_6H_5COOH)_{org.} \overset{P}{\rightleftharpoons} (C_6H_5COOH)_{aq} \overset{K_a}{\rightleftharpoons} (C_6H_5COO^-)_{aq}$$

Da die zweite der obigen drei Spezies beiden Gleichgewichten angehört, kann man die Gleichungen, die die Verteilung der konzentrationen zwischen den beiden Phasen beschreiben, wie folgt angeben:

$$\frac{c(C_6H_5COOH)_{org.}}{P} = c(C_6H_5COOH)_{aq} = \frac{c(H^+)c(C_6H_5COO^-)_{aq}}{K_a}$$

Da bei hohen pH-Werten das Anion überwiegt, kann das Verteilungsverhältnis D in folgender Weise

$$D = \frac{c(C_6H_5COOH)_{org.}}{c(C_6H_5COOH)_{aq} + c(C_6H_5COO^-)_{aq}}$$

angegeben werden.

Diese Beziehung kann in guter Näherung auch in folgender Weise ausgedrückt werden:

$$D = \frac{c(C_6H_5COOH)_{org.}}{c(C_6H_5COOH)_{aq}} = \frac{P\ (H^+)}{K_a} \qquad (2.16)$$

oder

$$\log D = \log P + pK_a - pH \qquad (2.17)$$

Man kann auf diese Weise die Rückgewinnungsrate einer beliebigen Substanz, die ein ähnliches Säure-Base-Verhalten aufweist, durch pH-Änderung steuern und unter Umständen sogar Bedingungen finden, die die Trennung zweier Substanzen ermöglichen. Dieses Prinzip wird beispielsweise bei analytischen Überwachungsmethoden für die wichtigsten Laststoffe ("priority pollutants") verwendet, wie dies in Kap. 4, S. 222 beschrieben ist.

Wegen der besonderen Wichtigkeit der flüssig-flüssig-Extraktion wurde dieses Thema eingehender besprochen. Die grundsätzliche Idee, den Extraktionsvorgang mit kleinen Mengen frischen Extraktionsmittels oftmals zu wiederholen, kann auch auf andere Systeme angewandt werden, wie z.B. Verflüchtigung in einem Trägergasstrom oder durch Gegenstromextraktion bzw. Umlauf-Destillation, z.B. Soxhlet-Extraktion bzw. Flüssig-flüssig-Perkolation. Der Leser möge sich mit der Idee der Übertragung dieser Grundsätze auf den kulinarischen Sektor befassen und sich beispielsweise überlegen, wie man, unter Einbeziehung der Wasserdampfdestillation, den besten Kaffee zubereitet. Anschließend wäre die Lektüre der faszinierenden Veröffentlichung des Grafen Rumford aus dem Jahre 1812[32] zu empfehlen.

2.7.3 Trennmethoden in der Praxis

Die meisten der in der Praxis angewandten Trennungsverfahren bedienen sich der in Abb. 2.14 dargestellten Zweiphasensysteme. An der Diffusion sind zwei gasförmige und eine feste Phase in Form von Membranen beteiligt, wobei die Diffusionsrate von Größe und Gewicht der Moleküle abhängt.

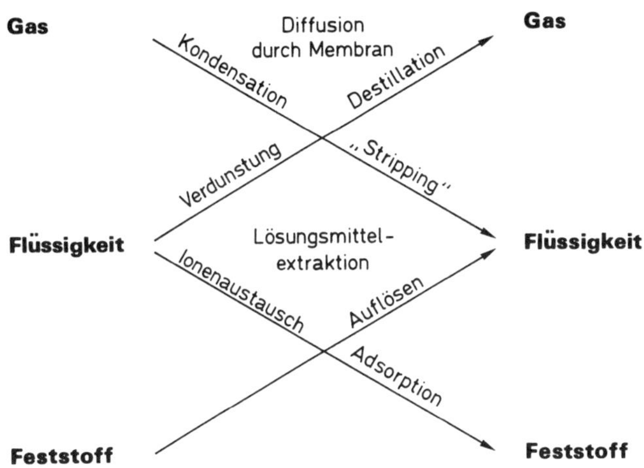

Abb. 2.14 Zusammenfassende Darstellung der möglichen Trennungsmethoden durch Überführung in eine andere Phase

Zu diesem Zweck werden dünne Filme aus Hochpolymeren verwendet. Auf ähnliche Weise kann man auch den Austausch von in Flüssigkeiten gelösten Gasen bewerkstelligen, wie es in den seit Jahren bewährten Meßzellen zu Bestimmung von gelöstem Sauerstoff in Wasser der Fall ist (s. Kap. 4, S. 171). Selbst sehr geringe Unterschiede in den Diffusionsraten können zu wirksamen Trennungen oder zumindest zu Anreicherungen führen. Dieses Prinzip wurde erfolgreich zur Trennung der Uranisotope 235 U und 238 U in Form der gasförmigen Verbindung Uranhexafluorid verwendet, da die Diffusionsgeschwindigkeiten nicht nur von der Temperatur, sondern auch vom Molekulargewicht abhängig sind.

Auch weniger flüchtige Verbindungen können durch Kondensation in einer Kühlfalle aus einem Trägergasstrom abgeschieden werden. Flüssiger Stickstoff sollte nicht als Kühlmittel verwendet werden, da sich Sauerstoff in flüssigem Zustand anreichert, wodurch sich beim Verdampfen Explosionsgefahr ergeben kann. Sehr zu empfehlen ist Trockeneis in Propanol-(2), womit eine Temperatur von -78,5 °C erreicht werden kann oder verschiedene Kältemischungen, deren Zusammensetzungen den üblichen Laborhandbüchern entnommen werden können (s. Kap. 3, S. 106f. und Abb. 3.24).

Das Ausblasen gasförmiger Komponenten aus Flüssigkeiten erfolgt üblicherweise durch (mit Hilfe einer Glasfritte) feinblasig verteiltem Stickstoff. Das Auswaschen der gesuchten Komponente kann unter Zuhilfenahme eines geeigneten, gekühlten Lösungsmittels oder nur durch Ausfrieren erfolgen. Diese Technik wird beispielsweise bei der Bestimmung von Halogencarbon-Verbindungen in Wasser verwendet, wobei die Endbestimmung gaschromatographisch erfolgt. Die Bestimmung geringster Mengen von Trihalogenmethan-Verbindungen wurde ein Feststoff als Adsorbens verwendet werden, wie z.B. Aktivkohle für Kohlenwasserstoffe. Für die Aufnahme von Schwefelwasserstoff verwendet man eine Lösung von Zinkacetat (s. Kap. 3, S. 126f.).

Verflüchtigung (Verdunstung: "volatilization") von gelösten Gasen oder leichtflüchtigen Komponenten kann beispielsweise zu deren Bestimmung in nicht flüchtigen Fetten und Ölen in Lebensmitteln verwendet werden. Die Probe wird in einem verschlossenen Gefäß längere Zeit erhitzt, bis sich der Luftraum mit den flüchtigen Komponenten gesättigt hat. Anschließend wird eine Probe der Gasphase gaschromatographisch untersucht. Diese sogenannte "Head-space-Gaschromatographie" wird in Kap. 7, S. 303f. näher beschrieben. Dieselbe Technik wird auch für die Bestimmung von Mineralölkomponenten in stark belasteten Gewässern benutzt[34].

Die Abtrennung flüssiger Komponenten erfolgt zumeist durch Destillation. Als Beispiel könnte die Bestimmung des Alkoholgehaltes in pharmazeutischen Präparaten und alkoholischen Getränken herangezogen werden. Durch die Destillation erhält man ein Ethanol-Wasser-Gemisch, während nicht flüchtige Komponenten wie Zucker, Fette zurückbleiben. Das Destillat wird auf das Ausgangsvolumen aufgefüllt. Anschließend wird die Dichte unter genauer Temperaturkontrolle gemessen. Auf ähnliche Weise können auch weniger flüchtige Verbindungen durch Wasserdampfdestillation bestimmt werden, wie z.B. 2-Nitroxylenol, mit dessen Hilfe Nitrat bestimmt werden kann (s. Kap. 4, S. 186f.). Organophosphor-Pestizide können in ähnlicher Weise bestimmt werden (s. Kap. 7, S. 307f.). Wasserdampfdestillation kann auch bei der Analyse von Duftstoffen zur Bestimmung des Gehaltes an ätherischen Ölen verwendet werden.

Die flüssig-flüssig-Extraktion wurde bereits im vorigen Abschnitt behandelt. Ein wesentlicher Aspekt ist nachzutragen: Die beiden flüssigen Phasen sollen möglichst geringe Löslichkeiten füreinander haben. Als Hauptanwendungsgebiete sind die Bestimmungen organischer Verunreinigungen in Gewässern wie Mineralöle, pflanzliche und tierische Fette, Öle und Wachse und Detergentien zu nennen. Für die anorganische Spurenanalyse werden Metallkationen mit organischen Komplexbildnern und Anionen mit quaternären Aminen gekoppelt, wodurch Komplexe entstehen, die in organischen Lösungsmitteln aufgenommen werden können. Zweckentsprechende Wahl des pH-Wertes und des Lösungsmittels sind von ausschlaggebender Bedeutung. Durch Abstufung des pH-Wertes sind auch Trennungen möglich. Kräftiges, längeres Schütteln ist in den meisten Fällen unerläßlich, kann aber zu Schaumbildung oder Emulgation führen. Mechanische Schüttelvorrichtungen sind gegebenenfalls vorzuziehen. Eine Reihe praktischer Anwendungen findet sich in der Fachliteratur[35].

Adsorption und Desorption an bestimmten Feststoffen, die sich durch eine sehr hohe spezifische Oberfläche auszeichnen, können sehr vorteilhaft verwendet werden, um Spuren schwer löslicher Verbindungen aus Lösungen zu entfernen. Dies trifft besonders im Fall von Wasser zu, das mit geringen Mengen organischer Stoffe verunreinigt ist. In vielen Fällen werden poröse Polymere wie Porapak, Tenax oder ähnliche Handelsprodukte, Aktivkohle, Molekularsiebe, Silikagel und ähnliche Stoffe verwendet, um Gase von Verunreinigungen zu befreien. Diese Methode ist besonders für gasförmige organische Verunreinigungen wirksam, ein Prinzip, das in der Technik auch in größerem Maßstab Verwendung findet. Da die meisten dieser Adsorptionsprozesse durch Temperaturerhöhung und Druckverminderung reversibel sind, können die adsorbierten Gase oder Dämpfe freigesetzt und analytisch bestimmt werden.

Zur Bestimmung von Benzoldämpfen in Luft verwendet man Aktivkohle, die nach der Adsorption mit Schwefelkohlenstoff eluiert wird. Ein Teil dieses Extrakts kann anschließend gaschromatographisch analysiert werden. Die Ergebnisse hängen von einer Reihe von Parametern ab: Kontaktzeit, Korngröße der Aktivkohle, Packungsdichte der Filterröhrchen. Sättigungsgrenze und Anzahl der Elutionsschritte müssen genau kontrolliert werden, um reproduzierbare Ergebnisse zu erzielen.

Ionenaustauschverfahren können als eine eigene Klasse der fest-flüssig- bzw. flüssig-flüssig-Trennverfahren betrachtet werden. Der Austausch von Kationen oder Anionen erfolgt an der Oberfläche von Polymeren, die eine ionische Gruppe im Netzwerk eingebaut haben, wie zum Beispiel Polystyrolsulfonat. Polyacrylsäure kann das Wasserstoffion der Carboxylgruppe gegen Metallionen tauschen. Durch Auswaschen mit verdünnten Säuren wird der Prozeß rückgängig gemacht. Auf diese Weise ist es möglich, Metallionen selektiv von allen anderen, in der ursprünglichen Probe vorhandenen, Komponenten, abzutrennen. In analoger Weise lassen sich Anionen mittels Kunstharzen abtrennen, die Aminogruppen in ihrer Struktur eingebaut haben. Säulenchromatographische Verfahren zur Trennung von Anionen sind in Kap. 4, S. 200 beschrieben. Flüssige Ionenaustauscher, die aus langkettigen, in einem geeigneten organischen Lösungsmittel gelösten organischen Aminen bestehen, können für den Austausch anionischer Metallkomplexe wie $FeCl_4^-$ dienen.

Die Fällung von schwerlöslichen Verbindungen aus wäßriger Lösung galt in früheren Zeiten als eine der wichtigsten quantitativen Bestimmungsmethoden. Die gravimetrische Analyse eignet sich für Niederschlagsmengen von 1 g bis 1 mg. Geringere Mengen sind immer schwieriger zu behandeln, weil

- die ansonsten vernachlässigbare Löslichkeit bereits zu merklichen Fehlern führt;

- Spuren, die an den Gefäßwandungen haften bleiben hohe Verluste ergeben;

- sich Niederschläge bei sehr niedrigen Konzentrationen sehr langsam und oft auch unvollständig, möglicherweise durch Adsorptionseffekte, bilden.

Diese Schwierigkeiten lassen sich allerdings umgehen, wenn man vom Mitfällungseffekt Gebrauch machen kann (Co-precipitation). Eisen(III)hydroxid und Kieselsäure eignen sich besonders als Träger für andere Ionen, da sie während des langsamen Ausflockens eine sehr große spezifische Oberfläche und somit hohe Adsorptionskraft besitzen. Diese Methode wird beispielsweise zur Abtrennung von nur in Submikromengen vorliegenden Radioisotopen verwendet. In ähnlicher Weise lassen sich geringste Mengen zahlreicher Ionen bestimmen.

Lösungsvorgänge können ebenfalls zur Trennung eines Gemisches verwendet werden, wenn es auch nicht immer so einfach erscheint, wie die (fiktive) Trennung von Kochsalz und Quarzsand, wo man nach Herauslösen des Natriumchlorids den Rückstand nur noch zu trocknen und zu wiegen braucht. Es gibt jedoch einige Beispiele, wo Trennungen in ähnlicher Weise bewerkstelligt werden können. Einige Komponenten von Gesteinsproben lassen sich mit kochender, konzentrierter Phosphorsäure in Lösung bringen, während die beständigeren Anteile nicht angegriffen werden. Zahlreiche Silikatminerale wie Feldspat, gehen im Gegensatz zum resistenteren kristallinen Quarz in Lösung. Der Quarzanteil kann dann durch direktes Auswiegen oder noch besser durch Abrauchen mit Fluorwasserstoff- und Schwefelsäure durch Differenzwägung bestimmt werden. Ein weiteres Beispiel bezieht sich auf die Untersuchung von Staubteilchen aus Luftproben, die zunächst auf Milliporefiltern gesammelt und mit einer Reihe organischer Lösungsmittel selektiv eluiert werden können.

2.7.4 Allgemeine Probleme im Zusammenhang mit Trennungsmethoden

Wenn eine neue Trennungsmethode entwickelt werden soll, müssen die möglichen Einflüsse verschiedener Parameter mit großer Sorgfalt kontrolliert werden, wobei vor allem darauf zu achten ist, ob die Vollständigkeit der Ausbeute gewährleistet ist. Zu den wichtigsten Faktoren gehören u.a. die Einstellzeit für Verteilungs- und ähnliche Gleichgewichte, Temperatur, Ober- und Untergrenzen für die zu untersuchende Probenmenge, Zusammensetzung der Reagenzien, pH-Wert und die Kompatibilität der Trennungsschritte mit der Endbestimmung. In einigen Fällen kann der Aufschluß bereits mit einem ersten Trennungsschritt kombiniert sein, wie dies beim klassischen "Sodaaufschluß" von Silikaten der Fall ist. Nach dem Auslösen der mit Natrium-Kaliumcarbonat-Schmelze behandelten Probe in Wasser bleiben die Kationen nach dem Ansäuern in Lösung, während die unlösliche Kieselsäure durch Filtration abgetrennt werden kann. Die Abtrennung eines flüchtigen Spurenelementes durch Erhitzen im Gasstrom kann ebenfalls als Beispiel herangezogen werden. Ein solches

Beispiel beschreibt Tölg[4] für die Bestimmung von Bor in hochreinen Metallen. Während man die Probe in Fluorwasserstoffsäure löst, wird das entstehende Bortrifluorid durch einen Stickstoffstrom entfernt. Nach Absorption in einer Natriumfluoridlösung wird das gebildete Natriumtetrafluoroborat $NaBF_4$ mit Methylblau zu einen Ionenpaar vereinigt, das mit Trichlorethan extrahiert und abschließend photometrisch bestimmt werden kann.

2.7.5 „Scheinbare" Trennungen

Durch die Verwendung instrumenteller, insbesondere spektrophotometrischer Methoden ist es oftmals möglich, Verbindungen in Gegenwart anderer spezifisch zu bestimmen, wodurch eine "scheinbare" Trennung erzielt wird. Bei den atomspektroskopischen Methoden, sowohl bei der Flammenemission als auch bei der -absorption wird dies mit Hilfe eines Spektrometers und durch Auswahl einer charakteristischen Wellenlänge erreicht. In der Molekularspektroskopie, wie z.B. bei der Bestimmung gasförmiger Verunreinigungen in der Atmosphäre, bestimmt man die Absorption innerhalb eines schmalen Wellenlängenbandes des Spektrums. Dasselbe Prinzip wird bei Infrarotuntersuchungen zur Identifizierung organischer Verbindungen oder bei spektrophotometrischen Bestimmungen im sichtbaren und UV-Bereich angewandt, die für zahlreiche Analysenmethoden zur Anwendung kommen. In beiden Fällen sind Störungen durch Fremdsubstanzen möglich, so daß eine Überprüfung von Fall zu Fall erforderlich ist. Unter günstigen Bedingungen kann man jedoch die gewünschte Bestimmung nach einer gewissen, meist einfachen Vorbehandlung unmittelbar zum Einsatz bringen, wodurch Zeit und Geld gespart werden.

Als weitere instrumentelle Methoden, die als meßbaren Parameter das elektromagnetische Spektrum heranziehen, wären die Röntgenfluoreszenzanalyse, die Elektronenstrahlmikroanalyse und die Neutronenaktivierungsanalyse zu nennen, die in den nachfolgenden Kapiteln eingehender besprochen werden.

Die Neutronenaktivierungsanalyse stellt eine der empfindlichsten Methoden der Spurenanalyse dar. Die einzelnen Elemente werden durch Bestrahlung mit einem Neutronenstrom in einem Kernreaktor unter Beachtung von Dichte, Intensität und Zeit aktiviert. Die meisten der in der Probe anwesenden Elemente werden auf diese Weise in radioaktive Isotope umgewandelt. Man kann nun anschließend die gesuchten Elemente in der Gesamtprobe oder nach chemischer Trennung durch Messung der Radioaktivität bestimmen. Die chemische Trennung kann durch aufeinanderfolgende Lösungsmittelextraktionsschritte erfolgen, worauf die Radioaktivitätsrate mit relativ einfachem Gerät gemessen werden kann. Die andere Möglichkeit, auf die sich der Begriff der "scheinbaren" Trennung bezieht, benötigt einen hochauflösenden Germanium-Lithium-Detektorkristall und ein Vielkanal-γ-Spektrometer. Die sehr hohen

Kosten einer derartigen Gerätekombination finden ihre Rechtfertigung in dem Umstand, daß eine große Zahl von Elementen in kurzer Zeit simultan bestimmt werden kann. Obwohl diese Art von Analysen auch mit einfacheren Geräten aber viel größerem Arbeitsaufwand durchgeführt werden könnte, kann nicht ohne weiteres entschieden werden, welche der beiden Varianten die ökonomischere ist.

2.8 Endbestimmung

In den folgenden Kapiteln werden die Grundprinzipien und die Ausführung der am häufigsten verwendeten Analysenmethoden behandelt. An dieser Stelle scheint es jedoch angebracht, zum Abschluß eine Übersicht über die Einzelschritte der "typischen" Analysenmethode zu bringen. Es ist allgemein üblich, zwischen klassischen (naßchemischen) und instrumentellen Methoden zu unterscheiden. Diese Unterscheidung ist für die Endbestimmung durchaus berechtigt. Bei der Diskussion einer vollständigen Analysenmethode ist diese Unterscheidung kaum sinnvoll, da Aufschluß, Auflösung und Trennung ebenso anzuwenden sind wie instrumentelle Methoden für die Endbestimmung. Tab. 2.11 gibt eine vereinfachte Übersicht über die zur Endbestimmung herangezogenen Arbeitsmethoden.

Tab. 2.11 Einteilung der analytischen Endbestimmungsmethoden nach den Bestimmungsparametern

Methode	Bestimmungsparameter
Gravimetrie	Gewicht
Titrimetrie	Volumen (einer Maßlösung)
Volumetrie	Volumen (eines Gases)
Spektroskopie	Absorption Emission Fluoreszenz
Elektrochemische Methoden	Potential Stromstärke Ladung Widerstand
Verschiedenes	Wärmeumsatz (Kalorimetrie) Radioaktivität Reaktionsdauer (Kinetik) (s. Kap. 6, S. 283f. u. Weisz[36])

2.8.1 Fehler bei der Endbestimmung

Der am einfachsten zu kontrollierende Parameter für alle oben angeführten Methoden ist die Ablesegenauigkeit, womit die Untergrenze der Meßbarkeit gegeben ist. Moderne Analysenwaagen, die bei einer Belastbarkeit von 10 g eine Anzeigegenauigkeit von 0,1 mg aufweisen, ergeben eine Präzision von $1 : 10^5$. Die Ablesegenauigkeit eines Drehspuleninstrumentes wie es etwa für pH-Meßgeräte verwendet wird, erlaubt eine Ablesegenauigkeit von 0,5 % des Vollauschlags. Ein Registrierschreiber mit 250 mm Schreibbreite erreicht etwa 0,25 %. In den letzten Jahren haben sich Meßgeräte mit digitaler Anzeige immer mehr durchgesetzt, die bezüglich der Ablesbarkeit wesentliche Vorteile bieten. Mikroprozessoren und elektronische Hilfsmittel sorgen für die Linearität der Anzeige. Es wäre aber irrig anzunehmen, daß eine vierstellige Digitalanzeige auch tatsächlich die Genauigkeit der letzten Ziffernstelle über den ganzen Meßbereich garantiert. Alle Faktoren, die das Meßergebnis beeinflussen können, sind eingehend zu überprüfen, wobei insbesondere Störeinflüsse von seiten des Sensors zu beachten sind. Erst nach Überprüfung aller dieser Faktoren kann die Leistungsfähigkeit des Gerätes korrekt beurteilt werden.

2.8.2 Die Einstellgeschwindigkeit der Anzeige

In den meisten Fällen wird bei instrumentellen Methoden ein Signal erzeugt, dessen Größe mehr oder minder konstant ist und in Proportion zu der gesuchten Meßgröße steht. Dieses Signal ist stets von einem Störsignal, dem sog. "Rauschen" begleitet, das sich in einer gewissen Unruhe der Ablesung äußert. Zur Ausschaltung dieses Effekts pflegt man die Anzeige zu dämpfen, d.h. kurzzeitige kleine Änderungen der Anzeige werden unterdrückt. Durch diese Dämpfung wird die Anzeigegeschwindigkeit etwas verringert ("träge"). In manchen Fällen wird dadurch die Geschwindigkeit des Probendurchsatzes verringert und die Dauer einer Bestimmung etwas erhöht.

2.9 Übersicht über die Fehlerquellen vollständiger Analysenmethoden

Zum Abschluß dieses Kapitels erscheint es zweckmäßig, die bisherigen Ausführungen an einem praktischen Beispiel zu erörtern und auf die jedem Schritt innewohnende Fehlerquellen nochmals hinzuweisen. Ein solches Beispiel ergibt sich aus einer eingehenden Untersuchung über die gaschromatographische Bestimmung von Beryllium, die von Tölg[4] durchgeführt wurde. Die Rückgewinnungsraten für jeden einzelnen Arbeitsschritt wurden durch Verwendung von Beryllium und der Messung der γ-Emission dieses Isotops bei 0,4 MeV kontrolliert. Es wurde festgestellt, daß die Bildung des für die Extraktion gewählten Komplexes (mit Trifluoroacetylaceton) bei Mengen unter 1 µg Beryllium wesentlich langsamer verläuft und daß ferner der in Benzol gelöste Komplex in erheblichem Ausmaß von Glas, nicht aber von Quarz adsorbiert wird.

Aus dieser Untersuchung geht mit aller Deutlichkeit hervor, daß eine nahezu quantitative Ausbeute umso eher erzielt werden kann, je weniger Arbeitsschritte im Verlauf der Analyse benötigt werden. Man kann beispielsweise Aufschluß und Trennung zu einem Arbeitsschritt zusammenziehen, indem man das Spurenelement unmittelbar als Gas in eine Argon-Plasmafackel einbringt und das gesuchte Element plasmaemissionsspektrometrisch bestimmt, wodurch die Zahl der benötigten Arbeitsschritte auf das absolute Minimum beschränkt bleibt. Die Anwendung dieser Methode zur Bestimmung von Bor und Quecksilber wurde ebenfalls von Tölg[4] beschrieben.

Die Tab. 2.12 und 2.13 geben eine Übersicht über Art und Größenordnung der möglichen Fehler.

Tab. 2.12 Fehlerquellen eines vollständigen Analysenverfahrens

Arbeitsschritt	Verunreinigung	Verlust	Sonstiges
Probenahme und Lagerung	Bearbeiter Behälter	Behälter	Inhomogenität
Wägen	-	-	Waage, Gewichte
Aufschluß	Behälter Reagenzien Luft	Behälter Luft	-
Trennung	Lösungsmittel	Behälter	-
Anreicherung	Reagenz	Luft	Meßkolben Pipetten
Endbestimmung	-	-	Meßvorgang

Die goldene Regel für erfolgreiche Analysen im Spurenbereich liegt in der sorgfältigen Bewertung aller möglichen Fehlerquellen und Störeinflüsse. Ferner muß in Betracht gezogen werden, welche Elemente außer dem zu bestimmenden anwesend sein könnten. Aufgrund dieser Überlegungen läßt sich die Leistungsfähigkeit der gewählten Methode abschätzen. Es ist zu bedauern, daß sich nur wenige Analytiker der Mühe unterziehen, derartige Überlegungen vor Inangriffnahme der Analyse anzustellen. Es überrascht daher nicht allzusehr, daß die Ergebnisse verschiedener Laboratorien, die dieselbe

Tab. 2.13 Systematische Fehler bei der Bestimmung von Beryllium. Nach Tölg[4], mit Genehmigung

Arbeitsschritt	Verlust (%)
Aufschluß mit angeregtem Sauerstoff	≤ 1
Aufschluß mit Salpetersäure unter Druck	≤ 2
Abtrennung von Störsubstanzen	≤ 1
Bildung des Be-TFA-Komplexes	0,5 - 1
Abtrennung des TFA-Überschusses	≤ 2
Abtrennung von Alkalien aus der benzolischen Lösung	~ 1
Überführung der Benzolphase zum Einengen des Volumens	≤ 2
Einengen	≤ 2
Injektion in die Chromatographie	~ 1

Probe zur Bearbeitung erhielten, in geradezu alarmierender Weise voneinander abwichen. Dieses Thema wird in Kap. 8 dieses Buches nochmals eingehender behandelt.

Literatur

1 Hanson, N.W. (1973) Official Standardized and Recommended Methods, Society fo Analytical Chemistry, London.

2 Kaiser, R.E., Mühlbauer, J.A. (1983) Elementare Tests zur Beurteilung von Meßdaten, Soforthilfe für statistische Tests mit wenigen Meßdaten, 2. Aufl., B.I. Hochschultaschenbücher 774, Bibliographisches Institut Mannheim/Wien/Zürich.

3 Eckschlager, K. (1961) Errors, Measurements and Results in Chemical Analysis, Van Nostrand, London.

4 Tölg, F. (1974) Talanta, 21, 327.

5 Dean, R.B., Dixon, W.J. (1951) Anal. Chem. 23, 636.

6 Tölg, G. (1977) Fresenius Z.Anal.Chem. 283, 257.

7 Laitinen, H.A., Harris, W.E. (1975) Chemical Analysis, 2. Aufl., Kap. 26, MacGraw-Hill, New York.

8 Ottendorfer, L.J. (1981) Zur Frage der Richtigkeit und Genauigkeit von Analysen im aquatischen Bereich, Fresenius Z.Anal.Chem. 311, 238-243.

9 Dinkloh, L. et al. (1980) Arbeitsgruppe Statistik in der Wasseranalytik der Fachgruppe Wasserchemie in der GDCh. Z.Wasser Abwasser Forsch. 13, 54-58 Verlag Chemie, Weinheim.

10 Deutsche Einheitsverfahren zur Wasser-, Abwasser- und Schlammuntersuchung (laufend ergänzte Loseblattsammlung), Allgemeine Angaben (Gruppe A).
Ringversuche, Planung und Organisation, (A 41).
Ringversuche, Auswertung (A 42).
Zugleich auch DIN 38 402, Teil 41 und 42.

11 Islam, A. (1975) Proc.Anal.Div.Chem.Soc. 12, 266.

12 Goss, R.C. (1917) J.Ind.Eng.Chem. 9, 144.

13 Engberg, A. (1973) Analyst, 98, 137

14 Gordus, A.A., Gordus, J.P. (1974) in Archaeological Chemistry, Kap. 8, Beck, C.W. (Herausg.) Advances in Chemistry, Band 138, American Chemical Society, Washington.

15 Renshaw, G.D., Pounds, C.A., Pearson, E.F. (1972) Nature 238, 162.

16 Lassner, E., Ortner, H.M., Schedle, H., Kantusek, E., Klupacek, U. (1974) Microchim. Acta, S. 483.

17 Boutron, C. (1972) Anal.Chim.Acta 61, 140.

18 Tölg, G. (1972) Talanta 19, 1489

19 Adams, P.B. (1972) Glass Containers for Ultrapure Solutions Hetherington, G. Bell, E.W. Vitreous Silica, in Ultrapurity, Zief, M., Speights, R. (Herausg.), Kap. 14 und 15. Marcel Dekker, New York.

20 Bock, R., Marr, I.L. (1979) Decomposition Methods in Analytical Chemistry, International Textbook Co., S. 17.

21 Robertson, D.E. (1968) Anal.Chem. 40, 1067.

22 Perrin, D.D., Armarego, W.L.F., Perrin, D.R. (1966) Purification of Laboratory Chemicals, Pergamon, Oxford.

23 Smith, V.C. (1972) s. 19, Kap. 10

24. Bolin, B. (1970) Sci.Am., Sept. 1970, 128.

25 Mitchell, R.L. (1963) in Proc. Fritz Feigl Symposium, Birmingham, West, P.W., Macdonald, A.M.G., West, T.S. (Herausg.) Elsevier, Amsterdam, S. 314.

26 Gorsuch, T.T. (1970) The Destruction of Organic Matter. Pergamon, Oxford.

27 Dolezal, J., Povondra, P., Sulcek, Z. (1968) Decomposition Techniques in Inorganic Analysis, Iliffe, London.

28 Berns, E.G., van der Zwaan, P.W. (1972) Anal.Chim.Acta, 59, 293.

29 Elwell, W.T., Wood, D.F. (1975) Determination of gases in metals by fusion methods, in Comprehnseive Analytical Chemistry, Bd. III, Svehla, G. (Hrsg.) Elsevier, Amsterdam, Kap. 4.

30 Bock, R. (1974) Methoden der Analytischen Chemie, Bd 1: Trennungsmethoden, Verlag Chemie, Weinheim.

31 Young, R.S. (1980) Separation Procedures in Inorganic Analysis: A Practical Handbook, John Wiley, New York.

32 Rumford, B. (1812) Of Coffee and the Art of Preparing it; Abstract in Phil.Mag., 41, 108.

33 Bolzer, W. (1984) Belastung österreichischer Trinkwässer mit gelösten organischen Verbindungen unter besonderer Berücksichtigung der Organohalogenverbindungen, Veröff.d.Inst.f.Wasserwirtschaft d.Univ.f.Bodenkultur Wien, gem. mit d.Österr.Vereinigg.f.d.Gas- u. Wasserfach, Eigenverlag d.Inst.

34 Merz, W., Neu, H.-J., Panzel, H. (1982) Anwendung der multidimensionalen Headspace-Kapillar-Gaschromatographie in der Abwassertechnik, Vom Wasser 59, 103-114.

35 Morrison, G.H., Freiser, H. (1957) Solvent Extraction in Analytical Chemistry, John Wiley, New York.

36 Weisz, H. (1976) Application of Catalyzed Reactions in Analytical Chemistry, Angew.Chem. (Int.Ed. in engl. Spr.), 15, 150-156. Deutsche Ausgabe: Angew.Chem., 88, 177.

3. Atmosphäre

3.1 Zusammensetzung der Erdatmosphäre

Ungeachtet des großen Interesses, das die Öffentlichkeit der Erforschung der Gashülle anderer Planeten des Sonnensystems und sogar der Monde derselben entgegenbringt, findet die uns umgebende Atmosphäre, die man stets als eine Selbstverständlichkeit zu betrachten pflegt, meist nur dann Beachtung, wenn großräumige Verunreinigungen auftreten. Man sollte sich jedoch die Tatsache vor Augen halten, daß alles Leben, wie wir es kennen, an das Vorhandensein einer Atmosphäre mit exakt definierter Zusammensetzung gebunden ist. So wird beispielsweise ein Mensch, dessen Organismus auf einen raschen Wechsel des Luftdrucks nicht adaptiert ist, auf das Absinken des Druckes auf 75 % des Normalwertes, das einer Seehöhe von ca. 2500 m entspricht, sehr merklich reagieren.

Da der Wasserdampfgehalt der Atmosphäre zwischen 0 und 5 % schwanken kann, ist es allgemein üblich, die Zusammensetzung der Standardatmosphäre auf trockene Luft zu beziehen (s. Tab. 3.1).

Tab. 3.1 Zuammensetzung trockener Luft, angegeben

in Volumenanteil (%)		in ppm (V/V)	
Stickstoff	78,084 ± 0,004	Neon	18,18 ± 0,04
Sauerstoff	20,946 ± 0,002	Helium	5,24 ± 0,004
Kohlendioxid	0,003 ± 0,001	Krypton	1,14 ± 0,001
Argon	0,934 ± 0,001	Xenon	0,087 ± 0,001
		Wasserstoff	0,5
		Methan	1,5
		Distickstoff-monoxid	0,5 ± 0,1

Angaben aus "Handbook of Chemistry and Physics", 42. Aufl.

Selbst in sehr reiner Luft findet man noch Spuren anderer Gase. So wird beispielsweise angenommen, daß der "natürliche" Schwefelwasserstoffgehalt etwa 10^{-4} ppm beträgt, doch sind derart niedrige Konzentrationen nur sehr schwer sicherzustellen. Darüber hinaus ist es eine Sache der Definition, was man unter "reiner" Luft zu verstehen hat.

3.2 Häufig vorkommende Luftverunreinigung und ihre Ursachen

Der Begriff "Luftverunreinigung" kann am besten so definiert werden, daß man darunter Substanzen wie Staub, Dämpfe, Gase, Dunst, üble Gerüche, Rauch etc. versteht, wenn sie in solchen Mengen auftreten, daß sie dem menschlichen Leben und dem Gedeihen von Tieren und Pflanzen abträglich sind oder auf das allgemeine Wohlbefinden sowie auch auf das persönliche Eigentum nachteilige Auswirkungen zur Folge haben. Diese Definition folgt der Formulierung, die von Joint Council ausgearbeitet wurde[1]. Viele Schadstoffe können ebenso auf natürliche Ursachen, wie auch auf menschliche Einwirkungen zurückzuführen sein. Dieser Umstand muß bei der Auswertung der Untersuchungsergebnisse stets berücksichtigt werden. Ebenso sollte jeder Schadstoff in Zusammenhang mit der Massenbilanz des gesamten weltweiten Ökosystem gesehen werden. In diesem Zusammenhang kann der natürliche Kreislauf des Elementes Schwefel als Beispiel herangezogen werden[2].

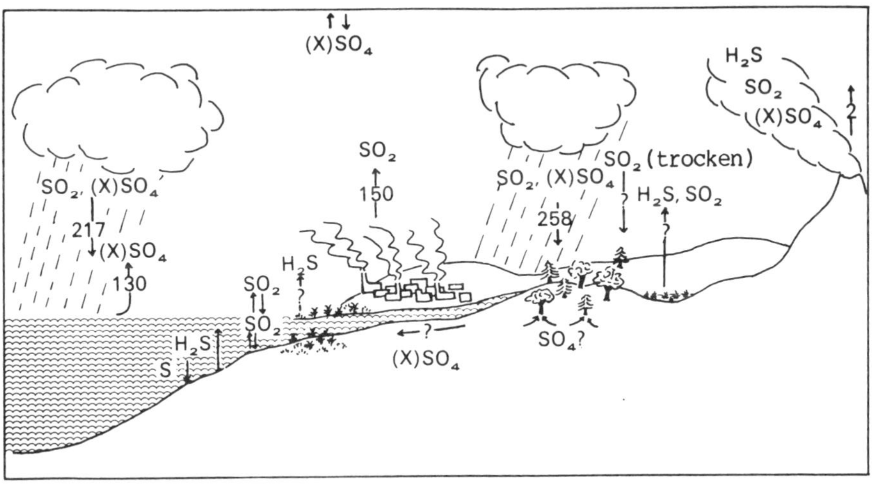

Abb. 3.1 Der Schwefelkreislauf in der Umwelt. Nach Angaben von Kellogg[2]. Genehmigte Reproduktion

Ein Hinweis auf die Art und Weise, wie die in Abb. 3.1 gezeigten Werte zustande kommen, ist sicherlich von Interesse. So haben z.B. sorgfältige Untersuchungen[3] von Luftproben über Salzmarschen an der amerikanischen Atlantikküste Schwefelwasserstoff-Konzentrationen zwischen 0,15 und 10 ppb ($1 : 10^9$, V/V) ergeben. Diese Ergebnisse decken sich mit Untersuchungen von Marr, der über einen Estuar in Schottland bei Ebbe Gehalte von 1 - 10 ppb feststellte. In dieser Konzentration ist Schwefelwasserstoff bereits durch den Geruchssinn feststellbar. Als mittlere Emissionsrate ergab sich für einen Juliabend ein Wert von 10 g Schwefel/m^2/a bzw. 10 t/km^2/a, ein Wert, der jedoch die geschätzte Gesamtmenge von 10^8 t für die gesamte Festlandfläche der Erde ($148847 \cdot 10^6$ km^2) bei weitem nicht erreicht. Das Hauptproblem bei all diesen Zahlenangaben für Schwefelwasserstoff liegt offensichtlich darin, daß sie meist nur aus der Differenz von Bestimmungen anderer Schwefel-Verbingungen errechnet werden.

Man wird sich fragen, ob die Extrapolation derartiger Werte auf die gesamte Landfläche der Erde überhaupt sinnvoll und zulässig ist. Diese Frage kann nur mit einem gewissen Vorbehalt mit "ja" beantwortet werden, da ein gewogenes Mittel verläßlichere Resultate ergeben würde. Andererseits ist zu bedenken, daß die in die Atmosphäre eingebrachte Schadstoffe über Tausende von Kilometern verfrachtet werden können. Es ist bekannt, daß feinste Staubpartikel aus Vulkaneruptionen lange Zeit in höheren Schichten der Stratosphäre verweilen können. Es werden aber auch Untersuchungen der polaren Eiskappen mit großem Interesse verfolgt, da sich aus Tiefenprofilen die mittlere Belastung durch zahlreiche Schadstoffe über einen langen Zeitraum zurückverfolgen läßt. Es gibt aufgrund derartiger Untersuchungen Hinweise, daß der Kohlendioxidgehalt der Atmosphäre vor 10000 Jahren nur die Hälfte des derzeitigen Wertes erreichte[4]. Da sich Gase sehr rasch homogen mischen, können die Untersuchungsergebnisse von Gaseinschlüssen im Antarktiseis als repräsentativ betrachtet werden.

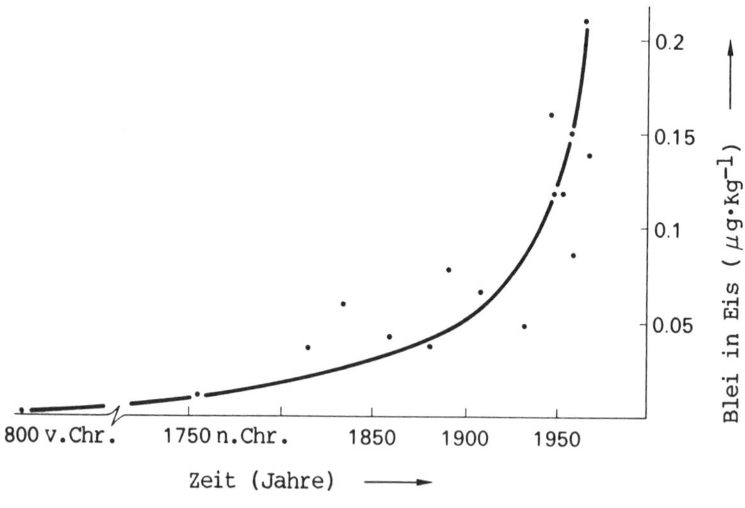

Abb. 3.2 Blei-Gehalte von arktischem Eis aus verschiedenen Tiefen und daher unterschiedlichen Alters. Der Anstieg des Gehaltes an Bleiverbindungen in der Luft ist klar zu erkennen. Reproduktion mit freundlicher Genehmigung von Geochim. et Cosmochim. Acta; Mourozumi et al. (1969)[5]

Im Gegensatz dazu wirkt es eher erstaunlich, daß Feststoffteilchen aus den nördlichen Industriestaaten über eine Distanz von 5000 km im Winter und Frühling in die Arktis gelangen. So findet die Annahme, daß der zunehmende Bleigehalt von arktischem Eis in den höheren Schichten mit dem Beginn der industriellen Revolution zusammenfällt ihre Bestätigung (Abb. 3.2).

3.3 Gase, Dämpfe und Staubpartikel

Die Unterscheidung zwischen gasförmigen Komponenten, wie z.B. Kohlendioxid, und partikulären, wie z.B. bleihaltige Stäube, kam bereits zur Sprache. Diese Unterscheidung ist aus zwei Gründen von Bedeutung. Sowohl die Probenahme als auch die Untersuchungstechnik sind in beiden Fällen sehr verschieden. Auch in gesetzlichen Bestimmungen wird die Art der Schadstoffe besonders beachtet. Schadstoffe lassen sich aufgrund der Teilchengröße folgendermaßen einteilen:

Sichtbarer Rauch	Teilchendurchmesser 0,1 - 10 μm
Staub	Teilchendurchmesser 10 - 100 μm
Sand	Teilchendurchmesser größer als 100 μm
Dampf	Gasphase eines Stoffes, der bei der herrschenden Temperatur flüssig ist.
Dunst, Nebel	feinste Tröpfchen (flüssig), die zufolge ihrer geringen Größe in der Atmosphäre suspendiert bleiben.
Aerosol	feste Partikel oder Tröpfchen in Luft (Gas)
Gase	wegen Überschreitung des Siedepunktes in der Gasphase vorliegende Stoffe.

Partikel der Größenordnung, die zum Rauch gezählt werden, sind von besonderer Wichtigkeit, da sie beim Atmen bis in die Lunge gelangen. Größere Teilchen werden durch die feinen Härchen im Nasen-Rachen-Raum zurückgehalten. Teilchen dieser Größenordnung haben die Eigenschaft, erhebliche Mengen gasförmiger Stoffe zu adsorbieren und dieselben ebenfalls in die Lunge zu transportieren, wodurch die Bedingungen für eine rasche Aufnahme in die körpereigene Flüssigkeit gegeben sind.

3.4 Geruchsschwellenwerte

Jedem Studenten, der ein Laborpraktikum absolviert hat, ist bekannt, daß der Geruchssinn individuell sehr verschieden stark ausgebildet ist. Einer der Autoren dieses Buches ist nicht imstande, Cyanwasserstoff mit Hilfe des Geruchssinnes zu identifizieren, während schon das Öffnen eines Reagenzglases mit Kaliumcyanid in der anderen Ecke des Raumes von einem Kollegen unverzüglich registriert wird. Verschiedene Parfums, die auf das andere Geschlecht anziehend wirken sollen, werden von manchen Personen als eher unangenehm empfunden oder oft gar nicht wahrgenommen. Es zeigt sich also, daß die Empfindlichkeit der olfaktorischen Organe sehr unterschiedlich entwickelt ist, wobei die Empfindlichkeit außerdem noch von Substanz zu Substanz sehr stark schwanken kann. Es wurde versucht, dieses Phänomen zu quantifizieren, indem man die Konzentration einer bestimmten Substanz feststellt, die zur Wahrnehmung erforderlich ist (Wahrnehmungsschwelle) und jene, die zur Identifizierung benötigt wird (Identifikationsschwelle). Der Versuch, eine für einen größeren Personenkreis gültige Größenordnung zu finden, führt zu einer Maßzahl, die angibt, bei welcher Konzentration 50 % einer großen Anzahl von Versuchspersonen positiv reagieren. Auf diese Weise wird für jede geruchsaktive Verbindung der PIT_{50}-Wert (population identification threshold) angegeben. Die Werte reichen von etwa 0,001 ppm für Schwefelwasserstoff und Buttersäure, 0,1 ppm für Styrol bis zu 10 ppm für Ethanol oder Chlorwasserstoff[6]. Es ist aber auch zu beachten, daß manche geruchsbildende Stoffe nicht durch ihren Eigengeruch, sondern durch Verunreinigungen identifiziert werden, wie z.B. im Fall von Carbidgas/C_2H_2, dessen Geruch auf in geringer Menge enthaltene Phosphine zurückzuführen ist. Bei der Beurteilung der Geruchsintensität ist daher darauf zu achten, aus welchen Quellen das betreffende Gas stammt.

Richtlinien zur Beurteilung des Geruches von Wasserproben sind im Abschn. B 1/2 der "Deutschen Einheitsverfahren" enthalten[7], die in zahlreichen europäischen Ländern anerkannt werden. Neben allgemeinen Angaben über Intensität und Art des Geruches, ist vor allem die für die Bestimmung des Geruchsschwellenwertes empfohlene Methode von Interesse. Dieser Wert wird nach der Gleichung

$$GSW = \frac{a + b}{a}$$

berechnet.

Dabei bedeuten:

GSW Geruchsschwellenwert

a Volumen des zu untersuchenden Wassers in der Mischung, bei der gerade noch ein Geruch wahrzunehmen ist (in ml)

b Volumen des in derselben Mischung enthaltenen Verdünnungswassers in ml

Der Geruchsschwellenwert wird entsprechend der Tab. 3.2 angegeben. Ihm liegt die Mischung zugrunde, bei der die Mehrheit der Testpersonen noch einen Geruch wahrnimmt. Die Temperatur, bei der die Prüfung erfolgt, ist zu vermerken; ebenso, wenn die Untersuchung an Ort und Stelle der Probenahme erfolgte.

Tab. 3.2 Verdünnungsreihen zur Ermittelung des Geruchsschwellenwertes

Untersuchungswasser (a) ml	Geruchsschwellenwert (GSW)
200	1
130	1,5
100	2
70	3
50	4
40	5
30	7
20	10
13	15
10	20
7	30
5	40
4	50
3	70
2	100
1,3	150
1,0	200
0,7	300
0,5	400
0,4	500
0,3	700
0,2	1000
0,002	100000

3.5 Luftverunreinigung und Gesundheitsfragen

Die Weltgesundheitsorganisation (WHO) definiert "Gesundheit" als "Zustand vollständigen physischen, geistigen und sozialen Wohlbefindens". Wie bereits erwähnt, wird irgend ein Bestandteil der Atmosphäre zur Luftverunreinigung, wenn er dieses Wohlbefinden beeinträchtigt. Aus menschlichen Aktivitäten stammende Luftverunreinigungen gibt es zumindest seit Beginn der industriellen Revolution. Sie erreichten z.B. in Großbritannien in den Fünfzigerjahren einen Höhepunkt durch die Bildung von "Smog"- ein Gemisch aus Rauch und Nebel. Auch in anderen größeren Industriestädten war die Sichtweite in den Wintermonaten oft auf wenige Meter reduziert. Die schädlichen Auswirkungen auf die Gesundheit wurden in den Jahren 1930 im Meuse-Tal in Belgien, in London und Berlin (1952 u. 1962) und in New York (1966) besonders deutlich.

3.5.1 Gesetzliche Regelungen

Gesetzliche Regelungen in Großbritannien

Der "Große Smog" im Jahre 1952, der vier Tage lang anhielt, forderte nicht weniger als 4000 Menschenleben und überschritt somit den langjährigen Mittelwert von etwa 300 Todesfällen/Tag im Raum Groß-London um ein Mehrfaches[8]. In der ersten Woche ab Beginn der Smogperiode starben 3000 Personen, die meistens der restlichen 1000 in der darauffolgenden Woche. Der Höhepunkt der Sterblichkeitsrate war zwei Tage nach Beginn der Smogbildung zu verzeichnen. Nachdem das Parlament aufgrund dieser Ereignisse eine Kommission ("Beaver-Committee") eingesetzt hatte, wurden die längst überfälligen Maßnahmen zur Verringerung der Luftverunreinigung mit dem "Clean Air Act" (1956) beschlossen. Das erwähnte Gesetz befaßte sich in erster Linie mit den sichtbaren Luftverunreinigungen, also mit Rauch bzw. mit Aerosolen, die nicht nur mit freiem Auge wahrnahmbar, sondern auch mit den damals verfügbaren technischen Mitteln leichter zu behandeln waren. Rauch ist aber praktisch immer von gasförmigen und meist ebenso gesundheitsschädlichen Stoffen begleitet. Trotzdem ist es zweckmäßig, zuerst die Schwebstaubkomponenten auszuschalten, da auf diese Weise bereits eine fühlbare Verbesserung der Luftqualität erzielt und gleichzeitig die Meßbarkeit der verbleibenden Luftverunreinigungen sehr erleichtert wird. Außerdem ist es viel schwieriger, unerwünschte Gase zurückzuhalten als Feststoffe.

Drei Abschnitte des erwähnten Gesetzes sind besonders erwähnenswert:

- Die Emission von dunklem Rauch wird, abgesehen von kurzen Anheizperioden, als Verstoß gegen das Gesetz geahndet.

- Schornsteine müssen mit Rauchdichte-Meßgeräten ausgestattet werden.

- Gewisse Stadtgebiete werden zu rauchfreien Zonen erklärt. In diesen Bereichen dürfen nur noch rauchlose Heizanlagen betrieben werden. Die Besitzer offener Kamine erhalten Zuschüsse zum Umbau auf Gas- oder Elektroheizung.

Diese Maßnahmen haben sich überaus positiv ausgewirkt, was man als regelmäßer Besucher der britischen Inseln besonders zu schätzen weiß. Da in der Zwischenzeit auch dampfbetriebene Lokomotiven nur noch in Museen zu finden sind, hat sich die Qualität der Atmosphäre sogar in den hochindustrialisierten Midlands in erstaunlichem Maß verbessert.

Gesetzliche Regelungen in kontinentaleuropäischen Ländern

Eine eingehendere Behandlung der zur Zeit bereits geltenden, der in Bearbeitung stehenden und der weiterhin geplanten gesetzlichen Regelungen würde den Rahmen dieses Buches bei weitem überschreiten. Noch dazu haben die immer heftiger um sich greifenden Umweltschädigungen wie der "saure Regen" zu einer eminenten Beschleunigung aller einschlägigen Bemühungen geführt, die weiterhin ihren Niederschlag in gesetzlichen Regelungen finden werden.

Für die Bundesrepublik Deutschland ist wohl in erster Linie die "Erste Allgemeine Verwaltungsvorschrift zum Bundes-Immissionsgesetz (Technische Anleitung zur Reinhaltung der Luft - TA Luft - vom 28. August 1974, in der Fassung der vom Bundesrat am 4. Februar 1983 beschlossenen Änderungen)" zu nennen[9].

In Österreich befassen sich einige gesetzliche Bestimmungen mit der Herabsetzung von Luftverunreinigungen. Die "Erste Verordnung gegen forstschädliche Luftverunreinigung" vom 23. Juli 1923 ist als erster Schritt auf dem Weg zur Verbesserung der Qualität der Atmosphäre zu betrachten. In dieser Verordnung wird nicht nur die Emission von Schwefeldioxid, sondern auch die von anderen umweltgefährdenden Stoffen begrenzt. Dazu gehören Siliciumtetrafluorid, Fluorwasserstoff, Kieselfluorwasserstoffsäure, Chlor, Chlorwasserstoff, Schwefelsäure und Ammoniak. Ebenso wird die Emission von Staub aus Verarbeitungs- oder Verbrennungsprozessen begrenzt. Außerdem ist die zulässige Emission auch jahreszeitlich für die Perioden von April bis Oktober und von November bis März zahlenmäßig festgelegt. Als Beispiel wird die Begrenzung der Schwefeldioxid-Emission angeführt:

Schwefeldioxid (SO_2):

1. 97,5 Prozent für den Halbstundenmittelwert (HMW) in Monaten
   a) April bis Oktober 0,07 mg/m^3
   b) November bis März 0,15 mg/m^3

2. Tagesmittelwert (TMW) in Monaten
   a) April bis Oktober 0,05 mg/m^3
   b) November bis März 0,10 mg/m^3

In analoger Weise sind auch die zulässigen Emissionen geregelt.

Als nächster Schritt in dieser Richtung ist das Dampfkesselemissionsgesetz zu nennen, mit dem vor allem der Schadstoffausstoß von größeren Heizanlagen geregelt wird. Dieses Gesetz wird auf S. 136 besprochen.

3.5.2 Umweltüberwachung in Großbritannien

Im Jahr 1961 wurde ein Untersuchungsprogramm mit der Bezeichnung "National Survey of Air Pollution" (NSAP) begonnen, das derzeit vom Department of the Environment weitergeführt wird. Ziel dieses Programmes ist die Kontrolle von Schwefeldioxid und Rauch an über tausend in ganz Großbritannien verteilten Meßstellen. An einer kleineren Anzahl von Meßstationen werden auch noch andere Schadstoffe routinemäßig untersucht[10]. Die Gründe für die Überwachung der Luftzusammensetzung in Industrieländern wurden von Clarenburg[11] zusammengefaßt.

Diese Untersuchungen verfolgen den Zweck

- mitzuhelfen, Kriterien für eine annehmbare Qualität der Luft festzulegen, wodurch gleichzeitig definiert wird, ab welchen Konzentrationen eine bestimmte Substanz als Schadstoff zu werten ist;

- jederzeit aktuelle Meßergebnisse zur Verfügung zu haben, die zum Schutz der Bevölkerung dienen sollen, indem beispielsweise beim Überschreiten der festgelegten Grenzwerte der Luftverunreinigungen die für die Emission verantwortlichen Betriebe kurzfristig außer Betrieb genommen werden können;

- der Trendermittlung der Luftverunreinigung, um eventuelle Verbesserungen der Luftqualität als Folge von Umweltschutzmaßnahmen festzustellen;

- Unterlagen zu erarbeiten, mit deren Hilfe Voraussagen ermöglicht werden, um Fälle größerer Luftverschmutzung zu erfassen, die durch ungünstige Bedingungen verschärft werden können.

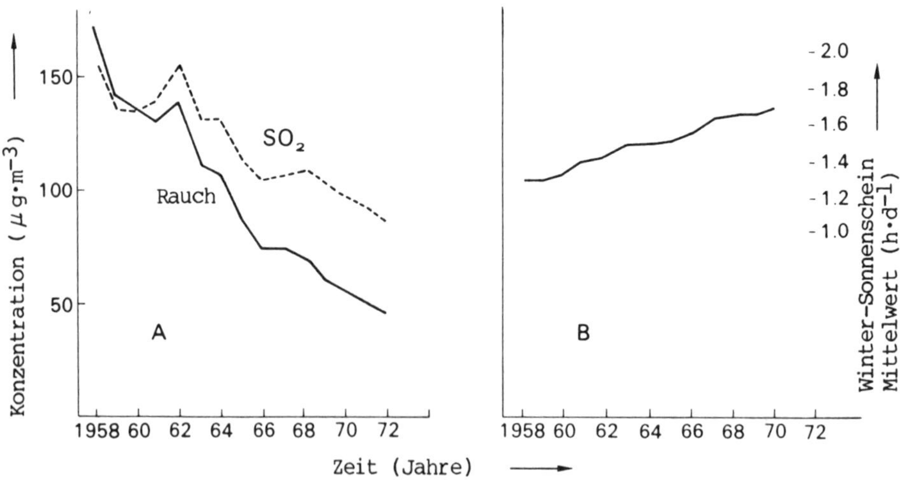

Abb. 3.3 Qualitätsverbesserung der Luft in Großbritannien seit dem "Clean Air Act, 1956". A: Abnahme der Konzentration von Rauch und Schwefeldioxid. B: Zunahme der täglichen Sonnenstunden im Winter. Reproduziert nach Flowers[12] und Ashby[13]; mit Genehmigung "The Controller, Her Majesty's Stationary Office"

Abb. 3.3 zeigt eine Zusammenfassung der aufgrund der NSAP-Untersuchungen gewonnenen Daten von 1958 bis 1982. Sowohl die Abnahme der Rauch- und Schwefeldioxid-Konzentrationen als auch die Zunahme der Sonnenstunden während der Wintermonate lassen den Erfolg des Programmes erkennen. Bezüglich der Schwefeldioxid-Konzentration ist allerdings zu bemerken, daß die Gesamtemission nicht in demselben Maß abgenommen hat, als es aufgrund der angegebenen Konzentrationen den Anschein erweckt. Dieser scheinbare Widerspruch erklärt sich aus der Tatsache, daß durch den Bau von höheren Schornsteinen die Konzentration in den bodennahen Luftschichten verringert wird.

3.5.3 Die Atmosphäre am Arbeitsplatz: „Health and Safety at Work Act, 1974"

Aus der Sicht kontinental-europäischer Länder dürften Hinweise auf die entsprechenden gesetzlichen Regelungen in Großbritannien von einigem Interesse sein. In dem zitierten Gesetz werden neben Bestimmungen zum Schutz der Arbeitnehmer auch die Verpflichtungen der Arbeitgeber zur Vorsorge in bezug auf die Luftqualität in- und außerhalb der Betriebsstätten definiert. Weiterhin werden die Rechte von Kontrollorganen festgelegt, denen u.a. der Zutritt zu den Betriebsanlagen zu gewähren ist.

Fragen in Zusammenhang mit gesundheitsschädlichen gasförmigen Stoffen am Arbeitsplatz und die Methoden zu ihrer Untersuchung wurden zusammenfassend beschrieben[14,15]. Die "American Conference of Governmental Hygienists" hat eine umfangreiche Liste von "Threshold Limit Values" ausgearbeitet, die somit den im deutschen Sprachbereich üblichen "MAK-Werten" (Maximale Arbeitsplatz-Konzentrationen bei 8 h Arbeitsdauer) entsprechen, obwohl die Werte nicht in allen Fällen übereinstimmen. Es handelt sich um Konzentrationen von gasförmigen Schadstoffen, von denen angenommen werden kann, daß die Arbeitnehmer diesen Stoffen während der Arbeitszeit ständig ausgesetzt sind, ohne daß dadurch gesundheitliche Schäden eintreten. Mit wenigen Ausnahmen sind diese Werte auch in Großbritannien gültig[16]. Eine Auswahl dieser Werte ist zusammen mit ähnlichen, in anderen Ländern gültigen, in Anhang I wiedergegeben. Eine Diskussion über die Bewertung der Toxizität findet sich in einer Veröffentlichung der WHO[17].

Die Liste umfaßt ca. 600 Chemikalien bzw. Chemikaliengruppen und -mischungen wie z.B. Pestizid-Zubereitungen. Die MAK-Werte reichen von 1000 ppm (V/V) für entzündliche Kohlenwasserstoffe über 10 ppm für Cyanwasserstoff, Schwefelwasserstoff und Benzol bis 0,01 ppm für einige organische Isocyanate und erreichen 0,0002 ppm für Osmiumtetroxid. Es liegt auf der Hand, daß analytische Untersuchungen der Luft am Arbeitsplatz ein äußerst schwieriges Problem darstellen, wenn eine derartige Vielzahl von Verbindungen und niedrigste Konzentrationen zu berücksichtigen sind. Es ist klar, daß nur sehr empfindliche und zugleich selektive Methoden zur

Anwendung gelangen können. Die folgenden drei Abschnitte dieses Kapitels werden sich mit solchen Analysenmethoden für Feststoffe, für Gase und mit Methoden zur Voranreicherung von Gasen befassen. Eine ähnliche, sehr nützliche Zusammenstellung ist einer Gemeinschaftsarbeit mehrerer offizieller Stellen der USA zu entnehmen[18].

3.6 Probenahme von Feststoffen in der Luft

3.6.1 Rauch und Staub

Diese beiden, durch ihre Teilchengröße unterschiedenen Schadstoffkomponenten werden in verunreinigter Luft oder in Fabrikschornsteinen optisch gemessen, wobei man sich einer mechanischen Trennmethode bedient. Lediglich die größeren Staubpartikel werden sich auf einer horizontalen Fläche absetzen, während die wesentlich kleineren Rauchpartikel in Schwebe bleiben und mit der im Schornstein aufsteigenden Luft abgeführt werden. Die Gesamtmenge der Schadstofflast kann durch die Schwächung eines Lichtstrahls erfaßt werden. Der sedimentierbare Staub setzt sich auf einer horizontal angeordneten Glasplatte ab und schwächt einen vertikal durchgehenden Lichtstrahl. Die Glasplatte wird in Abständen von 15 min. durch einen Luftstrahl gereinigt, worauf die Sedimentation neuerlich einsetzt. Man erhält auf diese Weise eine Aufzeichnung, wie sie in Abb. 3.4 dargestellt ist.

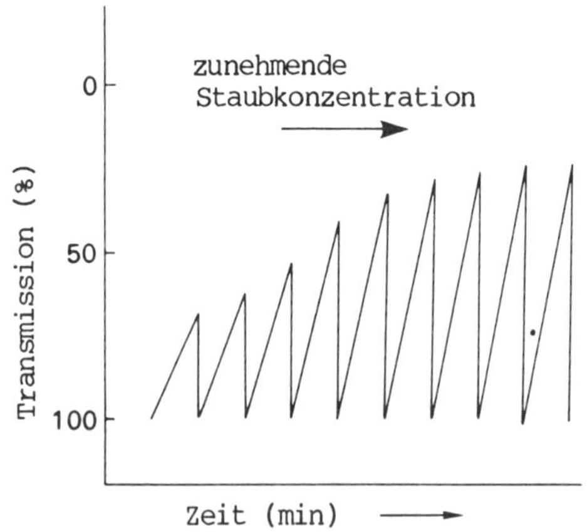

Abb. 3.4 Schreiberaufzeichnung eines automatischen Staubmeßgerätes (mit freundl. Genehmigung der Firma Kent Instruments)

Auf die Bedeutung der Teilchengrößenbestimmung bei der Untersuchung von Luftverunreinigungen wurde bereits hingewiesen. Ein Gerät, das die in der Luft suspendierten Teilchen nach ihrer Größenordnung klassifizieren kann, ist der Kaskadenimpaktor[19]. Das Gerät enthält als wesentliche Komponenten eine Serie von Düsen mit immer kleineren Durchmessern, wodurch der Luftstrom mit zunehmender Geschwindigkeit die suspendierten Teilchen auf eine Empfängerfläche aufprallen läßt. Die Teilchen mit dem jeweils größten Moment werden zurückgehalten, während die nächst kleineren weitergeleitet werden. Eine Ausführungsform eines derartigen Gerätes verwendet dicke Stahlplatten mit einer konzentrischen Reihe von Bohrungen, deren Durchmesser von Platte zu Platte abnimmt (s. Abb. 3.5).

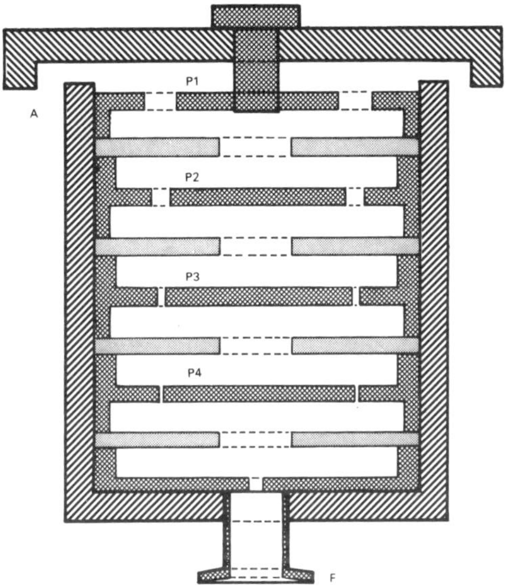

Abb. 3.5 Kaskadenimpaktor, Scheiben- und Plattentype

Man erhält auf diese Weise eine Serie von Folien, von denen jede auf kleinen kreisförmigen Flecken Teilchen gleicher Größe enthält. Die einzelnen "Flecke" können für verschiedene analytische Bestimmungen verwendet werden. Wenn Luft aus städtischen Bereichen mit ca. 300 $\mu g \cdot m^{-3}$ untersucht werden soll, erhält man nach einer Stunde bei einem Durchsatz vom $5 m^3 \cdot h^{-1}$ Probenmengen von 3 - 30 μg auf Probeflecken von 1 bis 10 mm Durchmesser. Diese Menge reicht für einige Untersuchungen aus[20].

3.6.2 Luftprobennehmer für hohe Durchsatzvolumina

Derartige Probenahmegeräte, die einen Durchsatz von 75 $m^3 \cdot h^{-1}$ erreichen, verwenden großflächige Filter von 20 - 25 cm Durchmesser. In den Anfangsjahren wurden behelfsmäßig umgebaute Staubsauger verwendet. Heute stehen mehrere kommerzielle Modelle zur Verfügung.

Die Probenahmezeit hängt von der Staubmenge ab und beträgt für Stadtluft etwa 1 h, für "reine" Landluft 12 h. Die Wahl des Filtermaterials hängt davon ab, welche Komponenten bestimmt werden sollen. Für die Bestimmung von Metallen und Anionen wählt man Papierfilter. Für organische Substanzen sind Glasfaserfilter geeignet. Auch Quarzfaserfilter haben sich für anorganische und organische Staubkomponenten gut bewährt.

3.6.3 Tragbare „Personal-Filter"

Im Hinblick auf die Gesundheit der Bevölkerung ist es wesentlich, die Luftqualität unmittelbar dort zu messen, wo gearbeitet wird. Für diesen Zweck wurden von einigen Firmen besonders leichte, batteriebetriebene Pumpen entwickelt. Eines dieser Modelle (Fa. Casella, Regent House, Britannia Walk, London) saugt 2 $l \cdot min^{-1}$ durch ein 3,7 cm-Glasfaserfilter, wobei eine Batterieladung für einen achtstündigen Betrieb ausreicht. Wegen ihrer geringen Größe und des günstigen Preises erweisen sich diese Pumpen ideal für das gleichzeitige Entnehmen von Luftproben an verschiedenen Stellen, um sich zu der Verteilung der Verunreinigungen einen Überblick zu verschaffen.

3.6.4 Wahl des Entnahmeorts

Die naheliegende Idee, Luftproben dort zu nehmen, wo gearbeitet wird, ist nur eine von vielen. Im allgemeinen sind drei Kriterien für die Ortswahl zu nennen:

- Probennahme an der Emissionsstelle, um zu kontrollieren, ob die jeweiligen Auflagen zur Emissionsbegrenzung eingehalten werden.

- Probennahme aus dem Luftraum, um festzustellen, wie sich Schadstoffe in der weiteren Umgebung der Emissionsquelle verteilen. Dazu gehört auch der durch häufige Luftströmungen verursachte Transport von SO_2 aus den deutschen Industrie-Ballungsgebieten und von Großbritannien nach Skandinavien (s. Clarenburg[11], S. 301).

- Probennahme vom Erdboden, um die Verteilung von Feststoffniederschlägen und somit die Herkunft der Schadstoffe festzustellen. Aus Gründen der Sicherheit und Zweckmäßigkeit ordnet man die Probennahmegeräte etwa 2 - 15 m über dem Erdboden an.

3.6.5 Konzentrationsangaben von Flugstaub

Die Gesamtmenge an Flugstaub wird zumeist in $mg \cdot m^{-3}$ angegeben. Ein Wert von 1 $mg \cdot m^{-3}$ kann als guter Durchschnitt für eine Fabrikwerkstätte gelten (MAK-Wert 10 $mg \cdot m^{-3}$). Die Konzentrationen für Schadstoffe, die einen höheren Schädlichkeitsgrad aufweisen, gibt man in $\mu g \cdot m^{-3}$ an, wie z.B. für

Blei. Die Luft in stark befahrenen Straßen kann Werte von 1 - 10 μg·m^{-3}, in sehr frequentierten Straßentunnels sogar 20 - 25 g·m^{-3} erreichen[21].

3.6.6 Literaturübersicht

Lodge et al.[22] haben eine sehr eingehende Zusammenfassung über gesundheitsschädigende Effekte und Eigenschaften suspendierter Staubteilchen verfaßt, in dem zahlreiche weitere Literatur zitiert wird. Zusammenstellungen der eingesetzten analytischen Methoden finden sich bei Malissa[23] und Morton und Falla[24].

3.7 Untersuchung fester Staubteilchen

Welche Eigenschaften einer Staubprobe bei ihrer Analyse festgestellt werden sollen, hängt in erster Linie davon ab, zu welchem Zweck die Untersuchung angestellt wird. Luftproben aus städtischen Bereichen werden z.B. auf ihren Gehalt an Blei und an krebserregenden Stoffen untersucht. Bei Staubuntersuchungen in Granitgewinnungsstätten wird der Anteil von lungengängigem Quarzstaub wichtig sein, während etwa beim Abbruch von Fabrikgebäuden auf Asbest zu achten ist.

Es läßt sich jedoch für orientierende Voruntersuchungen ein allgemein anwendbares Untersuchungsschema empfehlen. Zur Erläuterung eines solchen Schemas soll die Untersuchung einer Staubsammelprobe einer stark befahrenen Straße in Aberdeen dienen.

3.7.1 Gesamtgewicht und Teilchengrößenverteilung

Wie schon erwähnt, wird als MAK-Wert für die Staubbelastung eine Konzentration von 10 mg·m^{-3} angegeben. Die Bestimmung erfolgt durch Differenzwägung des Filters vor und nach dem Durchsaugen eines bekannten Luftvolumens. Ein Hochleistungssammelgerät mit einem Durchsatz von 1 - 2 m^{3}·min^{-1} ist vorzuziehen. Man kann aber unter Verwendung entsprechend kleinerer Filter auch mit Pumpkapazitäten von 10 - 15 l·min^{-1} auskommen. In der Probe werden sich Teilchen mit einer Größe von 0,5 bis 100 μm finden, wobei die Fraktion unter 10 μm von besonderem Interesse ist, da diese Größenordnung, wie bereits erwähnt, in die Lunge gelangt. Die fraktionierte Sammlung einer Probe in diesem Korngrößenbereich erfolgt am besten mit einem Kaskadenimpaktor mit einer Pumpleistung im Bereich von 2 - 5 m^{3}·h^{-1} (33 - 90 l·min^{-1}).

Eine Trennung durch Sieben ist in diesem Größenbereich natürlich nicht möglich. Eine grobe Korngrößentrennung kann bereits dadurch erreicht werden, daß man die auf dem Filter gesammelte Probe mit Wasser aufwirbelt und nach verschieden langen Wartezeiten dekantiert. Die Größe der Teilchen läßt sich unter dem Mikroskop feststellen.

3.7.2 Identifizierung von Mineralen durch optische Mikroskopie

Die Identifizierung mineralischer Partikel ist in erster Linie wegen der Möglichkeit von Gesundheitsschädigungen wichtig. Quarzstaub kann zur sogenannten Staublunge (Silicose) führen; Asbestfasern können Lungenkrebs hervorrufen. Außerdem ist es möglich, zwischen verschiedenen Modifikationen zu unterscheiden (z.B. den blauen Asbest oder Crocidolit von anderen Asbestmineralien). Oft ist es auch möglich, Schlüsse auf die Herkunft der betreffenden Staubprobe zu ziehen. Neben der optischen Mikroskopie kann auch die Röntgenbeugung zur Identifizierung von Mineralstoffen herangezogen werden. Abb. 3.6 zeigt Mikrophotographien von vier Fraktionen einer Staubprobe aus Stadtluft mit verschiedenen Korngrößen. Zusätzliche Identifizierungshilfen ergeben sich für transparente Partikel durch Bestimmung der Brechzahl und eventueller optischer Aktivität[25]. Im ersten Fall suspendiert man die Partikel in einer Flüssigkeit mit entsprechend hohem Berechnungsindex und verdünnt mit einer zweiten so lange, bis die Konturen der Partikel verschwinden. Die Brechzahl

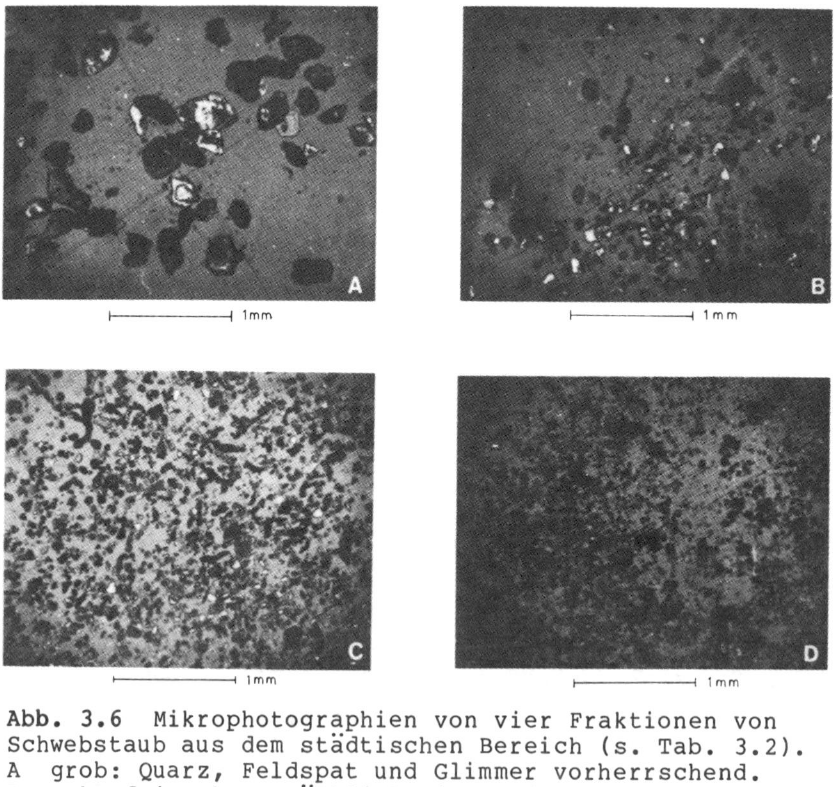

Abb. 3.6 Mikrophotographien von vier Fraktionen von Schwebstaub aus dem städtischen Bereich (s. Tab. 3.2).
A grob: Quarz, Feldspat und Glimmer vorherrschend.
D sehr fein: hauptsächlich Eisenoxid, Ruß und Tonerdepartikel

des Flüssigkeitsgemisches kann dann mit einem Refraktometer bestimmt werden. Die optische Drehung läßt sich mittels eines Polarisationsmikroskopes bestimmen. Schließlich kann man auch noch die Kristallform zur Erkennung mit heranziehen. In der in Abb. 3.6 gezeigten Staubprobe können Quarz, Feldspat und Glimmer identifiziert werden.

3.7.3 Identifizierung von Mineralen durch Röntgenstrahlbeugung

Ein Kristall kann als natürliches Gitter zur Beugung von Röntgenstrahlen betrachtet werden. Die Abstände zwischen den Kristallgitterebenen entsprechen dabei den Abständen zwischen den Linien eines Beugungsgitters für Licht im optischen Bereich. Das Prinzip eines Beugungsgitters kann in einfacher Weise durch eine Langspielplatte demonstriert werden, wenn man ihre Rillen in einem sehr flachen Winkel betrachtet. Man wird das Reflexbild der Lichtquelle mit regenbogenfarbigen Konturen umrahmt sehen, da die verschiedenen Wellenlängen von der Tonspur je nach den Phasenunterschieden gelöscht oder verstärkt werden. Noch deutlicher wird der Effekt, wenn man monochromatisches Licht (Quecksilber- oder Natriumdampflampe) verwendet. Die grundlegenden Gleichungen für die Beugung wurden von Bragg im Jahr 1912 formuliert. Betrachtet man zwei Gitterebenen eines Kristalles (in Abb. 3.7 durch punktierte Linien dargestellt), so werden zwei Strahlen a und b bei gewissem Einfallswinkel in gleicher oder entgegengesetzter Phasenlage reflektiert, je nachdem ob die längere Wegstrecke, die Strahl b zurückzulegen hat, ein Vielfaches der ganzen Weglänge oder ein ungerades Vielfaches der halben Wellenlänge beträgt. Bezeichnet man die Wellenlänge mit λ, den Gitterebenenabstand mit d und den Einfallswinkel mit θ, so erhält man die Beziehung

$$\sin\theta = \frac{n\lambda}{2\alpha}$$

Der Strahlenverlauf ist in Abb. 3.7 schematisch dargestellt.

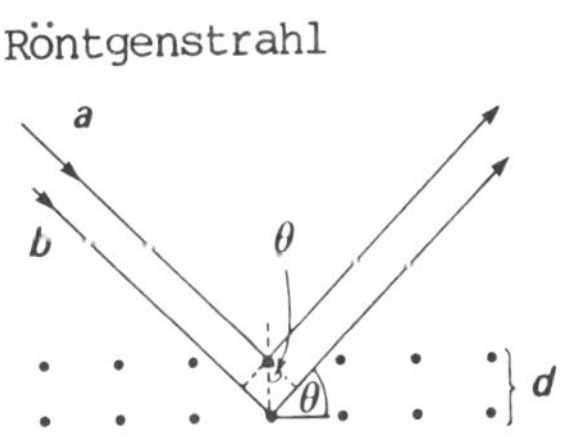

Abb. 3.7 Röntgenstrahlbeugung im Kristallgitter. Wenn die Strecke, die Strahl b zurückzulegen hat, um ein ganzzahliges Vielfaches der Wellenlänge länger ist als für Strahl a, muß sich eine Verstärkung des gebeugten Strahls durch Phasengleichheit ergeben

Zur Strukturbestimmung bedient man sich der "Drehkristallmethode". Man läßt einen Kristall um eine seiner Achsen rotieren und registriert die durch die Beugung eines monochromatischen Röntgenstrahls entstehenden Punktmuster auf einem zylindrisch angeordneten Röntgenfilm. In ähnlicher Weise erhält man bei Verwendung einer mikrokristallinen Probe ein System von konzentrischen Ringen (s. Abb. 3.8). Es genügt allerdings, eine schmale Zone des kreisförmigen Interferenzbildes auszuwerten. Abb. 3.9 zeigt die Beugungsbilder der Korngrößenfraktionen B, C und D aus Abb. 3.6 im

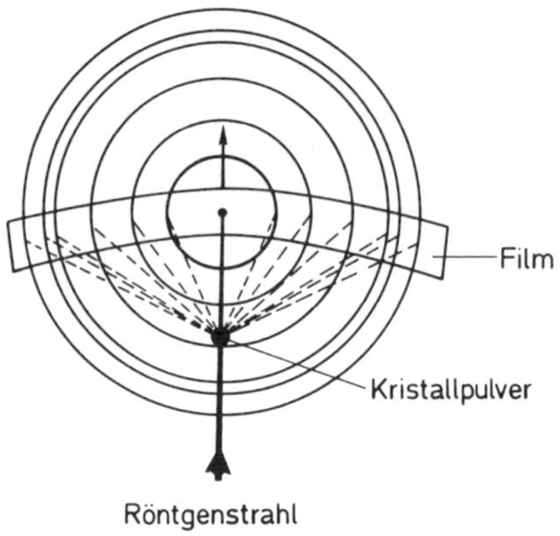

Abb. 3.8 Röntgenstrahlbeugung an einer Probe aus kristallinem Pulver: Aus dem vollständigen, kreisförmig angeordneten Diffraktionsmuster wird auf dem Film nur ein schmaler Streifen abgebildet

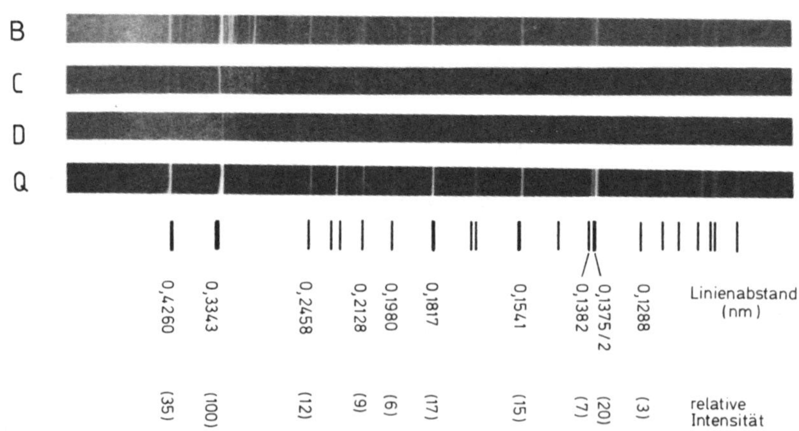

Abb. 3.9 Filme von Röntgenstrahl-Streudiagrammen von den in Abb. 3.6 gezeigten Staubproben. A grob; B mittel; C fein; D sehr fein; Q Quarz. Die Linienabstände sind mit den in Abb. 3.10 tabellierten Werten zu vergleichen

Vergleich zu Quarz. Durch Vergleich der Linienabstände mit tabellierten Werten kann eine exakte Identifizierung erzielt werden. Eine sehr große Zahl von Kristallstrukturen ist in Tabellenwerken zusammengefaßt, wie z.B. im ASTM-Index[26]. Eine Identifizierung erfolgt durch Aufsuchen der Linie mit der größten Intensität und der drei nächst intensiven Linien. In der entsprechenden Indexkarte sind alle für die eindeutige Zuordnung erforderlichen Angaben enthalten. Ein Beispiel ist in Abb. 3.10 wiedergegeben.

5-0490 Minor correction

d	3.24	4.26	1.82	4.26	SiO_2
I/I_1	100	35	17	35	silicon IV oxide alpha quartz

Rad. $CuK\alpha_1$ λ 1.5405 **Filter** N1
Dia. **Cut off** **Coll.**
I/I_1 G.C. diffractometer d corr. abs.?
Ref. Swanson and Fuyat, NBS circular 539, vol. III (1953)

Sys. Hexagonal S.G. $D_3^4 - P3_121$
a_0 4.913 b_e c_0 5.405 A C1.10
α β γ Z 3
Ref. *Ibid.*

$\delta\alpha$ $n\omega\beta$ 1.544δ γ 1.553 Sign +
2V D_X2.647 mp Color
Ref. *Ibid.*

Mineral from Lake Toxaway, N.C.
Spect. anal.: 0.01 % Al; 0.001 % Ca, Cu, Fe, Mg.
X-ray pattern at 25°C.

3-0427, 3-0444
Replaces 1-0649, 2-0458, 2-0459, 2-0471, 3-0419

dÅ	I/I_1	hkl	dÅ	I/I_1	hkl
4.26	35	100	1.228	2	220
3.343	100	101	1.1997	5	213
2.458	12	110	1.1973	2	221
2.282	12	102	1.1838	4	114
2.237	6	111	1.1802	4	310
2.128	9	200	1.1530	2	311
1.980	6	201	1.1408	1	204
1.817	17	112	1.1144	1	303
1.801	1	003	1.0816	4	312
1.672	7	202	1.0636	1	400
1.659	3	103	1.0477	2	105
1.608	1	210	1.0437	2	401
1.541	15	211	1.0346	2	214
1.453	3	113	1.0149	2	223
1.418	1	300	0.9896	2	402, 115
	7				
1.382	7	212	0.9872	2	313
1.375	11	203	0.9781	1	304
1.372	9	301	0.9762	1	320
1.288	3	104	0.9607	2	321
1.256	4	302	0.9285	1	410

Abb. 3.10 Tabellenwerte für die Röntgenstrahlbeugung an pulverförmigem Quarz. Reproduziert mit Genehmigung des "International Centre for Diffraction Data"[26]

3.7.4 Quantitative Bestimmung durch Röntgenstrahlbeugung

Die Durchführung quantitativer Bestimmungen ist prinzipiell möglich, wenn auch ziemlich schwierig. Die Intensität der Linien hängt sehr stark von der Kristallgröße ab und außerdem wird die Intensität der gebeugten Strahlen beim Durchgang durch den Kristall erheblich verringert. Die in diesem Zusammenhang sich ergebenden Fragen werden in einem Bericht behandelt, der sich mit der Bestimmung des Quarzanteiles in der Aschendecke befaßt, die sich nach dem Ausbruch des Mount St.Helen-Vulkanes gebildet hat (18. Mai 1980). Da die riesigen Aschenmengen weite Landstriche mit einer Schicht von einem Meter und mehr bedeckten, wurde die Frage des Gehaltes an gesundheitsschädlichem Quarzstaub mit großer Aufmerksamkeit behandelt[27]. Bei der Untersuchung der eingebrachten Aschenproben wurde kein oder nur sehr wenig Quarz gefunden, da sich die Asche hauptsächlich aus verschiedenen Aluminiumsilikaten zusammensetzt. Nach einer selektiven Vortrennung durch Erhitzen mit konzentrierter Phosphorsäure[28] - wodurch die Silikatmineralien in Lösung gebracht werden - wurden jedoch alle drei Modifikationen gefunden. Crystobalit, die Kristallform, die sich bei Kristallisation oberhalb 1490 °C bildet, zu 5 - 10 %, Tridymit (870 - 1470 °C Kristallisationstemperatur) und Quarz (unter 870°) zu je 1 %. Differenzen zwischen den Ergebnissen verschiedener Bearbeiter ergaben sich auch aus dem Umstand, daß die einen die Probe in der ursprünglichen Zusammensetzung analysierten, während die anderen nur die lungengängige Kornfraktion untersuchten.

3.7.5 Umwandlung fester Substanzen auf Filtern

Klockow[29] konnte zeigen, daß das für Meeresluft typische Natriumchlorid-Aerosol bei erhöhten Schwefeldioxid-Konzentrationen am Filter in Natriumsulfat übergehen kann. Dabei wird flüchtiger Chlorwasserstoff durch das aus Schwefeldioxid gebildete Sulifit-Ion vertrieben, das seinerseits zu Sulfat oxidiert wird. In einem solchen Fall kann die Identifizierung der einzelnen Spezies am Filter irreführend sein; auf diese Weise können fehlerhafte Resultate zustande kommen.

3.7.6 Zerstörungsfreie Elementaranalyse durch Röntgenfluoreszenz und Emissionsspektrometrie

Den als "Quantensprünge" bezeichneten Energieübergängen zwischen Elektronen der innersten Elektronenhüllen (K-Schale, L-Schale usw.) entsprechen Photonen, die zur kurzwelligen elektromagnetischen Strahlung im Bereich von 0,01 - 10 nm zählen und allgemein als Röntgenstrahlen bezeichnet werden. Es gibt insgesamt drei Möglichkeiten, diese Energieübergänge zu beobachten:

- Absorption: Wenn die Wellenlänge eines Röntgenstrahls etwas geringer ist als es dem Energieniveau eines zu beobachtenden Überganges entspricht, wird diese Energie aufgenommen. Dadurch ergeben sich in einem kontinuierlichen Spektrum scharf ausgeprägte "Absorptionskanten" für die verschiedenen möglichen Übergänge.

- Emission: Durch Beschuß eines Atomkernes mit genügend schnellen und somit energiereichen Elektronen werden die den Kern umkreisenden Elektronen angeregt und auf eine höhere Schale gehoben. Beim Rücksprung wird ein Photon mit charakteristischer Wellenlänge emittiert.

- Fluoreszenz: Entsteht durch Kombination der beiden vorhin genannten Phänomene. Durch Bestrahlung mit kurzwelligeren Röntgenstrahlen werden längerwellige emittiert, deren Wellenlänge und Intensität für die einzelnen Elemente charakteristisch sind.

Ein Ausschnitt des Liniendiagrammes für das Element Eisen ist in Abb. 3.11 wiedergegeben. Der große analytische Wert des Röntgenspektrums liegt darin, daß es vom Bindungs- oder Oxidationszustand des gesuchten Elementes unabhängig ist. Da außerdem für jedes Element nur einige wenige intensive Linien zu berücksichtigen sind, gestaltet sich die Auswertung der Spektrogramme relativ einfach.

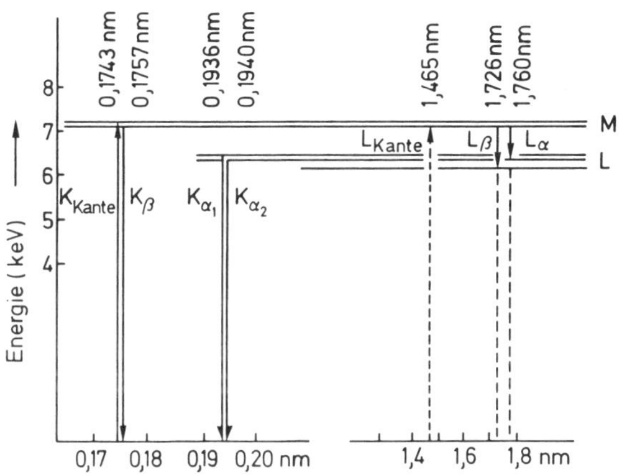

Abb. 3.11 Schematische Darstellung der Energieniveaus für Elektronenbahnen im Eisenatom, nebst der zugehörigen Röntgen-Spektrallinien

Als wesentlicher Nachteil ist allerdings anzuführen, daß die Absorption der emittierten Röntgenstrahlung von der Wellenlänge und der mittleren Atommasse der Probe abhängt. Die Berechnung der erforderlichen Korrekturen ist verhältnismäßig schwierig, so daß man zumeist auf den Vergleich mit Standardpräparaten zurückgreift. Größere Probenmengen, mit denen man eine Fläche von 2 - 5 cm^2 homogen bedecken kann, werden vorteilhafterweise mit Hilfe der Röntgenfluoreszenzanalyse untersucht. Staubproben auf Papierfiltern können auf diese Weise direkt untersucht werden und bleiben außerdem noch für weitere analytische Bestimmungen erhalten. Die Bestimmung der Elemente ab der Kernladungszahl 11, Natrium, bereitet keine Schwierigkeiten. Bei den leichteren Elementen macht sich die geringe Energie der bereits langwelligen Röntgenstrahlung insofern störend bemerkbar, als sie bereits von nahezu allen Materialien absorbiert wird. Eine gute Zusammenfassung über die Röntgenspektrometrie wurde von Birks[30] veröffentlicht.

Sehr kleine Probenflächen - bis in die Größenordnung von Staubpartikelchen und noch darunter - werden vorteilhafterweise mit der Elektronenstrahl-Mikrosonde (electron microprobe) untersucht. Die Oberfläche der Probe wird mit einem feinst gebündelten Elektronenstrahl von etwa 1 µm Durchmesser abgetastet ("scanning"). Aus den von der Probe emittierten Röntgenstrahlen werden mittels Analysatorkristallen die gewünschten Wellenlängen ausgefiltert und auf einem Bildschirm intensitätsproportional sichtbar gemacht. In Abb. 3.12 ist eine Mikrosonde schematisch dargestellt.

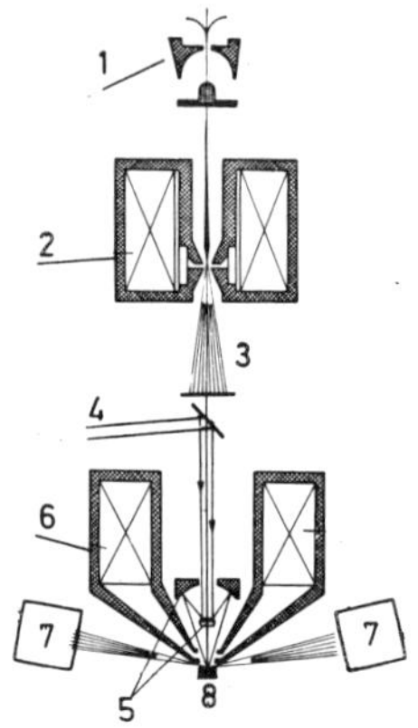

Abb. 3.12 Bauprinzip des Elektronenstrahl-Mikroanalysators. 1 Elektronenkanone; 2 Magnetkondensator; 3 Elektronen; 4 Probenbeleuchtung und Betrachtung; 5 Spiegelobjektiv; 6 Magnetobjektiv; 7 Röntgenspektrograph; 8 Probe (nach Handbuch der mikrochemischen Methoden Bd. IV: Malissa, H. (1966) Elektronenstrahlmikroanalyse, Springer-Verlag, Wien, New York)

Weitere Auswertungsmöglichkeiten ergeben sich aus der Messung des während des Abtastens durch die Probe fließenden Stromes, der ebenfalls zur Bildmodulation verwendet werden kann[31,32]. Die Probe kann außerdem in einem optischen Mikroskop betrachtet werden.

Abb. 3.13 zeigt zunächst eine Abbildung der feinsten Staubfraktion einer Luftprobe, wie sie mit einem Transmissions-Elektronenmikroskop und angeschlossenem Röntgenanalysator erhalten wird. Diese Technik läßt sich nur für sehr kleine Partikel in der Größenordnung von 1 µm oder darunter verwenden. Sie hat aber gegenüber der Mikrosonde zwei erhebliche Vorteile:

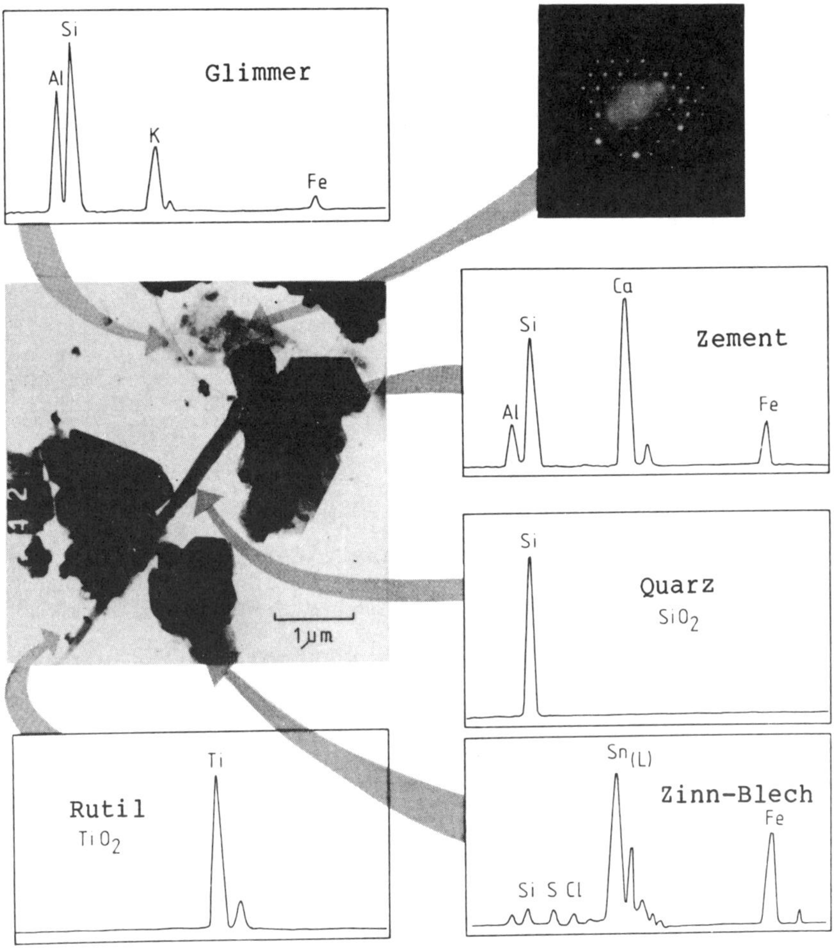

Abb. 3.13 Elektronenstrahl-Mikrogramm der feinsten Fraktion von Schwebstaub (Probe D, Abb. 3.6) mit den zugehörigen Röntgenemissionsspektren verschiedener Teilchen und einem Elektronenbeugungsmuster eines Klimaplättchens. (Die Autoren danken Herrn Dr. Eric Lachowski für seine Unterstützung bei dieser Untersuchung)

- Infolge der geringen Masse der Probe sind die Fehler durch die Wellenlängen- und Materialdichteabhängigkeit sehr gering
- außerdem kann man ein Röntgenbeugungsbild erhalten, aus dem sich, wie bereits beschrieben, die Kristallstruktur erkennen läßt. In Abb. 3.13 sind beispielsweise das Röntgendiagramm eines Glimmerpartikels und Röntgenemissionsspektren für einige andere Partikel wiedergegeben, wodurch die Vorzüge dieser Arbeitstechnik überzeugend dargestellt werden.

3.7.7 Chemische Analyse einzelner Elemente

In der Stadtluft dürfte Blei das am häufigsten zu bestimmende Element sein, da es bei der Verbrennung von Vergasertreibstoffen in die Atmosphäre gelangt. Blei wird in Form von Tetra-Alkyl-Verbindungen zugesetzt, um die Klopffestigkeit zu erhöhen. Bei der Analyse sind somit anorganische und organometallische Verbindungen zu berücksichtigen. Jede dieser beiden Verbindungsklassen erfordert andere Probenahmemethoden[33].

Bestimmung von Blei: 100 l Luft werden durch ein Papierfilter gesaugt. Filter samt Staub werden mit 2 ml verd. Salpetersäure (5 ml konz. Salpetersäure auf 100 ml verdünnt) 5 min. bei Zimmertemperatur oder unter sehr gelindem Erwärmen behandelt. Man dekantiert, wäscht das Filter und führt die Bleibestimmung nach der Arbeitsvorschrift in Kap. 4, S. 204 durch. MAK-Wert 150 $\mu g \cdot m^3$.

Bestimmung von Fluorid: Die wie oben gesammelte Probe wird in einem Plastikbecherglas mit 2 ml 0,1 molare Natriumhydroxid-Lösung behandelt. Nach Zusatz der in Kap. 4, S. 195 beschriebenen Pufferlösung wird der Fluoridgehalt mit einer ionenspezifischen Elektrode bestimmt. MAK-Wert 2,5 $mg \cdot m^{-3}$.

Bestimmung von Eisen: Die wie oben gesammelte Probe wird mit 5 ml konz. Salpetersäure zur Zerstörung des Filters zum Trocknen eingedampft, eventuell unter neuerlicher Zugabe von Salpetersäure). Der Trockenrückstand wird in 5 ml konz. Salzsäure aufgenommen und auf 25 ml aufgefüllt. 5 ml dieser Lösung werden mit 5 ml Kaliumthiocyanat-Lösung (W = 20 %) versetzt und auf 25 ml aufgefüllt. Man mißt die Farbintensität bei 475 nm und vergleicht mit einer Eichreihe aus in derselben Weise behandelten Proben mit einem Eisengehalt von 10 - 50 µg. Marczenko[34] beschreibt eine ähnliche Methode, wobei jedoch der Eisenthiocyanat-Komplex in Methylisobutylketon extrahiert und bei 495 nm gemessen wird.

3.7.8 Toxische organische Verbindungen

Als erster Schritt zur Bestimmung irgendwelcher organischer Komponenten kann die klassiche Elementaranalyse durchgeführt werden. Die zweite Möglichkeit besteht in der Extraktion mit organischen Lösungsmitteln. Staubpartikel neigen wegen ihrer großen spezifischen Oberfläche dazu, auch relativ leicht flüchtige organische Verbindungen zu adsorbieren. Manche dieser Verbindungen können ziemlich harmlos sein, wie z.B. unverbrannte Anteile von Vergasertreibstoffen oder langkettige Carboxysäuren. Eine Reihe anderer organischer Verbindungen gehört jedoch zu jenen, die als besonders gesundheitsgefährdend zu betrachten sind, wie z.B. die mehrkernigen aromatischen Kohlenwasserstoffe ("polynuclear aromatic hydrocarbons" = PAH).

Zu diesen Verbindungen zählt unter anderem das sehr häufig zu findende Benzo(a)pyren, das in Stadtluft in Konzentrationen von 10 bis 100 $\mu g \cdot m^{-3}$ auftritt. Zur Bestimmung derartiger Stoffe verwendet man Glasfaserfilter und einen Luftprobensammler mit großem Durchsatz. Die Filter werden vor Gebrauch gründlich mit Pentan gereinigt. Die auf dem Filter gesammelten PAH-Verbindungen werden im Rückfluß mit Benzol extrahiert. Nach dem Abdampfen wird der Rückstand in Pentan aufgenommen und auf Aluminiumoxid säulenchromatographisch getrennt. Die Identifizierung der einzelnen Verbindungen erfolgt durch UV-Spektrophotometrie und durch Fluoreszenzspektrometrie. Eine Übersicht über diese Methoden wurde von Sawicki[35] veröffentlicht. Sie sind überdies im Kap. 6, S. 276 ausführlicher beschrieben. Viele der zu dieser Gruppe gehörender Verbindungen haben sehr charakteristische Fluoreszenzspektren und können nach erfolgter Auftrennung leicht identifiziert werden.

Eine Gruppe von besonders gefährlichen Verbindungen sollte in diesem Zusammenhang erwähnt werden:

Die polychlorierten Dibenzo-p-dioxine, von denen die Tetrachloro-Verbindung unter dem Kurznahmen "Dioxin" (TCDD) durch den Betriebsunfall in einer Chemiefabrik in Seveso (Italien) im Juli 1976 traurige Berühmtheit erlangt hat. Bei der Herstellung von 2,4,5-Trichlorophenol (2,4,5-T), das als Entlaubungsmittel verwendet wird, entsteht, besonders bei höheren Temperaturen, TCDD als unerwünschtes Nebenprodukt.

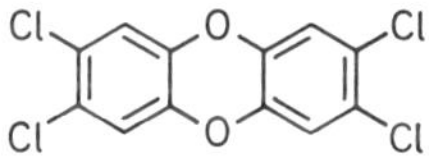

Bei dem besagten Zwischenfall explodierte eine Charge von 600 kg. Erst zwei Wochen später, als die ersten gesundheitlichen Schäden an Menschen und Tieren auftraten, fand man heraus, daß es sich um Dioxin handelte, dessen Giftigkeit außerordentlich hoch ist. Man pflegt in solchen Fällen den "LD_{50}-Wert" anzugeben. Man versteht darunter jene Dosis, die für 50 % der Versuchsorganismen tödlich wirkt. Dieser Wert beträgt für Dioxin 5 $\mu g \cdot kg^{-1}$ Körpergewicht. Dioxin und ähnliche, sehr toxische Verbindungen entstehen u.a. auch bei der Müllverbrennung. Flugasche aus solchen Anlagen erreicht Konzentrationen von mehreren $\mu g \cdot g^{-1}$. Wie in Kap. 3, S. 111f. beschrieben wird, erfolgt die Abtrennung des Giftstoffes von den Staubpartikeln durch GLC (Gas-Flüssig-Chromatographie)[36] (s. S. 111), die Identifizierung durch GC/MS[37] (Kombination Gaschromatograph/Massenspektrometer), wie es in den Kap. 4, S. 221 und 7, S. 300 beschrieben ist. Es soll an dieser Stelle darauf hingewiesen werden, daß es im Schrifttum allgemein üblich ist, häufig vorkommende Begriffe durch Abkürzung der englischen Bezeichnungen wiederzugeben. Wo dies erforderlich ist, wird in diesem Buch die Abkürzung bei der ersten Erwähnung erläutert.

3.7.9 Radioaktivität des Flugstaubs

Während der 50iger Jahre wurden von den Supermächten zahlreiche Atomwaffenversuche in der Atmosphäre durchgeführt. Da man in vielen Ländern wegen der zu erwartenden Zunahme der Radioaktivität der Atmosphäre besorgt war, wurden zahlreiche Überwachungs- und Kontrollprogramme in Angriff genommen. Es wurde vor allem ein erheblicher Anstieg des Gehaltes an ^{90}Sr festgestellt. Spitzenwerte wurden nicht nur unmittelbar nach den Versuchen, sondern auch noch in jahreszeitlich bedingten überhöhten Werten, vor allem im Frühling, festgestellt, die auf globale Strömungsverhältnisse der Atmosphäre zurückzuführen sind[38]. Eine neuerliche, noch intensivere Zunahme der atmosphärischen Radioaktivität ergab sich nach dem Reaktorunfall in Tschernobyl im Frühjahr 1986.

Die einzigartigen Eigenschaften der Radioisotope machen Nachweis und Identifizierung zu einer Routineaufgabe, wobei allerdings im Vergleich zu anderen Nachweismethoden unglaublich geringe Mengen erfaßt werden können. Die Meßergebnisse werden oft als "Atome pro cm^3" angegeben - ein Wert, der um zehn Größenordnungen, Faktor 10^{10} niedriger liegt als die bisher behandelten Schadstoffbelastungen.

Es muß aber auch vermerkt werden, daß die Radioaktivität der Atmosphäre auch auf natürliche Ursachen zurückzuführen ist. Einerseits gelangen radioaktive Stoffe durch Quellen oder durch Gase aus der Erdkruste in die Luft. Außerdem werden durch die kosmische Strahlung Radionuklide in der Atmosphäre selbst, vor allem in den höheren Schichten, erzeugt. Radionuklide, die nicht ohnehin gasförmiger Natur sind, gehen sehr rasch in Verbindungen über, die mit dem sonstigen Aerosol in der Atmosphäre verbleiben.

3.7.10 Ergebnisse der Untersuchung einer Staubprobe aus Stadtluft

Tab. 3.3 Zusammensetzung einer Staubprobe aus Stadtluft (s. Abb. 3.6, Mikrophotographien von Staubfraktionen)

Fraktion	Teilchengröße	Massenanteil (w)	C (%)	Pb (%)	Fe (%)
grob	100 µm	58	4,1	0,004	2,3
mittel	30-100 µm	31	4,3	0,11	3,0
fein	10-30 µm	7,1	15	0,20	2,3
sehr fein	10 µm	3,7	16	0,22	2,9

gefundene Mineralien: Quarz, Feldspat, Glimmer, Rutil, Eisenoxid; Rußteilchen wurden ebenfalls gefunden

Für dieses Beispiel wurde eine Staubprobe direkt am Straßenrand in Bodennähe gesammelt. Die Trennung in verschiedene Korngrößenfraktionen erfolgte durch Sedimentation. Einige der gefundenen Werte sind in Tab. 3.3 dargestellt.

3.8 Instrumentelle Methode zur direkten Bestimmung gasförmiger Schadstoffe

3.8.1 Infrarotspektrophotometrie

Die Schwingungen der Atome in organischen Molekülen liegen im Infrarotbereich und ergeben daher typische Absorptionsspektren. Die C=O-Doppelbindung des Kohlenmonoxidmoleküls weist eine Streckfrequenz von 2150 cm^{-1} auf, während Kohlendioxid je eine asymmetrische Streck- und eine Deformationsschwingung bei 2349 bzw. 650 cm^{-1} zeigt. Es ist offensichtlich, daß sich auf diese Weise eine wertvolle qualitative Bestimmungsmethode ergibt. Zum Verständnis der Anwendung der IR-Technik zur quantitativen Erfassung gasförmiger organischer Verbindungen muß jedoch etwas näher auf die Theorie der Absorptionsphotometrie eingegangen werden. Dieselben Prinzipien sind darüber hinaus auch auf die Untersuchung flüssiger und fester Verbindungen anwendbar, soweit sie für die in Frage kommenden Frequenzbereiche genügend durchlässig sind.

Der Aufbau eines Spektrophotometers ist in Abb. 3.14 schematisch dargestellt. Die Arbeitsweise ist für den Infrarot-, den sichtbaren und den Ultraviolettbereich im Prinzip dieselbe. Die Auswahl der gewünschten Wellenlänge bzw. des Wellenlängenbereiches erfolgt durch Prismen oder Diffraktionsgitter; die Intensität des einfallenden Strahls wird durch Schlitzblenden oder durch Regelung der Emissionsenergie so eingestellt, daß das Meßgerät ohne Probe Vollaus-

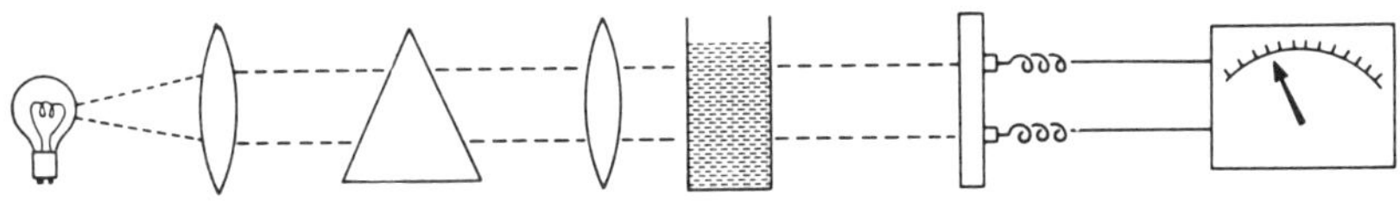

	Lichtquelle S	Dispersionselement	Zelle; Optik	Detektor	Ablesung
UV	Deuterium-bzw. Quecksilberdampflampe	Prisma	Quarzglas	Photomultiplier	(Digital)-Meßgerät
sichtb. Bereich	Wolframfadenlampe	Gitter	Glas	Vakuumphotozelle Selenzelle	
IR	Heizdraht „Globar" etc.	Filter	KBr, CaF_2 etc.	Bolometer Bleisulfidzelle	Rekorder

Abb. 3.14 Schematische Darstellung eines Spektrophotometers

schlag zeigt. Nach dem Einbringen der Probe, die sich in einer Küvette befinden kann oder als Kaliumbromid-Preßling vorliegt, wird die Absorption im benötigten Frequenzbereich registriert.

Man kann die absorbierte Lichtmenge I_o in % Transmission T ausdrücken, d.h. $(I_t/I_o) \cdot 100 = \%T$; diese Funktion verhält sich aber nicht linear zur Konzentration der absorbierenden Spezies. Wenn man annimmt, daß ein Filter mit bestimmten Absorptionseigenschaften einen Bruchteil f des einfallenden Lichts absorbiert, so ergibt sich: $I_t/I_o = f$. Wird ein zweiter Filter mit denselben Eigenschaften in den Lichtweg gebracht, erhält man nunmehr

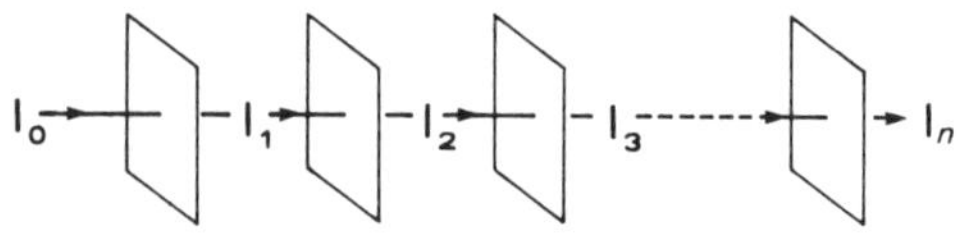

$$I_2 = f \cdot I_1 = f^2 \cdot I_o$$

Bei Verwendung von n Filtern folgt nun

$$I_n = f^n \cdot I_o$$

oder

$$\frac{I_o}{I_n} = \frac{1}{f^n} \quad \text{bzw.} \quad \log \frac{I_o}{I_n} = -n \cdot \log f$$

Aus $f < 1$ folgt, daß f einen negativen Wert aufweisen muß. Dieser Wert muß als Konstante für das verwendete Filter oder für die absorbierende Substanz betrachtet werden. Als eine solche absorbierende Substanz kann in logischer Folge die Lösung eines Stoffes in einem bestimmten Lösungsmittel, das selbst bei den gegebenen Bedingungen nicht absorbieren soll, betrachtet werden, wobei Schichtdicke und Wellenlänge der Lichtquelle gegeben sein müssen. Bezeichnet man die Schichtdicke (optische Weglänge) als l und die Konzentration mit c, so erhält man für $\log I_o/I_n$ die Absorption A und kann schließlich die in Gleichung 3.1 angegebene Beziehung ableiten:

$$A = \log_{10} \frac{I_o}{I_n} = c \cdot l \cdot \varepsilon \qquad (3.1)$$

Diese ausgedrückte Beziehung ist unter dem Namen Lambert-Beersches Gesetz bekannt. Abb. 3.15 demonstriert den Zusammenhang zwischen Transmission (I_n/I_o) und Absorption $(\log I_o/I_n)$ unter der Annahme, daß eine Anzahl von n Filtern mit $f = 0{,}5$ verwendet wird. In gleicher Weise kann man eine Spezies (bzw. eine Lösung) mit der optischen Länge $l = 1$ cm und dem molaren Absorptionskoeffizienten $\varepsilon = 1$ verwenden.

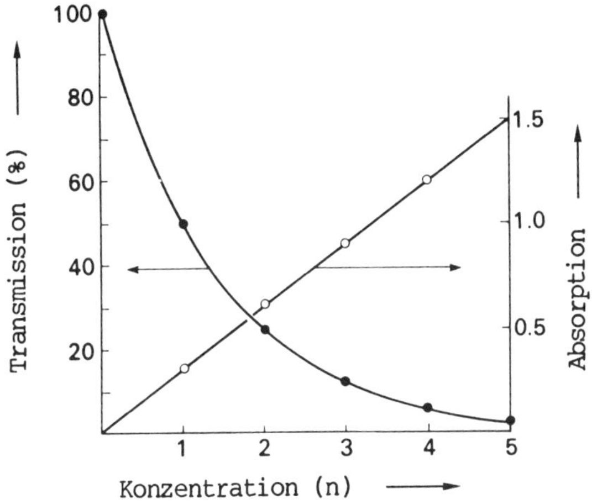

Abb. 3.15 Transmission und Absorption als Funktion der Konzentration (oder einer Anzahl von n Filtern)

Die Zahlenwerte des molaren Absorptionskoeffizienten betragen für das Ion $Mn(H_2O)_6{}^{2+}$ etwa 1, für $Cu(H_2O)_4{}^{2+}$ ca. 10. Für Benzol liegt der Wert bei einer Wellenlänge von 256 nm bei 235. Sehr hohe Werte ergeben sich für einige intensiv gefärbte Farbstoff-Metall-Ionenpaare, wie z.B. $7 \cdot 10^4$ für Bleidithizonat (bei 520 nm). Manche Ionenpaare weisen noch höhere Absorptionskoeffizienten auf, wodurch die Nachweisempfindlichkeit der kolorimetrischen Bestimmung erheblich gesteigert wird.

Die Absorptionskoeffizienten für Gase liegen wesentlich niedriger. Im allgemeinen genügt ein Partialdruck von 4 - 7 mbar, um in einer 10 cm-Gasküvette ein gut ausgeprägtes Spektrum zu erhalten. Diese Bedingungen sind gegeben, wenn die Konzentration eines Gases in Luft etwa im Bereich von 0,5 - 1 % liegt. Verlängert man die optische Weglänge durch mehrfache Spiegelung des Lichtstrahls an den Stirnseiten der Küvette, lassen sich noch Konzentrationen von 10 ppm und darunter unschwer bestimmen.

Abb. 3.16 zeigt eine Auswahl von Absorptionsspektren häufig vorkommender Gase. Absorption durch in der Probe enthaltenen Wasserdampf führt zu einer Schwächung feinerer Peaks des Spektrums des gesuchten Gases. Außerdem ändert sich der scheinbare molare Absorptionskoeffizient, wenn der Partialdruck anwesender Inertgase ansteigt. Die feinen Absorptionslinien, aus denen ein Absorptionsband zusammengesetzt ist, werden verbreitert. Diese beiden Faktoren erschweren die quantitative Bestimmung von Gasen erheblich. Zahlreiche IR-Spektren von Gasen und Dämpfen wurden von Beckmann[39] und Perkin-Elmer[40] zusammengefaßt und werden üblicherweise als Zubehör zu den von diesen Firmen hergestellten Geräten mitgeliefert. Gase werden gewöhnlich in zylindrischen Glaszellen mit einem Durchmesser von 5 cm (sogenannte Gasküvetten) eingeschlossen, deren Stirnfenster aus dünnen Scheiben aus Natriumchlorid (transparent bis 650 cm^{-1}), Kaliumbromid (bis 400 cm^{-1}) oder Calciumfluorid (1250 cm^{-1}) bestehen. Flußspatfenster sind gegen Wasserdampf resistent, brechen aber sehr leicht.

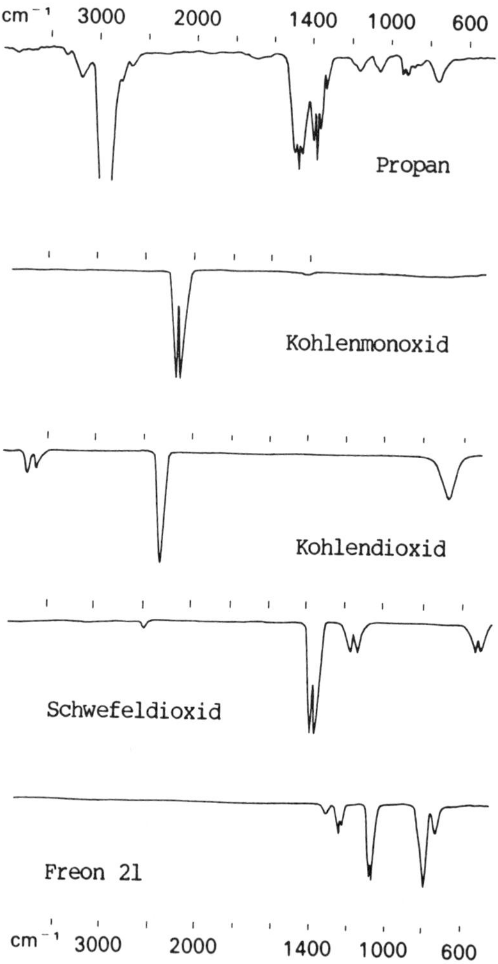

Abb. 3.16 Infrarot-Absorptionsspektren einiger Gase

3.8.2 Nicht-dispersive Infrarot-Meßgeräte

Ein Gas, das Infrarotstrahlung absorbiert, erwärmt sich, wodurch bei konstant gehaltenem Volumen der Druck steigen muß. Das Gas wird dabei alle seine charakteristischen Wellenlängen absorbieren, nicht nur eine einzige, wie es bei monochromatischer Strahlung der Fall wäre. Der nicht-dispersive Infrarot-Analysator nach Luft[41] macht sich diese Druckerhöhung zunutze (Abb. 3.17).

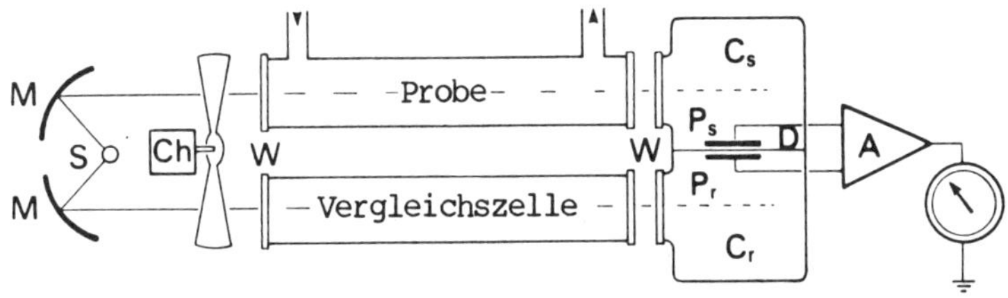

Abb. 3.17 Schematische Darstellung eines nicht-dispersiven Infrarot-Analysators nach Luft. **A** Verstärker; C_S, C_r Detektorzellen für Probe- und Vergleichsstrahl nach Luft; **Ch** Chopper; **D** dünnes Metall-Diaphragma; **M** Spiegel, deren Krümmung so berechnet ist, daß die Strahlen von der Quelle S durch die Fenster **W** (aus einem geeigneten, infrarotdurchlässigem Material) in die Detektorzelle geleitet werden; P_S, P_r fix angeordnete Platten des Doppelkondensators P_S-D-P_r

Der von der Lichtquelle S ausgehende Lichtstrahl wird aufgespalten. Ein Teilstrahl wird durch die mit reiner Luft gefüllte Referenzzelle geleitet, während der andere die Meßzelle passiert, die mit dem zu untersuchenden Gas, Luft samt Verunreinigungen, gefüllt ist. Die Detektoreinheit besteht aus zwei identischen Zellen, die mit demselben (reinen) Gas gefüllt sind, das in der verunreinigten Luft bestimmt werden soll. Da in der Meßzelle bereits ein Teil der eingestrahlten Energie absorbiert wird, kann sich die jeweilige Detektorzelle entsprechend weniger erwärmen. In weiterer Folge ergibt sich eine meßbare Druckdifferenz, die zu einer Verformung der dünnen Metallfolie D führt, die ein Bestandteil des Differentialkondensators P_r-D-P_S ist. Die durch den Druckunterschied erzeugte Kapazitätsdifferenz wird registriert. Eine rotierende Blende unterbricht den Strahlengang, wodurch die Druckdifferenz abklingt. Man erhält auf diese Weise eine Serie von Impulsen, deren Höhe proportional der Menge der Verunreinigung bzw. der von ihr verursachten Gesamtabsorption ist. Der Vorteil dieser Meßanordnung liegt darin, daß alle Absorptionsbande eines Gases simultan erfaßt werden. Dadurch wird die Messung selektiv, da Absorptionen durch andere Gase weitgehend ausgeschaltet werden. Diese Art nicht-dispersiver Meßgeräte eignet sich sehr gut zur Überwachung von Abgasen in Fabriken und zur Kohlenmonoxid-Kontrolle in Straßentunnels.

3.8.3 Infrarot-Emissionsspektroskopie

Diese Methode ist für Routineuntersuchungen kaum geeignet. Für die Untersuchung der Gashülle von Planeten des Sonnensystems, und deren Monde, ist sie jedoch sehr geeignet. Ein

Fourier-Transformations-Infrarotspektrometer[42], das von der Raumsonde "Voyager 1" mitgeführt wurde, hat Daten über die Atmosphäre des größten Saturn-Mondes, Titan, an die Erde zurückgefunkt. Die Auswertung des IR-Emissionsspektren ergab, daß die Gase Methan, Ethan, Ethylen, Acetylen, Propan und überraschenderweise auch Methylacetylen und Diacetylen enthalten[43].

3.8.4 Fernerkundung mit UV-Laser, LIDAR-Technik

Nach dem in Gleichung 3.1 zitierten Lambert-Beerschen Gesetz ergibt sich, daß die optische Weglänge einen wesentlichen Faktor bei der Limitierung der Erfassungsgenze gasförmiger

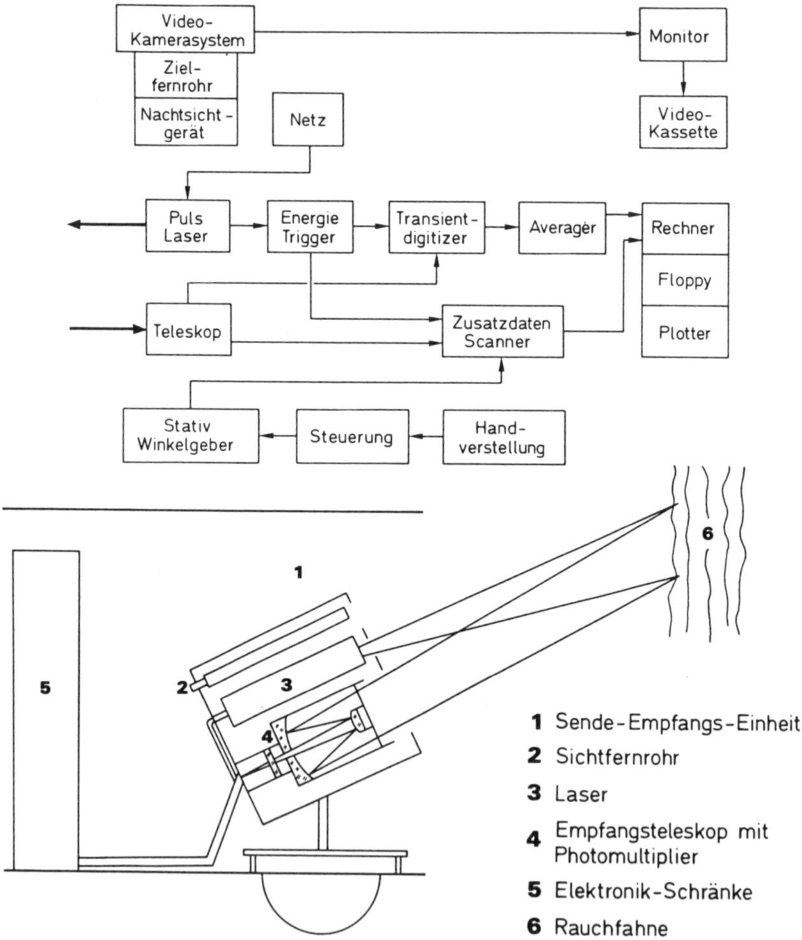

Abb. 3.18 Schematische Darstellung und Versuchsaufbau der LIDAR-Technik mit differentieller Absorption. Mit freundlicher Genehmigung von Dr. Andrew Morrison

Verunreinigungen darstellt. Der zweite Faktor ist die molare Absorption, die, wie bereits erwähnt, von der Wellenlänge abhängt. Viele Gase haben im UV-Bereich wesentlich höhere Absorptionskoeffizienten als im IR, wodurch sich die Empfindlichkeit erheblich steigern läßt. Die optische Weglänge läßt sich aber nicht unbegrenzt steigern, da Lichtstrahlen durch andere gasförmige Komponenten, ebenso wie durch Aerosol-Partikel, erheblich geschwächt werden. Würde man daher einen Lichtstrahl nach Reflexion durch einen in 1 km Entfernung aufgestellten Spiegel zu registrieren versuchen, so würde die Energie des auf den Detektor auftretenden Strahles nicht mehr für eine quantitative Auswertung ausreichen. Diese Schwierigkeit läßt sich durch Verwendung eines Laserstrahls eliminieren. Ein Laserstrahl vereinigt die Vorteile der hohen Intensität, der scharfen Bündelung und der Möglichkeit, sehr kurze Impulse auszusenden. Die hohe Intensität erlaubt es, die in der Luft schwebenden Teilchen als winzige Reflektoren zu benützen. Das auf diese Weise entstehende Streulicht kann mit einem Detektor-Teleskop registriert werden. Da auch die Laufzeit des emittierten Strahles genau gemessen werden kann, wenn die Emission in Form kurzer Impuse erfolgt, läßt sich auch die Distanz der zu messenden Verunreinigung ermitteln. Zur Erfassung der Schwefeldioxid-Konzentration variiert man die Frequenz des Laserstrahles zwischen Peaks und Wellental des Absorptionsspektrums im UV-Feinstrukturbereich und erhält auf diese Weise Signale in der in Abb. 3.19 dargestellten Art, aus denen auf die in der Atmosphäre vorhandene Schwefeldioxid-Konzentration geschlossen werden kann.

Diese als "LIDAR" (Light Detection and Ranging) bekannt gewordene Methode kann nicht nur zur Messung der Verteilung von Schwefeldioxid[44], sondern auch von Aerosolen verwendet werden, wie z.B. in einer umfangreichen Untersuchung des Österreichischen Bundesinstitutes für Gesundheitswesen berichtet wird[45].

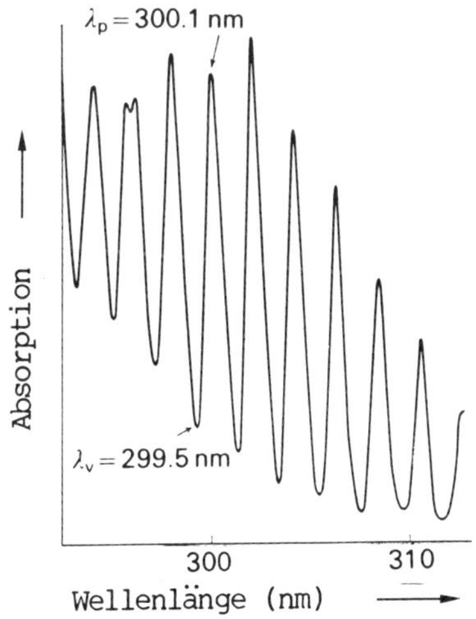

Abb. 3.19 Ausschnitt aus dem UV-Absorptionsspektrum von gasförmigem Schwefeldioxid

3.8.5 Massenspektrometrie

Moleküle können durch Beschuß mit einem Elektronenstrahl ausreichend hoher Energie ionisiert bzw. in ionisierte Bruchstücke verwandelt werden, die man durch ein elektrisches Feld beschleunigen und durch ein Magnetfeld ablenken kann (s. Abb. 3.20). Die erreichte Geschwindigkeit hängt vom Verhältnis Masse/Ladung ab. Ebenso wird der Radius der Kreisbahn, in die die Ionen durch das Magnetfeld gezwungen werden, von Masse und Ladung abhängen. Man kann nunmehr entweder das elektrische oder das magnetische Feld variieren und den Strom registrieren, der durch das Eintreffen der Ionen auf einem Kollektor erzeugt wird. Das Massenspektrometer kann zunächst zur Isotopenanalyse verwendet werden, wie z.B. zur Bestimmung von Argon in Luft (Abb. 3.21). Um andere gasförmige Komponenten in Luft bestimmen zu können, benötigt man ein Gerät mit hohem Auflösungsvermögen, da manche von ihnen nahezu dieselbe relative Molekülmasse aufweisen, wie z.B. Kohlenmonoxid, Stickstoff und Ethen, $M_r = 28$. Die präzise rel. Molekülmasse lautet allerdings $CO = 27{,}995$; $N_2 = 28{,}006$; $C_2H_4 = 28{,}032$.

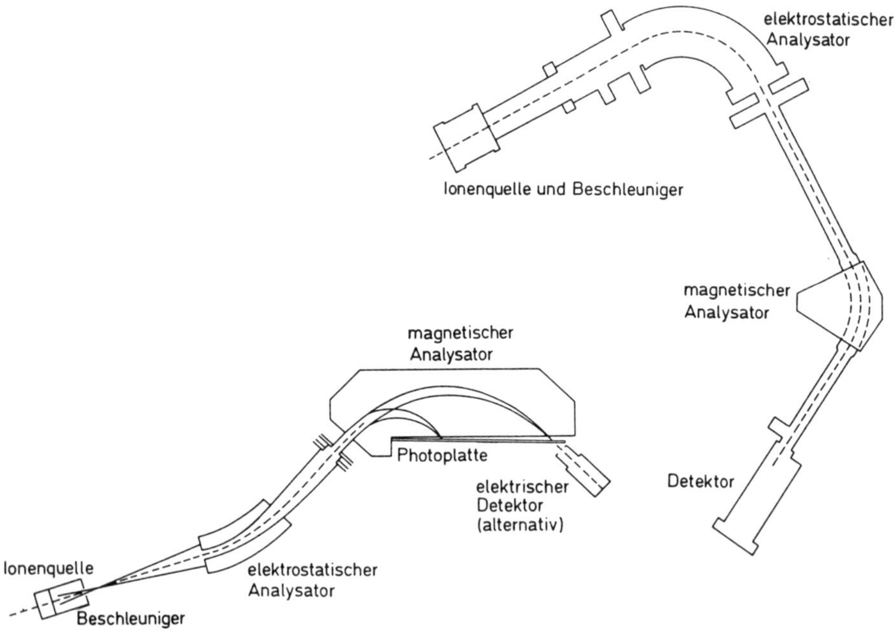

Abb. 3.20 Zwei Ausführungsarten von doppelt-fokussierenden Massenspektrometern; A mit Nier-Johnson-Geometrie; B mit Mattauch-Herzog Geometrie (entn. aus "Chemical Instrumentation - a systematic Approach, Strobel, H.A., Addison-Wesley Publishing Group, Reading, Mass., USA)

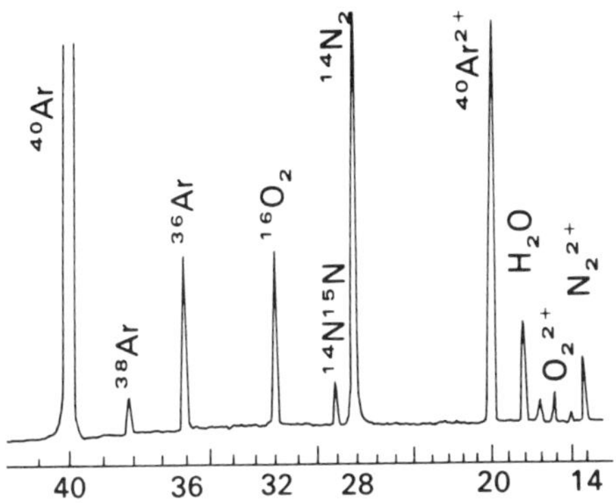

Abb. 3.21 Massenspektrum von Argon mit geringen Mengen Luft

In zunehmendem Maß werden Massenspektrometer in Kombination mit Gaschromatographen eingesetzt[46], wodurch sich die Möglichkeit ergibt, jede Komponente nach Verlassen der Trennsäule identifizieren zu können.

3.8.6 Dräger-Prüfröhrchen

Dieses äußerst einfach zu bedienende Gerät erlaubt die Bestimmung einer großen Anzahl von Gasen und Dämpfen an Ort und Stelle. Das Gerät besteht aus einer einfachen Handpumpe, die pro Hub ein definiertes Volumen (100 ml) Gas ansaugt. Die eigentliche Bestimmung erfolgt mit Hilfe von Gasspürröhrchen, die mit einem selektiven festen Adsorbens gefüllt sind. Ist das gesuchte Gas vorhanden, bildet sich eine deutlich gefärbte Zone aus, deren Länge im Verhältnis zu der Anzahl der Pumpenhübe die Konzentration des gesuchten Gases anhand einer auf dem Röhrchen aufgedruckten Skala feststellen läßt. Detektorröhrchen stehen für die meisten gefährlichen Gase zur Verfügung (zur Zeit weit über 200 Röhrchen). Die zur Anzeige verwendeten Farbreaktionen sind in einem von der Erzeugerfirma verfaßten Handbuch ausführlich beschrieben[47]. Außerdem sind nicht nur Röhrchen für Kurzzeittests verfügbar, sondern auch solche, welche eine Kontrolle am Arbeitsplatz über einen längeren Zeitraum möglich machen.

Detaillierte Informationen über das gesamte Gasanalysensystem, einschließlich der Erfassung von Aerosolen und der Kontrolle von Druckgasen, werden von der Firma Drägerwerk AG Lübeck, ihren Zweigstellen oder durch den Laborbedarf-Fachhandel zur Verfügung gestellt. Außerdem ist ein Prüfröhrchen-Taschenbuch erhältlich, das alle erforderlichen chemisch-physikalischen Informationen, sowie physikalische und toxikologische Daten von Gasen und Dämpfen enthält. Tab. 3.4 zeigt eine Seite dieser Zusammenstellung.

Tab. 3.4 Musterblatt aus dem "Prüfröhrchen Taschenbuch"[42] (m. freundl. Genehmigung. der Fa. Drägerwerk AG)

1	Zu messende Gase und Dämpfe	1,1-Dimethylhydrazin	Dimethylsulfat (Schwefelsäure dimethylester)	Dimethylsulfid	Dioxan (1,4-Dioxan, Diethylendioxid)
2	Chemische Formel	$(CH_3)_2N-NH_2$	$(CH_3)_2SO_4$	$(CH_3)_2S$	$C_4H_8O_2$
3	Zu verwendendes DRÄGER-Röhrchen	Hydrazin	Dimethylsulfat	Dimethylsulfid	Ethylglykolacetat
4	Maximale Arbeitsplatz-Konzentration (Stand 1984)	-	-	-	50 ppm (180 mg/m^3)
5	Geruchsschwelle (etwa)	0,3 ppm	-	0,001 ppm	620 mg/m^3
6	1 ppm = ...(20°C, 1013 mbar)	2,5 mg/m^3	5,25 mg/m^3	2,58 mg/m^3	3,66 mg/m^3
7	1 mg/m^3 = ...(20°C, 1013 mbar)	0,40 ppm	0,19 ppm	0,39 ppm	0,27 ppm
8	Molekülmasse	60,10	126,13	62,13	88,1
9	Dampfdruck (bei 20°C)	210 mbar (25°C)	0,6 mbar	-	41 mbar
10	Flüchtigkeit (bei 20°C)	515 mg/l (25°C)	3,1 mg/m^3	-	149 mg/l
11	Untere Zündgrenze	2,4 Vol.-%	3,6 Vol.-%	2,2 Vol.-%	1,9 Vol.-%
12	Obere Zündgrenze	20 Vol.-%	23,2 Vol.-%	19,7 Vol.-%	22,5 Vol.-%
13	Flammpunkt	-18°C	83°C	-20°C	11°C
14	Gruppe und Gefahrklasse (VbF)	B	A III	A I	-
15	Zündtemperatur	240°C	470°C	215°C	375°C
16	Verdunstungszahl (Ether = 1)	-	-	-	7,3
17	Siedepunkt (bei 1013 mbar)	63°C	188°C	37,3°C	101,4°C
18	Dichte (flüssig, 20°C)	0,79 g/cm^3	1,33 g/cm^3	0,845 g/cm^3	103 g/cm^3
19	Atemfilter Kennbuchstabe und Farbe	K, grün*	A, braun/B, grau	B, grau	A, braun

* Nicht Filterklasse 1 vewenden.

Anmerkung: Ein Strich - hat nicht die Bedeutung einer Null!

3.9 Probenahme von Gasen und der Atmosphäre

Eine Möglichkeit der Probenahme besteht darin, daß man einen geeigneten Behälter mit dem zu untersuchenden Gas füllt, der für die Untersuchung an das Analysengerät angeschlossen wird. Die zweite Möglichkeit besteht darin, ein gemessenes Volumen des zu untersuchenden Gases über ein geeignetes Adsorbens zu leiten. Die adsorbierten Gase bzw. Dämpfe werden anschließend ausgetrieben und der Untersuchung zugeführt. Anstelle eines Adsorbens kann auch eine Kühlfalle verwendet werden.

3.9.1 Behälter

Kunststoffbeutel lassen sich sehr gut als Sammelbehälter verwenden. Beutel aus Polyethylen oder besser Polyester (wie sie zum Braten verwendet werden), Mylar oder für jene Fälle wo inertes Material angezeigt ist, Tedlar. Man montiert einen solchen Beutel am einfachsten in der in Abb. 3.22 gezeigten Weise in ein Einliter-Glasgefäß. Wie aus der Abbildung zu ersehen ist, wird der Beutel durch Absaugen der Luft durch den Schlauchansatz 1 gefüllt, durch Einblasen von Luft wieder entleert. Für wissenschaftliche Zwecke werden oft auch zylindrische Glasgefäße mit vakuumdichten Glashähnen an beiden Enden verwendet, die im Laboratorium mit einer Vakuumpumpe und nötigenfalls durch Erhitzen entgast wurden. Gefäße dieser Art mit einem Fassungsvermögen von 2 l oder mehr sind allerdings unhandlich und bruchgefährdet.

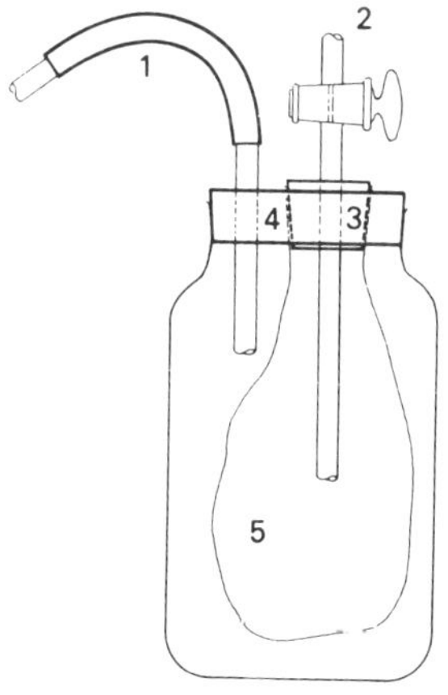

Abb. 3.22 "Kunststoffbeutel in der Flasche" zur Entnahme von Luftproben. 1 Schlauch mit Mundstück zum Aussaugen der Flasche; 2 Einlaßrohr für Luftproben in den Kunststoffbeutel; 3 kleiner Gummistopfen zur Halterung von 2, wobei die Bohrung aus dem "Hauptstopfen" 4 ausgenommen ist; 5 Kunststoffbeutel, der zwischen den Stopfen 3 und 4 eingeklemmt ist (s. Text)

Gase, die von Sedimenten in einem Wasserkörper entwickelt werden, können mit Hilfe eines umgekehrten Trichters ausreichender Größe gesammelt werden, gegebenenfalls in Verbindung mit evakuierten Sammelgefäßen. Marr verwendet für derartige Zwecke einen umgekehrten Scheidetrichter, der im Labor direkt an das jeweilige Analysengerät angschlossen werden kann. Falls das zu entnehmende Gas unter leichtem Überdruck steht, läßt sich ein Ballon aus Silikonkautschuk verwenden, der durch das zu entnehmende Gas selbst aufgeblasen wird. Die Gasprobe muß aber so rasch wie möglich der Untersuchung zugeführt werden, da viele Gase durch Silikonkautschuk diffundieren oder zumindest sehr stark adsorbiert werden.

3.9.2 Feststoff-Adsorptionssysteme

Aktivkohle ist das wirksamste Adsorbens für alle Arten von Dämpfen in Luft. Ein Adsorptionsröhrchen üblicher Größe ist in Abb. 3.23 dargestellt. Man pumpt Luft mit einer Durchsatzgeschwindigkeit von ca. $1\ l \cdot min^{-1}$ und registriert das Volumen mit einem geeigneten Gasometergerät. Durch Waschen mit einem geeigneten Lösungsmittel wie etwa Schwefelkohlenstoff werden die gesammelten Substanzen eluiert und anschließend gaschromatographisch untersucht[48] (s. S. 124).

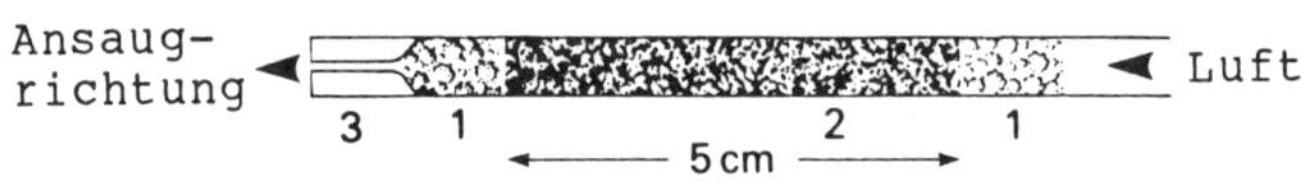

Abb. 3.23 Aktivkohle-Adsorptionsröhrchen. 1 Abschlußpfropfen aus Glaswolle; 2 granulierte Aktivkohle, Korngröße 1,67 - 0,50 mm (10 - 30 mesh); 3 1mm-Kapillare zum Fixieren der Füllung

Einige andere poröse Polymere können ebenfalls als wirkungsvolle Absorbentien verwendet werden, wie beispielsweise Tenax, Porapak, Chromosorb und andere kommerziell hergestellte Produkte[49]. Das Austreiben der adsorbierten Gase erfolgt zumeist durch Erhitzen. Auch diese Adsorbentien können mehrfach wiederverwendet werden.

3.9.3 Kühlfallen

Die Kühlfalle ist eines der saubersten Mittel, um Gase oder Dämpfe anzureichern und zu sammeln. Kältefallen können je nach dem Verwendungszweck verschiedene Formen haben. Vier verschiedene Modelle sind in Abb. 3.24 gezeigt.

Marr verwendet zur Entfernung flüchtiger Komponenten aus Gasen auch eine Schleife aus Glasrohr, die an einen Mehrweghahn angeschlossen ist, wie sie in der Gaschromatogra-

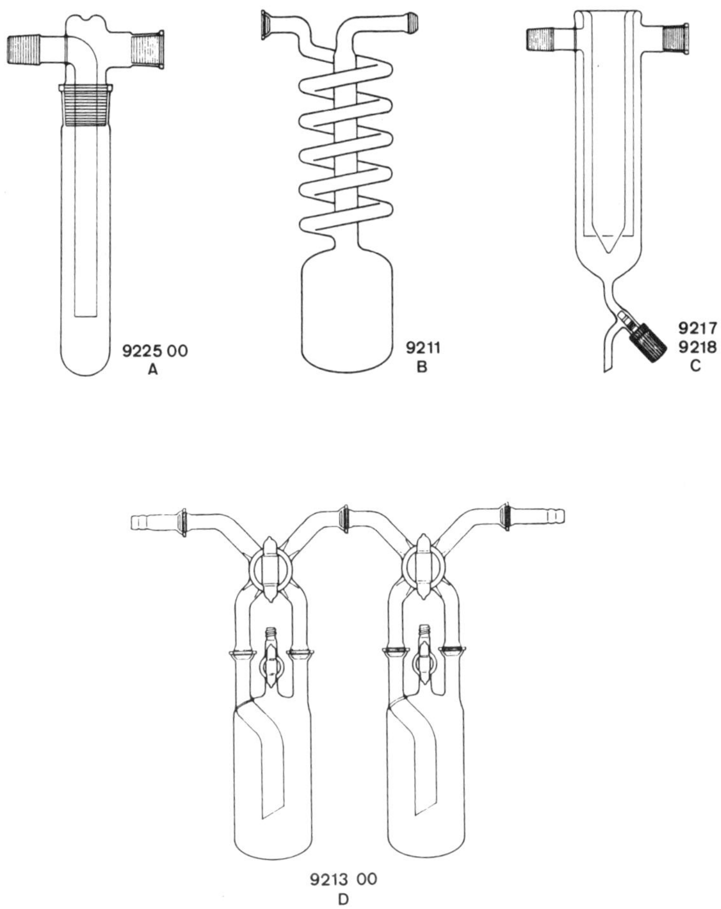

Abb. 3.24 Vier verschiedene Modelle von Kühlfallen.
A Standard-Modell; B für große Kondensatmengen; C mit Ablaufhahn, Kühlmittel innen; D Kühlfallensystem mit austauschbaren Behältern (mit freundl. Genehmigung der Fa. Normag)

phie üblich sind. Zur Kühlung verwendet man flüssigen Sauerstoff, nicht den leichter erhältlichen und leichter zu hantierenden Stickstoff, da zufolge des niedrigeren Siedepunktes von Stickstoff (-186 °C) Sauerstoff kondensiert (Sdp. -183 °C), so daß sich die Kühlfalle sehr rasch mit flüssigem Sauerstoff füllt. Man beachte stets, daß bei tiefer Temperatur verflüssigte Gase bei Erwärmung in geschlossenen Behältern sehr starken Überdruck entwickeln. Für viele Zwecke reicht die mit festem Kohlendioxid in Aceton erreichte Temperatur von -78 °C völlig aus.

3.9.4 Kleine „persönliche" Diffusions-Probenahmegeräte

Zur Kontrolle der Atmosphäre am Arbeitsplatz während einer achtstündigen Arbeitszeit verwendet man einseitig offene Geräte, die nach dem Diffusionsprinzip arbeiten und so auf keine mechanische Pumpe angewiesen sind[50]. Eine Ausführungsform wird als Rosette am Arbeitsmantel getragen. Das Gerät besteht aus einem Stück Textilgewebe, das mit Aktivkohle imprägniert ist und auf einer Kunststoffscheibe durch eine dünne Silikonfolie fixiert ist. Die Folie ist für die meisten der in Frage kommenden Gase und Lösungsmitteldämpfe permeabel. Die Diffusionsrate hängt vom Partialdruck der gesuchten Stoffe in der zu kontrollierenden Luft ab. Die Auswertung der belasteten Aktivkohlescheibchen kann mit den üblichen Methoden im Labor erfolgen. Werden beispielsweise chlorierte Lösungsmittel oder Styrol verwendet, so wäscht man mit n-Heptan aus und führt anschließend eine gaschromatographische Bestimmung durch.

Ein Monitor in Größe eines Füllfederhalters wird von der Firma Perkin-Emer unter der Bezeichnung ATD-50 angeboten. Das aus rostfreiem Stahl bestehende Adsorbens ist gegen die offene Seite zu mit einer Silikonkautschukmembran verschlossen, die zwar die gewünschten Gase und Dämpfe eindringen läßt, jedoch Wasserdampf abhält. Die Auswertung erfolgt in einem automatischen Gerät durch thermische Desorption und Gaschromatographie. Nach der Auswertung kann das Teströhrchen erneut verwendet werden.

Langzeitmessung gasförmiger Luftbeimengungen

Von der bereits erwähnten Firma Drägerwerk AG wird auch ein Gerät zur Langzeitmessung von gasförmigen Anteilen unter dem Namen "Polymeter" angeboten[51]. Zu diesem Gerät werden spezielle Langzeitröhrchen verwendet, die für einen Durchsatz von 8 l binnen 8 Stunden ausgelegt sind. Auf diese Weise können ca. 30 Gase oder Dämpfe einfach und relativ genau bestimmt werden.

3.9.5 Flüssige Absorptionssysteme

Der besondere Vorteil flüssiger Absorptionsmittel liegt in der Möglichkeit, durch entsprechende Wahl den Chemismus so zu steuern, daß optimale Selektivität erreicht wird. Es wird somit in vielen Fällen nicht nur zur Absorption, also zu einem rein physikalischen Lösungsvorgang, sondern auch zu einer chemischen Reaktion kommen. Die Wahl der geeigneten Absorptionsflüssigkeit ist selbstverständlich von ausschlaggebender Bedeutung. Ebenso wichtig sind ausreichend lange Kontaktzeiten, die in erster Linie von der Größe der durch die Absorptionsflüssigkeit perlenden Gasblasen abhängen. Drei Modelle sind in Abb. 3.25 dargestellt. Kleine Blasen kann man mit dem sog. "Impinger" oder durch Glasfritten erreichen. Kugelförmige Innenteile verlängern den Weg der Gasblasen. Der Kontakt zwischen Gasblase und dem Flüssigkeitsfilm auf der Glasoberfläche trägt ebenfalls zur Beschleunigung des Absorptionsvorganges bei. Durch Zugabe einer mäßig oberflächenaktiven Substanz wie z.B. Propanol erzielt man eine leichte Schaumbildung, die ebenfalls zur Beschleunigung der Absorption beiträgt.

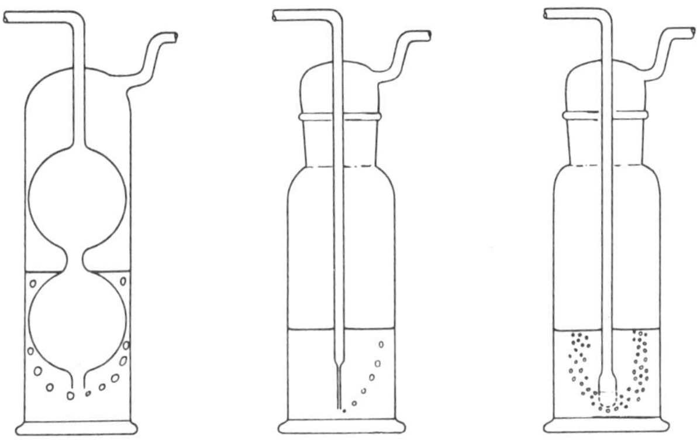

Abb. 3.25 Drei Modelle für Gasreinigungsgefäße

3.9.6 Wirkungsgrad der Absorption

Es muß ausdrücklich darauf hingewiesen werden, daß keines der beschriebenen Absorptionssysteme, schon aus theoretischen Gründen, mit einem Wirkungsgrad von 100 % arbeiten kann. Man muß daher die erreichbare Annäherung an die Vollständigkeit in jedem einzelnen Fall überprüfen, wobei folgende Regeln zu beachten sind:

- Pumprate: Bei Impingern ist darauf zu achten, daß durch Wahl der entsprechenden Pumpgeschwindigkeit möglichst kleine Gasblasen entstehen, wodurch möglichst lange Kontakzeiten erzielt werden. Zu langsames Pumpen führt zu großen Blasen und führt ebenso zu verringerten Umsätzen wie zu hohe Geschwindigkeiten, die durch Reduktion der Kontaktzeit ebenso Verluste ergeben. In den meisten Fällen empfiehlt es sich, zwei Absorber hintereinander zu schalten, die bei Verwendung von Vierweghähnen, ähnlich der in Abb. 3.24 (D), S. 107 gezeigten Kühlfallenanordnung, abwechselnd ausgetauscht werden können.

- Einfluß der Gaskonzentration: Man darf nicht von der Annahme ausgehen, daß Absorber, die für höhere Konzentrationen eines Gases gut geeignet sind, auch bei niedrigeren Konzentrationen zufriedenstellend arbeiten müssen. Dieser Umstand wird verständlich, wenn man sich vor Augen hält, daß der Absorptionsvorgang mit Diffusionsprozessen gekoppelt ist. Die Geschwindigkeit des Stoffumsatzes muß somit konzentrationsabhängig sein.

  Weitere Probleme können sich aus der Dissoziation von Komplexen oder der Löslichkeit von Niederschlägen ergeben, wenn sehr geringe Konzentrationen vorliegen. Schließlich ist auch die Aufnahmekapazität des Absorbens zu beachten, da es sonst bei höheren Konzentrationen oder längerer Laufzeit zum Durchbruch und somit zu Verlusten kommen kann.

- Temperatur und Feuchtigkeit können die Absorptionsvorgänge erheblich beeinflussen.

- Auf das Vorhandensein inkompatibler Gase ist ebenfalls zu achten. Gaspaare wie Schwefeldioxid und Ozon werden, wenn sie in sehr niedrigen Konzentrationen vorliegen, nicht merklich miteinander reagieren, ebenso Schwefeldioxid und Schwefelwasserstoff. Durch die Konzentration im Absorbens sind jedoch unvorhersehbare Reaktionen durchaus denkbar.

Man kann die Wirksamkeit und auch die Kapazität von Waschflaschen wie schon erwähnt dadurch kontrollieren, daß man zwei Flaschen hintereinander schaltet und die in jeder der beiden absorbierte Gasmenge bestimmt. Man kann auch Standard-Gasmischungen verwenden, die zum Teil im Handel erhältlich sind, zum Teil durch Mischen selbst hergestellt werden müssen. Im letzteren Fall läßt sich die "Kunststoffbeutel-im-Marmeladeglas"-Methode (Kap. 3, S. 105 und Abb. 3.22) vorteilhaft anwenden. Man füllt eine Gaspipette mit der gewünschten Menge des zuzumischenden Gases und spült dieses Volumen in den Plastikbeutel. Auf diese Weise lassen sich unschwer mehrere Komponenten in einer Gasprobe vereinigen. Auf jeden Fall muß man zumindest eine halbe Stunde warten, bis sich die Gase homogen gemischt haben. Für speziellere Aufgaben muß auf die Fachliteratur "Technische Gasanalyse" verwiesen werden. Die Herstellung von Gasmischungen wurde in einem Übersichtsreferat von Barratt[52] beschrieben.

Für die Handhabung reaktiver Gase erweisen sich Permeationsröhrchen als sehr brauchbar[53]. Eine kleinere Menge Gas wird in ein Glas- oder Kunststoffrohr mit ausreichender Wandstärke durch Kühlen unter die Kondensationstemperatur eingefüllt und mit einem Kunststoffpfropfen verschlossen. Bei entsprechender Materialwahl diffundiert eine gleichmäßige Gasmenge in die Außenluft, solange noch Gas in flüssiger

Phase vorhanden ist. Für viele Zwecke hat sich die von Klockow vorgeschlagene Ausführung (s. Abb. 3.26)[54] nicht nur für Schwefeldioxid, das bei Zimmertemperatur einen Druck von 3,8 bar entwickelt, sondern auch für Schwefelwasserstoff (ca. 19 bar) und Ammoniak (ca. 10,7 bar) sehr bewährt. Die Bestimmung der abgegebenen Gasmenge erfolgt durch tägliches Wägen. Die Abgaberate liegt in der Größenordnung von 1 $\mu g \cdot min^{-1}$.

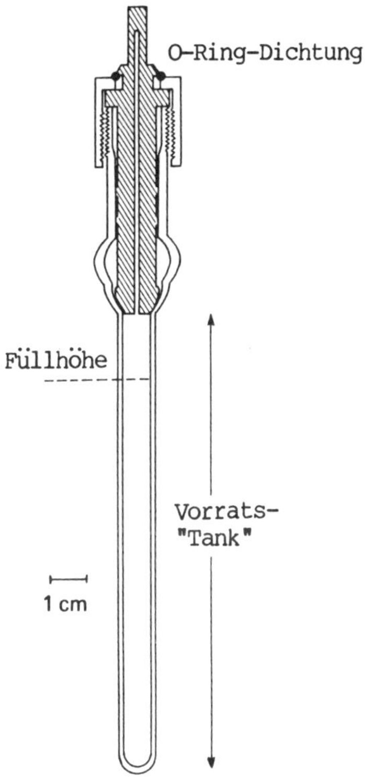

Abb. 3.26 Permeationsröhrchen für H_2S nach Teckentrup und Klockow (1978)[48] (Wiedergabe mit freundl. Genehmigung von Analytical Chemistry)

3.10 Gaschromatographie

Die Gaschromatographie kann als eines der besten Hilfsmittel des Analytikers betrachtet werden. Dies gilt in besonderem Maß für Untersuchungen auf dem Gebiet der Umweltanalytik, für Gasanalysen und die organische Analytik. Der weite Anwendungsbereich wird schon dadurch erkennbar, daß die Gaschromatographie in diesem Buch sehr oft erwähnt wird (s. Kap. 4, S. 221ff. sowie Kap. 7, S. 293).

Mit der Anwendung gaschromtatographischer Methoden in der Gasanalyse befassen sich eingehend Cowper und DeRose[55].

3.10.1 Verteilung zwischen beweglicher und stationärer Phase

In Kap. 2, S. 54 wurde die Verteilung eines gelösten Stoffes zwischen zwei flüssigen Phasen eingehender erörtert. Ebenso wurde die Trennung gleichartiger Komponenten durch wiederholte Extraktion und ähnliche Operationen behandelt. Die Gaschromatographie beruht auf einer konsequenten Anwendung des Prinzipes des Verteilungsgleichgewichtes, wobei stets eine mobile Phase in Kontakt mit einer stationären Phase gebracht wird. Als einfachstes Beispiel kann die Säulenchromatographie erwähnt werden. Die stationäre Phase besteht aus den für die Füllung verwendeten Adsorbentien wie Silicagel, Aluminiumoxid oder Ionenaustauschharz. Als mobile Phase wird eine Lösung verwendet, wobei eine selektive Abtrennung von gelösten Substanzen erzielt werden soll. In der Gaschromatographie (GC) sind zwei Varianten zu unterscheiden: Während die mobile Phase stets gasförmig ist, können als stationäre Phase sowohl feste (**GSC** = Gas-Solid-Chromatography) als auch flüssige (**GLC** = Gas-Liquid-Chromatography) Substanzen verwendet werden. Als Trägergas verwendet man meistens Stickstoff oder Helium, manchmal jedoch Wasserstoff oder Argon.

Als <u>feste Phasen</u> dienen z.B. Aktivkohle, für die Trennung von

- Luft, Kohlenmonoxid, Methan, Kohlendioxid und leichte Kohlenwasserstoffe,

aktiviertes Aluminiumoxid für
- leichte Kohlenwasserstoffe,

Silicagel für
- Kohlendioxid und leichte Kohlenwasserstoffe,

diverse poröse Polymere wie Porapak, Chromosorb, Tenax (spez. für polare Gase)

und Molekularsiebe wie z.B. 5A für
- Wasserstoff,
- Sauerstoff,
- Stickstoff,
- Methan und
- Kohlenmonoxid.

<u>Flüssige Phasen</u> müssen auf einem festen Trägermaterial aufgebracht sein, wozu sich fein gepulverte Minerale wie Diatomeenerde eignen. Die Trägersubstanz wird mit einer Lösung imprägniert, die die flüssige Phase enthält. Nach dem Abdampfen des Lösungsmittels ist das Trägermaterial mit einem Massengehalt von etwa 3 - 20 % flüssiger Phase beladen. Da die freie Oberfläche des festen Trägermaterials sehr groß ist, fühlt es sich auch in beladenem Zustand trocken an. Die flüssige Phase muß folgende Eigenschaften aufweisen:

- Der Dampfdruck muß über einen möglichst weiten Temperaturbereich vernachlässigbar sein

- Die gewählte Substanz muß thermisch stabil sein
- Die flüssige Phase soll möglichst selektive Eigenschaften in Bezug auf die zu trennenden Substanzen aufweisen.

Flüssige Phasen gibt es in großer Auswahl, wie man bei der Durchsicht der Kataloge der Chemikalienfirmen feststellen kann. Generell lassen sich drei Kategorien unterscheiden:

- Silikonöle weisen, je nach den Substituenten, relativ geringe Polarität auf und eigenen sich daher vornehmlich zur Trennung weniger polarer Verbindungen wie Kohlenwasserstoffe, Ester und mancher Phenole.
- Langkettige Ester eignen sich sehr gut für polare Verbindungen wie Schwefeldioxid, Alkohole, Ester und Säuren.
- Ethylenglykolpolymere weisen oft sehr gute Trenneigenschaften für spezielle Trennungen auf, wie z.B. aromatische in Gegenwart aliphatischer Kohlenwasserstoffe.

3.10.2 Der Gaschromatograph

Abb 3.27 zeigt den schematischen Aufbau eines Gaschromatographen.

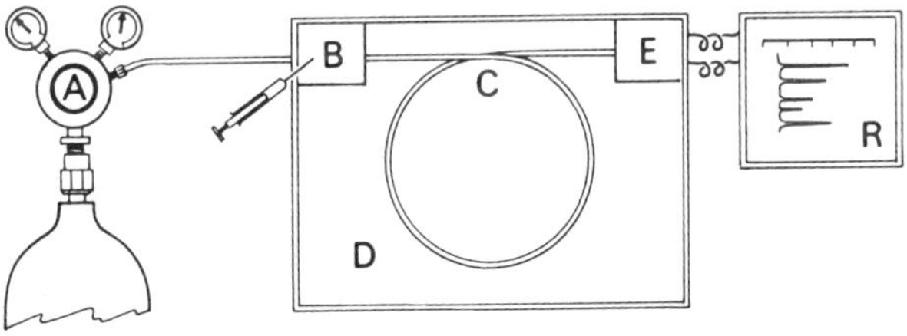

Abb. 3.27 Schemazeichnung eines Gaschromatographen; A Trägergas-Versorgung; B Einlaßteil (Einzel- oder Doppel-Einlaßventil oder Injektor mit Mikrokolbenspritze; Säule C in Ofen D und Detektor E; R Recorder bzw. Datenverarbeitung

Die Probe wird mit einer speziellen, gasdichten Mikroliterspritze in den Heizblock injiziert, wo sie verdampft und durch das Trägergas in die eigentliche Trennsäule transportiert wird. Die Durchgangszeiten für die aufzutrennenden Komponenten müssen ausreichend unterschiedlich sein, so daß der Detektor am Ende der Trennsäule die einzelnen Fraktionen als klar voneinander getrennte Peaks wiedergibt. Abb. 3.28 zeigt ein Chromatogramm eines Gemisches von Butanen und Pentanen, wie sie im handelsüblichen Camping-Gas enthalten sind.

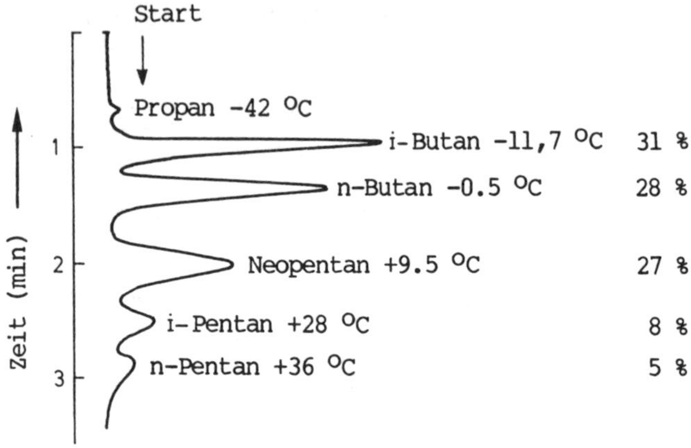

Abb. 3.28 Gaschromatographische Analyse von Camping-Gas mit Angabe des Siedepunktes und des Prozentanteiles (in Volumenanteil)

Die einzelnen Komponenten des Gaschromatographen sind in den nachfolgenden Abschnitten beschrieben.

3.10.3 Das Kontrollsystem für den Trägergasstrom

Das Trägergas wird über einen zweistufigen Regler aus der Hochdruck-Vorratsflasche entnommen und der Säule zugeführt, die unter einem Druck von 70 - 350 $kN \cdot m^{-2}$ steht. Der Durchfluß wird auf 10 - 60 $ml \cdot min^{-1}$ eingestellt.

3.10.4 Probeneingabe

Für die Eingabe von flüssigen Proben verwendet man Mikroliterspritzen, die durch ein Silikonkautschuk-Septum in den Trägergasstrom injiziert werden. Für Gase verwendet man 1-ml-Spritzen, wobei man darauf achten muß, den Kolben der Spritze sehr fest zu halten, da er durch den relativ hohen Innendruck herausgeschleudert werden kann. Diese Gefahr wird durch eigens für diesen Zweck konstruierte Ventilhähne ausgeschaltet. Sehr verbreitet sind Hähne mit 3 x 2 Anschlußtuben, mit denen die gasförmige Probe zuerst durch eine Schleife aus englumigem Stahlrohr geleitet wird. Nach dem Umschalten wird diese Schleife unmittelbar an die Trägergasleitung angschlossen und wird gleichzeitig auch quantitativ in den Meßvorgang eingebracht. Diese Mehrfachhähne können auch bei vermindertem Druck verwendet werden. In diesem Fall ist aber regelmäßiges Reinigen und Schmieren mit einem für diese Zwecke geeigneten Hahnfett erforderlich, um störungsfreien Betrieb sicherzustellen. Der Eingabeblock ist zumeist beheizt, um rasches Verdampfen flüssiger Proben zu erreichen. Durch eine kurze Eingabezeit erhält man schärfer ausgeprägte Peaks.

3.10.5 Die Trennsäule

Die üblicherweise verwendeten Säulen haben eine Länge von 2 m und bestehen aus Glas oder rostfeiem Stahl mit Außendurchmessern von 3, 4, 5 oder 6 mm, die kreisförmig aufgewickelt sind. Die Säule befindet sich in einem Heizblock bzw. Ofen, der entweder auf konstanter Temperatur gehalten wird (isotherme Methode) oder während des Trennvorganges allmählich auf höhere Temperaturen gebracht wird (temperaturprogrammierte Arbeitsweise). Wenn man mit Wärmeleitfähigkeitsdetektor oder mit Temperaturprogrammierung arbeitet, benötigt man eine zweite Trennsäule als Referenzelement, um Nullpunktverschiebungen kompensieren zu können.

3.10.6 Der Detektor

Der Detektor hat die Aufgabe, jede Komponente nach erfolgter Trennung zu registrieren, sobald sie die Trennsäule verläßt. Die für die Verwendbarkeit eines Detektors wesentlichen Parameter sind der dynamische Erfassungsbereich, Empfindlichkeit, Selektivität für eine ausgewählte Gruppe von Verbindungen, Ansprechgeschwindigkeit und Linearität der Anzeige. Diese Ansprüche werden von verschiedenen Typen von Detektoren und für verschiedene Verbindungsgruppen in verschiedenem Ausmaß erfüllt. Tab. 3.5 zeigt eine Auswahl einiger häufig verwendeter Detektortypen. Eine Zusammenstellung selektiver Detektoren findet sich bei Dressler[56].

Tab. 3.5 siehe gesonderte Seite

Der <u>Wärmeleitfähigkeitsdetektor</u> WLD besteht aus einem Paar von sehr dünnen Drähten oder Thermistorperlen, die eine geringe Wärmekapazität besitzen und deren Widerstand sehr stark temperaturabhängig ist. Sie werden in einer Wheatstoneschen Brückenschaltung von elektrischem Strom durch-

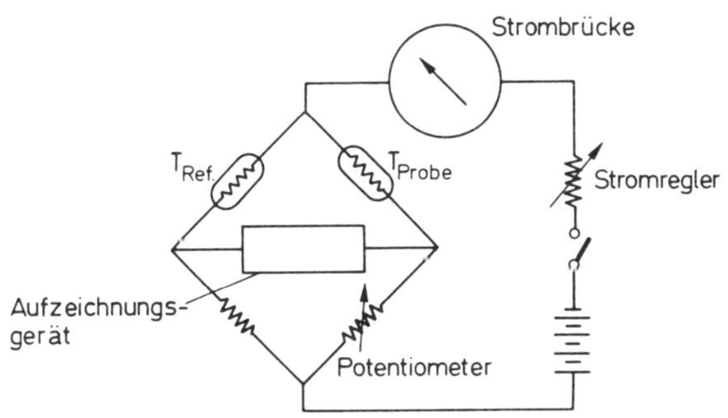

Abb. 3.29 Schaltschema eines Katharometers (thermischer Leitfähigkeitsdetektor). Thermistorperlen in den beiden Gasströmen

Tab. 3.5 Detektoren für die Gaschromatographie

Detetkor-Typ	Abkürzung	Bemerkungen	lineare Bandbreite	Empfindlichkeit
Wärmeleitfähigkeit	TCD	Für alle Gase in Heliumals Trägergas, speziellfür permanente Gase; für Wasserstoff in Argon (Argon als Trägergas!).	weit	mittelmäßig
Flammenionisation	FID	Allgemein verwendbar außer für permanente Gase oder CS_2.	sehr weit	gut
Elektroneneinfang (electron capture)	ECD	Sehr geeignet für halogenierte org. Verbindungen und für NO_2. Nicht lineare Anzeige.	begrenzt	sehr gut
Argon-Ionisation Helium-Ionisation	AID (HeID)	Benötigt eine radioaktive Quelle zur Erzeugung metastabiler Edelgasionen.	weit	sehr gut
Flammenphotometer	FPD	Mit Transmissionsfilterfür 394 nm zum Nachweis von H_2S, CH_3SH und SO_2 als Schwefel, Filter für 526 nm zum Nachweis von Phosphorverbindungen als HPO.	begrenzt	gut
Infrarotspektrophotometer	IR	Schnell registrierende Fourier-Analyseninstrumente, die für jede Komponente ein komplettes Spektrum liefern, das zur Identifizierung beitragen kann.	schmal	schlecht
Massenspektrometer	MS	Die optimale Lösung für Identifizierung und quantitative Auswertung; in Verbindung mit einem Computer für raschen Zugriff zu Vergleichsspektren.	weit	gut

flossen und dadurch erwärmt. Läßt man ein bestimmtes Gas mit konstanter Geschwindigkeit vorbeiströmen, so stellt sich ein Temperaturgleichgewicht ein, das auf der thermischen Leitfähigkeit des Gases beruht. Somit kann jede Änderung der Zusammensetzung des Trägergases, die auch eine Änderung der Wärmeleitfähigkeit zur Folge hat, registriert werden. Die grundsätzliche Schaltung ist in Abb. 3.29 wiedergegeben. Die bei niedriger Temperatur verwendeten Thermistoren sind gegen Sauerstoff unempfindlich, die bei höherer Temperatur arbeitenden Heißdrahtdetektoren jedoch nicht. Der durch die Brücke fließende Strom muß für das jeweils verwendete Trägergas optimiert werden, wie dies in Abb. 3.30 gezeigt ist. Wärmeleitfähigkeitsdetektoren sind für permanente Gase sehr gut verwendbar, ebenso für viele andere Komponenten, wenn ihre Konzentration nicht zu gering ist.

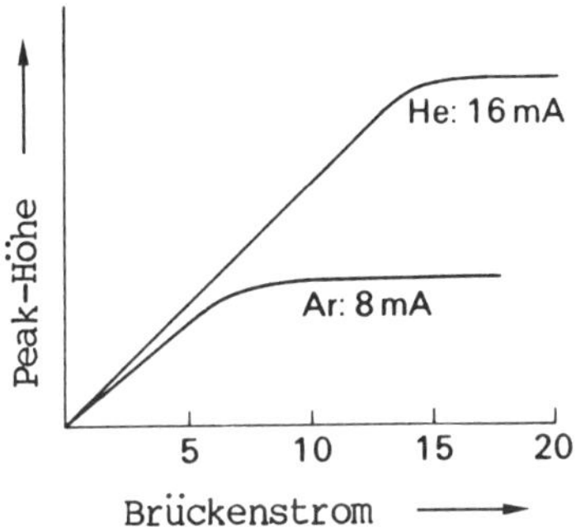

Abb. 3.30 Änderung der Peakhöhe in Abhängigkeit vom Brückenstrom. Die Optimalwerte für zwei Trägergase bei Verwendung kleiner Thermistorperlen sind ersichtlich

Der Flammenionisationsdetektor FID mißt die elektrische Leitfähigkeit einer Wasserstoff-Flamme, in die das Trägergas samt den jeweils mitgeführten Komponenten der Probe eingespeist wird. Die elektrische Leitfähigkeit der Wasserstoff-Flamme ist gering, da sie nur sehr geringfügig ionisiert ist.

Organische Verbindungen verbrennen zumeist unter Bildung ionisierter Produkte und Abgabe von Elektronen. Die Anzeige des Detektors ist für eine Vielzahl von organischen Verbindungen über weite Bereiche linear und wird daher sehr häufig verwendet. Ein gewisser Nachteil ergibt sich aus der Notwendigkeit, reines Wasserstoffgas und reine Luft als Brenngase verwenden zu müssen.

Der Elektroneneinfangsdetektor ECD weist eine sehr hohe Empfindlichkeit für halogenhaltige Verbindungen auf und wird daher oft zur Bestimmung von Pestiziden verwendet. Die Anzeige ist nicht linear.

Der flammenphotometrische Detektor FPD beruht auf der selektiven Emission von S_2 bei 394 nm und HPO bei 526 nm und eignet sich wegen seiner sehr hohen Empfindlichkeit für den Nachweis von Organophosphor-Pestiziden wie Parathion und Dichlorvos.

3.10.7 Optimierung der Trennleistung

Der Aufwand von etwas Zeit und Mühe für die optimale Einstellung der Trennleistung der Kolonne lohnt sich stets, besonders aber, wenn heikle Proben analysiert werden müssen. Es ist zweckmäßig, die Trennleistung als Anzahl der theoretischen Böden anzugeben, d.h. die Zahl der einzelnen, aufeinanderfolgenden Destillationsböden, die erforderlich wären, um dieselbe Trennleistung zu erzielen.

Die theoretische Bodenzahl (N) wird mit der Peakbreite t_W und der Laufzeit für den Durchgang des Peaks t_R verglichen (s. Abb. 3.31 und Gl. 3.2).

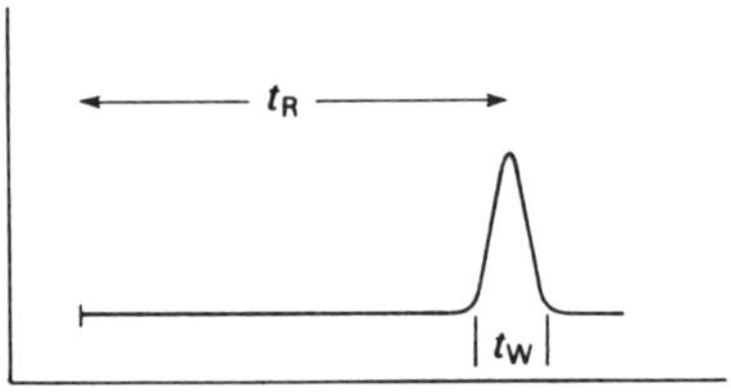

Abb. 3.31 Parameter für die Berechnung der Anzahl theoretischer Böden für eine Kolonne

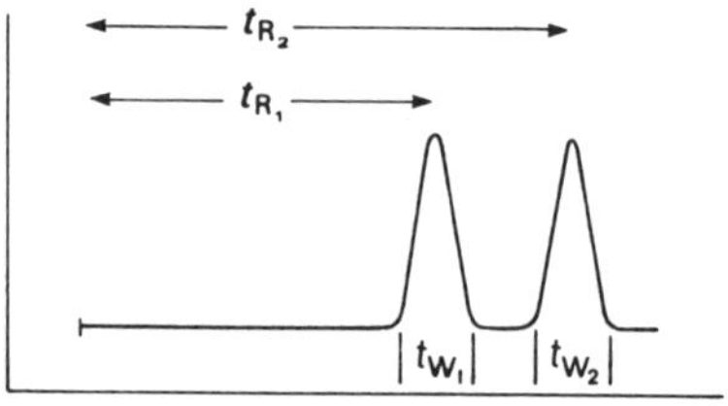

Abb. 3.32 Parameter für die Berechnung des Auflösungsvermögens einer Kolonne für zwei gegebene Verbindungen

$$N = 16 \cdot \left(\frac{t_R}{t_w}\right)^2 \qquad (3.2)$$

Für die üblichen 2-m-Kolonnen sind theoretische Bodenzahlen von 1000 nicht ungewöhnlich, woraus sich eine theoretische Höhe eines Bodens von 2 mm ergibt (HETP = height equivalent to a theoretical plate). Die Auflösung gibt ein Maß für die Trennung zweier Komponenten in bezug auf ihre mittlere Breite und läßt sich nur für ein ausgewähltes Paar von Verbindungen definieren.

$$R = 2 \cdot \frac{(t_{R_2} - t_{R_1})}{(t_{w_1} - t_{w_2})} \quad (3.3)$$

Die beiden wichtigsten Faktoren, die Einfluß auf die Trennleistung haben, sind die Trägergas-Durchflußrate und die Temperatur.

Der Einfluß der Trägergas-Durchflußrate wird durch die van Deemter-Gleichung beschrieben, wobei die theoretische Bodenzahl in Beziehung zur Durchflußrate gesetzt wird (Durchflußrate = f):

$$\text{HETP} = A + \frac{B}{f} + Cf. \quad (3.4)$$

Die durch diese Gleichung beschriebene Kurve ist in Abb. 3.33 dargestellt.

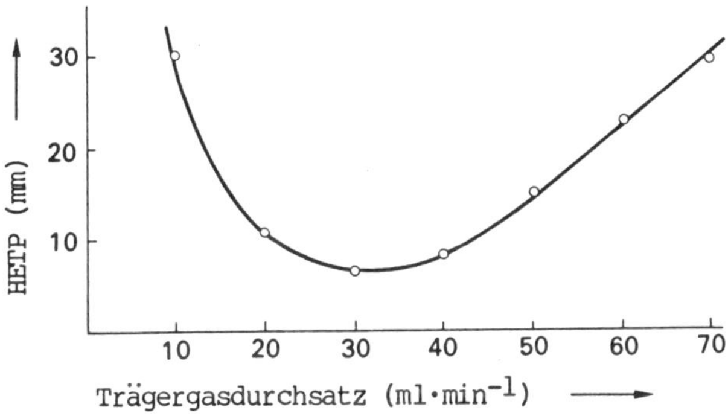

Abb. 3.33 Abhängigkeit der theoretischen Bodenhöhe vom Trägergasdurchsatz. Beispiel: Bestimmung von Kohlendioxid an einer Silica-Gel-Säule bei 50 °C

Abb. 3.33 läßt die optimalen Bedingungen erkennen: Bei einer bestimmten Durchflußrate erreicht die theoretische Bodenhöhe HETP ein Minimum.

Bei höheren Durchflußraten bleibt den in der Probe enthaltenen Molekülen keine Zeit, sich mit der stationären Phase ins Gleichgewicht zu setzen, wobei vor allem die Zeitkonstante der Rückdiffusion begrenzend wirkt. Dieser Effekt wird durch das Glied C·f zum Ausdruck gebracht und bezieht sich auf den Widerstand gegen den Massentransfer zwischen stationärer und mobiler Phase. Diese Schwierigkeit könnte durch eine geringere Schichtdicke der Stationärphase zum Teil behoben werden. Dabei wird allerdings die Gefahr der Überlastung der Aufnahmekapazität der festen Phase größer. Bei niedrigen Durchflußraten wird der Rückdiffusionseffekt, die Tendenz der in der mobilen Phase enthaltenen Moleküle, wieder in die feste Phase zu wandern, entsprechend größer, wodurch die Peaks verbreitert werden. Der in Gl. 3.4 angeführte Faktor A bezieht sich auf die von der Durchflußrate unabhängige Verlängerung des Weges innerhalb der Kolonne, die sich dadurch ergibt, daß das Trägergas um jedes Partikel der Füllung sozusagen Umwege machen muß. Kleinere Partikel erhöhen die Leistungsfähigkeit der Kolonne, erfordern aber höhere Arbeitsdrücke, um die gewünschte Strömungsgeschwindigkeit aufrecht zu erhalten.

Um zu zeigen, daß diese Überlegungen nicht nur von rein theoretischem Interesse sind, sind in Abb. 3.34 drei bei verschiedenen Geschwindigkeiten aufgenommene Chromatogramme wiedergegeben. Dieselben Chromatogramme wurden zur Ermittlung des in Abb. 3.33 gezeigten Diagramms verwendet.

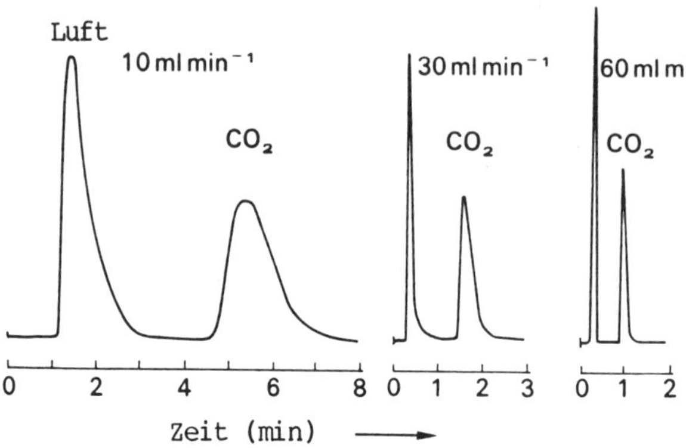

Abb. 3.34 Gaschromatographische Bestimmung von Kohlendioxid, gemischt mit Luft. Silica-Gel, 50°C, verschiedene Trägergas-Durchsatzmengen

Die Auswirkungen der Temperatur sind ebenfalls von großer Bedeutung, die Zusammenhänge sind aber etwas kompliziert. Einerseits muß die Säule auf einer Temperatur gehalten werden, bei der die Komponenten der Probe einen genügend hohen Dampfdruck aufweisen - was auch unterhalb des Siedepunktes der Fall sein kann - andererseits ist aber die Leistungsfähigkeit einer Chromatographiesäule bei niedriger Temperatur besser. Man muß daher einen Kompromiß finden, da die Aufenthaltszeiten größer werden und die Analyse daher mehr Arbeitszeit benötigt.

In Abb. 3.35 sind chromatographische Trennungen von leichten Kohlenwasserstoffen bei verschiedenen Temperaturen dargestellt. In diesem Fall wird durch Kühlen der Säule auf -12 °C eine wesentlich bessere Trennung der Komponenten erzielt. Die Siedepunkte der einzelnen Komponenten liegen zwischen -11,7 °C für i-Butan und +36 °C für n-Pentan. Abb. 3.36 läßt erkennen, daß die relative Änderung der Rückhaltezeiten für die beiden Butan-Isomeren zur Verbesserung der Trennleistung erheblich beiträgt. Die HETP für n-Butan bleibt im ganzen Temperaturbereich mit 4 ± 0,5 mm praktisch konstant.

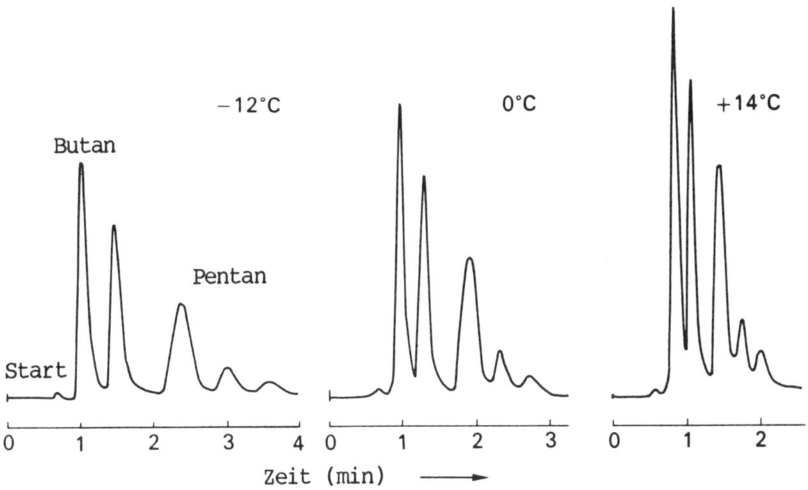

Abb. 3.35 Einfluß der Temperatur auf gaschromatographische Trennungen: Trennung eines Gemisches von Butanen und Pentanen an einer Bis(methoxyethyl)adipat-Kolonne. Zeitskala in Minuten

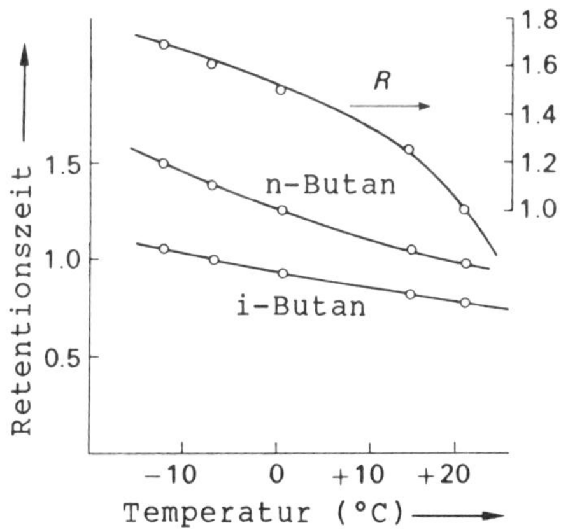

Abb. 3.36 Einfluß der Temperatur auf gaschromatographische Trennungen: n- und iso-Butan. Retentionszeit (t_R) und Auflösung (R) als Funktion der Temperatur

3.10.8 Temperaturprogrammierung

Wenn die Probe aus einem Gemisch von Komponenten besteht, deren Siedepunkt sich über einen weiten Bereich erstrecken, dann ergibt sich auch keine für alle Komponenten optimale Temperatureinstellung. In solchen Fällen, wie z.B. bei der Trennung von Kohlenwasserstoff-Mischungen wie Kerosin (Temperaturfraktion 150 - 300 °C) oder von Methylestern der

Fettsäuren (von C_{10}, Sdp. 224 °C, bis C_{18}, Sdp. 442 °C), ergeben sich wesentlich bessere Ergebnisse, wenn man die Temperatur der Säule während der Trennung gleichmäßig steigert, wie dies in Abb. 3.37 dargestellt ist.

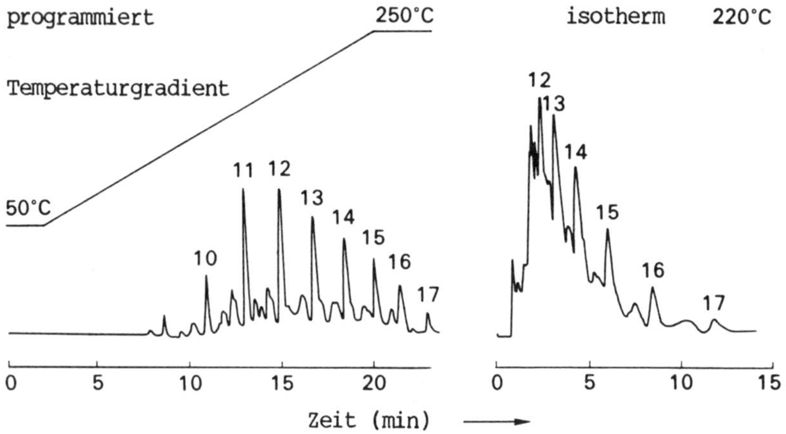

Abb. 3.37 Gaschromatographische Bestimmung von Kerosin, mit und ohne Temperaturpogrammierung an einer Siliconölsäule

Durch die Tendenz der flüssigen Phase, sich bei höheren Temperaturen zu zersetzen (ein Vorgang, den man mit "Bluten" bezeichnet), erhält man bei steigender Temperatur ein Ansteigen der Basislinie. Die temperaturbedingte Drift des Detektors kann durch Verwendung einer zweiten Kolonne, die als Referenzelement dient, kompensiert werden.

3.10.9 Quantitative Auswertung von Gaschromatogrammen

Die einfachste Methode zur quantitativen Auswertung der Chromatogramme besteht in der Messung der Peakhöhen, die man mit Eichdiagrammen von Standardproben vergleicht. Es zeigt sich jedoch, daß es, selbst wenn der Detektor über weite Bereiche linear anzeigt, zu Komplikationen kommen kann, die zu einer Verbreiterung der Peaks führen (Hinweis auf eine Überlastung der Kolonne). Weiterhin kommt es oft aufgrund einer nichtlinearen Adsorptionsiostherme zu deutlich gekrümmten Eichlinien. In solchen ist die Messung der gesamten Peakfläche vorzuziehen, die das wahre Gesamtsignal für die jeweilige Probenkomponente darstellt. Die Flächenermittlung kann durch Triangulation erfolgen, eine eher ungenaue und nicht zu empfehlende Methode, ferner durch Ausschneiden und Wägen der Abschnitte (umständlich, aber ausreichend genau) und schließlich durch einen Integrationscomputer anstelle des üblichen Linienschreibers. Diese Lösung ist natürlich die teuerste, bietet aber den Vorteil großer Genauigkeit und erspart etliches an Arbeitszeit.

Die Eichung kann für gasförmige Proben dadurch erfolgen, daß man Eingabeschleifen mit verschiedenen Volumina verwendet oder eine einzige Schleife mit verschieden hohem Druck füllt, wobei natürlich darauf zu achten ist, daß das Ventil völlig dicht ist. Diese Methode ist schnell und einfach durchführen. Für flüssige Proben stellt man 1 %ige oder 0,1%ige Lösungen her und injiziert 5- oder 10-µl-Portionen. Vielfach wird auch mit dem sogenannten "Inneren Standard" gearbeitet. Probe und Standard werden mit derselben Konzentration einer weder in der Probe noch im Standard enthaltenen Substanz dotiert, worauf die Auswertung durch eine simple Proportionalrechnung erfolgen kann. Mit einem Flammenionisationsdetektor (FID) und für verdünnte Lösungen ist die Anzeige über 3 bis 4 Zehnerpotenzen linear.

Ein Übersichtsreferat von Grob[57] beschreibt die generell anwendbaren Methoden zur Bestimmung von organischen Verunreinigungen in Luft im Ultraspurenbereich. Grob und Grob[58] befassen sich mit der Anwendung von Kapillarsäulen für dieselbe Aufgabe. Man erzielt bessere Auflösungsraten und bessere Ergebnisse bei der Kombination mit einem Massenspektrometer zur Identifizierung der einzelnen Komponenten (s. Kap. 7, S. 313).

3.10.10 Bestimmung aromatischer Kohlenwasserstoffe in Auspuffgasen, Treibstoffen und Luft

Benzol, Toluol und einige andere Aromaten sind in Autobenzin mit einem Massengehalt von ca. 5 - 10 % zu finden und nebst anderen unverbrannten Treibstoffkomponenten auch in geringeren Mengen in den Auspuffgasen[59]. Vom Gesichtspunkt des Umweltschutzes ist der Benzolgehalt von Interesse, da der MAK-Wert nur 10 ppm (30 $mg \cdot m^{-3}$) beträgt. Auspuffgase enthalten einige Hundert $mg \cdot m^{-3}$ unverbrannter Aromaten[60]. Die Luft in der näheren Umgebung einer Tankstelle zeigt sehr oft Werte, die nur knapp unter der MAK-Grenze liegen.

Aromatische Kohlenwasserstoffe in diesem Konzentrationsbereich lassen sich durch GLC mit einem FID unter Verwendung von Polyethylenglykol als stationäre Phase (Carbowax 1540) bei einer Arbeitstemperatur von 90 °C sehr gut bestimmen. Als Eichstandards verwendet man eine Lösung mit einem Volumenanteil von 0,1 % Schwefelkohlenstoff. Auf gute Entlüftung des Arbeitsplatzes ist wegen der Explosionsgefahr besonders zu achten. Schwefelkohlenstoff wird deshalb als Lösungsmittel verwendet, weil der FID nur vernachlässigbar geringe Anzeige gibt. Außerdem findet man keine Verzerrung durch einen "Lösungsmittelschweif".

Methode zur Untersuchung von Auspuffgasen. Probenahme mit der Kunststoffbeutel-im-Glas-Methode: Ein 1-l-Plastikbeutel wird mit Auspuffgasen gefüllt. Man steckt das Ansaugrohr in den Auspuffstutzen des Kraftfahrzeuges. Zwischen Ansaugrohr und Entnahmegefäß schaltet man ein Calciumchlorid-Trockenrohr. Die Entnahme soll nach Möglichkeit bei verschiedenen Drehzahlen erfolgen. Falls kein entsprechender Prüfstand verfügbar ist, wäre auch die Probenahme bei verschiedenen Belastungszuständen zweckmäßig. Der Kunststoffbeutel muß mehrmals durchgespült werden, bevor die eigentliche Probe genommen wird.

Bestimmung von Sauerstoff, Stickstoff und Kohlenmonoxid. Man verwendet eine 1-ml-Probenschleife, Zwillings-Kolonnen mit 5-A-Molekularsieb bei 40 °C und Helium unter 1,7 bar Druck; Leitfähigkeitsdetektor (TCD). Als Standard verwendet man Luft (21 % O_2 + Ar; 79 % N_2). Falls kein reines Kohlenmonoxid zur Eichung zur Verfügung steht, kann für CO derselbe Faktor wie für N_2 verwendet werden. Der dadurch entstehende Fehler ist gering. Auswertung durch Flächenmessung.

Bestimmung der aromatischen Kohlenwasserstoffe. Probeschleife 1 ml; Carbowax 1540-Kolonne bei 90 °C, Stickstoff als Trägergas unter 0,7 bar Druck, Flammenionisationsdetektor (FID). Die Messung der Peakhöhen ist ausreichend genau. Als Standards werden 10 µl Portionen von Lösungen der einzelnen Verbindungen in Schwefelkohlenstoff injiziert. Man notiert die Retentionszeit jeder einzelnen Komponente zur Identifizierung sowie die Peakhöhe zur quantitativen Auswertung.

Bestimmung von Luftverunreinigungen. Die Verunreinigungen werden in einem Aktivkohle-Probensammelrohr aufgefangen. Das Adsorptionsrohr (s. Abb. 3.23) wird mit frischer, mit Schwefelkohlenstoff gereinigter Aktivkohle gefüllt und durch Erhitzen im Stickstoffstrom auf 600 °C aktiviert und mit Gummistopfen verschlossen. Am Entnahmeort pumpt man 10 l Luft mit einer Geschwindigkeit von 1-2 $l \cdot min^{-1}$ durch das Adsorptionsrohr. Es kann behelfsmäßig so erfolgen, daß man zwei mit Wasser gefüllte 5-l-Flaschen als Saugpumpe verwendet, indem man Luft durch Auslaufenlassen des Wassers ansaugt. Man verschließt das Adsorptionsrohr sorgfältig. Im Labor wird die Aktivkohle mit 10 ml analysenreinem Schwefelkohlenstoff ausgewaschen, wobei man den Extrakt direkt in einen 10 ml Meßkolben spült. Nach dem Auffüllen zur Marke mischt man gründlich und injiziert 5 µl in die Kolonne. Die quantitative Auswertung erfolgt durch Vergleich mit Standardlösungen (s.[16], S. 894).

Bestimmung von Vergasertreibstoffen. 0,1 ml Treibstoff wird mit reinem Schwefelkohlenstoff auf 10 ml verdünnt. Man injiziert 5 l und identifiziert die Peaks nach Möglichkeit. Die quantitative Auswertung kann zum Teil durch Berechnung erfolgen. 10 µl entsprechen 8,8 mg, die sich in der 10-ml-Probe befinden. Daraus läßt sich auch der Gewichtsanteil in 10 l Luft ermitteln und daraus wieder der Gehalt in 0,1 ml Treibstoff in Luft. Die Ergebnisse werden als $mg \cdot m^{-3}$ (für Luft) oder für Treibstoff in % Volumengehalt angegeben. Ein

Beispiel eines Chromatogrammes von Treibstoff ist in Abb. 3.38 wiedergegeben, in dem einige Peaks identifiziert werden konnten.

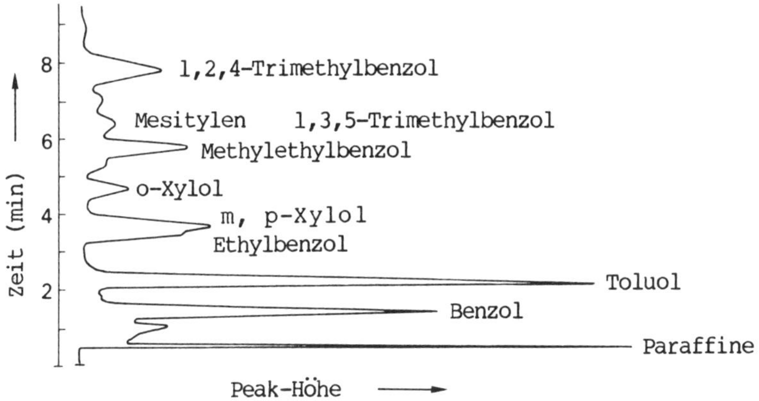

Abb. 3.38 Gaschromatogramm von Aromaten in 5-Stern-Benzin. Carbowax 1540-Säule bei 90 °C; 1 % Probe (Volumenanteil) Schwefelkohlenwasserstoff

3.10.11 Bestimmung geringer Konzentrationen von Kohlenmonoxid durch katalytische Umwandlung

Permanente Gase können üblicherweise nur mit Hilfe eines Leitfähigkeitsdetektors (TCD) bestimmt werden, da ein Flammenionisationsdetektor nicht anspricht. Mit einem guten Leitfähigkeitsdetektor neurer Bauart können noch Gehalte von 10 ppm Kohlenmonoxid in Luft bestimmt werden (TLV-Wert 100 ppm, MAK-Wert 30 ppm).
Noch geringere Gehalte, wie sie in der Stadtluft oder in der Atemluft enthalten sind, benötigen eine andere Vorgehens-

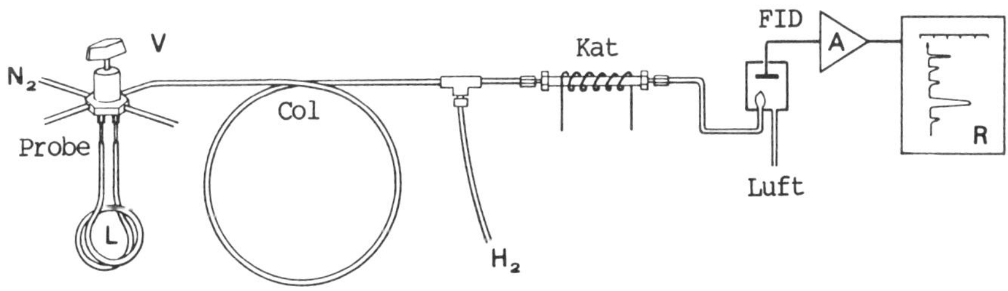

Abb. 3.39 Gaschromatographische Bestimmung von Kohlenmonoxid nach katalytischer Reduktion zu Methan. A: Verstärker zum Abgleichen des FID zum Verstärkereingang; Katalysator (Kat) mit Nickel überzogener feiner Ziegelstaub in einem Röhrchen aus rostfreiem Stahl (erhitzt auf 350 °C); Col: Molekularsieb 5A bei 50 °C. Mit Temperaturprogrammierung bis 250 °C kann auch Kohlendioxid bestimmt werden. L: Probenschleife mit Sechsweg-Hahn; V. Gasventil; R: Schreiber

weise. Man kann z.B. den für einen FID ohnehin benötigten Wasserstoff verwenden, um mittels eines Nickel-Katalysators bei 350 °C Kohlenmonoxid zu Methan zu reduzieren. Der Katalysator befindet sich in einem kleinen Reaktionsrohr, das, wie Abb. 3.39 zeigt, zwischen Trennsäule und Detektor eingesetzt wird[61]. Einige andere, schwierig zu bestimmende Gase, lassen sich in ähnlicher Weise erfassen, wie z.B. Kohlendioxid, das ebenfalls nach, und Formaldehyd, das vor der Trennsäule reduziert wird.

3.11 Chemische Methoden zur Bestimmung von Gasspuren

Für die nachfolgend beschriebenen Methoden wird folgende apparative Einrichtung benötigt: Ein bestimmtes, gemessenes Volumen Luft wird mit einer genau definierten Geschwindigkeit durch eine geeignete Absorptionslösung gepumpt. Die Selektivität der Bestimmung hängt zum Teil davon ab, daß diese Bedingungen genau eingehalten werden. Gute Genauigkeit ist von der Vollständigkeit der Absorption abhängig. Ein weiterer Beitrag zur Selektivität der Methode ergibt sich aus der Wahl der für die Endbestimmung verwendeten Reaktion. Sehr gut geeignet sind empfindliche Farbreaktionen. In diesem Fall benützt man mit Chromschwefelsäure gründlichst gereinigte 1-, 2- oder 4-cm Küvetten. Vor der eigentlichen Bestimmung werden die Küvetten paarweise auf Gleichheit und Konstanz der Blindwerte geprüft. Kommt für die Endbestimmung ein Extraktionsschritt mit einem nicht-wäßrigen Lösungsmittel vor, so empfiehlt es sich, die organische Phase über ein kleines Wattefilter laufen zu lassen, um mitgerissene Wassertröpfchen zu entfernen oder etwas wasserfreies Natriumsulfat zuzugeben, um Wasserspuren zu binden. Zur Eichung sollten mindestens fünf Konzentrationen bzw. Mengen verwendet werden. Zusätzlich muß eine komplette Blindwertbestimmung ohne Probe, aber mit allen Reagenzien durchgeführt werden. Man wählt die Bedingungen zweckmäßigerweise so, daß sich Absorptionswerte zwischen 0,2 und 0,8 ergeben.

3.11.1 Schwefelhaltige Gase in der Atmosphäre

Zwei schwefelhaltige Gase, nämlich Schwefeldioxid und Schwefelwasserstoff, sind besonders wichtig und geben außerdem ein Beispiel für die Koexistenz zweier Spezies, die nach thermodynamischen Gesichtspunkten miteinander reagieren müßten. Durch die sehr große Verdünnung ist aber die Reaktionsgeschwindigkeit außerordentlich verlangsamt, so daß beide Gase längere Zeit nebeneinander vorkommen können. Es muß aber bedacht werden, daß sich diese Verhältnisse durch Vorkonzentration ändern können, da in diesem Fall die beiden Gase nicht nur miteinander, sondern auch mit Sauerstoff oder Ozon reagieren können.

Schwefelwasserstoff findet sich in der Atmosphäre als Reaktionsprodukt des Metabolismus des Bakteriums Desulfovibrio desulfuricans. Außer Schwefelwasserstoff können auch Methanthiol (CH_3SH), Dimethylsulfid (CH_3SSH_3), Dimethyldisulfid ($(CH_3S)_2$ und Carbonylsulfid (COS) enthalten sein. Alle diese Stoffe weisen einen schon bei extrem niedrigen Konzentrationen merkbaren üblen Geruch auf. Die Gefährdung durch Schwefelwasserstoff wird noch durch den Umstand erhöht, daß der Geruchssinn sehr schnell paralysiert wird (TLV = 10 ppm; MAK-Wert = 10 ppm). Da Schwefelwasserstoff in der Atmosphäre relativ rasch oxidiert, muß er in Form eines schwerlöslichen Sulfides wie Cadmium-, Zink-, Quecksilber- oder Silbersulfid fixiert werden. Schwefeloxid gelangt in riesigen Mengen durch die Verbrennung der stets schwefelhaltigen fossilen Brennstoffe in die Luft. Man schätzt die auf der ganzen Welt emittierte Menge auf 10^8t/a. Schwefeldioxid, das als Komponente des "Sauren Regens" bekannt ist, bewirkt u.a. irreversible Schäden an Pflanzen, insbesondere an Nadelbäumen, und an Natursteinbauwerken, wie Dolomit, Kalkstein, Marmor, Kalksandstein (s. S. 136). Durch den Geruchssinn lassen sich Konzentrationen von 1 ppm feststellen (TLV = 2 ppm; MAK-Wert = 2 ppm). Es verursacht heftige Reizungen der Schleimhäute im Nasen-Rachenraum. Selektive Absorption erfolgt in einer Lösung von Tetrachlormercurat-Ion $[HgCl_4]^{2-}$ unter Bildung eines Sulfitochloromercuratkomplexes $[HgCl_2 \cdot SO_3]^{2-}$.

Bestimmung von Schwefelwasserstoff

Man pumpt 100 - 500 l Luft mit einer Geschwindigkeit von 10 - 15 $l \cdot min^{-1}$ durch eine mit 100 ml Absorptionslösung gefüllte Glasfritten-Waschflasche. Als Absorptionsmedium wird vorzugsweise eine Suspension von Cadmiumhydroxid verwendet, die folgendermaßen hergestellt wird:

50 ml einer 1 %igen (Massengehalt) Lösung von Tricadmiumsulfat-octahydrat ($3\ CdSO_4 \cdot 8\ H2O$) werden in der Waschflasche mit 50 ml 0,1 molarer Natriumhydroxidlösung versetzt, wobei die Lösung nahezu neutral bleibt. Eine etwas beständigere Lösung wäre eine $Zn(CH_3COO)_2$-Lösung mit w = 0,25 %.

Um sicherzustellen, daß keine Sulfidpartikel durch Adsorption an der Glasoberfläche verloren gehen, gibt man die Reagenzien für die Farbreaktion unmittelbar nach Beendigung des Pumpens zu der Suspension in der Waschflasche. Üblicherweise verwendet man die Methylenblau-Reaktion, die schnell und einfach durchzuführen und ebenso empfindlich wie selektiv ist. Als Nachteil ist jedoch der Umstand zu verzeichnen, daß sowohl das Reagenz, als auch das Reaktionsprodukt nicht stabil sind. Durch Verwendung der Methylenblau-Reaktion kann dieser Nachteil vermieden werden[62]. Die Reaktion besteht in der oxidativen Kupplung zweier aromatischer Ringe.

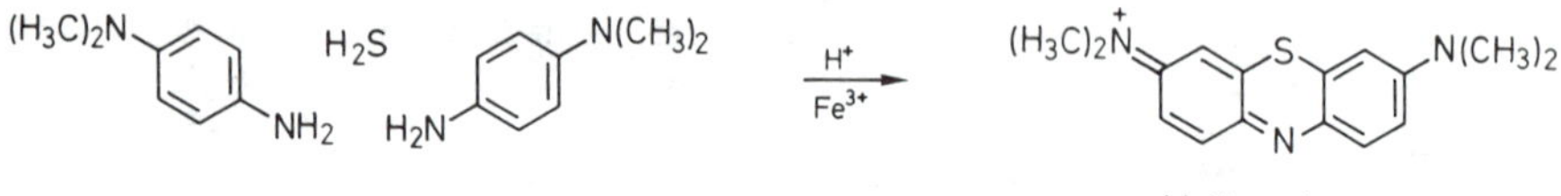

Das mit Perchlorat gebildete Ionenpaar läßt sich mit Chloroform sehr gut extrahieren, wodurch man die Empfindlichkeit steigern und Störungen durch andere gefärbte Verbindungen ausschalten kann, wie dies bei der Analyse von Wasserproben oder Sedimenten der Fall sein kann.

Arbeitsvorschrift. Man fügt zu den in der Waschflasche befindlichen 100 ml Absorptionsmittel 2 ml 1 molares Natriumperchlorat, 1 ml Lösung von N,N-Diethyl-p-phenylendiamin (w = 2 %) in 50 %iger* Schwefelsäure und 1 ml filtrierter 10 %iger Eisen(III)Ammoniumsulfat in 1 molarer Schwefelsäure zu. Nach 10 min bringt man die Lösung in einen Scheidetrichter und extrahiert mit 2mal 10 ml Chloroform. Die Extrakte werden in einem Meßkolben auf 25 ml aufgefüllt. Man bestimmt die Absorption in 10- oder 40-mm-Küvetten bei 670 nm. Zur Eichung verwendet man eine Standardlösung von Natriumsulfid-Kristallen, die man mit Alkohol wäscht und auf Filterpapier trocknet. Die Natriumsulfid-Lösung muß iodometrisch kontrolliert werden, da weder die Kristalle noch die Lösung stabil sind. Die Eichung selbst erfolgt für den Bereich 1 - 10 µg Sulfid-Ion.

Zur Bestimmung von Schwefelwasserstoff kann auch eine Gasphasen-UV-Molekularabsorptionsmethode verwendet werden, die für die Bestimmung von Schwefelwasserstoff nach der Fixierung als Zinksulfid, aber auch zur Bestimmung von Sulfid-Ion in Sedimenten verwendet werden kann und gute Empfindlichkeit aufweist[63]. Die Probe wird mit Salzsäure versetzt; das frei-

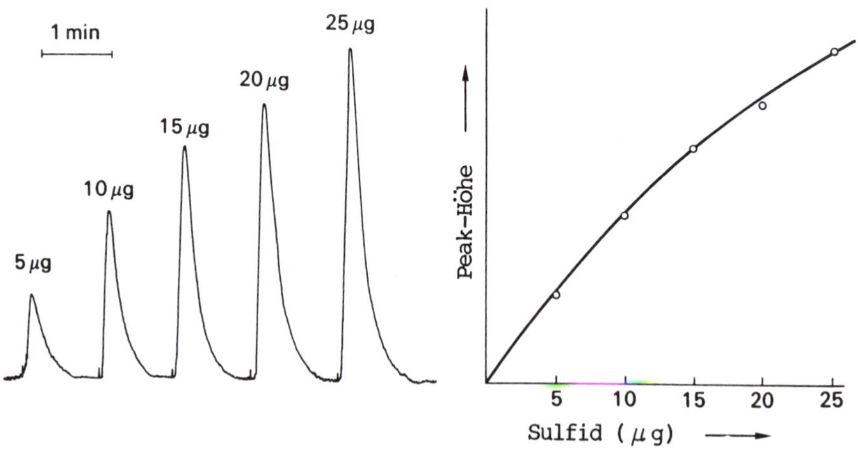

Abb. 3.40 Bestimmung von Sulfid durch UV-Molekularabsorption bei 202 nm. Die Autoren danken Herrn Dr. Jamil Anwar

gesetzte Gas gelangt mit dem Trägergasstrom (Stickstoff) in eine 20-cm-Glasküvette, die dort angebracht ist, wo sich sonst im AAS-Gerät der Langbrenner für die Flammenanregung befinden würde. Man verwendet eine Magnesium-Hohlkathodenlampe oder eine Deuteriumlampe und stellt das Spektrometer auf 202 nm ein. Bei kontinuierlicher Aufzeichnung erhält man beim Durchgang von Schwefelwasserstoff einige gut ausgeprägte schmale Peaks, wie sie samt der zugehörigen Eichkurve in Abb. 3.40 dargestellt sind. Diese Methode ist ähnlich jener zur Bestimmung von Quecksilber (s. Kap. 6, S. 290). Diese Art der Schwefelwasserstoff-Bestimmung hat den Vorteil, daß sie einfach und schnell durchgeführt werden kann und außerdem durch keine der in Sedimenten vorkommenden Komponenten gestört wird.

Bestimmung von Schwefeldioxid

Zur Bestimmung von Schwefeldioxid eignet sich besonders die bekannte "Pararosanilin-Methode" nach West und Gaeke[64]. Sie beruht auf der Bildung des Aminomethansulfonsäure-Derivats eines Triphenylmethan-Farbstoffes. Das eigentliche Reagenz verbleibt im protonierten Zustand farblos, während die zugehörige, nicht protonierte Schiffsche Base als Salz einer starken Säure intensiv gefärbt ist. Die Reaktion, die auf einer Kupplung in Gegenwart von Formaldehyd beruht, ist für Schwefeldioxid spezifisch.

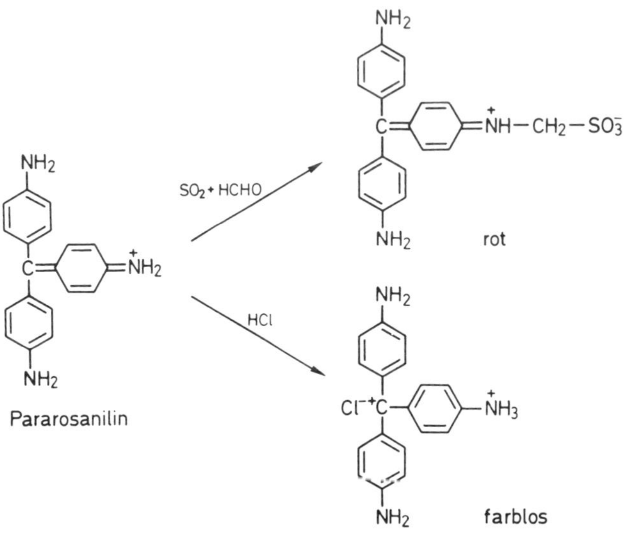

Arbeitsvorschrift. Man pumpt 30 - 60 l Luft mit einer Geschwindigkeit von 1 - 2 $l \cdot min^{-1}$ durch einen mit 10 ml beschickten Impinger.

Absorptionslösung: 13,6 g Quecksilber(II)chlorid und 7,5 g Kaliumchlorid gelöst in 1 l H_2O. Anschließend setzt man 1 ml verdünnte Pararosanilin-Lösung (4 ml 1%ige Lösung des Reagenz werden mit 6 ml konz. Salzsäure angesäuert und mit Wasser zu 100 ml aufgefüllt) und 1 ml Formaldehydlösung (w = 0,2 %) zu.

Man mißt die Absorption bei 560 nm nach 20 - 30 min. Als Standardlösung dient eine iodometrisch kontrollierte Natriumsulfit-Lösung[65].

Die Pararosanilin-Methode wird wegen ihrer guten Empfindlichkeit und Selektivität sehr gerne angewandt. Man muß allerdings auf die entsprechende Qualität des Rosanilinfarbstoffes achten. Eine andere Methode, die diesen Nachteil nicht aufweist, wurde von Bethge und Carlson[66] entwickelt, die p-Nitranilin wegen dessen größerer Reinheit vorzogen. Die Empfindlichkeit der Bestimmung wird dadurch nicht verringert. Das British Standard Institute empfiehlt eine alternative Methode[67] für die Durchführung von 24-Stunden-Durchschnittsproben. Bei dieser Methode pumpt man Luft mit einer Geschwindigkeit von 1 - 2 $l \cdot min^{-1}$ durch eine Wasserstoffperoxid-Lösung (w = 0,3 %), die auf pH 4,5 vortitriert wurde. Nach Beendigung der Probennahme titiert man neuerlich mit 0,005 molarem Natriumcarbonat bis zum gleichen Endpunkt. 1 ml = 0,005 molarer Titrant entspricht 320 µg Schwefeldioxid. Die Methode setzt voraus, daß andere saure Gase nur in vernachlässigbar geringen Mengen anwesend sind und somit nicht stören. Da etwa 2 - 4 m^3 Luft zur Untersuchung gelangen, ist die Empfindlichkeit für Routinekontrollen durchaus ausreichend.

3.11.2 Stickoxide in der Atmosphäre

Unter Stickoxiden versteht man in erster Linie drei Verbindungen: Distickstoffmonoxid (N_2O), Stickstoffmonoxid (NO) und Stickstoffdioxid (NO_2). Alle drei Verbindungen kommen in der Atmosphäre in geringen Konzentrationen vor. Da sie verschieden stark ausgeprägte toxische Eigenschaften haben, ist es wichtig, diese drei Verbindungen unterscheiden zu können. Als eine der dafür geeigneten Methoden kann man die IR-Spektrophotometrie mit einer Langweg-Zelle einsetzen. Das auf diese Weise erhaltene Spektrum ist in Abb. 3.41 wiedergegeben.

Distickstoffmonoxid (N_2O), auch unter dem Namen Lachgas bekannt, findet sich in reiner Luft in einer Konzentration von ca. 0,3 ppm. Es entsteht als Abbauprodukt stickstoffhaltiger Verbindungen als Folge der mikrobiellen Denitrifikation in den aeroben Bodenschichten. Eine weitere Quelle ergibt sich bei der Detonation von Sprengstoffen. Es handelt sich um eine stabile Verbindung, die bei niedrigen Konzentrationen keine schädigenden Einflüsse ausübt. Erst bei höheren Konzentrationen ist Distickstoffoxid durch den Geruchssinn wahrzunehmen. Zur Bestimmung ist IR-Spektro-

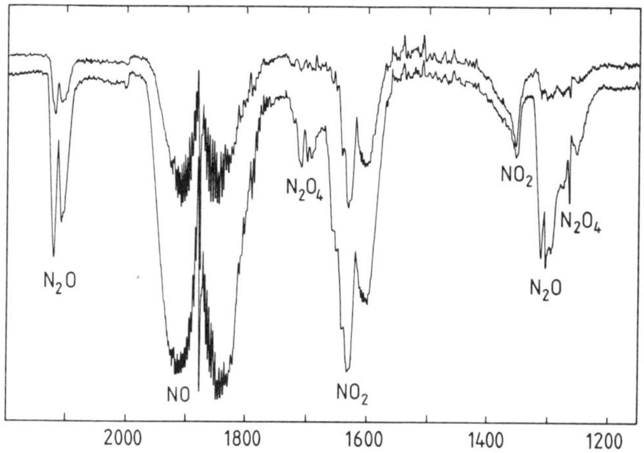

Abb. 3.41 Infrarot-Spektrum verschiedener Stickstoffoxide

skopie mit Langwegküvetten oder bei höheren Konzentrationen die gaschromatographische Bestimmung mit Chromosorb 101 bei Raumtemperatur mit einem TCD zu empfehlen.

Stickstoffmonoxid (NO), muß aufgrund der thermodynamischen Gegebenheiten mit Sauerstoff unter Bildung von Stickstoffdioxid reagieren. Bei niedrigen Konzentrationen ist jedoch die Reaktionsgeschwindigkeit so gering, daß es in der Atmosphäre stets zu finden ist und in dieser direkt bestimmt werden kann. Bei einer Temperatur von 2000 °C, wie sie in einer Methan-Luft-Flamme erreicht wird, stellt sich aufgrund der Gleichung $N_2 + O_2 \longleftrightarrow 2\,NO$ ein Gleichgewicht mit 1 % NO ein. Durch schnelles Abkühlen wird das Gleichgewicht eingefroren, wozu schon der Austritt der Verbrennungsprodukte aus der Flammenzone in die umgebende Luft ausreicht. Da die Flammentemperatur bei der Verwendung von Erdgas anstelle von Stadtgas wesentlich höher liegt, findet man daher auch höhere Konzentrationen von NO_2 in der Nähe von Gas-Koch- und Heizgeräten. Die Abgase von Ottomotoren und Gasturbinen enthalten beträchtliche Mengen Stickstoffmonoxid als Nebenprodukt, das anschließend zum Großteil in Stickstoffdioxid übergeht. Es kann nicht mit Sicherheit behauptet werden, daß Stickstoffmonoxid selbst gesundheitsgefährdend wirkt, obwohl bekannt ist, daß es mit Hämoglobin reagiert. Bei höheren Konzentrationen ist aber stets ein gewisser Anteil von Stickstoffdioxid anwesend, dessen gesundheitsgefährdende Wirkung bekannt ist (TLV für NO = 2 ppm; MAK-Wert = 5 ppm).

Stickstoffdioxid (NO_2), ist ein braunes Gas, das man z.B. mit den Abgasen der Schwefelsäureerzeugung nach dem Bleikammerverfahren oder bei der Salpetersäureproduktion durch katalytische Verbrennung von Ammoniak aus den Schornsteinen entweichen sehen kann. Bei tieferen Temperaturen steht

Stickstoffdioxid mit seinem Dimer Distickstofftetroxid, (N_2O_4) im Gleichgewicht. Diese Verbindung ist in gasförmigem Zustand farblos. Durch den Geruchssinn können bereits 0,1 ppm festgestellt werden, doch nach einiger Zeit ist der Geruch durch Gewöhnung nicht mehr wahrnehmbar, wodurch die Gefahr besteht, daß gefährliche Konzentrationen eingeatmet werden, z.B. nach Sprengungen in Tunnelbauten. Durch die Bildung von Blutgerinnseln kann der Tod unvermutet nach einigen Stunden eintreten, wenn sich dieselben im Gehirn festsetzen.

Bestimmung nitroser Gase, NO_x

Man kann sich die Eigenschaft von Triethanolamin zunutze machen, das Stickstoffdioxid selektiv aus einem Luftstrom absorbiert. Das verbleibende Stickstoffmonoxid kann nach Oxidation mit Chromtrioxid ebenfalls nach der Salzmann-Methode bestimmt werden. Diese beruht auf der Diazotierung von N-(1-Naphtyl)etyhlendiamin und anschließender Kupplung mit Sulfanilsäure, die spektrophotometrisch bestimmt wird (s. Kap. 4, S. 186). Man kann aber auch eine Probe direkt, eine zweite Probe nach Oxidation zu NO_2 durch die Salzmann-Absorptionslösung leiten und das Stickstoffmonoxid aus der Differenz bestimmen.

Das Oxidationsreagenz wird in folgender Weise hergestellt: man imprägniert gemahlenen "Firebrick" mit einer 17 %igen wäßrigen Lösung von Chromtrioxid in Wasser (30 min einwirken lassen). Man trocknet das Granulat bei 110 °C und konditioniert es über Nacht in Luft mit 70 % relativer Feuchtigkeit. Dies kann in einfacher Weise durchgeführt werden, indem man eine Schale mit Granulat und eine weitere mit einer gesättigten Lösung von Natriumacetat in einem geschlossenen Gefäß stehen läßt.

Absorptionslösung. Eine Lösung von 5 g wasserfreier Sulfanilsäure in 800 ml Wasser und 140 ml Eisessig (eventuell gelinde erwärmen). Nach dem Erkalten fügt man 20 ml einer Lösung von N-(1-Naphtyl)-ethylendiamin-dihydrochlorid (w = 0,1 %) in Wasser zu und verdünnt auf 1 l. Diese Lösung ist im Kühlschrank mehrere Monate haltbar.

Arbeitsvorschrift. Man pumpt 1,0 l Luft (oder so viel wie nötig ist, um eine Färbung zu erzielen) mit einer Geschwindigkeit von 0,05 $l \cdot min^{-1}$ durch eine mit 10 ml Absorptionslösung beschickte Waschflasche. Die niedrige Durchflußgeschwindigkeit ist notwendig, um vollständige Oxidation von NO über dem Oxidationsmittel zu erreichen, das in Form eines sehr feinen Granulats vorliegt. Falls nur NO_2 bestimmt werden soll, kann die Strömungsgeschwindigkeit 0,4 $l \cdot min^{-1}$ betragen. Man wartet 15 min und bestimmt die Absorption bei 550 nm. Ein ml einer Lösung von 20,3 $mg \cdot l^{-1}$ Natriumnitrit entspricht 10 µl NO oder NO_2 und gibt eine bereits gut meßbare Absorption[16], S. 818, 811.

Automatische Analysengeräte benutzen die Chemoluminiszenz-Reaktion zwischen NO und O_3, wobei die emittierte rote Lichtstrahlung gemessen wird:

$$NO + O_3 \longrightarrow NO_2 + O_2 + h\nu \qquad (3.5)$$

Der Druck ist ein kritischer Faktor dieser Methode. Dennoch ist sie genügend empfindlich, um die in der umgebenden Luft vorkommenden Konzentrationen zu erfassen. Höhere Gehalte, wie sie in Auspuffgasen vorkommen, bereiten keine Schwierigkeiten.

3.11.3 Kohlenstoffoxide in der Atmosphäre

Kohlendioxid (CO_2). Auf die saisonsbedingten Schwankungen des Kohlendioxid-Gehaltes in der Atmosphäre wurde bereits in Kap. 2, S. 48 hingewiesen[68]. Die jährliche Zunahme des Kohlendioxid-Gehaltes durch Verbrennung fossiler Brennstoffe liegt in der Größenordnung von 10^{10}t, wovon aber der größte Teil von Pflanzen assimiliert oder von den Meeresflächen absorbiert wird. Atemluft enthält normalerweise 4 - 5 % CO_2, Autoabgase 7 - 13 %, während die bei der alkoholischen Gärung entwickelten Gase zu fast 100 % aus Kohlendioxid bestehen. Die dadurch entstehende Gefahr in tiefgelegenen geschlossenen Räumen wie z.B. Gärkellern, ist bekannt. Eine Konzentration von über 5 % kann bereits tödlich sein (TLV 5000 pm = 0,5 % Volumenanteil; MAK-Wert 5000 ppm).

Pflanzen benötigen CO_2 für das Wachstum und reagieren positiv auf erhöhte CO_2-Gehalte. Konzentrationen bis zu 0,1 % ergeben höhere Ernten bei Glashaustomaten. Dieser Umstand wird in Gartenbaubetrieben vor allem dann genützt, wenn eine billige Kohlendioxid-Quelle, wie z.B. eine nahegelegene Bierbrauerei, zur Verfügung steht.

Die Bestimmung von Kohlendioxid erfolgt entweder mittels IR-Spektrophotometrie, durch Gaschromatographie an einer Silicagel-Säule bei 50 °C oder durch naß-chemische Titration (s. S. 134).

Kohlenmonoxid (CO) entsteht bei der unvollständigen Verbrennung von kohlenstoffhaltigen Kraftstoffen, besonders bei einem Ottomotor, dessen Abgase einen Volumenanteil von 1 - 4 % enthalten können. Höhere Werte können erreicht werden, wenn der Motor auf hohen Touren und bei weniger rationeller Verbrennung läuft.

Auch Zigarettenrauch hat einen Volumengehalt bis zu 2 % Kohlenmonoxid. Es ist für den menschlichen Organismus schädlich. Bereits ein Volumenanteil von 0,1 % in der Atemluft blockiert die Hälfte des im Blut enthaltenen Hämoglobins. Schon 100 ppm Kohlenmonoxid, über eine längere Zeitspanne eingeatment, verursachen ein merkliches Schwindelgefühl. Das beste Mittel dagegen ist das Einatmen von

Frischluft oder zusätzlichem Sauerstoff, da die Blockierung des Hämoglobins reversibel ist (TLV 50 ppm; MAK-Wert 30 ppm).

Kohlenmonoxid wird mit Hilfe von Infrarot-Spektrophotometrie, mit Gaschromatographie an einer Molekularsieb-5A-Säule oder durch Farbreaktion mit Draeger-Gasprüfröhrchen bestimmt.

Bestimmung von Kohlendioxid

Eine sehr alte Methode beruht auf der Absorption in einer Lösung von Bariumhydroxid, wobei Bariumcarbonat ausfällt. Das überschüssige Bariumhydroxid wird durch Rücktitration erfaßt. Erstaunlicherweise ist aber die Reaktion zwischen dem in Lösung gehenden CO_2 und der stark alkalischen Bariumhydroxid-Lösung mit pH 12 sehr langsam. Man muß daher, wenn man eine Frittenwaschflasche als Absorptionsgefäß verwendet, die Strömungsgeschwindigkeit sehr niedrig halten, um Verluste zu vermeiden.

Zusatz von etwas 1-Propanol führt zu leichter Schaumbildung und erhöht dadurch die Kontaktzeit. Zwei Methoden stehen zur Wahl:

Methode 1 - Pumpmethode. Man pipettiert 50 ml einer 0,01 molaren Bariumhydroxid-Lösung in einer Frittenwaschflasche, setzt einige Tropfen 1-Propanol zu und pumpt 10 l Luft mit einer Geschwindigkeit von $1 \, l \cdot min^{-1}$ durch. Man setzt einige Tropfen Phenolphthalein-Lösung zu und titriert mit 0,01 molarer HCl bis die Rosafärbung verschwindet. Es ist darauf zu achten, daß der Endpunkt nicht durch Aufnahme von CO_2 verschleppt wird (Abdecken mit Watte oder Überleiten von Stickstoff).

Methode 2 - Flaschenmethode nach Wagner[69]. Man verwendet am besten einen 2,5-l-Erlenmeyerkolben, der mit einem doppelt durchbohrten Gummistopfen verschlossen ist. Man füllt den Kolben luftblasenfrei mit Wasser und entleert ihn, wodurch ein bekanntes Volumen Luft im Kolben vorgegeben ist. Durch eine der beiden Bohrungen pipettiert man 15 ml 0,01 molarer Bariumhydroxid-Lösung ein, fügt einige Tropfen 1-Propanol zu uns schüttelt 10 min. Nach Zusatz von einigen Tropfen Phenolphthalein-Lösung titiert man bis zur Entfärbung, wobei man die Bürette durch eine der beiden Bohrungen in den Kolben einführt. Zur Bestimmung des Titers titriert man dieselbe Menge Bariumhydroxid-Lösung in einen mit Stickstoff gefüllten Kolben.

3.12 Beispiele für Luftverunreinigungen – einige Fallstudien

Die Zusammensetzung der Auspuffgase verschiedener Typen von Motoren, die mit flüssigen Kohlenwasserstoffen betrieben werden, waren in letzter Zeit mehrfach Gegenstand ausführlicher Studien. Selbstverständlich enthalten diese Gase Reste unverbrannter Kohlenwasserstoffe, aber das Verhältnis von Toluol zu Benzol in den verwendeten Benzinen ist höher als in den sich ergebenden Abgasen.

Dieser Umstand führt zu dem Schluß, daß im Brennraum eine gewisse Menge Benzol synthetisiert wird[70].

Studien über die Ursache des Geruchs von Dieselabgasen haben höchst interessante Ergebnisse gezeitigt[71]. Es ist bekannt, daß Acrolein und Formaldehyd in Konzentrationen von 5 - 15 ppm enthalten sind. Durch Verdünnung dieser Gase mit Luft in einem Maß, daß die Geruchsschwelle einer Gruppe von Testpersonen unterschritten wurde, konnte bewiesen werden, daß diese beiden Gase für den typischen Geruch von Dieselabgasen nicht verantwortlich sein können, sondern daß die Ursache im gleichzeitigen Vorhandensein von Stickstoffdioxid (40 - 400 ppm) und restlichen Kohlenwasserstoffen (ca. 50 ppm) zu suchen sein dürfte.

Formaldehyd findet sich auch in den Abgasen von Düsentriebwerken, wo es sich gleichermaßen durch Irritation der Augen und der Nase bemerkbar macht. Nach den Regeln der Environment Protection Agency der USA umfaßt die Liste der beim Testen von Triebwerken zu untersuchenden Gase lediglich CO_2, CO und NO (mittels nicht-dispersiver IR-Analyse), NO_2 (durch UV-Spektrophotometrie) und Gesamt-Kohlenwasserstoffe (mittels Flammenionisationsdetektor)[72]. Das Vorkommen derselben Gase wurde bei der Kontrolle der Atmosphäre im Bereich einiger Flughäfen untersucht, die oftmals das Ziel von Umweltschutzgruppen sind. Die Ergebnisse dieser Untersuchungen zeigen beispielsweise, daß in der Umgebung von einem der Flugplätze im Raum Groß-London die kleinste der umliegenden Gemeinden, nämlich die Stadt Stanstedt (1500 Einwohner) mehr Luftverunreinigung erzeugt, als der gleichnamige Flugplatz (von Kohlenwasserstoffen abgesehen)[73]. Eine ähnliche, für den internationalen Flughafen London-Heathrow durchgeführte Studie[74] ergab, daß die Konzentration von Stickoxiden nie die in der Innenstadt von London gemessenen Werte erreichte und daß außerdem ein erheblicher Teil der Verunreinigungen auf die zentrale Heizanlage und den Kraftfahrzeugverkehr zurückzuführen ist. Es konnte auch gezeigt werden, daß die vom Publikum wahrgenommenen Abgase eines startenden Flugzeugs in Wirklichkeit nur einen Bruchteil dessen darstellen, was an Abgasen während des Rollvorganges abgegeben wird. Der Gehalt an Kohlenwasserstoffen betrug im Mittel 1 ppm, also keine besorgniserregende Menge, während die von rollenden Flugzeugen und von Kraftfahrzeugen emittierte Menge immerhin 8,5 ppm erreichte. Diese Konzentration wird nur in den Straßentunnels überschritten. Der Autor eines Berichtes über die Luftverschmutzung im Bereich des Flughafens von Los Angeles[75] kommt zu folgendem Schluß:

"Die beobachteten Schadstoffkonzentrationen überschreiten die derzeit geltenden Grenzwerte nicht; ... der mit größter Sorge betrachtete Schadstoff ist Kohlenmonoxid ... die höchsten Konzentrationen findet man in den Abfertigungsgebäuden".

Aufgrund dieser Erkenntnisse könnten die Probleme der Luftverunreinigung von Maschinenbauern und Bauingenieuren gelöst werden.

3.12.1 Untersuchungen zum Problem des „Sauren Regens"

Saurer Regen wird hauptsächlich durch die Oxide von Schwefel und Stickstoff verursacht (s. Kap. 4, S. 142). Besonders in und um Industriezentren steht der Gehalt von Nitrat und Sulfat im Regenwasser in enger Verbindung mit der Wasserstoffionen-Konzentration. Es liegen bereits genügend Beweise vor, die darauf hinweisen, daß saure Verunreinigungen den Baumwuchs in Teilen von Europa und Nordamerika ernsthaft schädigen, wenn auch die damit verbundenen physiologischen Vorgänge noch nicht ganz geklärt sind.

Die Tatsache der Ansäuerung der Gewässer, besonders in hochgelegenen Gebieten mit hoher Niederschlagsrate, an Steilhängen und bei geringer Humusbedeckung ist unbestreitbar. Sogar das Schmelzwasser von Schnee und Eis kann säurehaltig sein. In einigen Gebieten wird der Fischbestand stark dezimiert, da bestimmte Fischarten besonders säureanfällig sind. In stärker verunreinigten Gewässern führt dieser Umstand unweigerlich zu einem totalen Fischsterben.

In Österreich ist das Problem der Luftverschmutzung durch säurebildende Luftverunreinigungen schon vor längerer Zeit erkannt worden und ist Gegenstand ausgedehnter Untersuchungen, die zum Teil von den zuständigen Ministerien, Bundesministerium für Gesundheit und Umweltschutz, Bundesministerium für Land- und Forstwirtschaft, im eigenen Wirkungskreis, zum Teil als Auftragsarbeiten von Universitätsinstituten durchgeführt werden. Über die Ergebnisse dieser Untersuchungen wird laufend berichtet; weitere Maßnahmen sind in Vorbereitung bzw. bereits im Gang[76-79].

Das Thema der "Sauren Niederschläge" wurde in einer interdisziplinären Publikation nicht nur in analytischer, sondern auch in ökologischer Hinsicht von Puxbaum, Halbwachs, Glatzel und Löffler[78] eingehend behandelt.

Weiterhin ist das von der Abteilung für Umweltanalytik der Technischen Universität Wien im Jahr 1983 veranstaltete Symposium zu erwähnen, dessen Ergebnisse ebenfalls veröffentlicht wurden[79]. Dieser Band II der Serie "Luftreinhaltung" ist nicht nur wegen der Untersuchungsergebnisse interessant, sondern auch deshalb, weil er zeigt, wie intensiv in Österreich an diesen Problemen gearbeitet wird. Da das Staatsgebiet von Österreich zu 45 % von Wald bedeckt ist, der einen sehr bedeutenden Faktor für Österreichs Wirtschaft darstellt, ist dieses Interesse leicht verständlich.

Auch in den Nachbarländern, besonders in der Bundesrepublik Deutschland und in der Schweiz wird an diesen Fragen intensiv gearbeitet. Zur Bewältigung der zahlreichen und oft komplexen Probleme sind die von der analytischen Chemie beigestellten Resultate unerläßlich. Der auf diesem Gebiet tätige analytische Chemiker wird sich in den nächsten Jahren und Jahrzehnten kaum über Arbeitsmangel zu beklagen haben.

Literatur

1 Ledbetter, J.O. (1972) Air Pollution, Part A, Analysis, Marcel Dekker, New York.

2 Kellog, W.W., Cadle, R.D., Allen, E.R., Lazrus, A.L., Martell, E.A. (1972) Science 175, 587.

3 Goldberg, A.B., Maroulis, P.J., Wilner, L.A., Brandy, A.R. (1981) Atmos. Environ. **15**, 11.

4 Kerr, R.A. (1981) Science **212**, 1013.

5 Murozumi, M., Chow, T.J., Patterson, C.C. (1969) Geochim. Cosmochim. Acta 33, 1247.

6 Leonardos, G. (1969) Air Pollut. Control Assoc. **19**, 91.

7 Deutsche Einheitsverfahren für die Wasser-, Abwasser- und Schlammuntersuchung, Phys., chem., biol. u. bakteriol. Verfahren (laufend ergänzt) Abschnitt B 1/2, Prüfung auf Geruch und Geschmack, Herausgeg. von der Fachgruppe Wasserchemie in der Gesellschaft Deutscher Chemiker mit dem Normenausschuß Wasserwesen im Deutschen Institut für Normenwesen e.V., Verlag Chemie, Weinheim.

8 Logan, W.P.D. (1953) Lancet I. 336.

9 Erste Allgemeine Verwaltungsvorschrift zum Bundes-Immissionsschutzgesetzt (Technische Anleitung zur Reinhaltung der Luft - TA Luft) vom 27.2.1986. Gemeinsames Ministerialblatt, Herausgegeben vom Bundesminister des Inneren, G 3191 A, 28. Febr. 1986.

10 Monitoring of the Environment in the UK. Pollution Paper No. 1 (1974), HMSO, London.

11 Clarenburg, L.A. (1973) Z. Anal. Chem. **263**, 298.

12 Flowers, B. (1974) Royal Commission on Environment Pollution, 4th Report, HMSO, London, p. 12.

13 Ashby, E. (1973) Royal Commission on Environmental Pollution, 1st Report, HMSO, London, p. 12.

14 DFG (1983) Analytische Methoden zur Prüfung gesundheitsschädlicher Arbeitsstoffe, Band 1 und 2, Verlag Chemie.

15 Thain, W. (1980) Monitoring Toxic Gases in the Atmosphere for Hygiene and Pollution Control, Pergamon, Oxford.

16 Occupational Exposure Limits (1984), Guidance Note EH 40, Health and Safety Executive, HMSO, London.

17 Principles and Methods for Evaluating the Toxicity of Chemicals (1978), Environmental Health Criteria, WHO, Genf.

18 Methods of Air Sampling and Analysis (1977), 2. Ausg. Katz, M. (Hsg.), American Public Health Assoc, Washington DC.

19 May, K.R. (1945) J. Sci. Inst. **22**, 187.

20 Grasserbauer, M., Puxbaum, H., Weiss, O. (1978) Fresenius Z. Anal. Chem. **291**, 354.

21 Lead in the Environment and its Significance to Man (1974) Pollution Paper No. 2, HMSO, London.

22 Lodge, J.P., Waggoner, A.P., Klodt, D.T., Grains, C.N. (1981) Atmospheric Environment **15**, 431.

23 Malissa, H., Robinson, J.W. (1978), Analysis of Airborne Particules by Physical Methods, Chemical Rubber Co., Palm Beach, Florida, USA.

24. Moreton, Y., Falla, N.A.R. (1980) Analysis of Airborne Pollutants in Working Atmospheres: The Welding and Surface Coating Industries, The Chemical Society, England.

25 Taylor H.F.W. (1964) Optical Microscopy, in The Chemistry of Cements (Taylor, H.F.W., Herausgeb.) Academic Press, London.

26 Powder Diffraction File (1979) International Centre for Diffraction Data (including ASTM) Swarthmore, Pennsylvania, USA.

27 Anon (1980) Anal. Chem. **52**, 1136A.

28 Talvitie, N.A. (1951), Anal. Chem. **23**, 623.

29 Klockow, D., Jablonski, B., Nießner, R. (1979), Atmos. Environ. **13**, 1665.

30 Birks, L.S. (1971) Electron Probe Microanalysis, 2. Ausg., Wiley International, New York

31 Birks, L.S. (1969) X-ray Spectrochemical Analysis, 2. Ausg., Wiley Interscience, New York.

32 Malissa, H. (1966) Elektronenstrahlmikroanalyse, in Handbuch der mikrochemischen Methoden 4. Bd., Springer-Verlag, Wien, New York.

33 de Jonghe, W., Adams F. (1979) Anal. Chim. Acta **108**, 21.

34 Marczenko, Z. (1976), Spectrophotometric Determination of the Elements, Ellis Horwood, Chichester, S. 307.

35 Sawicki, E. (1969) Talanta **16**, 1231.

36 Baker, P.G. (1981) Anal. Proc. **11**, 478.

37 Eiceman, G.A., Viau, A.C., Karasek, F.W. (1980) Anal. chem. 52, 1492.

38 Israel, H., Israel, G.W. (1974) Trace Elements in the Atmosphere, Ann Arbor, Michigan.

39 Thompson, B.C., Keller, C.W. (1973) Infrared Spectra Of Hazardous Gases and Vapours, Industrial Technical Report TR-590, Beckman Instruments Inc., Fullerton, Cal., USA.

40 Zeller, M.V. (1976) Infrared Methods in Air Analysis, Part No. 993 - 9236, Perkin-Elmer Corp., Norwalk, Conn., USA.

41 Lehrer, E., Luft, K. (1937) Deutsches Patent 730 478.

42 Hanel, R. et al. (1981) Science **212**, 192.

43 KundeV.G. et al. (1981) Nature **292**, 686.

44 Sharp, B.L. (1982) Chem. Brit. **18** (5), 342.

45 Struwe, W., Sprinzl, G. (1983) Umweltbestandsaufnahme durch Fernerkundung und Bodenmessung, Projektstufe IV, 2. Teilprojekt. Erprobung der LIDAR-Technik für die Messung der Staub- und Aerosolverteilung in der Luft. Öst. Bundesinst. für Gesundheitswesen, i.A.d. BM. für Gesundheit und Umweltschutz, Österreich.

46 Grayson, M.A. (1986) J. Chromatogr. Sci 24, 529.

47 Leichnitz, K. (1985), Prüfröhrchen-Taschenbuch, Ausg. Drägerwerk AG (Herausgeb.) Lübeck.

48 Fraust, C.L., Hermann, E.R. (1966) J. Amer. Indust. Hygiene Assoc. **27**, 68.

49 Figge, K., Rabel, W. Wieck, A. (1987) Fresenius Z. Anal. Chem. 327, 261.

50 Bailey, A., Hollingsdale-Smith, P.A. (1977) Ann. Occup. Hygiene **20**, 345.

51 Gas im Griff: Polymeter (1982) Prospekt Nr. 4342, Drägerwerk AG, Lübeck.

52 Barratt, R.S. (1981) Analyst **106**, 817.

53 Generation of Test Atmospheres of Organic Vapours (1981) Leaflet 17, DHS 4, Health and Safety Executive, London.

54 Teckentrup, A., Klockow, D. (1978) Anal. Chem. **50**, 1728.

55 Cowper, C.J., De Rose, A.J. (1983) The Analysis of Gases by Chromatography, Pergamon Press, Oxford.

56 Dressler, M. (1986) Selective Gas Chromatographic Detectors, Elsvier, Amsterdam.

57 Grob, R.L. (1977), Environmental studies of the atmosphere with gas chromatography, in Contemporary Topics in Analytical and Clinical Chemistry, Bd. 1 (Hercules, D.M., Herausgeb.), Plenum Press, New York.

58 Grob, K., Grob, G. (1971) J. Chromatog **62**, 1.

59 Dimitriades, B., Ellis, C.F., Seizinger, D.E. (1969), Gas chromatographic analysis of vehicular exhaust emissions, in Advances in Chromatography, Bd. 8 (Giddings, J.C., Keller, R.A, Herausgeb.), Marcel Dekker, New York, S. 327.

60 Häsänen, E., Karlsson, V., Leppämaki, E., Juhala, M. (1981), Atmos. Environ. **15**, 1755.

61 Porter, K., Volman, D.H. (1962) Anal. Chem. **34**, 748.

62 Rees, T.D., Gyllenspetz, A.B., Docherty, A.C. (1971) Analyst **96**, 201.

63 Cresser, M.S. (1978) Lab. Practice 27, 639.

64 West, P.W., Gaeke, G.C. (1956) Anal. Chem. **28**, 1816.

65 King, H.G.C., Pruden, G. (1969) Analyst **94**, 43.

66 Bethge, P., Carlson, M. (1969) Talanta **16**, 144.

67 British Standard No. 1747, III (1963).

68 Bolin, C. (1970), Sci. Am. **223**, 125.

69 Leithe, W. (1968), Die Analyse der Luft und ihrer Verunreinigungen, Wissenschaftliche Verlagsges. GmbH, Stuttgart, S. 192.

70 Altshuller, A.P., Clemons, C.A. (1962), Anal. Chem. **34**, 466.

71 Linnell, R.H., Scott, W.E. (1962), J. Air Pollut. Control Assoc. 12, 510.

72 EPA Emission Standards and Test Procedures for Aircraft (1973), U.S. Federal Register, July, 17th.

73 Keddie, A.W.C., Parker, J., Roberts, G.H. (1973), Relative Air Pollution Emissions from an Airport in the U.K. an Neighbouring Urban Areas, AGARD Conference Proceedings, No. 125.

74 Parker, J. (1971), Air Pollution at Heathrow Airport, London. SAW Transactions, 80, Paper 710324.

75 Bastress, E.K. (1973), Envir. Sci. Techn. **7**, 811.

76 Bundesgesetzblatt für die Republik Österreich (1982), 196. Stück Nr. Veordnung des Bundesministers für Land- u. Forstwirtschaft vom 23. Juli 1982 über forstschädliche Luftverunreinigungen).

77 Verordnung zur Begrenzung der Emission von Dampfkesselanalagen (1984) (2. Durchführungsverordnung zum Dampfkessel-Emissionsgesetzt) Bundesgesetzblatt für die Republik Österreich, 94. Stück, Nr. 209 vom 15. Mai 1984.

78 Puxbaum, H., Halbwachs, G., Glatzel, G. Löffler, H. (1983), Saure Niederschläge - Vorkommen und Auswirkungen, Österr. Chemie-Z. **84**, H.2, 33-43.

79 Luftreinhaltung, Bd. II, Die Luft in und über Wien, Symposium 1983, Puxbaum, H., Hackl, A. (Herausgeb.), Abt. f. Umweltanalytik, Techn. Univ. Wien.

4. Die Hydrosphäre

Das Vorhandensein ausreichender Wasservorräte von entsprechender Qualität ist zweifellos eine der wichtigsten Voraussetzungen für die menschliche Gesellschaft. Dies gilt besonders für die technisch hochentwickelten Länder, in denen die Bevölkerung zumeist auf eine geregelte Wasserver- und -entsorgung angewiesen ist. Man benötigt Wasser zum Trinken, Waschen, Baden, Reinigen, aber auch zu Erholungzwecken wie Fischen oder Segeln. Große Mengen werden in der Landwirtschaft zur Feldbewässerung, für die Viehtränke und weiters für die Lebensmittelindustrie benötigt. Nicht zuletzt ist der große Bedarf von Gewerbe und Industrie zu erwähnen, wo Wasser nicht nur für die Produktion, sondern in weit größeren Mengen zur Energieumwandlung, von der Wasserkraftnutzung bis zur Dampferzeugung, benötigt wird. Die anfallenden Abwässer müssen schließlich behandelt und aufbereitet werden, um die unvermeidbare Belastung der Umwelt auf das geringst mögliche Maß zu beschränken. Die größte Bedeutung kommt aber dem Wasser im gesamten Ökosystem zu. Alle wesentlichen natürlichen Lebensvorgänge wären ohne Wasser nicht möglich. Die auf der Photosynthese beruhende Primärproduktion steht am Beginn des natürlichen Wachstums von Pflanze und Tier, die schließlich auch die Voraussetzungen für die Existenz der Menschheit ergeben.

Wasser ist somit ohne Frage der wertvollste Schatz, den unsere Erde zu bieten hat. Um so wichtiger ist es daher, daß alle freiwilligen oder auch unbeabsichtigten Eingriffe in die Natur so gesteuert werden, daß schädliche Eingriffe in den Wasserhaushalt vermieden oder zumindest so gering als möglich gehalten werden. In diesem Zusammenhang kommt dem analytischen Chemiker eine besonders wichtige Rolle zu. Ohne seine Arbeit wäre in allen Bereichen weder die qualitative, noch die quantitative Bewertung der Wassergüte in exakter, zahlenmäßig belegter Form möglich.

4.1 Hydrologischer Kreislauf und Wasserverschmutzung

Auch in Abwesenheit irgendwelcher menschlicher Eingriffe unterliegt das Wasser in seinem natürlichen Kreislauf einer Vielfalt komplizierter physikalischer und chemischer Vorgänge, die sich über alle Größenbereiche, vom Mikromaßstab bis zu weltweiten Umsetzungen in der Atmosphäre erstrecken. Es erscheint daher zweckmäßig, auf den natürlichen "hydrologischen Kreislauf des Wassers" ein wenig näher einzugehen. Man erhält auf diese Weise ein klares Bild, in welcher Art menschliche Aktivitäten nachteilige Folgen haben können. Die wichtigsten Elemente des Wasserkreislaufes sind in Abb. 4.1 zusammengestellt.

Auch ohne menschliche Mitwirkung enthält Regenwasser bereits merkliche Mengen gelöster Stoffe. Ein erheblicher Teil der-

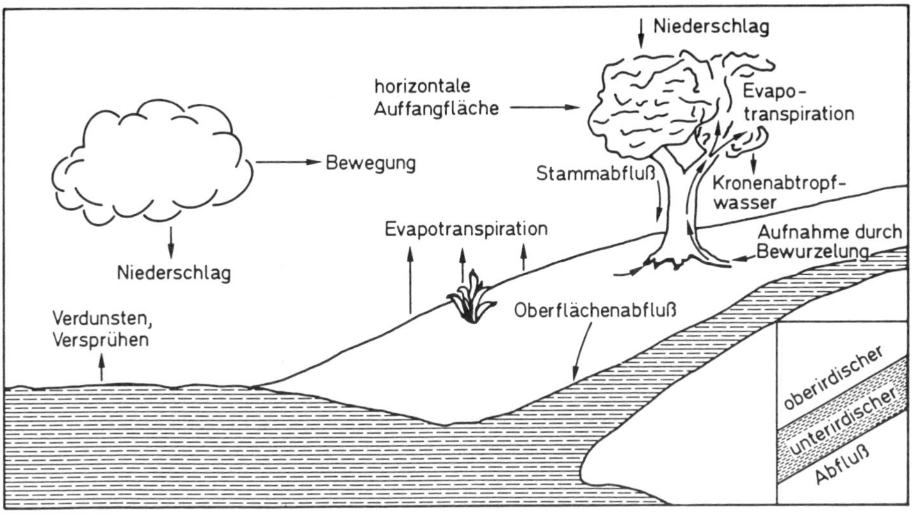

Abb. 4.1 Schematische Darstellung des hydrologischen Kreislaufs

selben stammt aus dem Meer, wobei die Zusammensetzung dieser Stoffe vom Meerwasser deutlich abweicht. Die Ursache dieser Erscheinung beruht auf der Bildung von Aerosolen aus Wassertröpfchen, die durch Windeinwirkung von der Wasseroberfläche losgerissen werden und später, bei der Kondensation zu Wolken und Niederschlägen wieder in Lösung gehen.

Als weitere Quelle kommen feinste Staubpartikel in Frage, die von den Luftströmungen tausende Kilometer weit mitgeführt werden können. Schließlich sind noch die in der Atmosphäre vorhandenen Gase wie Kohlendioxid, Ammoniak und Stickoxide zu nennen. Dazu kommen Schwefeldioxid aus der Verbrennung fossiler Brennmaterialien, die zur Zeit heftig diskutierten Abgase der Kraftfahrzeuge und die Industrieabgase, wobei auch diverse organische Verbindungen aus chemischen Prozessen in Betracht zu ziehen sind. Die Verringerung von Schadstoffemissionen wird immer intensiver angestrebt, seit man erkannt hat, daß irreversible Schäden zu erwarten sind, wenn die entsprechenden Maßnahmen nicht schnell und konsequent getroffen werden. Erstaunlicherweise gibt es aber in diesem Zusammenhang unerwartete Nebenwirkungen: Bevor die Emission von Schwefeldioxid ein bedrohliches Ausmaß angenommen hatte, genügte der Eintrag von Sulfit und dem durch Oxidation daraus entstehenden Sulfat völlig, um den Bedarf der Pflanzen in land- und forstwirtschaftlich genutzten Flächen zu decken. Für manche Kulturpflanzen mit höherem Sulfatbedarf können sich als Folge der strikten Verringerung der Schwefeldioxid-Emission sogar Mangelerscheinungen zeigen, besonders dann, wenn durch reichliche Gaben von Stickstoff-Phosphor-Kaliumdüngern Höchsterträge erzielt werden sollen.

Ein großer Teil der Niederschläge fällt direkt auf freie Wasserflächen. Der über den Festlandflächen niedergehende Anteil trifft aber oft nicht direkt auf den freien Boden, sondern auf Vegetationsflächen, also auf Baumkronen, Buschwerk und andere Pflanzen. Die Zusammensetzung des Regenwassers kann sich dabei erheblich ändern, wenn es etwa über das Laubwerk und die Baumrinde fließt. Einige der gelösten Stoffe können selektiv absorbiert werden, während andere in Lösung gehen. Beim Eindringen in den Boden ändert sich die Zusammensetzung des Wassers neuerlich in sehr erheblichem Ausmaß. Die Zusammensetzung von Grund- und Quellwasser und aller anderen natürlichen Gewässer hängt hauptsächlich von Art und Konzentration der in den durchströmten Formationen vorhandenen Mineralien ab. Bei den verschiedenen Bodenarten sind außerdem die Korngröße, die Acidität, der Gehalt an organischer Substanz und die Durchlässigkeit von wesentlicher Bedeutung. Schließlich sind noch die klimatischen Bedingungen bzw. die unmittelbar vorhergegangene Wetterlage zu berücksichtigen, die die Aufenthaltszeit im Boden und mikrobiologische Aktivitäten (Abbau organischer Substanz, aber auch Aufnahme von atmosphärischem Stickstoff und Synthese von Stickstoff-Verbindungen) steuern. Für diese Aktivitäten ist wiederum die Temperatur wichtig, da die Reaktionsgeschwindigkeit mikrobiologisch-chemischer Prozesse sehr hohe Temperaturkoeffizienten aufweist. Schließlich sind noch Frostperioden von Bedeutung, da Wasser in den gefrorenen Boden nicht eindringen kann und somit entweder zu Eis erstarrt oder sofort abfließt. Zu einem verstärkten Oberfächenabfluß kommt es natürlich auch bei Regenfällen, deren Ergiebigkeit die Aufnahmefähigkeit des Bodens überschreitet.

Wenn man von Wüstengebieten und ähnlichen Trockenzonen absieht, wird der Niederschlag unmittelbar, bei Schnee und Eis erst nach der Auftauperiode ins Grundwasser oder in Oberflächengewässer einfließen. In diesem Zusammenhang ist aber auch noch der zeitliche Ablauf der Niederschlagstätigkeit zu berücksichtigen. Ein schlagartig einsetzender heftiger Gewitterregen ergibt eine völlig ändere Situation als ein langsam beginnender leichter Nieselregen. Auch innerhalb des Grundwasserträgers ergeben sich zwischen diesen beiden Extremen verschiedene Situationen, da die neu eindringenden Wassermengen die bereits vorhandenen zunächst einmal verdrängen müssen. Die Geschwindigkeit der Bodenpassage ist aber von großer Bedeutung für die Aufnahme gelöster anorganischer und organischer Stoffe. Über die bei der Versikkerung von Niederschlägen und die dabei auftretenden komplizierten Effekte berichtet Nemecek[1].

An dieser Stelle soll lediglich auf die in Lösung gehenden Nitrate hingewiesen werden, die zufolge ihrer guten Wasserlöslichkeit im Gegensatz zu Sulfaten und Phosphaten vom Boden nur zum geringsten Teil oder überhaupt nicht zurückgehalten werden. Nitrate stammen nicht nur aus den unverbrauchten Kunstdüngergaben, sondern auch aus dem Abbau stickstoffhaltigen organischen Materials als einem der Endprodukte der Mineralisierung durch mikrobielle Tätigkeit. Besonders in dicht besiedelten Gebieten liegt der Nitratgehalt des Grundwassers weit über dem empfohlenen Wert von 25 $mg \cdot l^{-1}$ und oft auch über der maximal zulässigen Konzentration von 50 $mg \cdot l^{-1}$. Höhere Konzentrationen können vor allem bei Säuglingen zu Methämoglobinanämie führen. Darüber hinaus besteht auch für Erwachsene die Gefahr der Bildung von Nitrosaminen, die als krebserregende Stoffe gelten.

4.1.1 Karstwasser

Bei der Behandlung von Grundwasserfragen muß die besondere Situation der Karstgebiete betrachtet werden. Die wissenschaftliche und wasserwirtschaftliche Bearbeitung der Karstphänomene findet in Österreich große Beachtung. Neben einer Reihe von Universitätsinstituten befaßt sich besonders die dem Bundesministerium für Land- und Forstwirtschaft unterstehende Bundesanstalt für Wasserhaushalt in Karstgebieten (früher Speläologisches Institut) mit diesen Fragen. Bauer[2] führt dazu aus:

"Eine der auffälligsten Erscheinungen von Karstflächen ist deren Armut an Oberflächengewässern, die in hochalpinen Karstmassiven bis zur völligen Wasserlosigkeit führen kann. Das anfallende Niederschlagswasser versinkt meist schon am Ort seines Auftreffens zum Teil oder zur Gänze in Spalten und Klüften des Karbonatgesteins, um erst nach einem oft viele Kilometer langen unterirdischen Lauf in meist nur einigen großen Karstquellen im Talbereich wieder zutage zu treten. Die unterirdischen Abflußwege sind der direkten Beobachtung entzogen".

Als eines der bekanntesten Bespiele wäre die Donauversickerung bei Immendingen zu nennen. Die Donau verschwindet bei mittlerer Wasserführung vollständig im klüftigen Jurakalk der Schwäbischen Alb, um nach einem unterirdischen Lauf von ca. 15 km beim Ort Aach als Radolfzeller Aach wieder ans Tageslicht zurückzukehren.

Da die Menge der Karstwasservorräte in Österreich etwa ein Sechstel des gesamten Wasserschatzes beträgt, müssen diese Fragen sehr aufmerksam verfolgt werden. Sporendriftversuche mit Lycopodium-Sporen mit einem Durchmesser von 35 μm zeigen, daß in den unterirdischen Abflußkanälen keine Filterung des Wassers erfolgt. Es ist daher vom hygienischen Standpunkt aus besonders wichtig, das Eindringen von Verunreinigungen, vor allem bakterieller Natur, zu verhindern. Diese Aufgabe ist nicht leicht zu lösen, da die verkarsteten Alpenregionen zu sehr beliebten Wandergebieten gehören. In jenen Zonen, deren Pflanzendecke dafür ausreicht, ist die landwirtschaftliche Nutzung durch Beweiden üblich, wodurch tierische Exkremente und oft auch pathogene Keime in das Karstwasser gelangen können. Die möglichst genaue Kenntnis der Strömungsgeschwindigkeit und der Richtung ist daher sehr wichtig. Zu diesem Zweck werden seit Jahrzehnten umfangreiche Markierungsversuche durchgeführt, wobei Radioisotope oder spezielle Farbstoffe (vorwiegend aus der Uraningruppe) verwendet werden. Wegen der hohen Verdünnung stellt die Untersuchung und Auswertung dieser Proben höchste Ansprüche an das Können des analytischen Chemikers.

Als weitere, sehr bedeutende Wasserreserve steht den Alpenländern die Schnee- und Eisdecke der hochalpinen Zonen zur Verfügung. Eine in Österreich kürzlich abgeschlossene Untersuchung über das Gesamtvolumen des vorhandenen Gletschereises hat ergeben, daß sie etwa dem sechsfachen Jahresabfluß des Flusses Inn entspricht, nämlich 2400 Millionen m^3. Da der Abtauverlust im Sommer durch den winterlichen Schneefall immer wieder ausgeglichen wird, kann stets mit einem ausreichenden Wasservorrat gerechnet werden. Andererseits muß auf Wildbach- und Lawinenverbauung und auf den Hochwasserschutz größten Wert gelegt werden, um allzu große Schäden zu verhindern.

Bisher wurden jene Wasserinhaltsstoffe erwähnt, die auch ohne direkte menschliche Einwirkung vorzufinden sind. Dazu kommen jetzt noch alle jene Komponenten, die zur Belastung der Oberflächen- und Grundwässer beitragen und in der Hauptsache auf menschliche Aktivitäten zurückzuführen sind. Zahlreiche, als Verunreinigungen zu betrachtende Stoffe gehen aus häuslichen und industriellen bzw. gewerblichen Abfällen entweder direkt in Lösung oder stammen aus ungeregelten Deponien. Nach den unmittelbar löslichen Substanzen werden jene ausgelaugt, die nach allmählichen chemischen oder bakteriellen Umsetzungen wasserlöslich werden. Auch Substanzen, die im klassischen Sinn als schwer löslich zu betrachten sind, tragen in erheblichem Maß zur Gewässerbelastung bei, vor allem dann, wenn die Korngrößen immer kleiner und die freie Oberfläche dadurch immer größer werden. In weiterer Folge kommt es durch die wechselnden chemisch-physikalischen Bedingungen innerhalb eines Wasserkörpers zu den verschiedensten Umsetzungen. Auf dem anorganischen Sektor hängt die Löslichkeit der Carbonatgesteine von der jeweiligen Lage des Carbonat-Bicarbonat-Gleichgewichtes ab, woraus sich schließlich die wichtigste Komponente der Wasserhärte, nämlich der Gehalt von Ca^{2+}- und Mg^{2+}-Ionen ergibt. Durch die ständig wechselnden Bedingungen kommt es zu Fällungs- und Lösungsvorgängen innerhalb des freien Wasserkörpers, aber auch in der Grenzschicht Wasser-Sediment.

Weitere, besonders wichtige Umsetzungen vollziehen sich im Bereich der durch die Anomalie der wasserbedingten Schichtung in tieferen, stehenden Gewässern. Da Wasser bei 3,89 °C seine größte Dichte aufweist, bildet sich in einer Tiefe von einigen Metern eine sogenannte "Sprungschicht". Unterhalb derselben liegt die Temperatur praktisch konstant bei ca. 4 °C. Da keine wärmebedingten Vertikalströmungen entstehen können, wird der noch vorhandene Sauerstoff durch absterbendes, zu Boden sinkendes organisches Material (als "Detritus" bezeichnet) allmählich verbraucht, so daß es zum sauerstofffreien "anaeroben" Zustand und schließlich zur Bildung von Schwefelwasserstoff kommen kann.

Die Belastung der Gewässer durch organische Stoffe läßt sich allein durch chemisch-physikalische Untersuchungen nicht mehr zufriedenstellend darstellen, obwohl man durch einige Summenparameter wie CSB (Chemischer Sauerstoffbedarf; oft nach der englischen Bezeichnung "Chemical Oxygen Demand" als COD angegeben) und BSB (Biologischer Sauerstoffbedarf; englisch "BOD" für Biological Oxygen Demand") gewisse Aufschlüsse erhalten kann. Von großer Wichtigkeit erscheint, besonders für hoch belastete Gewässer, der Gesamtgehalt an organischem Kohlenstoff, für den die aus dem englischen stammende Abkürzung "TOC" (für "Total Organic Carbon") auch in der deutschsprachigen Literatur fast ausschließlich verwendet wird. Diese Bestimmungen werden in den nächsten Abschnitten noch eingehender behandelt.

Um ein möglichst korrektes Bild der Gewässerqualität zu erhalten, ist man auf jene biologischen Untersuchungen angewiesen, die im Lauf der letzten Jahrzehnte im Rahmen der Limnologie entwickelt wurden. Eine sehr brauchbare Einführung in dieses Wissensgebiet wurde von Schwoerbel[3] verfaßt. Das Hauptgewicht der biologischen Untersuchungen zur Feststellung der Gewässerqualität liegt in der Bestimmung von Art und Anzahl der aquatischen Organismen, deren Vorkommen an bestimmte Bedingungen wie Sauerstoffgehalt, Temperatur, Lichtklima und Nährstoffgehalt (vorwiegend Stickstoff- und Phosphor-Verbindungen) gebunden ist. Für die Auswertung der Untersuchungsergebnisse sind verschiedene Bewertungssysteme in Gebrauch. Eine Zusammenstellung dieser Systeme, Hinweise über die Vergleichbarkeit derselben und eine Liste von ca. 4000 Arten samt den zugehörigen, für die Auswertung benötigten Indices, wurde von Wegl[4] veröffentlicht. In Österreich werden vom Wasserwirtschaftskataster des Bundesministeriums für Land- und Forstwirtschaft "Biologische Gütebilder der Gewässer Österreichs" für das gesamte Bundesgebiet herausgegeben, die sich auf derartige biologische Untersuchungen stützen[5].

Für die einzelnen Bundesländer sind detaillierte Karten nebst einer ausführlichen punktuellen Beschreibung der Gewässerläufe ausgearbeitet worden, die in Abständen von mehreren Jahren auf den neuesten Stand gebracht werden. Auch die Länder der Bundesrepublik Deutschland und andere europäische Staaten geben ähnliche Kartenbilder heraus, die einen guten Überblick über die Gesamtsituation erlauben.

4.2 Sauerstoffgehalt natürlicher Gewässer

Natürliche Gewässer stellen einen Lebensraum von überaus großer Vielfalt dar, in dem pflanzliche und tierische Organismen von den primitivsten Einzellern bis zu den höher organisierten Wasserpflanzen (Makrophyten) und Tieren ihren Lebensraum finden. Die meisten sind zur Erhaltung ihres Lebens auf den im Wasser gelösten Sauerstoff angewiesen. Lediglich jene pflanzlichen Organismen, die Chlorophyll enthalten, sind in der Lage, unter entsprechenden Bedingungen Sauerstoff zu produzieren. Zu jenem Sauerstoffanteil, der vom Phytoplankton und den Makrophyten produziert wird, kommt noch jener Anteil, der direkt von der Atmosphäre aufgenommen wird. Damit ist die Sauerstoffbilanz eines Gewässers in einfacher Weise aufzugliedern:

Zufuhr durch
1. Aufnahme der Atmosphäre
2. Photosynthese.

Verbrauch durch
1. Atmung
2. Abbau und Mineralisation organischer Stoffe (Destruktion)
3. Abgabe an die Atmosphäre.

Die Aufnahme von Sauerstoff (und anderen Gasen) hängt in erster Linie von der Temperatur, aber auch vom Partialdruck ab. Ganz allgemein vermindert sich nach dem Henryschen Gesetz die Löslichkeit eines Gases in einer Flüssigkeit mit zunehmender Temperatur und abnehmendem Druck. Um einen kurzen Überblick zu geben, sind nachstehend einige Werte der Sauerstoffsättigung von Wasser in Gleichgewicht mit Luft in Abhängigkeit von der Temperatur angeführt[6]:

Temperatur (°C)	0	10	20	30
Sauerstoff-Sättigung ($mg \cdot l^{-1}$)	4,16	10,92	8,84	7,53

Schon aus diesen wenigen Werten sind die Schwierigkeiten erkennbar, die sich bei höheren Wassertemperaturen ergeben können. Während sich der Sauerstoffverbrauch der im Wasser lebenden Organismen rasch erhöht, sinkt zugleich die Löslichkeit rasch ab. Besonders anspruchsvoll sind in dieser Hinsicht die Fische der Salmonidengruppe (wie z.B. Forelle und Lachs). Aufgrund dieses Umstandes bemerkte Mellanby[7], daß man das Wasser eines Flusses, in dem sich Forellen wohl fühlen, unbesorgt für nahezu alle Zwecke verwenden kann.

Cypriniden, zu deren bedeutendsten Vertreter die Karpfen zählen, können noch mit etwa 4 $mg \cdot l^{-1}$ O_2, Aale mit noch weniger auskommen. Sehr empfindlich reagieren auf Änderungen von Sauerstoffgehalt und Temperatur aber auch die für die Selbstreinigung verantwortlichen Bakterien. Sie decken ihren Nahrungsbedarf durch den Abbau der im Wasser vorhandenen organischen Stoffe. Ist das Nahrungsangebot größer als die Menge des für den Abbauvorgang erforderlichen Sauerstoffes, so kann es zum gefürchteten "Umkippen" des Gewässers kommen - das heißt, es geht in den sauerstoffreien (anaeroben) Zustand über. Diese Gefahr ist besonders groß, wenn hoch belastete Gewässer zusätzlich erwärmt werden, z.B. durch große Kühlwassermengen aus Kraftwerken. Als Quelle der organischen Belastung der Gewässer sind zumeist mangelhaft gereinigte Abwässer aus Siedlungsgebieten oder landwirtschaftlich genutzten Gebieten zu betrachten. Auch Drainagewässer, undichte Kanäle und tierische Exkremente tragen ebenso wie Industrie- und Gewerbebetriebe erhebliche Mengen an organischer Substanz bei. Der anaerobe Abbau wird von einer völlig anderen Bakterienfauna durchgeführt, wobei es sich jetzt nicht mehr um Oxidations-, sondern um Reduktionsprozesse handelt. Die Bausteine der organischen Verbindungen werden in ihre Hydride wie Methan, Ammoniak und Schwefelwasserstoff übergeführt, wobei besonders Schwefelwasserstoff und unter Umständen auch die besonders übelriechenden Phosphine höchst unangenehm auffallen. Die letzteren sind auch die Ursache für die gelegentliche Selbstentzündung von Sumpfgas. In den stagnierenden Kanälen, die in England im 19. Jh. für den Warentransport gebaut wurden, war diese Erscheinung nicht ungewöhnlich. In Proben von anaeroben Flußablagerungen wurden ca. je 30 % Methan, Kohlendioxid und Stickstoff sowie 2 % Schwefefelwasserstoff gefunden - echte, natürliche Umweltverschmutzung!

Welche Gesamtmenge an organischer Belastung (Schmutzfracht) ein Fluß aufnehmen kann, richtet sich nach der Menge des gelösten Sauerstoffes und der Wasserführung. Darüber hinaus ist nicht nur der Oxidationsprozeß selbst temperaturabhängig. Die Reaktionsgeschwindigkeit ist auch noch von Stoffgruppe zu Stoffgruppe verschieden. Es soll nicht unerwähnt bleiben, daß es sich im Prinzip um dieselben Vorgänge handelt, die in einer biologischen Kläranlage zur Abwasserreinigung verwendet werden, wobei der Abbauvorgang durch Luftzufuhr in feinst verteilter Form so weit wie möglich beschleunigt wird.

Eine relativ einfache, wenn auch nicht sehr genaue Methode zur Ermittlung der organischen Belastung besteht in der Bestimmung des Biologischen Sauerstoffbedarfs binnen 5 Tagen, kurz als BSB_5 (Biological Oxygen Demand, BOD_5) bezeichnet. Man gibt damit jene Menge Sauerstoff in $mg \cdot l^{-1}$ an, die benötigt wird, um die vorhandene organische Substanz bei einer Temperatur von 20 °C abzubauen. Diese Methode, die seit vielen Jahrzehnten in Gebrauch ist, hat wegen der nicht besonders guten Reproduzierbarkeit und der langen Dauer der Bestimmung viele Gegner. Auch die Frage der Versuchstemperatur ist umstritten. Für Großbritannien ist eine Wassertemperatur von 20 °C hoch, in den mittel- und südeuropäischen Ländern oder gar in tropischen Zonen sind erheblich höhere Temperaturen durchaus üblich. Andererseits ist zu bedenken, daß man mit dieser sehr einfachen Methode eine recht klare Aussage erhält, deren absolute Genauigkeit kaum wesentlich ist.

Eine weitere Möglichkeit zur Beurteilung der Gewässerbelastung ergibt sich aus der Bestimmung des Chemischen Sauerstoffbedarfs CSB (COD). In diesem Fall wird die Probe mit Kaliumdichromat und Schwefelsäure unter Zusatz von Quecksilbersalz als Katalysator längere Zeit oxidiert. Durch Rücktitration des Oxidationsmittels kann der Sauerstoffverbrauch ermittelt werden. Mit einer Reaktionszeit von zwei Stunden ist auch diese Methode für viele Zwecke noch zu langsam. Außerdem ergeben sich Störungen durch Halogenverbindungen, hauptsächlich aber durch Natriumchlorid. Auch dieses Verfahren hat den Nachteil, daß eine vollständige Oxidation nicht erreichbar ist. Außerdem macht sich der hohe Verbrauch an umweltfreundlichen Chemikalien, nebst den relativ hohen Kosten, unliebsam bemerkbar. Es wurden bisher zahlreiche Varianten vorgeschlagen, von denen schließlich eine ausgewählt werden mußte, die in der Bundesrepublik Deutschland zur Abgabenermittlung nach dem Abwasserabgabengesetz[8] verbindlich vorgeschrieben ist.

In vielen Ländern ist auch noch die an sich veraltete Kaliumpermanganatmethode gebräuchlich, von der es ebenfalls mehrere Varianten gibt. Obwohl der Vollständigkeitsgrad der Oxidation noch geringer ist als bei beiden bereits erwähnten Methoden, ist ihr Gebrauch in jenen Fällen zu rechtfertigen, wo es sich um den Vergleich mit Ergebnissen lange zurückliegender Untersuchungen handelt.

Diese Methoden sind in den "Deutschen Einheitsverfahren", auf die noch näher eingegangen wird, ausführlich beschrieben.

Schließlich gibt es noch eine Möglichkeit, einen Parameter für die in den untersuchten Gewässern vorhandene organische Substanz zu ermitteln, nämlich den Gesamt-Kohlenstoffgehalt, der meist mit der gängigen englischen Kurzbezeichnung TOC (Total Organic Carbon) angegeben wird. Diese Methode wird auf S. 162 näher besprochen.

4.3 Wassergüte der Fließgewässer

Die Frage der Einteilung der Fließgewässer in definierte Güteklassen ist noch lange nicht für alle daran interessierten Länder einheitlich gelöst. Neben unterschiedlichen Ansichten über die Definition des Begriffes Gewässergüte liegt es wohl auch daran, daß in einzelnen Ländern verschiedene Nutzungsarten im Vordergrund stehen. Darüber hinaus sind Gruppierungen von Ländern wie die Europäische Gemeinschaft (EG) und die im "Rat für gemeinsame Wirtschaftshilfe" CRGW) zusammengefaßten sozialistischen Länder mit ihren wassergütewirtschaftlichen Interessen zu berücksichtigen. Diese Gruppe war früher unter der englischen Abkürzung "COMECON" bekannt; neuerdings wird die englische Bezeichnung CMEA "Council for Mutual Economical Assistance" vorgezogen.

Trotz aller Bemühungen und zahlreicher Konferenzen verhindern nationale Interessen das Zustandekommen multinationaler Lösungen. Die Republik Österreich hat schon vor Jahren einen Weg gefunden, der sich sehr bewährt hat, indem sie mit den an wasserwirtschaftlichen Fragen interessierten Nachbarstaaten bilaterale Abkommen geschlossen hat, in denen ein detailliertes Untersuchungsprogramm samt Arbeitsmethoden und Richtlinien für die Auswertung enthalten ist. Diese Untersuchungen werden in regelmäßigen Abständen gemeinsam durchgeführt. Die Ergebnisse werden in einer gemeinsamen Grenzgewässerkommission besprochen, wobei auch praktische Verbesserungsvorschläge eingebracht werden. Auf dieser Basis werden die erforderlichen Abhilfemaßnahmen durchgeführt. Nähere Angaben zu diesen Fragen finden sich bei Ottendorfer[9,10]. Über die RGW-Richtlinien berichtet Hommonay[11].

Da es in den europäischen Ländern vielfach Flüsse gibt, die die Staatsgrenze bilden oder diese überschreiten, oft sogar mehrmals, ergeben sich bei der Feststellung der Gewässergüte häufig komplizierte Situationen. Da aber die Feststellung der Gewässergüte kein Selbstzweck sein kann, sondern in erster Linie als Unterlage für wasserwirtschaftliche Maßnahmen gedacht ist, ergibt sich zwangsläufig, daß in solchen Fällen Untersuchungen und die daraus resultierenden Maßnahmen nur auf zwischenstaatlicher Ebene durchgeführt werden können.

Die Zuordnung zu einer bestimmten Gewässergüteklasse beruht auf den Ergebnissen einer sehr großen Zahl von Einzeluntersuchungen. Der Umfang dieser Untersuchungen und die Frequenz derselben können allerdings erheblich schwanken. Darüber hinaus gibt es aber auch noch andere Gründe zur Durchführung ausführlicher Gewässeruntersuchungen, wie z.B. zur Beweissicherung. Bevor ein größeres Projekt in Angriff genommen werden kann, muß der ursprüngliche Zustand mit möglichster Genauigkeit bekannt sein. Die Ergebnisse dieser Untersuchungen werden beim wasserrechtlichen Bewilligungsverfahren berücksichtigt und dienen als Unterlagen für Auflagen, die den Bauwerber zwingen, gewisse Bedingungen zum Schutz der Gewässer zu beachten. Die Einhaltung dieser Bestimmungen wird durch neuerliche Untersuchungen kontrolliert.

In welcher Weise die Gewässergüteklassen in verschiedenen Staaten definiert werden, hängt weitgehend von der Reihung der Prioritäten der Wassernutzung ab. In gleicher Weise variieren Art und Anzahl der Parameter, aufgrund derer die Klasseneinteilung vorgenommen wird. In Alpenländern wie Österreich wird man den großen Wasserreichtum und das hohe nutzbare Gefälle so weit wie möglich für die Gewinnung elektrischer Energie heranziehen. In Ungarn, das fast keine eigenen Wasservorräte besitzt, stehen Trinkwassergewinnung und die wegen des trockenen pannonischen Klimas für die möglichst hohe Agrarproduktion unerläßliche Feldberegnung im Vordergrund. Für Bulgarien und Rumänien bedeutet der kommerzielle Fischfang einen nationalökonomisch bedeutsamen Erwerbszweig.

Aus den angeführten Gründen sind in jedem Staat andere Gewässergüteklassen in Gebrauch, deren Vergleich untereinander schwierig, in manchen Punkten unmöglich ist. Man wird daher verstehen, daß es jahrelanger Verhandlungen bedurfte, bis sich die Donauanrainerstaaten auf ein Minimum gemeinsamer Gewässergütekriterien einigen konnten.

In England und Wales wurde die Definition der Gewässergüteklassen zunächst vom Department of the Environment ausgearbeitet. Für die Untersuchung der Fließgewässerqualität werden neuerdings erweiterte und verbesserte, vom National Water Council ausgearbeitete Kriterien herangezogen[12]. Es würde zu weit führen, dieses neue Klassifikationsschema in allen Einzelheiten zu beschreiben. Wesentlich erscheint jedoch die Unterteilung der (früheren) Klasse 1 in 1A und 1B. Als Kriterien werden die Sauerstoffsättigung, der BSB, der Gehalt an Ammonium-Ion und die Übereinstimmung mit der bereits erwähnten Richtlinie des Rates der Europäischen Gemeinschaften L 194/34 über die Qualitätsanforderungen an Oberflächengewässer für die Trinkwassergewinnung in den Mitgliedsstaaten. Bemerkenswert ist auch, daß neben den BSB-Höchstwerten wesentlich niedrigere Mittelwerte festgelegt wurden. Für die Messungen gilt das heute vielfach eingeführte 95 %-Perzentil.

Aus den Tabellen, die im oben erwähnten Bericht[12] enthalten sind, lassen sich die bisher erzielten Verbesserungen deutlich erkennen. Im gezeitenbeeinflußten Abschnitt der Themse wurden nach den bisher erfolgten Sanierungsarbeiten bereits über 100 Fischarten festgestellt. Auch die Wiederansiedlung von Lachsen scheint erfolgreich zu verlaufen. Es kann angenommen werden, daß das Wasser der Zubringerflüsse zumindest dreimal verwendet wird, bevor es die Themse erreicht (z.B. der Fluß Lea[13]).

4.4 Erforderliche wasserrechtliche Bestimmungen zur Verbesserung und Erhaltung der Gewässergüte

Die Vielfalt der Gesetze, die in den europäischen Ländern bereits erlassen wurden, bzw vorbereitet oder der neueren Entwicklung angepaßt werden, ist so groß, daß deren Aufzählung den Rahmen dieses Buches bei weitem überschreiten würde. Es scheint aber angebracht, auf einige grundsätzliche Überlegungen einzugehen, die sich daraus ergeben, daß sich zur Lösung gleichartiger Probleme von fundamentaler Bedeutung letzten Endes auch Lösungswege ergeben müssen, die inhaltlich nur wenig voneinander abweichen können.

Verständlicherweise haben sich zahlreiche internationale Organisationen mit diesen Fragen eingehend beschäftigt. Dabei sind aber, vielleicht mit Ausnahme der UN Water Conference in Mar del Plata (14. - 25.03.77; Bericht E/Conf. 70/29), weniger die vielen Konferenzen von Bedeutung, sondern die von ihnen ausgearbeiteten Richtlinien. Zu den Qualitätskritiken, die immer wieder zitiert werden, gehören

- die von der WHO (World Health Organisation) ausgearbeiteten "International Standards for Drinking Water", 3. Auflage, Genf 1971

- die im Jahr 1980 von der "Task Group on Guidelines for Drinking Water, Quantification of selected health-related organic compounds" beschlossene und kurz vor der Veröffentlichung stehende Neuauflage "Guidelines for Drinking Water Quality". WHO-Konferenz in Ottawa, Canada, 15. - 18. Nov. 1980

- die Richtlinie des Rates der Europäischen Gemeinschaft vom 16. Juni 1975 über "die Qualitätsanforderungen an Oberflächengewässer für die Trinkwassergewinnung in den Mitgliedsstaaten"; Amtsblatt der EG Nr. L 194/34 vom 25. Juli 1975

- die Richtlinie vom 15. Juli 1980 über "die Qualität von Wasser für den menschlichen Gebrauch", Amtsblatt der EG Nr. L 229/11 vom 30. August 1980.

In Österreich, das der EG nicht angehört, werden die Anforderungen an die Qualität des Trinkwasers durch die Neufassung der ÖNORM M 6250 definiert, die sich an den in Ottawa festgelegten Werten orientiert[14].

Eine übersichtliche Darstellung der vielfältigen Probleme der Emissions- und Immissionsbegrenzung auf der Ebene der internationalen wasserwirtschaftlichen Zusammenarbeit findet sich bei Stadler[15], wobei natürlich zu berücksichtigen ist, daß auf nationaler und internationaler Ebene weiterhin intensiv an diesen Fragen gearbeitet wird, so daß es nicht möglich ist, eine authentische Darstellung des letzten Standes zu geben. Trotzdem ist die Kenntnis dieser Probleme und vor allem der erlassenen Richtlinien für den analytischen Chemiker von großer Wichtigkeit. Seine Aufgabe endet schließlich nicht bei der Fertigstellung der Analysen, sondern mit der kritischen Beurteilung der Ergebnisse.

Schließlich ist auch der Realität Rechnung zu tragen, da es zumeist weder aus ökonomischen, noch aus technischen Gründen möglich ist, alle Gewässer auf die höchste erreichbare Qualität zu bringen. In diesem Zusammenhang scheint eine Einteilung der Nutzungsarten von Wasser, die in der vom Europarat ausgearbeiteten "Europäischen Konvention zum Schutz internationaler Wasserläufe" enthalten ist, eigentlich allgemein anwendbar.

Im Artikel 17(1) sind mögliche Nutzungsarten aufgezählt, für die spezielle Grenzwerte gelten sollen:

a) Gewinnung von Trinkwasser zum menschlichen Genuß

b) Nutzung als Haus- und Wildtiertränke

c) Schutz des Wildlebens, der Flora und Fauna und die Sicherstellung der Bedingungen für ihre Erhaltung sowie Aufrechterhaltung der Selbstreinigungskapazität von Gewässern

d) Fischerei

e) Erholungsmöglichkeiten und Berücksichtigung von gesundheitlichen und ästhetischen Erfordernissen

f) direkte oder indirekte Verwendung für die Bewässerung landwirtschaftlich genutzer Flächen

g) Gewinnung von Brauchwasser für industrielle Zwecke

h) Erhaltung einer annehmbaren Güte mariner Gewässer.

Besonders bemerkenswert ist, daß die vom Rat der Europäischen Gemeinschaften übernommenen Richtwerte für die Qualitätsanforderungen an Wasser, das zu Trinkwasser aufbereitet werden soll, nahezu unverändert geblieben sind. Dabei werden drei Rohwasserqualitäten unterschieden, die sich auf die erforderliche Aufbereitungstechnologie stützen:

A 1: einfache physikalische Behandlung (Schnellfiltration) und Sterilisation (z.B. Chlorung)

A 2: Vorchlorung, Koagulation, Flockung, Absetzen, Filtration, Sterilisation

A 3: umfangreiche physikalische und chemische Behandlung, d.h. Adsorption, Oxidation, Sterilisation, Brechpunktchlorung, Koagulation, Flockung, Absetzen, Filtration, Feinreinigung über Aktivkohle, Sterilisation mit Ozon oder Chlorung.

Auch ohne auf die Grenzwerte für die einzelnen zu untersuchenden Parameter näher einzugehen, zeigt sich klar, welches vielfältige Arbeitsgebiet der analytische Chemiker vorfindet - auch wenn der Bereich der Trinkwasseraufbereitung nicht direkt in den Bereich der Umweltanalytik gehört.

Unbeachtet der jeweiligen Rechtslage wird jedermann der Notwendigkeit zustimmen, daß die Qualität des für den menschlichen Gebrauch oder für die Lebensmittelzubereitung verwendeten Wassers von überragender Wichtigkeit ist. Daß es daher in den meisten Staaten bereits gesetzliche Vorschriften geben muß, ist in logischer Folge auf die Verpflichtung der gesetzgebenden Stellen zurückzuführen, für das Wohlergehen und die Gesundheit ihrer Mitbürger zu sorgen. Sicherlich sind immer noch erhebliche Unterschiede bei den zulässigen Höchstwerten zu finden. Auch heute sind Langzeitwirkungen verschiedener Substanzen noch gut genug bekannt, um derartige Höchstgrenzen mit absoluter Sicherheit festzulegen. In vielen Fällen sind klimatische, manchmal aber auch ökonomische Faktoren zu berücksichtigen. Es wäre sinnlos, Gesetze zu erlassen, deren Durchsetzung bzw. Befolgung die national gegebenen Möglichkeiten weit übersteigen, so daß man wohl oder übel zu einer Kompromißlösung gezwungen ist. Es kann aber auch der Fall sein, daß keine ausreichenden technischen Möglichkeiten für die analytische Kontrolle einzelner Spezies gegeben sind. Alle diese Umstände lassen es verständlich erscheinen, daß der Weg zu einer einheitlichen, international akzeptierten Ansicht über die optimale Kontrolle der Wasserqualität immer noch sehr weit ist.

4.5 Gesetzeslage bezüglich der Wasserverschmutzung in Großbritannien

Aus den Berichten des Unterhauses aus der Mitte des 19. Jahrhunderts geht hervor, daß Sitzungen vertragt werden mußten, weil gelegentlich der Gestank der am Parlamentsgebäude vorbeifließenden Themse unerträglich wurde. Zufolgedessen wurde der "Rivers Pollution Prevention Act" (1876) erlassen. Anschließend wurde eine Königliche Kommission eingesetzt, die sich mit diesen Angelegenheiten zu befassen hatte. Es mag von Interesse sein, darauf hinzuweisen, daß die Empfehlung, Abwässer zu reinigen und anschließend im erforderlichen Ausmaß zu verdünnen und dabei den Biologischen Sauerstoffbedarf als Richtschnur zu verwenden, auch heute noch die Grundlage der biologischen Abwasserreinigung bildet. Trotzdem dauerte es noch viele Jahre, bis entscheidende Maßnahmen ergriffen wurden.

Die moderne Gesetzgebung begann erst im Jahre 1951 mit dem "Rivers Act" (1951) zur Verhinderung der Verunreinigung. Es folgten der "Clean Rivers (Estuaries and Tidal Waters) Act" (1960), gefolgt vom "Rivers (Prevention of Pollution) Act" (1961 bzw. 1965 für Schottland), der "Water Resource Act" (1963), der "Oil in Navigable Waters Act" (1955, 1971) und schließlich der "Control of Pollution Act" (1974), dessen Auswirkungen wegen der hohen Kosten für die diversen Sanierungsmaßnahmen jedoch erst etwa ab 1981 spürbar wurden.

Da die Gesetzeslage in Großbritannien für den Leser der deutschen Übersetzung von eher geringem Interesse sein dürfte, wird bezüglich der in weiterer Folge erlassenen gesetzlichen Bestimmungen auf die englische Originalausgabe verwiesen.

4.6 Programme für die Überwachung der Trinkwasser- und der Gewässerqualität

Bei der Kontrolle der Trinkwasserqualität ist es erforderlich, eine relativ große Anzahl von Parametern zu bestimmen. Da es aber schon aus zeitlichen Gründen nicht möglich ist, alle jene Parameter, die nicht permanent registriert werden können, in kurzen Abständen zu analysieren, muß eine nach Prioritäten gereihte Auswahl der wichtigsten Parameter getroffen werden. Diese Entscheidung wird sehr von den örtlichen Gegebenheiten bzw. von der Art und Qualität des Rohwassers abhängen. In industriellen Ballungsgebieten, in denen nicht nur das Wasser der Flüsse, sondern auch das Grundwasser vor allem durch Industrieabwässer chronisch verunreinigt ist, wird man nach Möglichkeit auf die Wasserversorgung aus Talsperren zurückgreifen. Ein großer Teil des süddeutschen Raumes wird über das Wasserwerk Sipplingen mit Wasser aus dem Bodensee versorgt, das schon ohne große Aufbereitung als Trinkwasser verwendbar wäre. Unter diesen Umständen ist es möglich, eine Entnahmekapazität von 40 $m^3 \cdot s^{-1}$ zu erreichen, ohne die Analytik zu überfordern. Im Gegensatz dazu werden Trinkwasseraufbereitungsanlagen im Ruhrgebiet vor wesentlich kompliziertere Aufgaben gestellt und müssen stets damit rechnen, daß sich die Rohwasserqualität in kürzester Zeit erheblich ändert. Trotzdem muß versucht werden, ausreichende Mengen Trinkwasser bereitzustellen, wobei noch die von den Gesundheitsbehörden festgelegten Qualitätsansprüche beachtet werden müssen.

Auf S. 153f. wurden bereits die acht hauptsächlichen Nutzungsarten von Wasser angeführt, wie sie im Konventionsentwurf des Europarates vorgesehen sind. Diese Einteilung bezieht sich jedoch nur auf Fließgewässer. Eine andere, sehr

Tab. 4.1 Qualitätsanforderungen an Wasser für verschiedene Verwendungszwecke

	Qualität				
Herkunft	1	2	3	4	5
Regen	Flora + Fauna				
Bäche	Flora + Fauna	Trinkwasser			
Flüsse Seen	Flora + Fauna	Trinkwasser	Kühlwasser	Industrie	
Estuare			Kühlwasser		
Ozean					Abwasseraufnahme
Grundwasser		Trinkwasser	Kühlwasser	Industrie	
Karstwasser		Trinkwasser			

vereinfachte Klassifikation von Nutzungsarten wird in Tab. 4.1 vorgestellt.

Diese Schema nimmt beispielsweise keine Rücksicht auf die sehr verschiedenen Ansprüche, die die Industrie an das benötigte Nutzwasser stellt. Ohne auf Details näher eingehen zu wollen, ist leicht einzusehen, daß etwa eine Brauerei, eine Gemüsekonservenerzeugung oder eine Textilfärbung sehr verschiedenartige Ansprüche an die Nutzwasserqualität stellen.

Was den Umweltanalytiker in diesem Zusammenhang viel mehr interessiert, ist der mögliche Einfluß auf das aquatische Ökosystem. Es ist durchaus möglich, daß sich auf der einen Seite unerwünschte Spurenelemente nicht entfernen lassen und auf schwer zu verfolgenden Wegen Eingang in die Nahrungskette finden. Umgekehrt stellen die Auswirkungen der mehr oder minder gut gereinigten Abwässer sicher das größere Risiko in bezug auf die aquatische Umwelt dar. Es ist oft schon schwierig genug, die Ursachen gröberer Verunreinigungen festzustellen. Noch viel schwieriger ist die Feststellung subletaler, chronischer Einwirkungen von Giftstoffen, vor allem dann, wenn es sich um persistente, bioakkumulierende Substanzen handelt.

In der Regel werden sich die für Gesundheit und Umweltschutz zuständigen Ministerien selbst mit der Abfassung entsprechender Richtlinien befassen. Da aber dazu sehr gründliche, wissenschaftlich fundierte Vorarbeiten geleistet werden müssen, wird diese Aufgabe meist eigenen Instituten übertragen. Eines der bekanntesten ist die in den Vereinigten Staaten etablierte Environment Protection Agency (EPA; s. S. 222). Das von diesem Institut herausgegebene Regelwerk "Water Quality Criteria", in dem die Auswirkungen von über 100 toxischen Stoffen und die Methoden zu ihrer Kontrolle und analytischen Bestimmung enthalten sind, wird auch außerhalb der USA gerne als wertvolle Unterlage benutzt.

Mit ihrer Hilfe ist es möglich, die Industriebetriebe zu einer strikten Kontrolle ihrer Abwässer zu veranlassen.

Sobald bei der Routineprüfung eines Gewässers bestimmte unerwünschte Substanzen festgestellt wurden, besteht die nächste Aufgabe im Auffinden des Verursachers. In weiterer Folge müssen dann entsprechende Verbesserungsvorschläge ausgearbeitet werden. In diesem Zusammenhang hat sich gezeigt, daß eine strikte Anwendung des "Polluter pays"-Prinzips oft nicht ohne Vorbehalt möglich ist. Die in Aussicht genommenen Lösungen müssen nicht nur technisch durchführbar, sondern auch ökonomisch sein. Radikale Maßnahmen, wie die Stillegung eines Betriebes sollten schon wegen der damit unweigerlich verbundenen sozialen Härten für die Beschäftigten auf ein absolut notwendiges Minimum beschränkt bleiben.

4.7 Bemerkungen zur Entnahme von Wasserproben

Zur Frage der Probenahme aus natürlichen Gewässern sind über das in Kap. 2 bereits Gesagte hinaus noch einige weitere Bemerkungen angebracht. Man darf nicht von vornherein stillschweigend annehmen, daß ein Wasserkörper in sich homogen wäre. Diese Annahme trifft bestenfalls für rasch fließende, sehr turbulente Flußläufe zu. Stehende Gewässer wie Seen und Talsperren sind fast immer deutlich thermisch geschichtet. In dieser Hinsicht ist eine wichtige Ausnahme von Interesse. Im Frühjahr und im Herbst ist es möglich, daß die obersten Wasserschichten, die vorher entweder wärmer oder kälter und somit leichter als das Tiefenwasser waren, ebenfalls eine Temperatur von ca. 4 °C annehmen. Nun ist durch den Windeinfluß die Möglichkeit zur Vollzirkulation gegeben, wodurch auch die vormalige Tiefenschicht wieder mit Sauerstoff angereichert werden kann. Solche Seen werden als holomiktisch bezeichnet. Ist der See sehr tief, so reicht die Windenergie nur für eine Teilumwälzung aus, die tiefsten Schichten bleiben unberührt und sind daher of anaerob. Dieser Seetyp wird als meromiktisch bezeichnet.

Ein weiterer Grund für Inhomogenitäten kann sich aus der Tatsache ergeben, daß die durch gelöste Stoffe verursachte Dichteerhöhung durch eine entsprechende Temperaturänderung aufgehoben werden kann. Es kommt öfter vor, daß verrohrte Zuläufe unter dem Wasserspiegel von Talsperren einmünden. Durch die kinetische Energie des Zulaufes können sich dann unter Umständen weit ausgedehnte, linsenförmige Wasserkörper ausbilden. Ein relativ einfaches Mittel zur Erkennung derartiger Inhomogenitäten besteht in der gleichzeitgen Registrierung von Temperatur und Leitfähigkeit des Tiefenprofils. Beide Parameter werden in solchen Fällen ebenfalls einen inhomogenen Verlauf zeigen. Im allgemeinen nimmt jedoch der Schwebstoffgehalt mit der Tiefe zu. Manche Arten von organischem Detritus und eventuell auch unlösliche organische Verunreinigungen geringerer Dichte können sich in den oberflächlichen Schichten anreichern. Es ist auch besonders darauf zu achten, daß die vollständige Einmischung von offenen oder verrohrten Zuläufen, ebenso wie von Zubringern, auch in rasch fließenden Gewässern nur sehr allmählich erfolgt. Wenn die örtliche Situation, die sich in Abhängigkeit vom Wasserstand abrupt ändern kann, nicht sehr genau bekannt ist, empfiehlt sich die Durchführung eines Färbeversuches. In allen Fällen, in denen die Homogenität nicht als gesichert betrachtet werden kann, müssen Proben an verschiedenen Entnahmepunkten entnommen werden, aus denen dann die eventuelle Streuung mit den in Kap. 2 beschriebenen Methoden bestimmt werden kann.

Für die Entnahme von Wasserproben aus tieferen Schichten sind spezielle Entnahmeflaschen erhältlich, bei denen die Füllung automatisch in der gewünschten Tiefe erfolgt. Außerdem werden viele Modelle von automatischen Probenahmegeräten angeboten, wobei die Proben auch gekühlt oder tiefgekühlt aufbewahrt werden können. Entnahmemenge und Zeitintervall sind mit Hilfe von Mikroprozessoreinheiten in weiten Grenzen wählbar. Statt der zeitproportionalen ist auch eine mengenproportionale Entnahme möglich, wobei aber der Zusammenhang zwischen Spiegelhöhe und Abfluß (die sog. Pegelkurve) bekannt sein muß. Auf dieselbe Weise kann man auch kurzfristig auftretende Hochwasserwellen nach starken Gewitterregen etc. erfassen, indem das Entnahmegerät so eingestellt wird, daß es erst nach Überschreiten eines vorbestimmten Wasserstandes mit der Entnahme beginnt.

Die Probenahme von Regenwasser stellt eine eigene, interessante Aufgabe dar. Im allgemeinen müssen Regenwasserproben über einen längeren Zeitraum entnommen werden, wodurch man über einen längeren Zeitraum integrierte Analysenwerte erhält. Trotzdem kann sich die Zusammensetzung der Proben schon bei relativ geringen Entfernungen zwischen zwei Entnahmeorten erheblich ändern, ein Umstand, der den Neuling auf diesem Gebiet oft überrascht. In Tab. 4.2 sind einige Beispiele für die Zusammensetzung von Regenwasser angegeben.

Tab. 4.2 Analysenwerte für Regenwasser (in $mg \cdot l^{-1}$)

Ion	Schottisches Hochland (a)	Niederländ. Küste (b)	Schwarzwald (c)	Dortmund Stadtgebiet (c)
H^+	0,058	0,06	0,06	0,07
Na^+	1,83	2,6	0,43	0,35
K^+	0,18	0,2	0,27	0,21
Ca^{2+}	0,47	0,40	0,28	0,69
Mg^{2+}	0,22	0,36	0,03	0,15
NH_4^+	0,20	1,1	0,30	1,47
Cl^-	2,9	5,0	0,67	1,85
NO_3^-	4,0	3,2	1,12	3,05
SO_4^{2-}	4,7	5,2	3,20	6,36
HCO_3^-	0,1	-	-	-

(a) Ergebnisse von Cresser (1977/78)

(b) mit frdl. Genehmigung von Dr. J. Slanina, Netherlands Energy Foundation, Petten, Netherlands (1978)

(c) mit frdl. Genehmigung von Prof. D. Klockow, Universität Dortmund, BRD (1975, 1980).

Regenwasser ist nicht steril; verbleibt es längere Zeit im Regenwassersammelgefäß, so ändern sich mit der Zeit der pH-Wert, die Nitrat- und die Ammonium-Konzentration. Das Eindringen von Staub sollte verhindert werden, indem das Gefäß mit einem Deckel versehen wird, der sich nur während der Sammelzeit, also während der Dauer der Niederschlagstätigkeit automatisch öffnet. Die Regenwassersammelgefäße ziehen verschiedene Fliegen und sonstige Insekten an, die durch ein feinmaschiges Netz abgehalten werden können. Am oberen Rand in engen Abständen angebrachte Drahtspiele verhindern Vögel, sich am Rand des Sammelgefäßes niederzulassen und ihre Exkremente abzusetzen. Über die Fragen der Probenahme von natürlichen Gewässern und Abwässern haben Wilson[16], Höll[17] sowie Leithe[18] und Kempf[19] ausführlich berichtet.

4.8 Aufbewahrung von Proben und Verhinderung von Verunreinigungen (DEV AI)

In vielen Fällen erfolgt die Probenahme nicht durch den Analytiker selbst und entzieht sich daher seiner Kontrolle. Es kann auch der Fall sein, daß der Entnehmer nicht informiert ist, welche Bestimmungen durchgeführt werden sollen; selbst wenn er es wüßte, ist immer noch nicht sicher, ob ihm alle möglichen Ursachen von Verunreinigungen bekannt sind. Dieser Sachverhalt soll nur an einem einzigen Beispiel demonstriert werden: Im Labor des Autors Cresser wurde eine Wasserprobe in Empfang genommen, die einen offensichtlich weit überhöhten Zink-Gehalt aufwies. Bei näherer Inspektion zeigte sich, daß der Flaschenverschluß schon in wenigen Minuten so viel Zink an entionisiertes Wasser abgab, daß die Anzeige bei der AAS-Bestimmung den Skalenendpunkt überschritt. Wie sich herausstellte, stammte das Zink von der Innenbeschichtung der Verschlußkappe. Dieses Beispiel illustriert die Wichtigkeit der Einhaltung aller Einzelheiten der für die Probenahme festgelegten Vorgangsweise, wobei auch die Auswahl der Probenahmegefäße mit inbegriffen ist. Es muß stets sorgsam darauf geachtet werden, alle erfaßbaren Ursachen von Verunreinigungen von Proben zu vermeiden, da in allen Fällen die Probenahme mit einem erheblichen Aufwand an Arbeitszeit und Gerät verbunden ist.

Ebenso sorgsam muß auf die Stabilität von Wasserproben geachtet werden. Sie hängt nicht nur von der Art der Probe ab, sondern auch von den Parametern, die zu bestimmen sind, von der Wahl des Gefäßmaterials und schließlich von der Zugabe von Konservierungsmitteln. Praktische Versuche über die Stabilität der Probe in Zusammenhang mit den zu bestimmenden Parametern und den verschiedenen Arten von Wasserproben sind von größtem Wert. Sofern es sich irgendwie ermöglichen läßt, sollten derartige Tests möglichst unmittelbar nach der Probenahme erfolgen. Für den Transport und die Aufbewahrung von Proben, in denen Spurenelemente und sonstige anorganische Ionen bestimmt werden sollen, eignen sich Gefäße aus Polyethylen am besten, sobald man sich davon überzeugt hat, daß sie tatsächlich keine störenden Einflüsse ausüben. Sie sind auch robuster und leichter als Glasflaschen, ein Umstand, der sehr ins Gewicht fällt, wenn die Flaschen über unwegsames Gelände oder über längere Strecken, unter Umständen in Kraftfahrzeugen oder mit der Bahn, transportiert werden müssen. Für die Bestimmung von organischen Spurenstoffen müssen allerdings immer Glasgefäße verwendet werden.

Es gilt als sicher, daß das Ansäuern von Wasserproben auf pH = 1 den Verlust von Spurenelementen verhindert, die sonst an den Gefäßwandungen adsorbiert werden könnten. Unter diesen Bedingungen ist es aber erforderlich, Schwebstoffe durch Filtration zu entfernen, da in der sauren Lösung zusätzliche Spuren von Metallionen in Lösung gehen können. Um zu verhindern, daß sich die Verteilung von Kohlenstoff, Stickstoff und Phosphor noch nach der Probenahme durch mikrobielle Aktivitäten ändert, pflegt man Toluol, Chloroform oder Quecksilber(II)-chlorid zuzusetzen.

Da über die Frage der Probenkonservierung ausführliche Unterlagen vorhanden sind, soll dieses Thema hier nicht weiter behandelt werden. Interessierte Leser mögen die Monographien von Wilson[16] bzw. von Höll[17] oder Leithe[18] als Unterlage heranziehen.

Nach dieser kurzen Zusammenfassung der mit der Probenahme zusammenhängenden Fragen könnte der Eindruck entstehen, daß Probleme mit Wasserversorgung und Wasserverunreinigung erst in der Neuzeit aufgetaucht sind. Abgesehen von den bekannten Plakaten, die man allerorten in Gasthäusern sehen kann, in denen auf die Unterlassung gewisser Wasserverschmutzungen hingewiesen wird, da der Bürgermeister beabsichtigt, Bier zu brauen, hat sich bereits im Altertum Frontinus[20] etwa um 100 n. Chr. mit diesen Fragen befaßt. Seine Hauptanliegen waren nicht nur die Instandhaltung von Mauern und Aquaedukten, sondern auch der unerlaubte Verkauf und Gebrauch von Wasser. Er fand es auch für notwendig, Verordnungen gegen die Wasserverunreinigung zu erlassen: "Niemand soll Wasser böswillig dort verschmutzen, wo es öffentlich abgegeben wird. Sollte jemand dieses verschmutzen, so soll er mit 10 000 Sesterzen bestraft werden".

4.9 Untersuchung von Wasserproben – was ist zu bestimmen?

Aus den vorigen Kapiteln war bereits zu entnehmen, daß Wasser eine große Zahl von Stoffen enthalten kann, deren Bestimmung interessant oder notwendig ist. Die restlichen Abschnitte dieses Kapitels befassen sich mit der Bestimmung jener Parameter, die für die Wasserwirtschaft von Interesse sind. Die folgenden Ausführungen sollen auch Einblick in die derzeit übliche Arbeitsmethodik des Wasseranalytikers bzw. der einschlägig tätigen Untersuchungslaboratorien geben. Der Einsatz von Atomabsorptionsspektrometern, der sich in letzter Zeit für die Untersuchung von Metallspuren immer mehr durchgesetzt hat, besonders durch die in jüngster Zeit entwickelte Technik der Hydrid-Bildung und den Einsatz von Graphitstab- oder Graphitrohranregung, wird in den Kapiteln 5 und 6 ausführlich besprochen. Auf den Umfang von Überwachungsprogrammen wurde bereits Bezug genommen. Es dürfte jedoch zweckmäßig sein, die üblicherweise zu bestimmenden Parameter in sieben Gruppen zusammenzufassen:

1. Der subjektive Eindruck, auch unter der Bezeichnung organoleptische Prüfung bekannt, läßt sich kaum quantitativ erfassen. Trotzdem sind diese Angaben als wertvolles Hilfsmittel zu betrachten, vor allem dann, wenn die Untersuchungsergebnisse der Öffentlichkeit bekannt gegeben werden. Zu dieser Kategorie gehören Farbe, Trübung, Geruch und Geschmack (DEV C1, C2, B 1/2).

2. Allgemeine Indikatoren sind der pH-Wert, die elektrische Leitfähigkeit und die Temperatur. Die beiden ersten Werte sollten nach Möglichkeit, die Temperatur muß an Ort und Stelle bestimmt werden.

3. Sauerstoffgleichgewicht. Sauerstoffgehalt und die temperaturabhängige Sauerstoffübersättigung geben einen wichtigen Hinweis auf das Ausmaß der organischen Belastung eines Gewässers und auf die allenfalls mögliche Selbstreinigung. Zu bestimmen sind der Gehalt an gelöstem Sauerstoff (DO) in $mg \cdot l^{-1}$ und in %, der Chemische Sauerstoffbedarf (COD), der Biologische Sauerstoffbedarf (BSB bzw. BOD) und die Gesamtmenge des organischen Kohlenstoffs, für die man allgemein die Abkürzung TOC (= Total Organic Carbon) verwendet, als Richtwert für die Belastung mit organischen Substanzen (s. S. 212).

4. Zumeist werden folgende Anionen bestimmt: Chlorid (auch von Bedeutung für die Salinität), Nitrat (möglicherweise auch von Kunstdünger), Nitrit (zeigt bakteriologischen Abbau relativ frischer organischer Verunreinigungen an), Phosphate (Kunstdünger und synthetische Waschmittel; in geringerem Maß auch aus Fäkalien), Sulfit (zumeist industriellen Ursprungs), Sulfid (anaerober bakterieller Abbau), Sulfat (meist aus dem Gipsanteil des Bodens oder des Grundwasserträgers) und Cyanid (aus industriellen Abwässern). Gelegentlich muß auch Fluor und Silikat bestimmt werden.

5. Die Auswahl an Kationen ist ziemlich groß; zumeist werden folgende bestimmt: Natrium (Salinität) und Kalium (Kunstdünger), Calcium und Magnesium (Härtebildner), Ammonium (Kunstdünger, aber auch durch bakteriellen Abbau organischer Stoffe), Schwermetalle (meist Blei, Cadmium und Quecksilber; in hoch industrialisierten Gebieten auch Kupfer, Nickel und Zink).

6. Organische Substanzen. Die Bestimmung von TOC wurde bereits erwähnt. Obwohl es sich um einen typischen Summen-

parameter handelt, ist dieser Wert doch als genereller Hinweis auf das Ausmaß der organischen Belastung von Interesse. Es handelt sich um eine völlig unspezifische Bestimmung, die sowohl organische Stoffe aus natürlichen Quellen aus dem Boden (Huminsäuren) als auch solche Verbindungen erfaßt, die auf menschliche Einwirkung zurückzuführen sind. Dazu gehören Mineralöle, Abwässer der Papier- und Zellstoffindustrie (Salze der Ligninsulfosäuren) und generell Abwässer aller Art. Für etwas speziellere Zwecke stehen gruppenspezifische Bestimmungen zur Verfügung, wie z.B. für Mineralöle, für waschaktive Substanzen, Phenole, einige Pestizide und Carbonsäure.

7. Die bakteriologische Untersuchung ist besonders dann von Wichtigkeit, wenn das Wasser für den menschlichen Gebrauch (auch für Erholungszwecke) verwendet werden soll. Insbesondere weist die Anwesenheit bestimmter coliformer Bakterien auf Verunreinigung durch ungereinigte, meist kommunale bzw. häusliche Abwässer hin, so daß es als "potentiell nicht zufriedenstellend und von nicht gesicherter Qualität in sanitärer Hinsicht" bezeichnet werden muß[21].

Diese Formulierung bezieht sich auf die Richtlinie, die in den USA verwendet wird. In den Ländern, die der Europäischen Gemeinschaft angehören, wird man sich auf einige einschlägige EG-Richtlinien beziehen, die aber auch in den nicht zur Gemeinschaft gehörenden Ländern als Grundlage für ähnliche Bestimmungen dienen.

Wie schon zu Beginn dieses Kapitels erwähnt, wird auch die biologische Untersuchung zur Beurteilung der Gewässergüte herangezogen. Da dies aber in den Aufgabenbereich eines speziell geschulten Biologen fällt, kann dieses Thema in diesem Rahmen nicht weiter behandelt werden. Darüber hinaus ist nochmals darauf hinzuweisen, daß in den deutschsprachigen Ländern - ungeachtet eventueller nationaler Richtlinien - die schon mehrfach erwähnten "Deutschen Einheitsverfahren" für die Wasser-, Abwasser- und Schlammuntersuchung (DEV) als absolut verläßliche und detaillierte Arbeitsunterlage betrachtet werden.

4.10 Ausgewählte analytische Methoden zur Kontrolle der Wassergüte

Der Rest dieses Kapitels befaßt sich mit der Diskussion einer Auswahl der wichtigsten analytischen Methoden, wie sie in der Wasserwirtschaft allgemein angewandt werden. Wo es angebracht erscheint, werden einzelne Methoden etwas ausführlicher behandelt. Gelegentlich läßt sich eine Überschneidung mit analytischen Methoden, die auch in anderen Teilgebieten der Umweltanalytik eingesetzt werden - wie z.B. AAS - nicht vermeiden.

In zahlreich europäischen, vor allem in deutschsprachigen, Ländern, werden die von der Fachgruppe Wasserchemie im Verein Deutscher Chemiker herausgegebenen "Deutschen Einheitsverfahren zur Wasser-, Abwasser- und Schlammuntersuchung"[6] ausführlich beschriebenen Analysenmethoden verwendet. Zur Zeit wird dieses Loseblattwerk Schritt für Schritt in das Deutsche Normenwerk übernommen. Nach einer entsprechenden Übergangszeit werden sämtliche Einheitsverfahren als DIN-Normen vorliegen. Für die Teilgebiete (Haupttitel) sind vorgesehen:

Band I

A	Allgemeine Angaben	DIN 38 402
B	Geruch und Geschmack	DIN 38 403
C	Physikalische und physikalisch-chemische Kenngrößen	DIN 38 404
D	Anionen	DIN 38 405
E	Kationen	DIN 38 406
F	Gemeinsam erfaßbare Stoffe	DIN 38 407
G	Gasförmige Bestandteile	DIN 38 408
H	Summarische Wirkungs- und Stoffkenngrößen	DIN 38 409

Band II

K	Mikrobiologische Verfahren
L	Testverfahren mit Wasserorganismen
M	Verfahren der biologisch ökologischen Untersuchung
P	Einzelkomponenten
S	Schlämme und Sedimente

Einige dieser Kapitel sind ebenfalls schon genormt.

Um ständige Wiederholungen des Literaturzitats[6] zu vermeiden, wird in weiterer Folge nur der Zusatz "DEV...(DIN)" verwendet. Durch die Berücksichtigung der Einheitsverfahren waren einige Abweichungen vom englischen Original unvermeidlich.

4.11 pH-Messung – die Glaselektrode (DEV C-5)

Mit Hilfe der Glaselektrode wird der pH-Wert einer wäßrigen Lösung auf elektrochemischem Weg unmittelbar in eine elektrische Spannung umgewandelt. Es handelt sich um eine Nernstsche Konzentrationskette, deren Potential durch Aktivitäten der Wasserstoffionen innerhalb und außerhalb einer dünnen, für Wasserstoffionen durchlässigen Glasmembran bestimmt wird. Die kugelförmige Membran befindet sich am unteren Ende eines Glasrohres, das von einem weiteren Glasrohr zur Aufnahme der Referenzelektrode konzentrisch umgeben ist (s. Abb. 4.2).

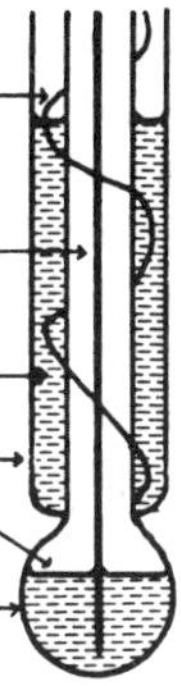

Abb. 4.2 Eine kombinierte Glas/Silber-Silberchlorid-Elektrode

Als Referenzsystem wird zumeist Kalomel- oder eine Silber-Silberchlorid-Kaliumchlorid-Kette verwendet. Das zu messende Potential ergibt such aus der Nernstschen Gleichung

$$E = E^0 + \frac{RT}{nF} \cdot \ln \frac{a_H\,(\text{Probe})}{a_H\,(\text{Standard})} \qquad (4.1)$$

$$\text{bzw. } E = E^0 + 0{,}058\ \text{pH (bei 20 °C)} \qquad (4.2)$$

Zur Bestimmung der Konstanten, also zur Eichung des Meßsystems verwendet man Pufferlösungen mit genau definiertem pH-Wert. Die pH-Elektrode wird in die Standard-Pufferlösung eingetaucht, anschließend stellt man die Anzeige des Meßgerätes auf den korrekten Wert. Es ist empfehlenswert, die Einstellung mit einer zweiten Pufferlösung mit einem anderen pH-Wert zu kontrollieren. Sollte die Anzeige erheblich vom theoretischen Wert von 58 mV pro pH-Einheit abweichen, muß die Elektrode ausgetauscht werden, da sie in diesem Fall sicher fehlerhaft ist. Kleine Abweichungen sind oft darauf zurückzuführen, daß der pH-Wert der alkalischen Pufferlösung durch Aufnahme von Kohlendioxid aus der Atmosphäre nicht mehr den korrekten Wert aufweist.

Arbeitsvorschrift. Man bereitet zumindest zwei der drei nachfolgend angegebenen Pufferlösungen unmittelbar vor Gebrauch:

0,5	molare Kaliumhydrogenphthalat	$10{,}2\ g \cdot l^{-1}$	pH 4,00
0,025	molare Dinatriumhydrogenorthophosphat·12 H_2O	$8{,}95\ g \cdot l^{-1}$	pH 6,88
0,025	Kaliumdihydrogenphosphat	$3{,}40\ g \cdot l^{-1}$	
0,05	Natriumtetraborat	$19{,}2\ g \cdot l^{-1}$	pH 9,2

(pH-Wert bei 20 °C)

Zur Eichung taucht man die sorgfältig und mit weichem Zellstoff gereinigte Elektrode in zumindest zwei der drei angegebenen Lösungen, wobei die Elektrode jedesmal neuerlich sorgfältig gespült und gesäubert wird. Man warte zumindest eine Minute, bis sich eine stabile Ablesung ergibt. Die Eichlösung wird mehrmals umgerührt. Das pH-Meter sollte eine Ablesegenauigkeit von ± 0,1 pH-Einheiten haben.

4.12 Elektrische Leitfähigkeit (DEV C-8, 11. Lieferung)

Für die Messung genügen einfache, meist mit wieder aufladbaren Batterien betriebene Meßgeräte mit einer Eintauch-Meßzelle. Zur Messung wird Wechselstrom mit einer Frequenz bis zu 1000 Hz verwendet, um die eventuelle Polarisation der Elektroden und dadurch verursachte Fehlmessungen zu vermeiden. Die Ergebnisse werden allgemein in $mS \cdot cm^{-1}$ bzw. $\mu S \cdot cm^{-1}$ (Milli- bzw. Mikrosiemens pro cm) angegeben. Zur Eichung kann eine 0,01 molare Kaliumchlorid-Lösung (0,7456 $g \cdot l^{-1}$) bei 25 °C verwendet werden, die eine Leitfähigkeit von 1421 $\mu S \cdot cm^{-1}$ aufweist. Es muß darauf geachtet werden, daß das verwendete Wasser bzw. die Eichlösung frei von Kohlendioxid ist. Ferner ist die Temperatur auf zumindest 0,1 °C einzuhalten, da die Leitfähigkeit einen relativ hohen, nicht linearen Temperaturkoeffizienten aufweist (3,67 % bei 0 °C; 1,78 % bei 35 °C). Wenn irgend möglich, sollte man die Messung der Leitfähigkeit an Ort und Stelle zunächst bei der Temperatur des Probenmediums durchführen und anschließend die Messung an einer auf 25 °C gebrachten Probe wiederholen. Die letztere Messung ist als die verläßlichere zu betrachten. Auch hier ist darauf hinzuweisen, daß besonders sehr weiche Wässer mit entsprechend niedriger Leitfähigkeit auf Störungen des Carbonat-Bicarbonat-Gleichgewichtes sehr empfindlich reagieren, wodurch sich sehr merkliche Fehlresultate ergeben können. Tab. 4.3 bringt eine Auswahl von Umrechnungsfaktoren für einige ausgewählte Temperaturen.

Tab. 4.3 Umrechnungsfaktoren für die elektrische Leitfähigkeit wäßriger Lösungen (bezogen auf 25 °C)

Temperatur	0	5	10	15	20	25	30	35
Faktor	1,918	1,643	1,428	1,256	1,116	1,000	0,903	0,822

Besonders zu beachten ist, daß diese Bestimmung auch als DIN 38 404, Teil 8, genormt ist. In älteren, nunmehr überholten Ausgaben der DEV ist die Bezugstemperatur noch mit 20 °C angegeben.

4.13 Gelöster Sauerstoff (DEV G-2)

Zur Messung des Gehaltes an gelöstem Sauerstoff stehen zwei Arten von Methoden zur Verfügung, die chemische Bestimmung durch Titration (nach Winkler) und die elektrochemische (amperometrische) Methode.

4.13.1 Sauerstoffbestimmung nach Winkler

Diese Methode beruht auf der Oxidation von Iodid-Ion zu Iod, das in bekannter Weise mit Thiosulfat-Lösung titriert werden kann. Das Hauptproblem besteht aber darin, den gelösten Sauerstoff zunächst quantitativ zu fixieren und gleichzeitig eventuelle Nebenreaktionen zu unterbinden. Das erste Ziel erreicht man mittels Mangan(II)-chlorid, das auf Zusatz von Alkalien in das entsprechende Mangan(II)-hydroxid übergeht, welches den gelösten Sauerstoff begierig aufnimmt

$$4\ Mn(OH)_2 + O_2 + H_2O \rightarrow 4\ Mn(OH)_3 \qquad (4.3)$$

Beim Ansäuern geht die dem Sauerstoff-Gehalt äquivalente Menge Mn(III)-hydroxid in Lösung und oxidiert I^- zu I_2.

$$2\ Mn(OH)_3 + 2\ I^- + 6\ H^+ \rightarrow 2\ Mn^{2+} + I_2 + 6\ H_2O \qquad (4.4)$$

Das freigesetzte I_2 wird abschließend mit Thiosulfat-Lösung titriert

$$I_2 + 2\ S_2O_3^{2-} \rightarrow 2\ I^- + S_4O_6^{2-} \qquad (4.5)$$

Aus diesen stöchiometrischen Beziehungen ergibt sich, daß 4 Mol Thiosulfat 1 Mol Sauerstoff äquivalent sind. Verwendet man eine 0,025 molare Thiosulfat-Lösung (6,02 g $Na_2S_2O_3 \cdot 5H_2O$, gelöst in 1 l, durch Kochen entgastem, destilliertem Wasser), so entspricht 1 ml Titerlösung 0,2 mg gelöstem Sauerstoff; verwendet man zur Titration 200 ml Probe, so ergibt sich die einfache Beziehung: 1 ml Titer = 1 $mg \cdot l^{-1}$ gelöster Sauerstoff.

Eventuelle Störungen durch Nitrit-Ion, das bei Einleitung von Abwässern vorkommen kann, werden ausgeschaltet, indem man zur alkalischen Iodid-Lösung Natriumazid zusetzt. Beim Ansäuern reagiert salpetrige Säure sofort unter Bildung von freiem Stickstoff:

$$N_3H + HNO_2 \rightarrow N_2 + N_2O + H_2O \qquad (4.6)$$

Arbeitsvorschrift. Man füllt eine 200 ml Probeflasche bis zum oberen Rand des Schliffhalses, wozu man am besten eine 250 ml Pipette verwendet, um den Kontakt mit der Luft so gering wie möglich zu halten. Das Volumen der verschlossenen Flasche muß auf 0,1 ml genau bekannt sein (Auswiegen mit und ohne Wasser). Man läßt aus einer Pipette 1 ml Mangan(II) sulfat-Lösung (500 $g \cdot l^{-1}$ Mangansulfattetrahydrat) und 1 ml Alkali-Iodid-Azid-Lösung (400 g NaOH, 200 KI und 5 g NaN_3 in 1 l H_2O) so einfließen, daß die Pipette den Flaschenboden berührt. Sobald sich der Niederschlag gut abgesetzt hat, dekantiert man den größten Teil der Lösung, setzt 2 ml konz. Phosphorsäure und etwas Wasser zu, um den Niederschlag in Lösung zu bringen und titiert das freigesetzte Iod mit 0,025 molarer Thiosulfat-Lösung. Das Resultat wird in $mg \cdot l^{-1} O_2$ angegeben. Aus dem Vergleich mit dem Wert für die Sauerstoffsättigung bei der Entnahmetemperatur ergibt sich der Prozentsatz der Sättigung.

Nach der DEV-Arbeitsvorschrift G 2 verwendet man Flaschen mit einem auf 0,1 ml genau abgestimmten Volumen von 110 - 130 ml, die mit einem abgeschrägten Glasstopfen verschlossen sind.

Als Reagenzien sind vorgeschrieben: 800 g Mangan(II)chlorid-tetrahydrat, gelöst in 1 l destilliertem Wasser; Fällungsreagenz: 360 g NaOH, 200 g KI und 5 g NaN_3 werden mit H_2O zu 1 l gelöst. Die Lösung wird über Glaswolle oder Asbest filtriert.

Arbeitsvorschrift. Nachdem die Flasche bis zum Überlaufen gefüllt wurde, fügt man 1,5 ml Mangan(II)chlorid-Lösung und 0,5 ml alkalische Iodidlösung zu, verschließt und schüttelt. Diese Methode hat sich an der Bundesanstalt für Wassergüte, Wien, seit Jahrzehnten auch bei Außenuntersuchungen bewährt. Der Zusatz der Reagenzien erfolgt in der Weise, daß die Lösungen in den Hals der etwas schräg gehaltenen Flasche eingebracht werden. Wegen der hohen Dichte fließen die Reagenzien ohne nennenswerte Durchmischung auf den Boden der Flasche. Der abgeschrägte Stopfen wird sofort luftblasenfrei aufgesetzt, erst dann wird durch Kippen der Flasche durchmischt. Für Außenuntersuchungen stehen passende Transportkistchen für je 24 Flaschen zur Verfügung. Die Auswertung erfolgt noch am gleichen Abend.

Falls oxidierende oder reduzierende Stoffe anwesend sind, wird das Iod-Differenzverfahren nach Ohle verwendet, das ebenfalls in den DEV G 2 beschrieben ist.

4.13.2 Elektrochemische Methode – Polargraphie

Sauerstoff läßt sich in wäßrigen Lösungen an verschiedenen Elektroden durch Anlegen einer geringen negativen Spannung reduzieren. Die Stromstärke ist dabei durch die Geschwindigkeit bestimmt, mit welcher der gelöste Sauerstoff zur Elektrode diffundieren kann. Es handelt sich somit um ein diffusionskontrolliertes System. Es gibt dabei zwei Varianten: Die Diffusion kann entweder direkt aus der Lösung zur Elektrode erfolgen; man kann aber auch eine sehr dünne Membran aus Polyethylen verwenden, die die zu untersuchende Lösung von der Meßzelle trennt, in der zwei Elektroden eine elektrochemische Zelle bilden. In beiden Fällen handelt es sich im Prinzip um polarographische Methoden.

Die für diesen Zweck geeignete Quecksilber-Tropfelektrode weist gegenüber anderen Elektroden einige Vorteile auf:

1. Die Oberfläche der Tropfelektrode wird ständig neu gebildet, wodurch sie frei von Verunreinigungen bzw. Reaktionsprodukten bleibt.

2. **Wasserstoff-Ionen werden bei dem für Sauerstoff erforderlichen Potential noch nicht reduziert und stören daher nicht.**

3. Viele Metalle, deren Abscheidungspotential niedriger liegt als das von Sauerstoff, lösen sich in Quecksilber sofort unter Amalgambildung.

4. Sauerstoff wird sich an der Quecksilberelektrode in zwei Stufen reduzieren:

$$O_2 \xrightarrow{+2H^+ + 2e^-} H_2O_2 \xrightarrow{+2H^+ + 2e^-} 2\,H_2O \qquad (4.7)$$

Abb. 4.3 zeigt eine Skizze der benötigten Apparatur. Das Tropfintervall sollte etwa 4 - 6 sec betragen. Man benötigt ein Galvanometer mit einem Meßbereich von 10 - 20 µA. Auf absolute Sauberkeit der Tropfkapillare muß größter Wert ge-

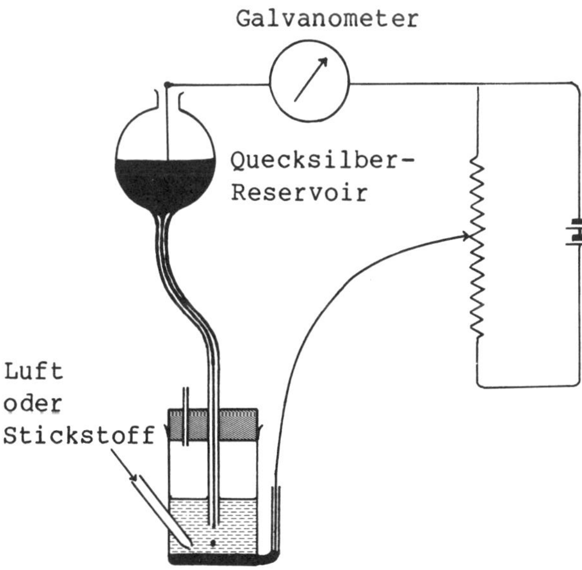

Abb. 4.3 Apparatur zur polarographischen Bestimmung von gelöstem Sauerstoff

legt werden. Sie soll nach Verwendung in einem leeren oder mit Wasser gefüllten Behälter, der etwas unter dem Quecksilber-Niveau angebracht ist, aufbewahrt werden, um Quecksilber-Verlust zu verhindern. In keinem Fall darf sie dafür je über das Quecksilber-Niveau gehoben werden, da sonst das Quecksilber zurückweicht, wobei Schmutz in die Kapillare eindringen kann.

Arbeitsvorschrift. Man pipettiert 10 ml Wasserprobe in die Meßzelle und setzt zur Erhöhung der Leitfähigkeit 0,1 ml 1 molare Kaliumchlorid-Lösung zu. Die Meßzelle muß als Gegenelektrode etwas Quecksilber enthalten. Die Tropfelektrode wird eingesetzt, wobei das Niveaugefäß auf eine Höhendifferenz von ca. 50 cm eingestellt wird. Man steigert das Potential von -0,1 auf -1,5 V. Abb. 4.4 zeigt das resultierende Diagramm. Die Höhe der Welle i_S ist proportional zum Sauerstoffgehalt. Nachdem die Probe 5 min. mit durchperlender Luft gespült wurde, wird ein zweites Polarogramm aufgenommen, das unter Umständen auch einen niedrigeren Sauerstoffgehalt zeigen kann, da die Temperatur im Labor oft höher liegt als die der ursprünglichen Probe und die Löslichkeit von Sauerstoff mit der Temperatur bekanntlich abnimmt. Die Temperaturabhängigkeit der Löslichkeit ist in Abb. 4.5 dargestellt. Genaue Werte sind in den DEV G 2 in Tabellenform enthalten. Aus den für die Probe erhaltenen und den aus der Tabelle bzw. dem Diagramm entnommenen Werten läßt sich nun der Grad der Sauerstoffsättigung berechnen. Noch genauere Ergebnisse erhält man, wenn man die Probe sauerstofffrei macht, indem man einige Minuten Stickstoff durchbläst, den Blindwert bestimmt und diesen bei der Berechnung berücksichtigt.

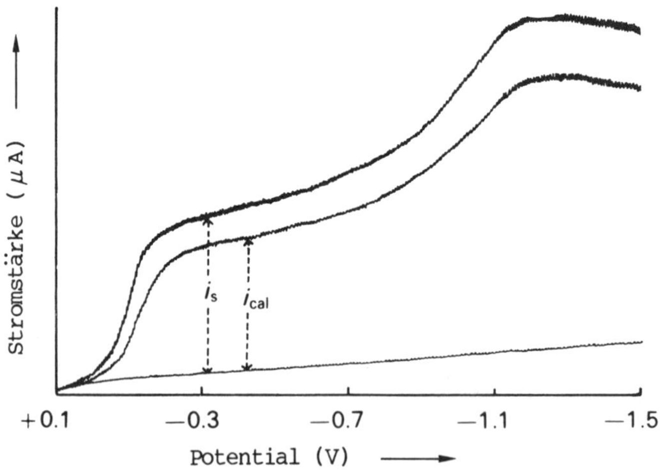

Abb. 4.4 Polarographische Stufen für gelösten Sauerstoff in einer Probe (obere Kurve), in einer belüfteten Probe (mittlere Kurve) und in einer Blindprobe (Sauerstoff wurde durch Einblasen von Stickstoff entfernt)

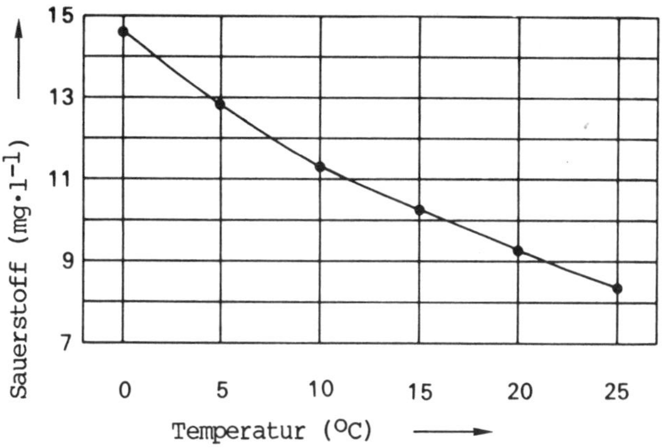

Abb. 4.5 Temperaturabhängigkeit der Löslichkeit von Sauerstoff in Wasser

4.13.3 Sauerstoffbestimmung mit der Mackereth-Zelle

Diese Zelle beruht ebenfalls auf einer polarographischen Bestimmung, wobei aber die Diffusionsgeschwindigkeit des Sauerstoffs durch eine Polyethylen-Membran bestimmt wird. Gegenüber der polarographischen Methode ergibt sich der Vorteil der leichteren und einfacheren Handhabung, außerdem entfällt das auf die Dauer gesundheitsgefährdende Arbeiten mit Quecksilber. Eine der im Handel erhältlichen Zellen kann in Verbindung mit einem pH-Meter verwendet werden und zeigt, bei entsprechender Dimensionierung, statt pH-Einheiten mg Sauerstoff pro Liter. Die Zelle enthält eine Metallelektrode aus Silber und eine aus Blei. Beide sind in einem Kaliumhydrogencarbonat-Elektrolyten eingebettet, der zumeist durch einen Zusatz eines inerten Polymers zu einem Gel verdickt ist. Die Diffusionsmembran hat eine Dicke von 0,06 mm und wird mit einem O-Ring gehalten[22]. Da es sich um eine galvanische Zelle handelt, ist keine äußere Stromquelle erforderlich. Zur Eichung taucht man die Zelle in sauerstofffreies Wasser (O_2 wird am einfachsten durch Zusatz von etwas Natriumsulfit entfernt). Die Zelle wird dann in die Probe und zuletzt in die mit Luft gesättigte Probe getaucht. Folgende Reaktionen laufen an der Silberelektrode ab:

$$O_2 + 2\ H_2O + 4\ e^- \longrightarrow 4\ OH^- \qquad (4.8)$$

oder an der Bleielektrode:

$$Pb + 4\ OH^- \longrightarrow PbO_2 + 2\ H_2O + 4\ e^- \qquad (4.9)$$

bzw. $$2\ Pb + 4\ OH^- \longrightarrow 2\ Pb(OH)_2 + 4\ e^- \qquad (4.10)$$

Um eine korrekte Ablesung zu erzielen, muß die Flüssigkeit an der Membran mit einer gewissen Mindestgeschwindigkeit von ca. 0,5 $m \cdot s^{-1}$ vorbeiströmen, da sonst der Sauerstoffgehalt der Grenzschicht abnehmen würde. Die Diffusionsgeschwindigkeit ist etwas temperaturabhängig. Sie wird zumeist mit einem in Nähe der Elektroden angebrachten Thermistor kontrolliert bzw. kompensiert.

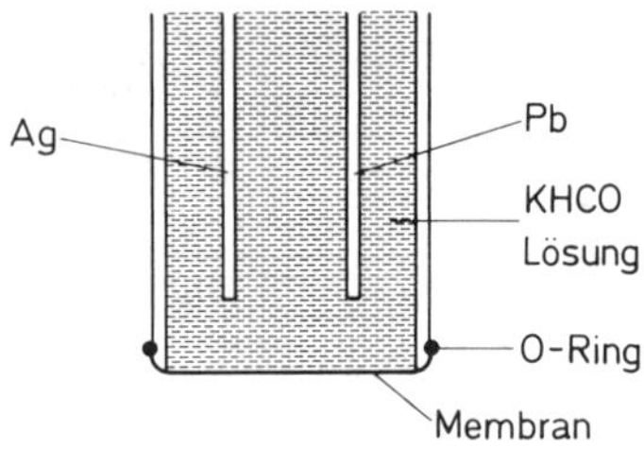

Abb. 4.6 Schematische Darstellung der Mackereth-Sauerstoffzelle

4.13.4 Voltammetrische Sauerstoffzelle nach Clark

In der galvanischen Zelle nach Mackereth wird das Anodenmaterial Blei relativ rasch verbraucht. Dieser Nachteil wird bei der Clark-Zelle[23] dadurch vermieden, daß sie vom Meßgerät her mit einer konstanten Gleichspannung versorgt wird. Als Elektrodenmaterial wird Gold für die Kathode, Silber für die Anode und als Elektrolyt Kaliumchlorid-Lösung verwendet. Die angelegte Polarisationsspannung beträgt 400 - 900 mV. Die einmal gewählte Spannung muß konstant gehalten werden. Der im Meßgut vorhandene Sauerstoff diffundiert durch die Membran und gelangt zur Kathode, wo folgende (quantitative) Reaktion stattfindet:

$$4\ Au + O_2 + 2\ H_2O + 4\ e^- \rightarrow 4\ OH^- \qquad (4.11)$$

Wie man sieht, wird der verfügbare Sauerstoff reduziert, wodurch ein Stromfluß zur Anode (der Depolarisationsstrom) einsetzt. An der Silberanode laufen zwei Reaktionen nebeneinander ab:

$$Ag + Cl^- \rightarrow AgCl + e^- \qquad (4.12)$$

$$2\ Ag + 2\ OH^- \rightarrow Ag_2O + H_2O + 2\ e^- \qquad (4.13)$$

Die Silberanode bedeckt sich allmählich mit einem Film von schwerlöslichem Silberoxid, während gleichzeitig der Entzug von Ionen zu einer Abnahme der elektrischen Leitfähigkeit führt. Dadurch werden nach längerem Gebrauch sowohl die Ansprechempfindlichkeit als auch die Steilheit der Meßzelle verringert. Der letztere Parameter, der als Änderung der Stromstärke pro ppm O_2 betrachtet werden kann, läßt sich in gewissen Grenzen durch einen in der Meßanordnung vorgesehenen Steilheitsregler abgleichen.

Die sog. "Standzeit" einer Meßelektrode hängt von den Einsatzbedingungen ab. Bei sechstündiger Meßdauer pro Tag unter Laborbedingungen wird eine "Aktivitätsdauer" von einigen Monaten angegeben. Sobald die Elektrode nicht mehr geeicht werden kann, müssen der Elektrolyt und die Membran erneuert werden.

Die Anzeige der voltammetrischen Sauerstoffelektrode ist temperaturabhängig, wobei hauptsächliceh die Änderung der Permeabilität der Membran zu berücksichtigen ist. Wird stets dasselbe Membranmaterial verwendet, so kann der Temperatureinfluß mittels eines Thermistortemperaturfühlers und einer geeigneten Kompensationsschaltung eliminiert werden. Ein zweiter, sog. Rechen-Thermistor sorgt als eigenes Schaltelement für die Linearisierung der Sauerstoffsättigung.

Die Methoden zur Bestimmung des gelösten Sauerstoffs wurden etwas eingehender besprochen, einerseits wegen der besonderen Bedeutung des Sauerstoffgehaltes für die gesamte "Biocoenose" (die Lebensgemeinschaft aquatischer Organismen), andererseits weil in diesem Fall zwei völlig verschiedene Wege zur Lösung des Problems zur Verfügung stehen. Die Verwendung membranbedeckter Zellen ist besonders bei höher belastenden Gewässern und für die permanente Messung geeignet. Bei längerem Einsatz muß öfter geprüft werden, ob die Membran frei von störendem Belag ist. Ebenso eignet sich diese Methode zur Aufnahme von Tiefenprofilen, wobei für diesen Zweck Meßzellen mit Druckausgleich verwendet werden. Da die Membran nie austrocknen darf, wird die Zelle in einem zur Hälfte mit Wasser gefüllten Glasgefäß transportiert und aufbewahrt.

Ein Ringtest zwischen Laboratorien hat gezeigt, daß sowohl die titrimetrische als auch die elektrometrische Methode eher zu hohe Ergebnisse liefern. Dies dürfte aber zumeist auf kleine Unachtsamkeiten zurückzuführen sein, in deren Folge die Probe durch Kontakt mit der Atmosphäre im Labor beeinflußt wurde[24]. Die Abweichungen fielen bei niedrigen Sauerstoffgehalten, im Bereich von ca. 1 $mg \cdot l^{-1}$, mehr ins Gewicht.

4.14 Biologischer Sauerstoffbedarf (DEV H-5)

Trotz der geringen Genauigkeit und Reproduzierbarkeit ist die Bestimmung des BSB (BOD) aus dem Programm der Wassergüteuntersuchungen nicht wegzudenken. Der Sauerstoffbedarf eines Gewässers kann auf diese Weise zwar nicht exakt, aber unter einigermaßen natürlichen Bedingungen festgestellt werden. Da die allgemein übliche Bestimmung fünf Tage dauert (was durch den Index BSB_5 angezeigt wird), kann diese Methode für eine rasche Beurteilung der Situation nicht eingesetzt werden. Ein weiterer, sehr erheblicher Nachteil ist darin zu sehen, daß der zeitliche Verlauf der Sauerstoffaufnahme nicht kontrolliert werden kann. Wegen der großen Bedeutung dieser Bestimmung werden die am häufigsten angewandten Varianten etwas ausführlicher beschrieben.

In den DEV ist der Begriff "Biochemischer Sauerstoffbedarf" folgendermaßen definiert: "Unter dem biochemischen Sauerstoffbedarf versteht man die Menge an Sauerstoff, die von Mikroorganismen verbraucht wird, um im Wasser enthaltene organische Stoffe bei 20 °C oxidativ abzubauen".

Neben dem BSB kann ein Wasser auch Stoffe enthalten, zu deren Oxidation ebenfalls Sauerstoff, jedoch auf chemischen Weg, benötigt wird. Dieser natürliche Prozeß ist im allgemeinen nach zwei Stunden abgelaufen und darf nicht mit jenem CSB verwechselt werden, der mit Kaliumpermanganat oder Kaliumdichromat bestimmt wird.

In den DEV wird weiterhin ausgeführt:

"Die Größe des biochemischen Sauerstoffbedarfs ist von einer Anzahl Faktoren abhängig, z.B.:

- Art und Anzahl der in dem Wasser vorhandenen Mikroorganismen

- Art der dem biochemischen Abbau unterworfenen Stoffe

- Angebot an Nährstoffen für die Mikroorganismen

- Angebot an Sauerstoff

- Zehrungsdauer (Zeit der Einwirkung der Mikroorganismen auf die organischen Stoffe)

- Temperatur

- Belichtung

- Beeinträchtigung der biologischen Prozesse durch giftige oder hemmend wirkende Stoffe.

Als Zehrungsdauer werden 5 Tage (BSB_5), in speziellen Fällen 24 Stunden (BSB_1), 48 Stunden (BSB_2) oder 20 Tage (BSB_{20}) gewählt."

Die Bestimmung des Sauerstoffbedarfs kann auf verschiedene Weise erfolgen. Bei gering belasteten Gewässern reicht der in der Probe gelöste Sauerstoff für die Deckung der Zehrung über 5 Tage aus. Ist dies nicht der Fall, so ist es am sichersten, die Probe mit "ausgezehrten" Wasser in bestimmten Verhältnissen zu verdünnen (1:1, 1:2, 1:5, 1:10 usw.). Bei der abschließenden Bestimmung des verbliebenen Sauerstoffanteils muß eine dieser verdünnten Proben einen gut bestimmbaren Rest-Sauerstoffgehalt aufweisen. Der BSB_5-Wert ergibt sich dann durch Multiplikation mit dem Verdünnungsfaktor.

Insgesamt stehen folgende Varianten zur Bestimmung des BSB zur Verfügung:

- BSB ohne Verdünnung
- BSB mit Verdünnung
- BSB mit Verdünnung - Feldmethode
- BSB nach der Warburg-Methode
- BSB nach dem volumetrischen Verfahren von Sierp-Fränsemeier

4.14.1 Bestimmung des BSB nach der Verdünnungsmethode

Wenn der BSB der zu untersuchenden Probe nicht mit Sicherheit abgeschätzt werden kann, ist die Verdünnungsmethode zu empfehlen, da man bei völlig unbekannter Belastung stets die Möglichkeit hat, durch eine weiter gespannte Verdünnungsreihe im auswertbaren Bereich zu landen. Das zum Verdünnen benutzte Wasser wird am besten synthetisch aufbereitet. Man benötigt vier konzentrierte Nährsalzlösungen, von denen je 1 ml zu 1 l destilliertem oder vollentsalztem Wasser zugesetzt wird. Das Verdünnungswasser wird im Dunkeln mit reiner Luft bei 20 °C belüftet, bis es völlig ausgezehrt und sauerstoffgesättigt ist.

Es ist auch zu entscheiden, ob die in der Probe eventuell enthaltenen grobdispersen Stoffe mitbestimmt werden sollen. In diesem Fall muß wegen der verminderten Homogenität mit größerer Streuung der Werte gerechnet werden. Zumeist verwendet man eine Probe, deren grobdisperse Anteile durch zweistündiges Absetzen im Imhoff-Trichter separiert wurden.

Falls die Schwebstoffe vollständig entfernt werden sollen, filtriert man die Probe durch ein weiches Faltenfilter, wobei es sich empfiehlt, die ersten Anteile des Filtrats zu verwerfen. Bei keimarmem Wasser ist eine Impfung mit sedimentiertem häuslichem oder mit biologisch gereinigtem Abwasser zu empfehlen.

Zur Durchführung der Probe benötigt man für jede Verdünnungsstufe drei Fläschchen. In einem Fläschchen wird der Sauerstoffgehalt sofort, bei den anderen nach Ablauf der Zehrungsdauer mit der Winkler-Methode titrimetrisch bestimmt. Ein Hinweis auf den zu erwartenden BSB kann schnell und einfach durch Bestimmung der Oxidierbarkeit nach der Kaliumpermanganat-Methode erfolgen (s. in DEV H 5, S. 8 enthaltene Tab.).

4.14.2 Bestimmung des BSB nach der Warburg-Methode

Bei diesem Verfahren wird in einem geschlossenen System der Druckabfall registriert, der sich durch die Sauerstoffaufnahme ergibt. Das gebildete Kohlendioxid wird in Kaliumhydroxid-Lösung absorbiert. Dieses Verfahren kann für verdünnte oder unverdünnte Oberflächenwässer und Abwässer verwendet werden.

Durch Ablesung des Sauerstoff-Gehaltes in kurzen Abständen erhält man einen Einblick in den zeitlichen Ablauf des Zehrungsvorganges. Dies kann bei der Beurteilung der Auswirkung von Einleitungen ungeklärter Abwässer von Bedeutung sein, wenn sich die vorhandenen Mikroorganismen gegebenenfalls erst adaptieren müssen.

Dieses Verfahren hat den Nachteil, daß der Zehrungsverlauf vor allem während der ersten 24 Stunden in kurzen Abständen beobachtet werden muß.

4.14.3 Bestimmung des BSB mit dem „Sapromat"

Bei der Beurteilung des Abbauverhaltens organischer Substanzen in Gewässern ist nicht nur die nach einer gewissen Zeit verbrauchte Sauerstoffmenge, sondern noch mehr der zeitliche Verlauf des Atmungsvorganges von größtem Interesse. Im Prinzip ist eine derartige Untersuchung mit dem Warburg-Gerät möglich, wie dies im vorigen Abschnitt erläutert wurde. Als wesentlich einfachere Methode, soweit es die Bedienung betrifft, stehen Geräte zur Verfügung, die den für die Atmung benötigten Sauerstoff in der jeweils benötigten Menge elektrolytisch erzeugen. Eines der bekanntesten Geräte dieser Art ist der "Sapromat"[25].

Beschreibung des Gerätes (mit freundl. Genehmigung der Fa. J.M. Voith GmbH):

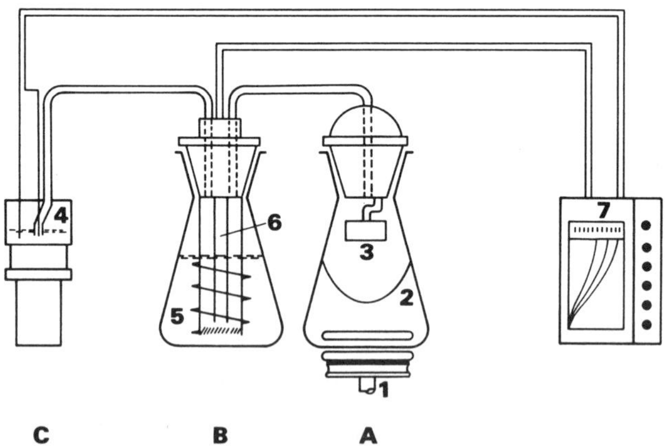

Abb. 4.7 Schaltschema einer Meßeinheit. A Reaktionsgefäß, B Sauerstofferzeuger, C Druckindikator. 1 Magnetrührer, 2 Probe, 3 CO_2-Absorber, 4 Druckindikator, 5 Elektrolyt, 6 Elektroden, 7 Registriergerät

Der Sapromat Typ B 6 und B 17 besteht aus einem temperaturgeregelten Wasserbad, das die Meßeinheiten enthält, und einem Registriergerät zur Digitalanzeige und direkten Aufzeichnung der Abbaukurven.

Als Zusatzgerät steht ein Kühlaggregat zur Kühlung des Kühlwasserkreislaufes zur Verfügung.

Eine Meßeinheit besteht aus je einem Reaktionsgefäß (A) mit einem im Stopfen eingebauten CO_2-Absorbergefäß (3), einem Sauerstofferzeuger (B) und einem Druckindikator (C). Die durch Schläuche miteinander verbundenen Gefäße bilden eine abgeschlossene Meßeinheit, so daß Schwankungen des Luftdruckes sich nicht auf das Ergebnis auswirken.

Der Magnetrührer (1) in der zu untersuchenden Probe (2) sorgt für eine gute Durchmischung und gewährleistet damit den Gasaustausch.

Durch die Mikroorganismentätigkeit in der Probe entsteht ein Unterdruck, auf den der Druckindikator anspricht. Er steuert sowohl die elektrolytische Sauerstofferzeugung, als auch die Anzeige und graphische Aufzeichnung der Meßwerte.

Toxizitätsmessungen nach dem Verfahren von Prof. Liebmann können mit der direkten graphischen Aufzeichnung der Abbaukurven besonders einfach durchgeführt werden.

Probenmenge, Stromstärke zur Elektrolyse und die Drehzahl des Synchronometers sind aufeinander abgestimmt. Bei einer Probenmenge von 250 ml wird der biochemische Sauerstoff-Verbrauch an der Digitalanzeige direkt in mg O_2/l angezeigt. Der Vollausschlag des 6-Farben-Punktdruckers entspricht 100 bzw. 1000 mg O_2/l.

Das sich bildende Kohlendioxid wird vom Natronkalk gebunden. Das Verhältnis Stickstoff zu Sauerstoff in dem über die Probe befindlichen Gasraumes bleibt über die gesamte Meßdauer erhalten. Es findet keine Verarmung an Sauerstoff statt.

4.15 Chemischer Sauerstoffbedarf

Zwei Methoden werden hauptsächlich verwendet (s. S. 147f.). Die Kaliumpermanganat-Methode bietet den Vorteil des leicht erkennbaren Titrationsendpunktes. Nachteilig sind die merkliche Zersetzbarkeit beim Kochen in stark sauerer Lösung und die insgesamt nicht sehr befriedigende Oxidationsrate. Das nunmehr in manchen Ländern, wie in der Bundesrepublik Deutschland, offiziell eingeführte Kaliumdichromat-Verfahren weist wieder andere Nachteile auf, zu denen vor allem der große Reagenzienverbrauch zählt. Die Reproduzierbarkeit ist bei genauer Einhaltung der Arbeitsvorschrift besser. Die Kaliumpermanganat-Methode, von der es übrigens mehrere, in den sozialisitischen Ländern immer noch praktizierte Varianten gibt, wird nicht nur von Rodier[26] beschrieben, sondern findet sich auch in den DEV H 41 und H 43. Die kritischen Phasen sind bei allen diesen Methoden die Aufheiz- und Siedeperioden, die genauestens eingehalten werden müssen, um reproduzierbare und vor allem mit anderen Laboratorien vergleichbare Resultate zu erhalten. Diese strikte Einhaltung ergibt sich aus dem Umstand, daß viele organische Substanzen auch durch stark schwefelsaure Kaliumdichromat-Lösung nur allmählich oxidiert werden. Wird die Kochzeit nicht genau eingegalten, so ergeben sich ein niedrigerer oder höherer Oxidationsgrad und weiterhin ein größerer oder kleinerer Verbrauch an Oxidationsmittel, was schließlich abweichende Resultate zur Folge hat. Der Störeinfluß von Chlorid kann durch Zusatz von Silbersulfat ausgeschaltet werden; als Katalysator wird Quecksilber(II)-sulfat verwendet. In den DEV H 43 wird auch eine Kurzzeitmethode beschrieben, bei der die Kochzeit nur 20 min beträgt. Die Störung durch Chlorid-Ionen kann durch Austreiben und Absorption in einer mit granuliertem Calciumhydroxid gefüllten Filterkerze vermieden werden. Das restliche Chlorid-Ion wird mit Silbersulfat gebunden.

Arbeitsvorschrift. Man bringt 50 ml Probe in einen 250 ml-Erlenmeyer-Schliffkolben, setzt 10,0 ml 0,00833 molare (0,05) normale Kaliumdichromat-Lösung (2,45 $g \cdot l^{-1}$), 1 g Quecksilber(II)-sulfat, 80 ml konzentrierte, mit einem Zusatz von 10 $g \cdot l^{-1}$ Silbersulfat versehene Schwefelsäure und einige Glaskügelchen zur Verhinderung des Siederverzugs zu und setzt einen Rückflußkühler auf. Man bringt ohne lokale Überhitzung zum Kochen und läßt genau 10 min mäßig kochen. Man läßt 1 min abkühlen, spült den Kühler mit 50 ml dest. Wasser und kühlt den Inhalt des Kolbens unter fließendem Wasser auf Zimmertemperatur. Nach Zusatz von 2 Tropfen Ferroin-Indikatorlösung (M/40) titriert man mit 0,025 molarer Ammonium-Eisen(II)-sulfat-Lösung (9,80 $g \cdot l^{-1}$ mit 5 ml konz. Schwefelsäure auf 1 l) bis zum Farbumschlag von blaugrün auf rotbraun. Eine Blindbestimmung mit 50 ml Wasser wird in derselben Weise durchgeführt. Die Molarität der Titerlösung wird mit einer Standard-Dichromat-Lösung kontrolliert. 1 ml Differenz im Titerverbrauch entspricht einem chemischen Sauerstoffbedarf von 4,0 $mg \cdot l^{-1}$ (bei einem Probenvolumen von 50 ml); alle Geräte - auch die Schliffe müssen absolut sauber und fettfrei sein[27].

4.16 Methoden zur Bestimmung von anorganisch und organisch gebundenem Stickstoff

4.16.1 Bestimmung von anorganisch gebundenem Stickstoff

Wie bereits auf S. 161f. erwähnt, müssen die Konzentrationen von Ammonium-, Nitrat- und Nitrit-Ionen im Trinkwasser ständig überwacht werden. Alle drei Ionenarten können als gesundheitsgefährdend betrachtet werden, wenn sie die festgesetzten Höchstwerte (500, 50 und 0,1 $mg \cdot l^{-1}$) überschreiten. Kurzzeitig auftretende höhere Werte können u.a. dadurch bedingt sein, daß nach einer längeren Trockenperiode wieder einsetzender Regen erhöhte Aktivitäten der Bodenbakterien und verstärkten Abbau der angesammelten organischen Substanz ermöglicht. Ebenso kann verstärkte Niederschlagstätigkeit zu bestimmten Zeiten des Jahres zu einem deutlich erhöhten Nitrat-Gehalt führen, das oft auf die Auslaugung von Kunstdüngergaben zurückzuführen ist. Für die Primärproduktion sind Stickstoff-Verbindungen unerläßlich. Höhere Gehalte führen gemeinsam mit Phosphor-Verbindungen in stehenden Gewässer zur Eutrophierung. Die Kontrolle der Konzentrationen der Stickstoff-Verbindungen ist daher auch in natürlichen Gewässern von größter Wichtigkeit. Um die Übersicht zu erleichtern, ist es üblich, die Konzentrationen als Nitrat-, Ammonium- oder Nitrit-Stickstoff in $mg \cdot l^{-1} N$ anzugeben, wodurch auch der Vergleich mit dem organisch gebundenen Stickstoff vereinfacht wird. Die Umrechnungsfaktoren betragen

$$N:NH_4^+:NO_2^-:NO_3^- = 1:1,2897:3,2845:4,4267$$

Kehrwerte: 0,7765; 0,3045; 02259.

Bei den Eichwerten ist sorgfältig auf die richtige Bezeichnung zu achten (s. Tab. 4.5, S. 187).

Zur Bestimmung dieser drei Stickstoff-Verbindungen können entweder kolorimetrische oder spektrophotometrische Bestimmungen von wäßrigen Lösungen verwendet werden. Die theoretischen Grundlagen dieser Methoden wurden bereits in Kap. 3 beschrieben. Für die Bestimmungen, die für diese Ionen in Frage kommen, muß ein hohes Maß an Spezifität gefordert werden. Die zum Einsatz kommenden Farbreaktionen sind daher verhältnismäßig kompliziert. Eine gute Zusammenfassung findet sich bei Marczenko[28] und bei Höll[17].

Bestimmung von Ammonium

Lange Zeit hindurch wurden zur Bestimmung von Ammonium-Ionen vornehmlich zwei Methoden verwendet, die Indophenolmethode und die "klassische" Methode nach Nessler, wobei die Abtrennung von störenden Begleitstoffen durch Destillation erfolgte.

Für die Indophenol-Methode wird der auf S. 180 folgende Reaktionsmechanismus angenommen[28].

Das NH_3-Molekül reagiert mit Hypochlorit und überschüssigem Phenol unter Bildung des in alkalischer Lösung blau gefärbten Indophenol-Anions. Diese Bestimmung läßt sich auch in natürlichen Gewässern anwenden, wenn die Störung durch Calcium, Magnesium und Aluminium durch Zusatz von EDTA ausgeschaltet wird.

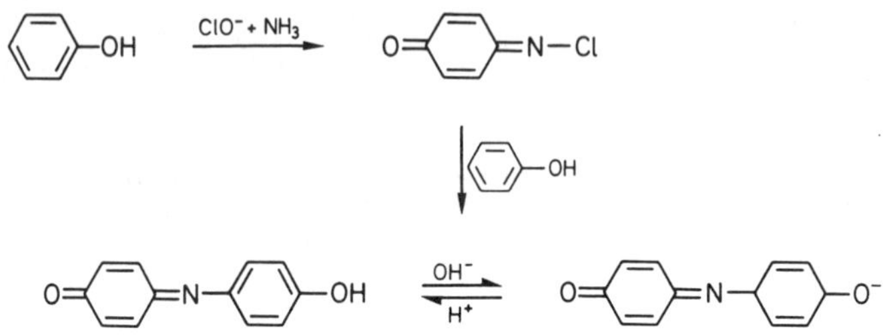

Die Messung der Absorption erfolgt bei 625 nm, wobei man zweckmäßigerweise zur Steigerung der Empfindlichkeit eine 50-mm-Küvette verwendet. Eventuelle Störung durch Eisen (Trübung durch Bildung von Hydroxiden) kann durch Zusatz von Citraten ausgeschaltet werden. Phosphate stören nur in höheren Konzentrationen. Wie bei den meisten kolorimetrischen Bestimmungen dieser Art ist es wichtig, die Arbeitsvorschrift bezüglich der Mengen und der Reihenfolge der Zusätze exakt einzuhalten.

Arbeitsvorschrift. Man pipettiert bis zu 50 ml Probe in einen 100-ml-Destillierkolben, setzt einige Siedesteinchen und 15 ml Natronlauge (w = 30 %) zu. Der Kühlervorstoß taucht in 5 ml Wasser ein, das mit 5 Tropfen 0,1 molare Schwefelsäure angesäuert wurde. Sobald etwa ein Drittel des Probenvolumens abdestilliert wurde, setzt man das Vorlagegefäß tiefer und läßt noch eine kurze Zeit weiterdestillieren, um den Kühlervorstoß zu reinigen. Man kann auch einen 50-ml-Meßkolben als Vorlage verwenden. Ansonsten bringt man das Destillat in den Meßkolben, setzt 5 ml frisch bereiteter Phenolat-Lösung (s. unten) und 2 ml Natriumhypochlorid-Lösung (w = 2 %) zu und füllt zur Marke auf. Die Messung erfolgt nach einer Wartezeit von 30 min.

Phenolat-Lösung: Man löst 70 g Phenol in 15 ml Ethanol, setzt 20 ml Aceton zu und füllt mit Ethanol zur Marke auf. Unmittelbar vor Gebrauch pipettiert man 10 ml dieser Lösung in einem 50-ml-Meßkolben, gibt 10 ml Natriumhydroxid-Lösung (w = 30 %) zu und füllt zur Marke auf.

Zur Eichung wird eine Serie mit Gehalten von 0 - 2,0 $g \cdot ml^{-1}$ verwendet.

Die Bestimmung nach Nessler beruht auf der Reaktion zwischen Ammoniak und Tetraidomercurat-Ion in alkalischer Lösung:

$$2\,[HgI_4]^{2-} + NH_3 + 3\,OH^- \rightarrow [Hg_2N]I + 7\,I^- + 3\,H_2O \quad (4.14)$$

Da das orangerote Reaktionsprodukt zum Ausflocken neigt, setzt man Kolloide wie Gelatine, Gummi arabicum oder Polyvinylalkohol zur Stabilisierung der Suspension zu. Falls die Methode direkt für natürliche Wässer verwendet wird, maskiert man Calcium und Magnesium durch Zusatz von Tartrat. Die Messung erfolgt bei 400 nm.

In den letzten zehn Jahren hat sich das Interesse für empflindlichere Methoden zur Bestimmung von Ammoniak erheblich verstärkt. In den Deutschen Einheitsverfahren ist DIN 38 406 - E 5-1 angeführt. Es beruht auf der Reaktion zwischen Natriumdichloroisocyanurat und Natriumsalycilat. Die Abtrennung störender Ionen kann durch Destillation oder Diffusion erfolgen. Falls stark gefärbte natürliche Gewässer zu analysieren sind, verwendet man Dialyseverahren. Farbentwicklung und Farbintensität werden durch Anwesenheit von Natriumhexacynaoferrat(III) $Na_3[Fe(CN)_6]$ begünstigt[29,30]. Zur Abtrennung der zumeist wesentlich größeren organischen Ionen bedient man sich der Dialyse.

Bestimmung von Nitrit

Die am häufigsten verwendeten Nitrit-Bestimmungen beruhen auf Diazotierungsreaktionen. Nitrit reagiert in sauerer Lösung mit primären aromatischen Aminen oder Phenolen unter Bildung eines relativ unbeständigen Diazoniumsalzes:

$$Ar{-}NH_2 + NO_2^- + 2H^+ \rightarrow Ar{-}N^+ \quad N + 2\,H_2O \qquad (4.15)$$

Man kuppelt dieses Diazoniumsalz mit einem geeigneten aromatischen Amin oder Phenol, wodurch sich ein intensiv gefärbter Azofarbstoff bildet, dessen Absorption der Konzentration des ursprünglich vorhandenen NO_2^- (bei sorgfältiger Einhaltung der Reaktionsbedingungen) proportional ist. Ältere Methoden verwenden α-Naphthylamin, das jedoch immer mit carcinogenem ß-Naphtylamin verunreinigt ist. Neuerdings verwendet man die wesentlich reinere wasserlösliche 1-Naphtyhlamin-7-sulfonsäure[28]. Oft wird auch Suflanilamid verwendet:

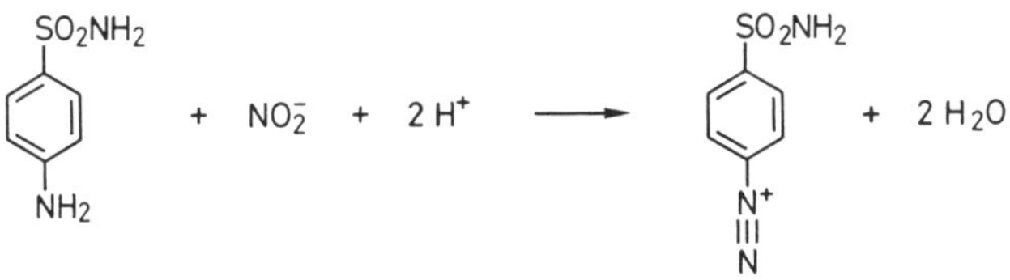

Anschließend wird das Diazonium-Ion mit N-1-Naphthylethylendiamindihydrochlorid gekuppelt, wodurch ein intensiv purpurfarbiger, hochabsorbierender Farbstoff entsteht.

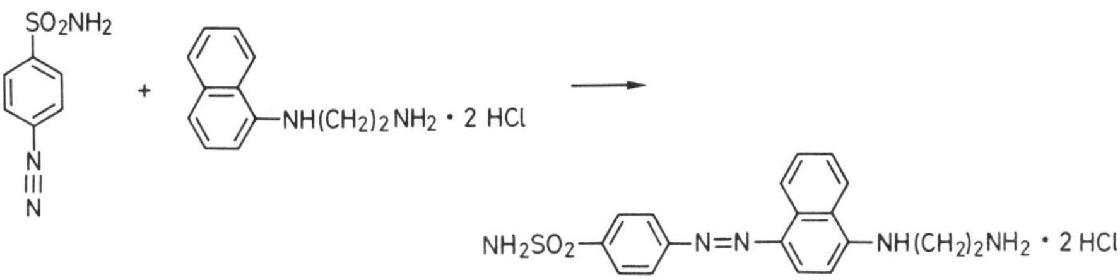

In der nachfolgend beschriebenen Arbeitsvorschrift wird das Diazoniumsalz der Sulfanilsäure (4-Aminobenzolsulfonsäure) mit 1-Naphthylamin-7-sulfonsäure gekuppelt[28].

Arbeitsvorschrift. Bis zu 40 ml Probe werden auf pH = 7 ± 0,5 gebracht und - falls erforderlich - in einem 50 ml Meßkolben auf 40 ml verdünnt. Man setzt 2,0 Sulfanilsäure-Lösung zu (0,83 g in 250 ml Essigsäure (w = 20 %), in einer dunklen Flasche aufbewahren!), schüttelt, läßt 10 min stehen und gibt 2,0 ml 1-Naphthylamin-7-sulfosäure-Lösung zu (0,83 g werden in 200 ml warmem Wasser gelöst; nach dem Abkühlen und Filtrieren füllt man mit Essigsäure auf 250 ml auf (in dunkler Flasche aufbewahren). Man füllt bis zur Marke auf, mischt gründlich und mißt die Absorption bei 520 nm unter Verwendung einer 40-mm-Küvette gegen eine Reagenzienblindprobe. Zur Eichung wird eine Serie von Nitrit-Lösungen im Bereich von 0 - 1,0 $mg \cdot l^{-1}$ verwendet. Zur Beachtung: die Nitrit-Standardlösung soll schwach alkalisch sein, um Zersetzung zu verhindern.

Bestimmung von Nitrat

Bis vor nicht allzu langer Zeit galt die Bestimmung von Nitrat-Ionen als etwas problematisch. Mehrere Methoden wurden vorgeschlagen, ein sicheres Zeichen dafür, daß noch immer keine in jeder Hinsicht zufriedenstellende Methode gefunden worden ist. Auch in diesem Abschnitt wird auf die nunmehr schon historisch gewordene Entwicklung etwas näher eingegangen, um zu zeigen, daß die Analyse von Wasserproben immer wieder schwierig zu lösende Probleme aufwirft. Bei Wasserproben ist stets mit einer hohen Anzahl von Inhaltsstoffen zu rechnen. Man ist daher gezwungen, am vorbestimmten Entnahmeort zur ebenfalls meist vorbestimmten Zeit eine so große Probenmenge zu entnehmen, daß von den zu analysierenden Inhaltsstoffen ausreichende Mengen enthalten sind. Zumeist müssen Teile dieser Probe an Ort und Stelle konserviert werden, um Veränderungen zu vermeiden (s. Kap. 2, S. 47).

Zur Nitrat-Bestimmung, die vor allem wegen der Begleitstoffe ziemlich störanfällig ist, verwendet man entweder die selektive Reduktion zu Nitrit, das anschließend mittels einer der auf S.181beschriebenen Methode photometrisch bestimmt werden kann oder, wie in der Bundesrepublik Deutschland, Methoden, die direkt zur Bildung von Nitrophenol-Derivaten führen.

Reduktion von Nitrit. In einer älteren Methode[31] schüttelt man die ammonialkalische Probe in Gegenwart von Mangan(II)-Ionen mit Zinkpulver, wodurch Nitrat zu Nitrit reduziert wird. Die Empfindlichkeit der gesamten Methode (einschließlich der Diazotierung von Sulfanilamid und der Kupplung mit N-1-Naphthylethylendiamin) ist gut. Es können noch Mengen von 1 µg nachgewiesen werden. Die Standardabweichung ist mit 5 % für 5 µg im Vergleich zu derselben Bestimmung für Nitrit erheblich schlechter, da in diesem Fall (durch Eliminierung des Reduktionsschrittes) die Standardabweichung nur 1 % beträgt.

Das Hauptproblem einer derartigen Reduktionsmethode ist darin zu sehen, daß Stickstoff mehrere Oxidationszustände aufweisen kann, so daß es schwierig ist, eine sowohl selektive, aber auch quantitative Reaktion zu erzielen. Etwas bessere Ergebnisse konnten durch die Verwendung eines "Reduktors" (ein Glasrohr, wie es zur Säulenchromatographie verwendet wird) erzielt werden, der mit verkupfertem Cadmium gefüllt ist. Die auf einen pH-Wert von 6 - 10 gebrachte Probe passiert den Reduktor und wird wie oben weiter verarbeitet. Bei pH 5 erfolgt weitergehende Reduktion. Als Fehlergrenze werden 1 - 2 % bei 2 µg angegeben[32]. Ein Vorteil dieser Methode liegt in ihrer Verwendbarkeit für Meerwasser. Eine weitere Variante dieser Methode verwendet amalgamiertes Cadmium.

Nitrierung von Phenolen. Seit der Veröffentlichung von Blom und Treschow im Jahre 1929[33] wurde die Idee, eine reaktive aromatische Verbindung zu nitrieren und das typisch gelb gefärbte Reaktionsprodukt zu photometrieren, immer wieder variiert und verbessert. Phenole lassen sich im allgemeinen leicht nitrieren. Im vorliegenden Fall soll aber nur ein einziges Reaktionsprodukt entstehen. Ein erfolgreicher Weg ergibt sich bei Verwendung der Dimethylphenole (Xylenole) als Reaktionspartner. Allerdings treten bei den hohen Schwefelsäure-Konzentrationen mit einem Volumenanteil von 70 - 80 % zumeist Nebenreaktionen mit anderen, in der Probe vorhandenen Stoffe auf, die ebenfalls gelb bis braun gefärbte Reaktionsprodukte liefern. Diese Störung läßt sich jedoch umgehen, indem man das Nitroxylenol zuerst mit Toluol extrahiert, das gewünschte reine Reaktionsprodukt in wäßrig-alkalische Lösung rückextrahiert und anschließend photometrisch bestimmt.

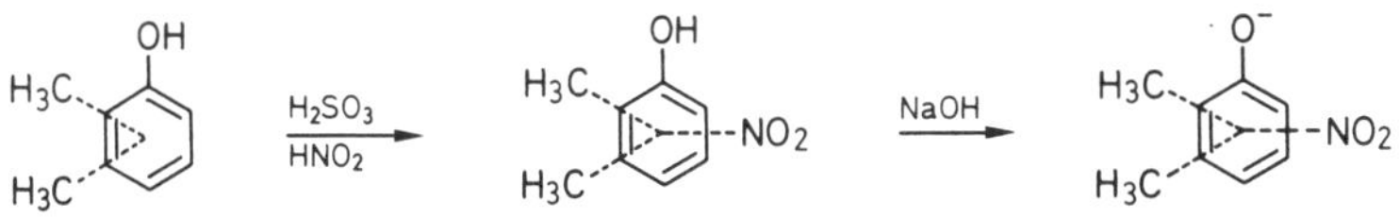

Die zweite Möglichkeit besteht darin, ein wasserdampfflüchtiges Reaktionsprodukt herzustellen. Das Wasserdampfdestillat wird direkt in vorgelegte schwach alkalische wäßrige Lösung in einem Meßkolben aufgenommen und kann nach dem Auffüllen photometriert werden. Es ist allerdings zu bemerken, daß nur die o-Nitroxylenole wasserdampfflüchtig sind. Zur besseren Übersicht sind alle sechs Möglichkeiten in Tab. 4.4 in vereinfachter Form angegeben. Die Position der beiden Methylgruppen ist durch Striche, die der Nitrogruppe durch Punkte angedeutet.

Das in der ersten Zeile der Tab. 4.4 angeführte 2,6-Dimethylphenol (2,6-Xylenol) wurde als Verfahren DIN 38405-D 9-2 in die DEV aufgenommen. Nitrat-Ionen reagieren in schwefel- und phosphorsaurer Lösung innerhalb von ca. 5 min zu 4-Nitro-2,6-dimethylphenol. Das Verfahren, das weder Extraktion noch Destillation, aber photometrische Messungen im UV-Bereich verwendet, eignet sich für die Bestimmung von etwa 2 - 100 $mg \cdot l^{-1}$ Nitrat-Ion (entspr. 0,5 - 25 $mg \cdot l^{-1}$ Nitrat-Stickstoff) in Trinkwasser, Grundwasser und wenig verschmutzten Oberflächengewässern. Störungen durch Nitrit-Stickstoff können durch Zusatz von Amidosulfonsäure ausgeschaltet werden.

An <u>Reagenzien</u> benötigt man:

a) Dimethylphenollösung: 1,2 g 2,6 Dimethylphenol werden in 1 l wasserfreier Essigsäure gelöst.

b) Säuremischung: 1 Volumen Schwefelsäure (d = 1,84) wird mit 1 Volumen Phosphorsäure (d = 1,71) gemischt

Tab. 4.4 Die isomeren Nitrodimethylphenlole

Struktur und Position der Nitro-Gruppe	Anzahl der Reaktionsprodukte	wasserdampfflüchtig	Bemerkungen	Literaturzitat
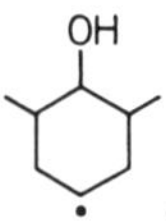	1	nein		34 35
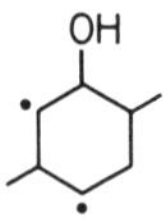	2	ja/nein	unbrauchbar	
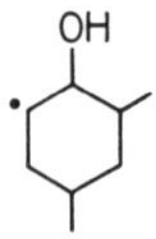	1	ja		36 37
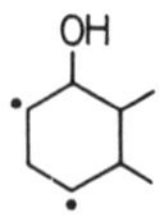	2	ja/nein	unbrauchbar	
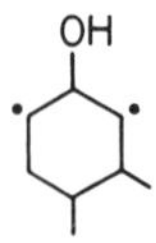	2	ja/nein	2-Nitro-4,6-xylenol mit ca. 85 % Ausbeute	38
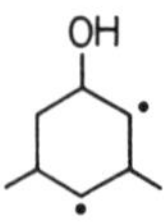	2	ja/nein	unbrauchbar	

c) Aminosulfonsäure

d) Nitrat-Stammlösung: 0,3609 g Kaliumnitrat bei 105 °C getrocknet, auf 1 l Wasser. Diese Lösung enthält in 1 ml 0,05 Nitrat-Stickstoff. Umrechnung auf Nitrat: NO_3^- : N = 4,4267.

<u>Arbeitsvorschrift</u>. In einem 100-ml-Erlenmeyerkolben gibt man 5 ml des zu untersuchenden Wassers, pipettiert 40 ml Säuremischung und 5 ml Dimethylphenol-Lösung dazu, mischt und photometriert nach einer Reaktionszeit von 10 min. bei 324 nm unter Verwendung einer 1- oder 5-cm-Küvette. Die Küvetten müssen vor der Messung mit der Säuremischung wasserfrei gespült werden.

In gleicher Weise wird eine Blindprobe untersucht. Ebenso werden die Eichgrade bestimmt, wobei die Konzentrationen der Eichlösungen den erwarteten Wert einschließen sollen.

Ist das Massenverhältnis von Chlorid-Ion zu Nitrat-Stickstoff größer als 10, so muß das p-Fluorphenol-Verfahren verwendet werden, das auf folgendem Reaktionsmechanismus beruht[39].

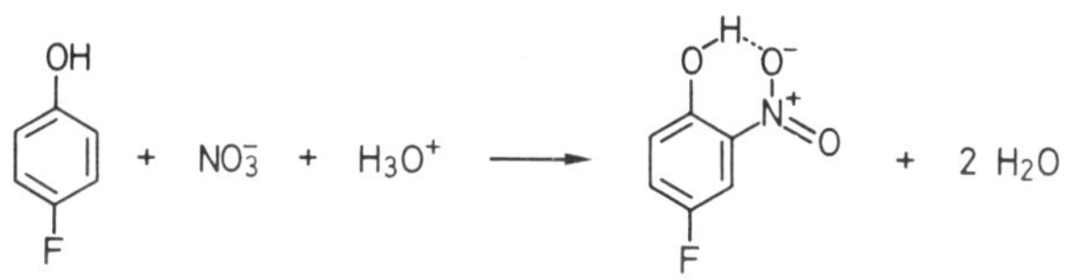

(s. DEV D 9, S. 4)

Mit dieser Methode kann Nitrat auch in stark verschmutzten, gefärbten oder trüben Wässern mit hohem Chlorid-Gehalt im Bereich von 0,2 bis 45 mg·l^{-1} (etwa 1 - 200 mg·l^{-1} NO_3^-) bestimmt werden. Nitrit-Ion wird durch Zusatz von Amidosulfonsäure beseitigt. Sollten mehr als etwa 20 mg·l^{-1} Chlorid-Ionen vorhanden sein, so wird deren Einfluß durch Komplexbildung mit Zinn(IV)-Ionen beseitigt. Im alkalischen Bereich gefärbte Stoffe wie Nitrophenole stören. Die Zusammensetzung und Zubereitung der benötigten Reagzenzien kann der Arbeitsvorschrift DEV D 9 (DIN 3805-D 9-3) entnommen werden.

<u>Arbeitsvorschrift</u> (Kurzfassung). Je nach dem erwarteten Nitrat-Gehalt versetzt man 2 - 10 ml der evtl. filtrierten Probe mit 1 ml Schwefelsäure (d = 1,74) und 1 g Amidosulfonsäure-Salzgemisch. Nach der Lösung des Salzes erwärmt man 15 min. im Wasserbad auf 70 - 80 °C, versetzt mit 40 ml Zinn(IV)-sulfat Schwefelsäure in geeigneter Verdünnung (lt. Tabelle) und kühlt auf Leitungswassertemperatur. Man setzt 2 ml 4-Fluorphenol-Lösung zu, schwenkt intensiv und destilliert nach 1 Stunde mit Wasserdampf in einen Meßkolben. Die photometrische Bestimmung erfolgt bei 430 nm. Blindwert und

Eichgerade werden in der üblichen Weise bestimmt. Die ausführliche Arbeitsvorschrift findet sich unter "Verfahren DIN 38 405-D 9-3" in den DEV.

4.16.2 Bestimmung von organisch gebundenem Stickstoff (DEV H-11)

In stark verunreinigten oder eutrophierten natürlichen Wässern ergibt sich oft auch die Notwendigkeit, den organische gebundenen Stickstoff zu bestimmen. Er wird durch einen Kjeldahl-Aufschluß in Ammonium-Ion übergeführt. Man destilliert Ammoniak ab, fängt das Destillat in Borsäure auf und bestimmt maßanalytisch oder kolorimetrisch.

Aromatische und heterocyclische Verbindungen, die Stickstoff im Ringsystem enthalten, werden nur zum Teil erfaßt. In der Probe allenfalls enthaltenes Ammonium-Ion wird vor Durchführung des Kjeldahl-Aufschlusses abgetrennt und wie üblich bestimmt.

Arbeitsvorschrift nach DEV H 11. 500 ml der filtrierten und gegebenenfalls vorbehandelten Probe werden in einen 1 l-Destillationskolben gebracht. Nach dem Abdestillieren des Ammoniak-Stickstoffes wird dieser nach DEV Verfahren DIN 38 406-E5-1 mit Natriumdichlorisocyanurat und Natriumsalicylat photometrisch bestimmt. Man versetzt den verbleibenden Rückstand mit 10 ml Schwefelsäure (d = 1,27), 10 ml Natriumsulfit-Lösung (5 g auf 100 ml Wasser) und einigen Tropfen Eisen(III)-chlorid-Lösung (10 g $FeCl_3 \cdot 6H_2O$ und 90 ml Wasser).

Man dampft auf ca. 20 ml ein, setzt nach dem Abkühlen 10 ml Schwefelsäure (d = 1,84), 1 ml Kupfersulfat-Lösung (10 g $CuSO_4 \cdot 5H_2O$ und 90 ml H_2O) und 1 - 3 g Selen-Reaktionsgemisch zu. Man erhitzt bis zur beginnenden Entwicklung von Schwefeltrioxid-Dämpfen, setzt eine Kühlbirne auf und erhitzt weiter, bis der Rückstand klar wird (ca. 20 - 30 min). Sollte der Aufschluß länger dauern, wird der Siedepunkt der Schwefelsäure durch Zusatz von 5 g Kaliumsulfat erhöht.

Nach dem Erkalten setzt man 250 ml Wasser, Siedehilfe und Phenolphthalein-Indikatorlösung zu. Man macht mit einer Natriumhydroxid-Lösung (w = 30 %) alkalisch und destilliert sofort in eine mit 50 ml Borsäure (40 g H_3BO_3 in 1 l ammoniak- und kohlesäurefreiem Wasser) beschickte Vorlage, bis etwa 200 ml Destillat übergegangen sind. Das Destillat wird mit Mischindikatorlösung (Methylrot + Methylenblau) versetzt und mit 0,05 normaler Schwefelsäure bis zum Umschlag von violett nach grün titriert.

4.16.3 Berechnung des Gesamt-Stickstoffs

Unter Gesamtstickstoff versteht man die Summe des in organischen und anorganischen Verbindungen gebundenen Stickstoffs.

Gesamt-Stickstoff

Nitrit- und Nitrat-Stickstoff	Ammoniak-Stickstoff	organisch gebundener Stickstoff

Bezeichnet man den Gehalt der Probe an

Nitrat-Ionen mit a ($mg \cdot l^{-1}$ NO_3^-)
Nitrit-Ionen mit b ($mg \cdot l^{-1}$ NO_2^-)
Ammonium-Ionen mit c ($mg \cdot l^{-1}$ NH_4^+) und den
organisch gebundenen Stickstoff mit d ($mg \cdot l^{-1}$ N),

so ergibt sich der Gesamtstickstoff-Gehalt der Probe

$$G = 0{,}23a + 0{,}30b + 0{,}78c + d \ (mg \cdot l^{-1} N) \qquad (4.16)$$

Alle benötigten Umrechnungsfaktoren sind in Tab. 4.5 angeführt.

Tab. 4.5 Umrechnungsfaktoren

1 mg		mg N	mg NH_3	mg NH_4^+	mg N_2O_3	mg NO_2^-	mg N_2O_5	mg NO_3^-
N	entspr.	1,00	1,21	1,29	2,71	3,28	3,85	4,43
NH_3	"	0,82	1,00	1,06	2,24	2,70	3,17	3,64
NH_4^+	"	0,78	0,94	1,00	2,11	2,55	2,99	3,44
N_2O_3	"	0,37	0,45	0,47	1,00	1,21	1,42	1,63
NO_2^-	"	0,30	0,37	0,39	0,83	1,00	1,17	1,35
N_2O_5	"	0,26	0,32	0,33	0,70	0,85	1,00	1,15
NO_3^-	"	0,23	0,27	0,29	0,61	0,74	0,87	1,00

4.17 Bestimmung der Phosphor-Verbindungen

Phosphor-Verbindungen kommen in Grund-, Oberflächen- und Abwässern in verschiedenen Konzentrationen in gelöster, ungelöster oder in organisch gebundener Form vor. Die Bestimmung erfolgt meist auf photometrischem Weg. Wie bereits erwähnt, werden Phosphate im Boden nahezu vollständig zurückgehalten, so daß naturbelassene Oberflächengewässer nur sehr geringe Phosphat-Konzentrationen aufweisen. Da die zulässige Höchstkonzentration 5 $mg \cdot l^{-1}$ beträgt, ist die Gefahr einer gesundheitlichen Gefährdung gering. Die Hauptursachen der Belastung durch Phosphate stammen aus häuslichen bzw. kommunalen Abwässern (menschliche und tierische Verdauungsprodukte, Waschmittel) und landwirtschaftlichen Abwässern (z.B. aus Massentierhaltungen, Gülle und Ab- bzw. Ausschwemmungen von Kunstdüngeranteilen). Das größte Problem im Zusammenhang mit überhöhten Phosphat-Gehalten besteht darin, daß Phosphor in nahezu allen Fällen als auslösender Faktor für die Eutrophierung zu betrachten ist. Dadurch ergibt sich übermäßiges Algenwachstum mit allen damit verbundenen unerwünschten Folgen. Eine sehr eingehende Studie des Eutrophierungsproblems und der Rolle, die die Phosphate in diesem Zusammenhang spielen, wurde im Auftrag der OECD unter Mitarbeit zahlreicher Mitgliedsländer von Vollenweider zusammengefaßt.[40]

Für die Bestimmung der relativ niedrigen Konzentrationen, die in wenig verunreinigten natürlichen Gewässern zu erwarten sind, benötigt man entsprechend empfindliche Methoden. Das übliche Bestimmungsverfahren beruht auf der Bildung der Heteropolyphosphormolybdänsäure, die nur schwach gelb gefärbt ist. Sie läßt sich jedoch leicht zu dem bekannten intensiv gefärbten "Molybdänblau" reduzieren. Dieses Verfahren ist sehr empfindlich. Durch die Verwendung von Küvetten mit großer optischer Weglänge lassen sich noch äußerst geringe Konzentrationen bestimmen. Die Stabilität des gebildeten Komplexes ist nicht sehr groß und ist von der Art des verwendeten Reduktionsmittels und den Bedingungen der Farbentwicklung abhängig. Die von Murphy und Riley[41] für die Bestimmung von Phosphat in Meerwasser entwickelte Methode zählt zwar nicht zu den empfindlichsten, weist aber dafür sehr gute Stabilität auf. Ein weiterer Vorteil besteht darin, daß die Reaktion durch Zusatz einer einzigen Reagenzlösung durchgeführt werden kann, die Ammoniummolybdat, Ascorbinsäure und Kaliumantimonyltartrat enthält. Die Verwendung eines vorgemischten Reagenz erweist sich bei manuell durchgeführten Analysen als vorteilhaft, ergibt weniger Fehlermöglichkeiten bei der Reagenzienzugabe und spart auch Arbeitszeit. Bei automatisierten Bestimmungen ist die geringere Stabilität der Färbung unerheblich, da der zeitliche Ablauf der Analyse fixiert ist.

Arbeitsvorschrift. Für die Herstellung der Molybdat-Reagenzlösung werden vier Teillösungen vorbereitet:

I: 2,5 molare Schwefelsäure durch Verdünnen von 70 ml konz. Schwefelsäure auf 500 ml.

II: 20 g Ammoniummolybdat p.a. werden in Wasser gelöst und auf 500 ml aufgefüllt.

III: 75 ml 0,1 molare Ascorbinsäurelösung wird täglich frisch bereitet.

IV: 0,274 g Kaliumantimonyltartrat werden in Wasser gelöst und auf 100 ml aufgefüllt.

Zur Herstellung des gebrauchsfähigen Reagenz mischt man täglich:

125 ml Lösung I, 37,5 ml Lösung II, 75 ml Lösung III und 12,5 ml Lösung IV.

Man pipettiert bis zu 40 ml Probe in einen 50 ml Meßkolben. Falls weniger Probe verwendet wird, so wird das Volumen auf annähernd 40 ml ergänzt.

Nach Zusatz von 8 ml Mischreagenz füllt man zur Marke auf, schüttelt und photometriert nach 10 min bei 882 nm unter Verwendung einer 40-mm-Küvette. Der Blindwert und die Eichgerade für den Bereich von 0 - 8 µg Phosphor werden wie üblich bestimmt.

Die Bestimmung von Orthophosphat nach DEV (DIN 38 405 Teil 11) ist der vorigen Arbeitsvorschrift, von einigen Details und der Verwendung von Einzellösungen abgesehen, sehr ähnlich.

In vielen Fällen ist es notwendig, zwischen Orthophosphat und hydrolysierbaren Phosphaten zu differenzieren, zu denen die in den synthetischen Waschmitteln enthaltenen Polyphosphate zählen. In diesem Fall werden die kondensierten Phosphate in der möglichst rasch nach der Probenahme über Membranfilter mit 45 µm Porenweite filtrierten Probe bei pH 1 30 min gelinde zum Sieden erhitzt. Nach dem Abkühlen verfährt man wie weiter oben beschrieben und erhält die Summe von hydrolysierbarem und Orthophosphat nach Verfahren DIN 38 405-D 11-3.

Schließlich ist noch die Bestimmung von Gesamt-Phosphat nach Aufschluß (vor allem für höher belastete und eutrophierte Gewässer) von Bedeutung, wofür zwei Methoden zur Verfügung stehen (Verfahren DIN 38 405-D 11-4).

Der Aufschluß mit Peroxodisulfat erfolgt durch 30 min langes Sieden in stark saurer Lösung (pH 1). Nach dem Erkalten führt man die Phosphat-Bestimmung wie angegeben durch.

In Anwesenheit größerer Mengen organischer Stoffe ist der Aufschluß mit Salpeter-Schwefelsäure vorzuziehen.

Arbeitsvorschrift. 40 ml Probe werden in einem 250 ml Kjeldahlkolben nach Zusatz von 2 ml Schwefelsäure und von Siedehilfe bis zum Auftreten weißer Dämpfe erhitzt. Nach dem Abkühlen gibt man vorsichtig 0,5 ml Salpetersäure (d = 1,40) tropenweise zu. Die Lösung wird erhitzt, bis keine braunen Dämpfe mehr entweichen. Nach dem Abkühlen setzt man neuerlich Salpetersäure zu und wiederholt diesen Vorgang, bis eine klare, farblose Lösung entstanden ist. Danach erhitzt man bis zum Auftreten weißer Nebel, läßt sie erkalten, nimmt den Rückstand in 20 ml Wasser auf und bringt sie mit Natriumhydroxid-Lösung auf einen pH-Wert zwischen 3 - 10, um eventuell gebildete kondensierte Phosphate zu spalten. Nach Überführen der Lösung in einen 50 ml-Meßkolben erfolgt die zur Phosphat-Bestimmung wie oben angegeben.

4.18 Automation kolorimetrischer Verfahren

Es wurde bereits erwähnt, daß photometrische Verfahren mit großer Sorgfalt durchgeführt werden müssen, um verläßliche und reproduzierbare Ergebnisse zu erzielen. Die Mengen und Konzentrationen der Reagenzien, die Reihenfolge ihrer Zugabe, der Zeitraum für die volle Entwicklung der Färbung sowie Zeit und Temperatur von Arbeitsschritten, die Erhitzung erfordern, müssen stets strikt nach Vorschrift eingehalten werden. Viele photometrische Methoden sind zeitaufwendig und stellen große Ansprüche an den Bearbeiter, vor allem dann,wenn eine größere Anzahl von Analysen durchzuführen ist. Es wurde zwar in Kap. 2 bemerkt, daß im allgemeinen bessere Ergebnisse erzielt werden, wenn der Bearbeiter mit der Arbeitsweise für eine bestimmte Analyse gut vertraut ist. Bei ständiger Wiederholung desselben Arbeitsganges kann es jedoch leicht zu Flüchtigkeitsfehlern durch Ermüdung oder Sorglosigkeit kommen. Eine erheblich Verbesserung der Analysentechnik konnte erst durch die Automation der kolorimetrischen Methoden erreicht werden, wodurch nicht nur die Verläßlichkeit, sondern auch die Bearbeitungsgeschwindigkeit erheblich verbessert wurden.

Eine in der Praxis brauchbare, automatische kolorimetrische Methode muß folgende Voraussetzungen erfüllen:

Proben, Reagenzien und sonstige Zusätze wie Puffer oder Maskierungszusätze müssen in der richtigen Reihenfolge gemischt werden. Die Zeitspanne zwischen Mischung und Messung, die zur Farbentwicklung erforderlich ist, muß exakt eingehalten werden.

Eine Möglichkeit der Automation besteht darin, daß die Probenbehälter auf einem Transportband an einer Reihe von automatisch gesteuerten Kolbenbüretten vorbeigeführt werden, die die Reagenzien zusetzen. Die Mischung erfolgt durch Magnetrührer. Die Entwicklungszeit läßt sich durch entsprechende Abstände einrichten. Zur Messung wird die Probelösung durch eine Durchflußzelle gepumpt.

Die zweite und vermutlich verbreitetere Methode besteht darin, die flüssigen Komponenten mit Hilfe einer Mehrfach-Peristaltikpumpe zu transportieren (s. Abb. 4.8) und über T-Stücke zu mischen. Die einzelnen Fördervolumina können durch Variieren von Innendurchmesser und Wandstärke eingestellt werden. Die benötigten Reaktionszeiten werden erzielt, indem man die Lösung durch Mischschlangen (aus Glas) mit verschiedenen Windungszahlen laufen läßt. Im Bedarfsfall können derartige Mischschlangen auch in Ölbädern auf höhere Temperaturen gebracht werden.

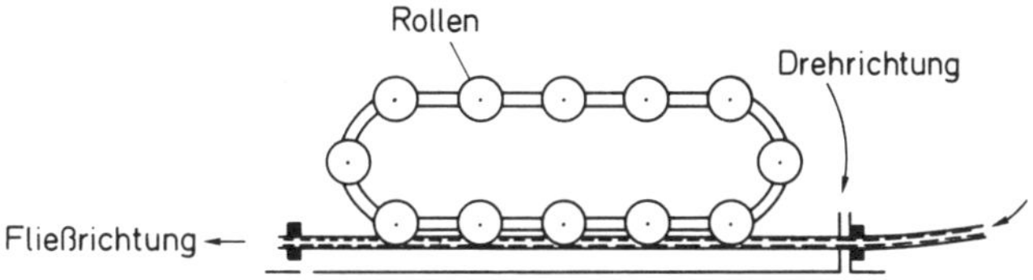

Abb. 4.8 Arbeitsprinzip einer peristaltischen Pumpe (Flachbetttyp)

Das Hauptproblem bei dieser Arbeitstechnik besteht darin, das Verschleppen zwischen den Proben bzw. zwischen Probe und Blindprobe zu vermeiden, das sich aus der Wechselwirkung zwischen bewegter Flüssigkeitssäule und Innenwandung eines englumigen Schlauches oder Glasrohres ergibt. Auch hier gibt es zwei Möglichkeiten:

Verwendet man sehr kleine Leitungsdurchmesser und hohe Fließgeschwindigkeiten, wird die Vermischung zwischen den einzelnen Proben und den Blindproben, vor allem dann, wenn nach jeder Probe eine Blindprobe angesetzt wird, sehr gering sein. Diese Methodik ist als "Flow Injection Analysis" bekannt geworden (Ruzicka[42]).

Die zweite Möglichkeit besteht in der Verwendung von etwas weitlumigeren Schläuchen oder Glasrohrleitungen mit einem Durchmesser von wenigen Millimetern, wobei jedoch langes Nachschleppen, bedingt durch Oberlächeneffekte, sehr stören würde. Dieses Problem wurde in den seit Jahren bekannten Auto-Analyzer-Geräten in sehr eleganter Weise gelöst. Durch die Zufuhr von Luft in die Leitung ergibt sich eine perlenkettenartige Aufeinanderfolge von Flüssigkeitspfropfen und Luftblasen. Durch diese "Segmentierung" wird das Verschleppen auf ein Minimum reduziert, da jeder Pfropfen die an den Innenwandungen der Leitung haftenden Reste des vorigen aufnimmt. Vor Eintritt in die Durchflußküvette können die eingeschobenen Luftblasen in einfachster Weise entfernt werden. Die Arbeitsweise des Systems läßt sich anhand der Abb. 4.9 am einfachsten erklären.

Aus kleinen Kunststoffbechern, die sich auf einem Karussell befinden, wird für eine bestimmte Zeit (z.B. 20 sec) Probe abgesaugt. Anschließend taucht der Saugarm in die Waschlösung (im Schema nicht eingezeichnet). Das Karussell bewegt sich bis zur nächsten Position, worauf der Zyklus von neuem beginnt. Über eine weitere Leitung wird Ammonchlorid-Lösung mit Luft segmentiert, kontinuierlich zugeführt und mit der Probe gemischt. Durch Absaugen der Luft, wobei etwas Probe mit abgesaugt wird - gelangt die Probe luftblasenfrei über

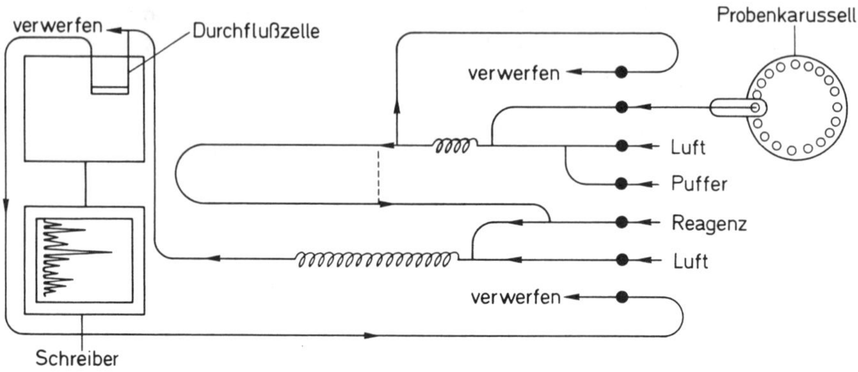

Abb. 4.9 Mehrfachverteiler für die automatische Bestimmung von Nitrat und Nitrit

den U-förmigen Kupfer-Cadmium-Reduktor, wo Nitrat zu Nitrit reduziert wird. Die Probe wird neuerlich segmentiert und mit Reagenz gemischt. Eine ausreichend lange Mischschlange sorgt für die Farbentwicklung benötigte Verweilzeit. Nach dem Entlüften erfolgt die Messung in der Durchflußküvette, in der die Absorption gemessen und vom Registrierschreiber aufgezeichnet wird. Falls die Probe direkt über die punktierte Linie am Reduktor vorbeigeführt wird, unterbleibt die Reduktion, so daß nur Nitrit registriert wird. Da die Nitrit-Konzentration meist wesentlich niedriger liegt als die von Nitrat, ergibt die Differenzbestimmung ausreichend genaue Resultate. Falls die Nitrat-Konzentration den Meßbereich überschreiten sollte, kann ein entsprechender Verdünnungsschritt ohne weiteres eingebaut werden, indem man Wasser mit der segmentierten Probe mischt, diese entlüftet und neuerlich in die Probeneingabe bringt.

Nach dem Einrichten eines Mehrfachverteilers und "Einlaufen" des Gerätes ist die Bedienung sehr einfach. Ein geübter Techniker kann pro Woche einige Hundert Nitrat- und Nitrit-Bestimmungen mit einem Arbeitsaufwand von einigen Stunden, verteilt über die ganze Woche, durchführen. Der größte Teil der effektiven Arbeitszeit wird für das periodische Auswechseln der Schläuche benötigt, die nach einiger Zeit durch die ständig wiederholte Deformation ihre Maßhaltigkeit verlieren. Als Sicherheitsmaßnahme läßt man stets in gewissen Abständen Standardproben mitlaufen, wodurch sich eventuelle Fehler sofort bemerkbar machen.

Der derzeitige Stand der Technik ermöglicht es, nahezu alle jene Analysenmethoden zu automatisieren, die bisher manuell durchgeführt werden mußten. Als Beispiel soll die Anwendung der Dialyse bei der Bestimmung von Ammonium-Ion erwähnt werden, mit deren Hilfe es möglich ist, gefärbte organische Verbindungen auszuschalten, die die Bestimmung stören würden. Es ist auch schon möglich, Analysenmethoden zu automatisieren, in denen Lösungsmittelextratktionsschritte vorkommen. Die Kosten derartiger Analysenautomaten sind verhältnismäßig hoch und meist nur dann gerechtfertigt, wenn die Anzahl der zu bearbeitenden Analysen so groß ist, daß das Gerät nahezu vollständig ausgelastet wird. Eine Sicherheitsreserve muß einkalkuliert werden, da sonst bei längerem Ausfall des Gerätes ernsthafte Schwierigkeiten zu erwarten sind.

Neben dem Vorteil der enormen Einsparung an Arbeitszeit ist vor allem die wesentlich bessere Reproduzierbarkeit der automatischen Bestimmung zu nennen, wobei jederzeit die Kontrollmöglichkeit durch Eichproben gegeben ist.

4.19 Bestimmung von Chlorid durch visuelle Titration

Im allgemeinen wird das Vorkommen von Chlorid-Ion in Trinkwasser als harmlos betrachtet, solange es in geringen Mengen vorkommt. Der in der Richtlinie L 229 des Rates der Europäischen Gemeinschaften angeführte Wert beträgt 25 $mg \cdot l^{-1}$, während die WHO 200 $mg \cdot l^{-1}$ als jene Grenze betrachtet, oberhalb jener Auswirkungen auf die menschliche Gesundheit eintreten können. Chlorid findet sich auch in geringen Mengen im Regen. Konzentrationen im Bereich von 10 $mg \cdot l^{-1}$ sind in Gebieten mit maritimem Klima nicht ungewöhnlich; in küstennahen Regionen findet man häufig noch wesentlich höhere Werte. Schwierigkeiten durch Salzanreicherung ergeben sich bei der Feldbewässerung in Trockengebieten mit Flußwasser, das zur Viehtränke verwendet werden muß, vor allem dann, wenn in abnormen Trockenperioden die Gezeitenbeeinflussung von Flachlandströmen viel weiter stromaufwärts reicht als sonst.

Die einfachste Methode zur Chlorid-Bestimmung ist die Titration mit Silbernitrat in Gegenwart von etwas Kaliumchromat als Indikator. Der Endpunkt ist durch das Auftreten einer permanenten Rotfärbung gekennzeichnet, die auf der Bildung von Silberchromat beruht (Methode nach Mohr). Ein Zusatz von etwas Natriumtetraborat als Puffer erweist sich als zweckmäßig. Bromid, Iodid, Cyanid und Sulfid werden mitbestimmt, doch ist deren Konzentration meist so gering, daß sie vernachlässigt werden kann.

Arbeitsvorschrift. In einem 250-ml-Titrierkolben versetzt man 100 ml Probe mit einer kleinen Spatelspitze Natriumtetraborat (als Puffer, pH9) und einer Mikrospatelspitze Kaliumchromat als Indikator. Man titriert zu Beginn sehr vorsichtig, für den Fall, daß die Chlorid-Konzentration sehr niedrig ist, mit 0,05 molarer Silbernitrat-Lösung (8,49 $g \cdot l^{-1}$) aus einer 10 ml-Bürette bis zur bleibenden Rotfärbung.

Berechnung: 1 ml 0,05 molare Silbernitrat-Lösung entspricht 0,05 mmol·1 35,5 $mg \cdot mmol^{-1}$ = 1,8 mg Chlorid oder 2,9 mg Natriumchlorid.

Durch einen Vergleich mit der Leitfähigkeit der Probe läßt sich grob abschätzen, ob noch andere Elektrolyten in nennenswerten Mengen vorhanden sind.

4.20 Ionensensitive Elektroden

Als Alternative für die oben angeführte visuelle Endpunktbestimmung von Chlorid-Ion, aber auch für andere titrimetrische Bestimmungen, ist der Einsatz einer ionensensitiven Elektrode angebracht. Es handelt sich im Prinzip um eine Weiterentwicklung der Glaselektrode (s. S. 116). Andere ionenselektive Elektroden arbeiten ähnlich wie die Sauerstoffelektrode mit Membranen verschiedenster Art und aus verschiedenem Material. Aufgrund dieser Vielfalt können nachfolgend nur einige Beispiele gebracht werden.

4.20.1 Glasmembranen

Eine aus Natrium-Aluminium-Silikatglas hergestellte Glaselektrode spricht auf Konzentrationen von Natrium-Ionen bis zu 10^{-4} molar (2,3 $mg \cdot l^{-1}$) an.

4.20.2 Einkristall-Membranen

Man kann z.B. Elektroden mit einer Membran aus Silberchlorid herstellen, deren Ansprechempfindlichkeit für Chlorid-Ion bis zum Löslichkeitspunkt von Silberchlorid reicht, also bis 10^{-5} molar (0,35 $mg \cdot l^{-1}$). Ionen, deren Silber-Salze weniger gut löslich sind (wie Bromid, Iodid, Sulfit) stören, manche davon permanent und irreversibel. Als bekanntestes Beispiel einer ionenselektiven Elektrode kann die Fluorid-Elektrode genannt werden. Die Membran besteht aus einem mit Europium dotierten Lanthanfluorid-Einkristall. Da Lanthanfluorid eine sehr geringe Löslichkeit aufweist, eignet sich diese Elektrode sehr gut zur Messung der Konzentration von Fluorid-Ion bis zu 10^{-5} molar (0,19 $mg \cdot l^{-1}$).

Unter günstigen Bedingungen läßt sich sogar noch eine Empfindlichkeit von 10^{-6} molar erreichen, wobei allerdings die Ansprechgeschwindigkeit etwas absinkt. Da Trinkwasser zur Verhinderung von Karies in manchen Ländern mit etwa 1 $mg \cdot l^{-1}$ Fluorid versetzt wird, eignet sich diese Elektrode sehr gut zur Überwachung des Fluorid-Spiegels. Die Dotierung des Lanthanfluorids mit Europium dient der Verbesserung der elektrischen Leitfähigkeit. Die Membran besteht aus einem Einkristall und wird in Form eines Scheibchens von 1 mm Dicke und einigen mm Durchmesser zugeschnitten. Wie aus Abb. 4.10 zu ersehen ist, wird die Membran in ein dickwandiges Kunststoffrohr eingesiegelt.

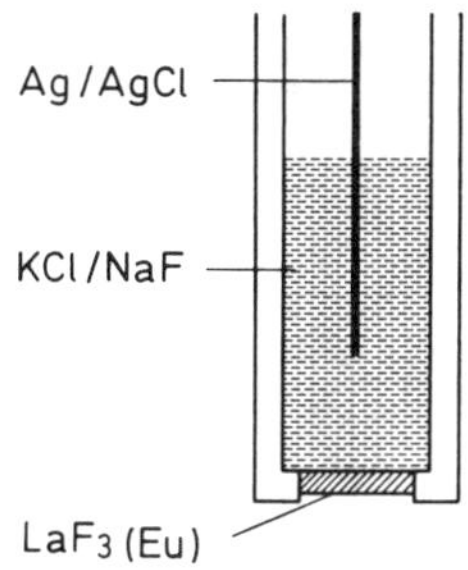

Abb. 4.10 Schematische Darstellung einer ionensensitiven Elektrode zur Bestimmung von Fluorid

Als Füllung verwendet man eine äquimolare Lösung von Kalium- und Natriumfluorid, in die eine Silber/Silberchlorid-Elektrode eintaucht. Als Gegenelektrode wird zumeist eine Kalomelelektrode verwendet, die in die Probe eingetaucht wird. Die Messung der Potentialdifferenz zwischen den beiden Elektroden erfolgt mit Hilfe eines Voltmeters mit hochohmigem Eingang. Dafür eignet sich ein modernes Digital-Voltmeter mit einer Anzeigegenauigkeit von 0,1 mV. Das gemessene Potential ergibt sich aus folgenden Gleichungen:

$$E_{gemessen} = E° + \frac{RT}{nF} \log a(F^-) - E_{Kalomel} \quad (4.17)$$

$$E_{gemessen} = E° + 0{,}058 \log c(F^-) \quad (4.18)$$

Die Darstellung der Eichgeraden erfolgt am besten auf einfach-logarithmisch geteiltem Rasterpapier über einen Bereich von mehreren Zehnerpotenzen, wie es aus Abb. 4.11 ersichtlich ist.

4.20.3 Bestimmung von Fluorid

Einleitend sollte noch darauf hingewiesen werden, daß die Elektrode nur auf eine spezielle Ionenart anspricht, in diesem Fall auf Fluorid-Ion (genauer ausgedrückt auf hydratisiertes Fluorid-Ion) jedoch nicht auf die nicht disoziierten Spezies Fluorwasserstoff (HF) oder auf Hexafluoro-Eisen (III)-Ion (FeF_6^{3-}); allerdings spricht die Elektrode oberhalb von pH 9 auch auf Hydroxy-Ion an, das nahezu denselben Ionenradius aufweist. Eine für die Praxis brauchbare Methode muß diese Faktoren als Voraussetzung für korrekte Ergebnisse berücksichtigen.

Ein weiteres Problem ergibt sich aus dem Umstand, daß die Elektrode nicht die Konzentration, sondern die Aktivität des gesuchten Ions anzeigt. Man kann also nur dann reproduzierbare Ergebnisse erwarten, wenn Probe und Standard dieselbe Ionenstärke aufweisen.

Die Verwendung einer "Pufferlösung zur Einstellung der Gesamt-Ionenstärke (Total Ionic Strengh Adjustment Buffer, TISAB)" wurde von Frant und Ross[43] zur Verbesserung der Reproduzierbarkeit der von ihnen entwickelten Elektrode vorgeschlagen und gehört seither zur ständigen Routine. Eine TISAB-Lösung enthält einen Acetatpuffer zur Kontrolle des pH-Werts, CDTA als Komplexbildner zur Maskierung der Metall-Ionen und zur gleichzeitigen Freisetzung des Fluorid-Ions sowie Natriumchlorid oder Natriumperchlorat in einer so hohen Konzentration, daß die Gesamt-Ionenstärke der Probe nach TISAB-Zusatz als konstant betrachtet werden kann.

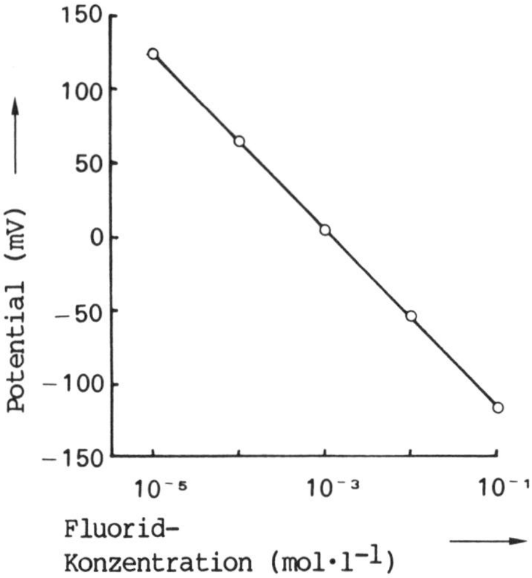

Abb. 4.11 Typische Eichgerade für die Bestimmung von Fluorid mit einer ionensensitiven Elektrode

Arbeitsvorschrift (TISAB-Reagens[44]). Man versetzt 500 ml Wasser mit 57 ml Eisessig, 58 g Natriumchlorid und 4 g CDTA (1,2-Diaminocyclohexantetraessigsäure; man kann auch EDTA verwenden). Man gibt unter Kühlung im Wasserbad allmählich soviel 5 molare Natriumhydroxid-Lösung zu, bis ein pH-Wert von 5 - 5,5 erreicht ist und verdünnt auf 1 l.

Man bereitet durch Verdünnen einer Stammlösung eine Serie von F^--Standardlösungen im Bereich von 10^{-1} bis 10^{-5} molar (1,9 $g \cdot l^{-1}$ bis 0,19 $mg \cdot l^{-1}$). Man versetzt 10 ml Standardlösung mit 10 ml TISAB-Lösung, mischt, setzt die Fluorid-Elektrode und die Kalomel-Gegenelektrode ein und mißt je nach Konzentration nach einigen Sekunden bis zu einigen Minuten die von einem Digitalvoltmeter angezeigte Potentialdifferenz. Die Meßwerte werden, wie in Abb. 4.11 gezeigt, auf Rasterpapier (log/linear) aufgetragen. Für die Aufbewahrung aller Lösungen sind Kunststoffbecher und -flaschen zu verwenden.

4.20.4 Polymer-Membranen

Es konnte gezeigt werden, daß es möglich ist, aus einem schwer löslichen Salz des zu bestimmenden Ions, das in Siliconkautschuk eingebettet ist, eine ionensensitive Elektrode herzustellen. Dieser Typ ist als Pungor-Elektrode bekannt[45-47]. Eine andere Möglichkeit besteht in der Verwendung der Salze von organisch substituierten Säuren, wie z.B. mit Calcium dotiertes Tributylphosphat, eingebettet in Polyvinylchlorid. Mit einer derartigen Membran läßt sich das Calcium-Ion bestimmen.

4.20.5 Flüssige Membranen

Mit dieser etwas irreführenden Bezeichnung sind viskose organische Lösungsmittel gemeint, die von einer Glasfritte getragen werden. Auf diese Weise entsteht gewissermaßen eine Pseudo-Membran, die sich gut als ionensensitive Elektrode eignet. Als Beispiel kann die Lösung von Valinomycin in Diphenylether genannt werden, mit deren Hilfe sich Kalium gut bestimmen läßt - eine sehr willkommene Lösung, da Glaselektroden für Kalium kaum anwendbar sind.

4.20.6 Selektivität

Die meisten Elektroden reagieren auch auf andere Ionen neben denen, für die sie gedacht sind. Das an der Elektrode entstehende Potential ergibt sich für einwertige Ionen nach folgender Gleichung:

$$E = E^{o} + 0{,}058 \log [a_i + K_{ij} (a_j)], \qquad (4.19)$$

wobei a_i die Aktivität des gewünschten, zu bestimmenden Ions und a_j die Aktivität eines störenden Ions bezeichnet. Wie klar zu ersehen ist, muß der Faktor K_{ij} möglichst klein sein, um unerwünschte Querempfindlichkeiten vernachlässigen zu können. Moody und Thomas haben die allgemeinen Probleme in bezug auf Elektroden und der Selektivität behandelt[48]. Darüber hinaus steht eine Reihe von Publikationen über ionensensitive Elektroden und Potentiometrie zur Verfügung[49-52].

4.20.7 Potentiometrische Titrationen

Solange eine Elektrode nicht durch einen unterbrochenen Kontakt oder ähnliches funktionsunfähig ist, wird sie immer eine ablesbare Anzeige ergeben ohne daß der Bearbeiter einen direkten Hinweis erhalten kann, ob die angezeigten Werte am Millivoltmeter korrekt sind. Denn aus Erfahrung entwickelt man oftmals eine Art von sechstem Sinn für verdächtige Anzeigen. Es ist daher oft sicherer, die Elektrode als Kontrollelement für eine Titration zu verwenden, statt sich auf eine direkte Messung zu verlassen. So läßt sich beispielsweise die Abnahme der Fluorid-Konzentration bei der Titration mit Thoriumnitrat oder die Titration von Chlorid-Ion mit Silbernitrat sehr gut mittels einer ionenselektiven Elektrode verfolgen. In letzterem Fall genügt es, ein Stück Silberdraht in die Lösung einzutauchen, das als ionenspezifische Elektrode für Silber-Ion dient.

Da das Löslichkeitsprodukt K_L durch die Beziehung

$$K_L = c\,(Ag^+) \cdot c\,(Cl^-) \qquad (4.20)$$

ausgedrückt wird, ergibt sich weiters

$c\,(Ag^+) = K_L/c\,(Cl^-)$ und damit

für das Potential E

$$E = E^o + 0{,}058 \log c\,(Ag^+)$$

$$= E^o + 0{,}058 \log K_L - 0{,}058 \log c\,(Cl^-)$$

Die Steilheit der Flanke der Titrationskurve läßt sich durch Zusatz eines gleich großen Volumens Aceton steigern, da die Löslichkeit von Silberchlorid in dieser Mischung noch erheblich geringer ist (s. Abb. 4.12). Sind zwei oder mehr Ionenarten vorhanden, die schwerlösliche Silbersalze bilden, so erhält man eine treppenförmige Kurve, deren Wendepunkte den Endpunkten entsprechen. Allerdings ist es nicht ohne weiteres möglich, exakte Ergebnisse zu erhalten, da sich Mitfällungsreaktionen und Adsorptionsphänomene unangenehm bemerkbar machen. Abb. 4.13 zeigt die theoretische und die experimentell bestimmte Kurve für die Titration eines Gemisches von Halogeniden.

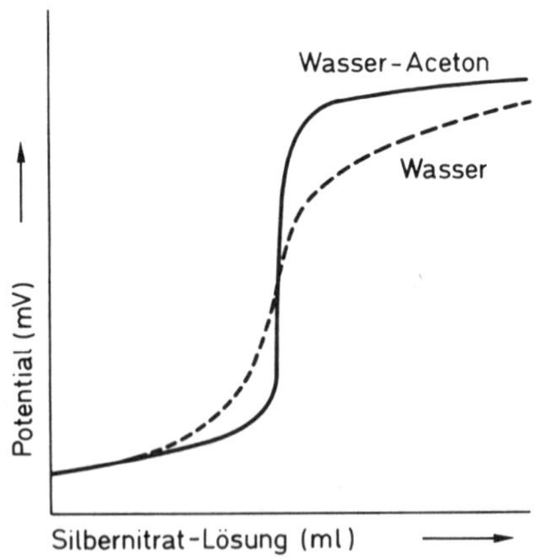

Abb. 4.12 Titrationskurven von der potentiometrischen Bestimmung von Chlorid in Wasser und in Wasser-Acetongemisch. Titrationslösung: Silbernitrat

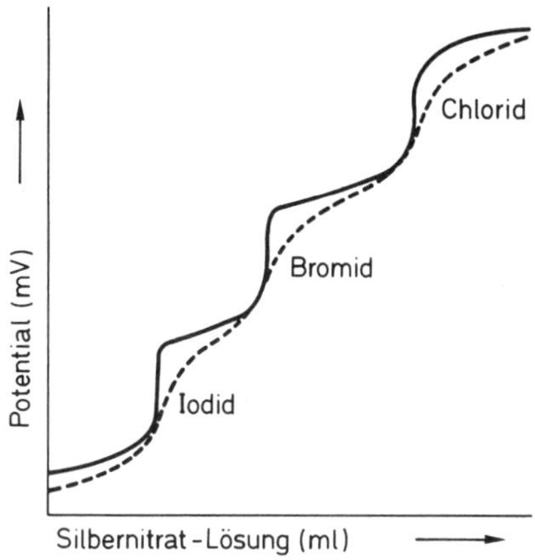

Abb. 4.13 Theoretische (ausgezogene Linie) und experimentell ermittelte (gestrichelte Linie) photometrischen Titrationskurven eines Gemisches von Halogenid-Ionen

Arbeitsvorschrift. Abb. 4.14 zeigt die benötigte Apparatur. Ein Silberdraht, der in die (mit einem Magnetrührer gerührte) Probe eintaucht, fungiert als Silber/Silberchlorid-Elektrode. Als Gegenelektrode wird ein Silber- oder Platin-Draht in die Spitze einer 10-ml-Bürette eingeschmolzen, die in die Probelösung eintaucht. Man setzt aus der Bürette Silbernitrat-Titerlösung in kleinen Dosen zu und registriert das jeweilige Potential, das in ein Diagramm, wie in Abb. 4.12 bzw. 4.13 gezeigt, eingetragen wird. Beim Übergang zu der steilen Flanke empfiehlt es sich, möglichst kleine Mengen zuzusetzen. Der Endpunkt ist mit dem Wendepunkt der Kurve identisch.

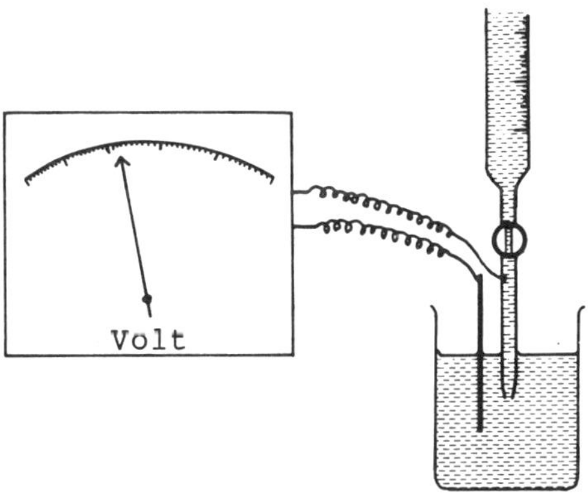

Abb. 4.14 Einfache Apparatur für potentiometrische Bestimmungen

4.21 Ionenchromatographie

Seit vielen Jahren werden Ionenaustauscher in der Wasseranalyse verwendet, um verschiedene Ionenarten voneinander zu trennen oder anzureichern. Die in einem größeren Volumen an Probelösung - bis zu 1 l, unter Umständen noch mehr - enthaltenen Ionen können unter Verwendung einer relativ kleinen Kolonne mit einem ebenfalls relativ kleinen Volumen eluiert und somit angereichert werden. Eine 20fache Anreicherung läßt sich zumeist unschwer erreichen. In den letzten Jahren wurden die Ionenaustauschmethoden um einen entscheidenden Schritt weiterentwickelt. Das unter der Bezeichnung "Ionenchromatographie"[53,54] bekannt gewordene Verfahren kann ohne Übertreibung als einer der wirklich bedeutenden Fortschritte in der Wasseranalytik bezeichnet werden. Es ist seit langem bekannt, daß etwa die Ionen der Alkali- oder Erdalkalimetalle, ebenso wie Anionen von Säuren aufgrund ihrer verschiedenen Affinität zum Austauscherharz nacheinander eluiert werden, wobei sich jedesmal eine Änderung der Leitfähigkeit ergeben muß. Da aber der Eluent, für Kationen eine Säure, für Anionen zumeist Natriumhydroxidlösung, selbst eine hohe Leitfähigkeit aufweist, ist dieser Parameter für eine quantitative Auswertung nicht brauchbar.

Die Erfassung von Ionen im Spurenbereich wurde erst durch die Entwicklung des Suppressors [54] möglich, durch den die zur Elution verwendeten Säure- oder Basen-Ionen in Wasser umgewandelt werden und daher die Leitfähigkeit des Eluats nicht mehr erhöhen können. Die gesuchten Ionen, die nun in Form der freien Basen oder Säuren auftreten, ergeben ein sehr gut auswertbares Signal.

Ein weiterer Vorteil dieser Technik liegt darin, daß sie auch für industrielle Zwecke sehr gut zur Prozeßüberwachung wie z.B. in der Papier- und Zellstoffindustrie, zur Kontrolle von Kesselspeisewasser, von Schadstoffemissionen von Schornsteinen und für zahlreiche andere Zwecke eingesetzt werden kann. In diesen Fällen wird die optimale Anpassung durch entsprechende Auswahl der Ionenaustauschharze erreicht. Ausführliches Informationsmaterial wird von den Herstellern der Geräte zur Verfügung gestellt.

Folgende Ionen oder Verbindungen können standardmäßig bestimmt werden:

- Halogene, Nitrat, Nitrit, Sulfat[55], Sulfit, Phosphat, Sulfid, Cyanid und Borat
- Alkalimetalle: Natrium, Kalium, Lithium
- Erdalkalimetalle: Magnesium, Calcium, Strontium, Barium
- Ammoniak und Hydrazin

- Organische Säuren: Glykol-, Ameisen-, Essig-, Propion-, Adipin-, Glutar-, Bernstein-, Milch-, Malon-, Valerian- und Buttersäure.

Eine der wichtigsten Ionenarten können noch im Submilligramm-Bereich erfaßt werden; es sind die Anionen der Mineralsäuren, Alkali- und Erdalkali-Ionen. Jede der drei Gruppen von Ionen, anorganische Anionen, anorganische Kationen und Ionen, anorganische Anionen, anorganische Kationen und Ionen organischer Säuren, können bei einer Gesamtdauer von 10 - 15 min pro Bestimmung simultan in einer einzigen Probe erfaßt werden. Trotz der hohen Preise der Geräte wird durch den Wegfall zahlreicher manueller Operationen eine sehr beträchtliche Einsparung an Gesamt-Analysekosten erzielt.

4.22 Bestimmung von Schwermetallen

Die im Trinkwasser vorkommenden Spuren von Schwermetallen wurden in den letzten Jahren mit zunehmendem Interesse verfolgt, seit das durch Akkumulation bedingte Gesundheitsrisiko bekannt wurde. Dies trifft vor allem auf die Elemente Blei, Cadmium und Quecksilber zu, für die in der Direktive 80/778 des Rates der Europäischen Gemeinschaften (1980; L 229) für diese Elemente Grenzwerte von 50, 5 und 1 $\mu g \cdot l^{-1}$ in Trinkwasser festgesetzt wurden. Die Entwicklung von hochempfindlichen analytischen Methoden hat es überhaupt erst möglich gemacht, sich mit diesen Fragen ernsthaft zu beschäftigen. Es ist durchaus denkbar, daß aufgrund der erhöhten Nachweisempfindlichkeit die Grenzwerte für Trinkwasser noch niedriger als bisher festgesetzt werden könnten. Entscheidend für einige dieser neuen Erkenntnisse war die Möglichkeit für die klinische Chemie, Blei in äußerst geringen Konzentrationen zu bestimmen. Es zeigte sich, daß neurotoxische Effekte schon durch weitaus niedrigere Blei-Konzentrationen verursacht werden als jene, die bisher als klinisch toxisch betrachtet wurden. Man wird diesem Umstand überall dort Rechnung zu tragen haben, wo die Endanschlüsse von Wasserleitungen in den Haushalten noch aus Bleirohr bestehen, wie dies in Großbritannien noch häufig der Fall ist. Es wird in solchen Fällen empfohlen, bei der ersten Wasserentnahme am Morgen einige Liter Wasser ablaufen zu lassen, da über Nacht erhebliche Blei-Mengen in Lösung gehen können.

Schwermetallbestimmungen im Spurenbereich stellen stets eine schwierig zu lösende Aufgabe dar. Für kolorimetrische Methoden oder für die Bestimmung mit der Flammen-Atomabsorptionsspektrometrie (AAS) ist ein Anreicherungsschritt erforderlich, der wieder zu höheren Blindwerten führt. Die Bestimmung von Blei mittels AAS ermöglicht bei Flammenanregung eine Bestimmung von 10 $mg \cdot l^{-1}$; mit Graphitrohranregung können noch 0,05 $mg \cdot l^{-1}$ reproduzierbar bestimmt werden (s. Kap. 6, S. 287 und S. 289). Für die Bestimmung von Quecksilber kommen AAS oder die Kaltdampfmethode in Verbindung mit Atomfluoreszenzspektrometrie in Frage und Cadmium kann ebenfalls durch AAS mit Flammenanregung bestimmt werden. Trotz aller Vorteile ist zu bedenken, daß für diese Art von Bestimmungen nicht nur teure Gerät benötigt werden. Die Analysen erfordern relativ lange Arbeitszeiten und einen speziell geschulten Bearbeiter. Es gibt jedoch eben für die Bestimmung der Schwermetalle eine sehr elegante Methodik und zwar die Inversvoltammetrie (engl. Bezeichnung "Anodic Stripping Voltammetry, ASV"), mit der Schwermetalle in Trinkwasser schnell und einfach bestimmt werden können. Im Interesse einer aufschlußreichen Gegenüberstellung werden in diesem Abschnitt die seit langem bekannten, aber langsamen photometrischen Methoden[56] mit der empfindlichen elektrochemischen Arbeitstechnik verglichen.

4.22.1 Photometrische Methoden unter Verwendung von Dithizon

Dithizon wird schon seit vielen Jahren für die Schwermetallbestimmung verwendet[57,58]. Die dunkelgrün gefärbte Verbindung, die in vielen organischen Solventien löslich ist, bildet mit zahlreichen Schwermetallen rote Chelate.

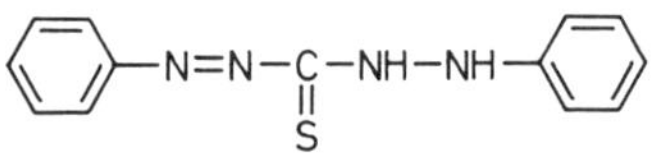

Dithizon geht als Anion bei hohen pH-Werten in die wäßrige Phase über. Etwa 17 Elemente bilden gefärbte, extrahierbare Chelate, so daß es nur durch genaue Einhaltung eines bestimmten pH-Wertes und durch selektive Maskierungsreaktionen möglich ist, das gewünschte Element störungsfrei zu bestimmen. Auch die Wahl des Extraktionsmittels ist von Bedeutung. Dithizon ist in Chloroform 30mal besser löslich als in Tetrachlorkohlenstoff. Ein Auswaschgang mit wäßriger Lösung bei pH 10 nimmt aus Tetrachlorkohlenstoff 90 % des Dithizons auf, während für Chloroform pH 11,5 erforderlich ist. Beide Lösungsmittel finden Verwendung, sind aber keinesfalls austauschbar. Die Arbeitsvorschriften müssen genaustens eingehalten werden.

Die meisten Dithizon-Komplexe entsprechen der Formel $M(HDz)_2$. Einige metallorganische Verbindungen bilden ebenfalls Komplexe, zum Beispiel einige alkylierte Ionen wie $R_3Pb(HDz)$ und $R_2Pb(HDz)_2$ oder RHg(HDz), aber auch ArHg(Dz) (in abgekürzter Schreibweise für Methyl-, Ethyl- und Phenyl-Radikale). Man kann diese Verbindungen unter Umständen zur Bestimmung von Organometallverbindungen verwenden; im allgemeinen stören sie aber, da ihre molaren Absorptionswerte nicht mit den einfachen Metallkomplexen übereinstimmen. Es ist daher günstiger, Organometallverbindungen vor der Extraktion durch Mineralisation im sauren Milieu zu zerstören.

Bildung und Extraktion der zweiwertigen Metalldithizonate lassen sich in einfachster Form durch die folgenden Gleichungen darstellen

$$M^{2+} + 2\,H_2Dz_{(org)} \overset{K_{ex}}{\rightleftharpoons} M(HDz)_{2(org)} + 2H^+ \qquad (4.21)$$

Aus dieser Gleichung läßt sich die Extraktionskonstante ableiten

$$K_{ex} = \frac{c(M(HDz)_2)_{org}\, c(H^+)^2}{c(M^{2+})\, c(H_2Dz)^2_{org}} \qquad (4.22)$$

oder in logarithmischer Form

$$\log K_{ex} = \log \frac{c(M(HDz)_2)_{org}}{c(M^{2+})} - 2\log c(H_2Dz)_{org} - 2pH \qquad (4.23)$$

und somit

$$\log \frac{c(M)_{org}}{c(M)_{aq}} = 2pH + 2\log c(H_2Dz)_{org} + \log K_{ex} \qquad (4.24)$$

Die letzte Gleichung gibt ein Maß für die Extraktion des Metalls an. Die Klammern bezeichnen wie üblich die molaren Konzentrationen der einzelnen Spezies; in der letzten Gleichung steht M_{org} für die Konzentration des Metall-Dithizonatkomplexes. In der Tab. 4.6 sind einige Werte für die Extraktionskonstante log K_{ex} bei Verwendung von Tetrachlorkohlenstoff, anschließend Arbeitsvorschriften für die Bestimmung von Blei und Quecksilber angegeben, um zu zeigen, wie durch Kombination von Maskierungsreaktionen und pH-Kontrolle selektive Bestimmungsmethoden ausgearbeitet werden können.

Tab. 4.6 Extraktionskonstanten für Metall-Dithizonate in Tetrachlorkohlenstoff (CCl_4)

Metall	log K_{ex}	pH(min.) für 99 % Extraktion	Maskierung durch
Hg	26,8	stark sauer	Br^- I^-, niedriger pH-Wert
Cu	10,5	0	CN^-, hoher pH-Wert
Cd	2,1		CN^-, zu hoher/zu niedriger pH-WErt
Zn	2,0	2,9	CN^-, zu hoher pH-Wert
Pb	0,4	4,5	Tartrat, Citrat, niedriger pH-Wert

Zur Beachtung!

1) Cyanid ist außerordentlich giftig. Die Lösungen müssen stets im alkalischen Bereich bleiben, um die Bildung von Cyanwasserstoffsäure zu verhindern. Alle Arbeiten sind unter dem Abzug auszuführen. Da keinesfalls mit dem Mund pipettiert werden darf, müssen Kolbenpipetten verwendet werden.

2) Lösungsmitteldämpfe sind ebenfalls giftig; daher gelten dieselben Vorsichtsmaßregeln wie unter 1). In vielen Fällen genügt es, Meßzylinder oder Dispenserpipetten zu verwenden.

3) Alle Dithizon-Methoden sind sehr empfindlich. Alles Glasgerät muß mit verd. Salpetersäure von Schwermetallspuren befreit und anschließend gründlich gespült werden. Reagenzienlösungen müssen vor Gebrauch mit Dithizon in Chloroform extrahiert und ständig auf den niedrigst möglichen Blindwert kontrolliert werden.

4) Dithizon-Lösungen sind nicht sehr gut haltbar, da sie leicht oxidieren. Sie sollen dunkel und kühl aufbewahrt, öfter gereinigt und in kürzeren Abständen frisch angesetzt werden.

Herstellung der Dithizon-Lösung. Man schüttet 20 mg Dithizon in 100 ml CCl_4, bis fast alles in Lösung gegangen ist. Anschließend extrahiert man viermal mit verdünnter Ammoniumhydroxid-Lösung (1 ml NH_4OH (w = 10 %) in 100 ml Wasser), filtriert die verunreinigten Extrakte, säuert mit 1 ml Salzsäure an und extrahiert mit 100 ml CCl_4. Die organische Phase wird dreimal mit Wasser gewaschen und filtriert. Im Dunkeln aufbewahrt ist diese Lösung 1 Monat lang haltbar. Für den Gebrauch verdünnt man 10 ml Stammlösung mit CCl_4 auf 200 ml.

Vorbereitung der Proben. Man säuert mit Salzsäure an und kocht einige Minuten, um Schwebstoffe in Lösung zu bringen. Um, speziell bei Quecksilber-Bestimmungen, organometallische Verbindungen zu zerstören, kocht man 100 ml Probe mit 10 ml Schwefelsäure 2 h unter Rückfluß und setzt kleine Mengen Kaliumpermanganat-Lösung zu, bis eine schwache Rosafärbung bestehen bleibt.

Bestimmung von Blei. Man versetzt 100 ml der Wasserprobe mit 30 ml ammoniakalischer Sulfit-Cyanidlösung (350 ml konz. Ammoniumhydroxid-Lösung, 3 g Kaliumcyanid und 10 g Natriumsulfid zu 1 l gelöst) und 10,0 ml Dithizon-Lösung. Man schüttelt 30 sec lang kräftig und filtriert die organische Phase über etwas Watte direkt in eine 10mm-Küvette. Die Messung des roten Komplexes erfolgt bei 515 nm. Für die Erstellung der Eichkurve werden Standardproben mit Gehalten zwischen 5 und 30 µg in gleicher Weise behandelt, wodurch man eine Eichgerade für 0,5 - 3 $mg \cdot l^{-1}$ erhält.

Bestimmung von Quecksilber. 100 ml Probe werden mit verd. Schwefelsäure auf pH 0 - 1 angesäuert und zweimal mit 10,0 ml Dithizon-Lsg. extrahiert. Der zweite Extrakt muß grün bleiben, andernfalls muß die Bestimmung mit einem kleineren Volumen Probe wiederholt werden. Die vereinigten Extrakte werden dreimal mit verd. Ammoniaklösung (5 ml auf 1 l) und zur Neutralisation einmal mit verd. Essigsäure gewaschen. Die organische Phase wird wie oben über einen Wattefilter in eine 10mm-Küvette filtriert. Der orangefarbige Komplex wird bei 485 nm photometriert. Die Bestimmung der Eichgeraden erfolgt wie bei der Blei-Bestimmung beschrieben.

4.22.2 Polargraphische Bestimmung der Schwermetalle

Die diffusionskontrollierte elektrochemische Reduktion von Ionen an der Quecksilber-Tropfelektrode, auf der die Polarographie beruht, wurde in Verbindung mit der Bestimmung von Sauerstoff auf S. 168f. behandelt. Durch die hohe Überspannung, die die Reduktion von Wasserstoff-Ionen an der Quecksilber-Oberfläche verhindert, ist es möglich, viele Metall-Ionen zum zugehörigen atomaren Zustand zu reduzieren, wobei sich die entsprechenden Amalgame bilden. Um sicherzustellen, daß der Stofftransport zur Elektrode ausschließlich diffusionsbedingt und dadurch proportional zur Konzentration des zu bestimmenden Ions ist, wird ein sog. "Grundelektrolyt" - zumeist 0,1 molares Kaliumchlorid - zugesetzt. Außerdem wird die Lösung nicht gerührt. Die Reduktion der verschiedenen Metalle setzt je nach den Abscheidungspotentialen der einzelnen Metalle bei einer bestimmten Spannung ein. Abb. 4.15 zeigt die Wiedergabe einer typischen Registrierkurve.

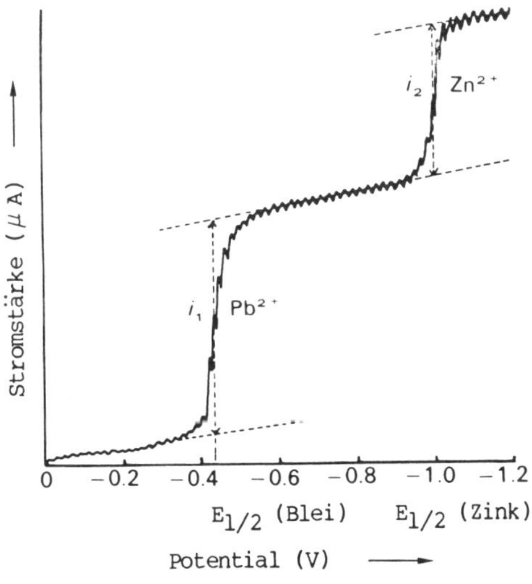

Abb. 4.15 Polarogramm einer Probe, die Blei und Zink enthält

Durch den Zusatz von komplexierenden Liganden lassen sich die Abscheidungspotentiale verändern, wodurch sich zusätzliche Trennungsmöglichkeiten ergeben (z.B. Nickel und Zink). Wie gezeigt werden kann[59,60], ist das sog. "Halbstufenpotential" von der Konzentration des zu bestimmenden Ions unabhängig, wodurch es gleichzeitig zur Identifizierung herangezogen werden kann, wenn die Zusammensetzung des Elektrolyten bekannt ist. Tab. 4.7 zeigt einige Beispiele von Halbwellenpotentialen in verschiedenen Elektrolyten.

Sind zwei oder mehrere reduzierbare Ionen vorhanden, so kann man unter geeigneten Bedingungen auch die entsprechende An-

Tab. 4.7 Einige polarographische Halbstufen-Potentiale (in V, jeweils 1 molare Lösungen)

	KNO_3	KCL	NH_3/NH_4Cl	KSCN	KCN
Cd	-0,59	-0,64	-0,74	-	1,18
Cu	+0,02	-	-0,02	-0,02	-
Pb	-0,40	-0,43	-	-	0,72
Mn	-	-1,51	-1,45	-1,55	-1,33
Ni	-	-1,1	-1,02	-0,70	-1,40
Zn	-1,01	-1,02	-1,21	-1,01	-

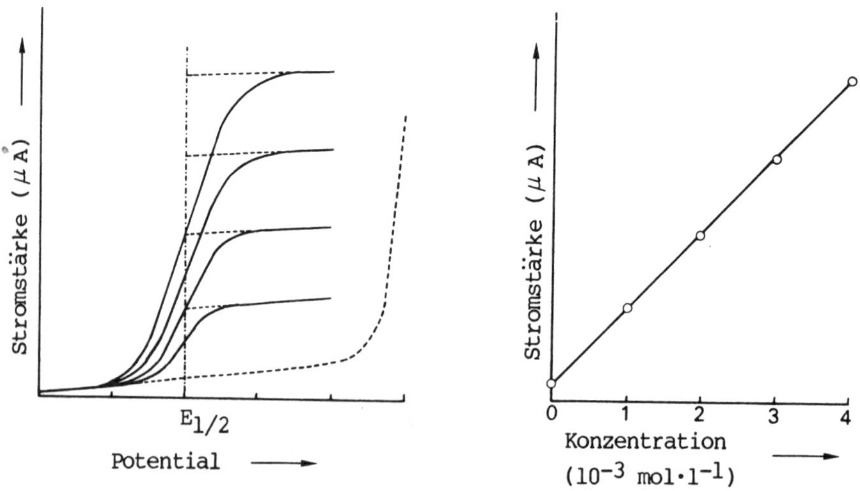

Abb. 4.16 Polarographische Stufen für eine Serie von Standardlösungen einschließlich einer Blindprobe, sowie die daraus abgeleitete Eichgerade

zahl von polarographischen Wellen erhalten, deren Höhe proportional zur Konzentration des jeweiligen Ions ist (s. Abb. 4.16). Die Erfassungsgrenze liegt bei ca. 10^{-5} mol·l^{-1} und ist einerseits durch die Reststromkurve, andererseits durch die Sägezahnform der Registrierkurve begrenzt, die sich aus dem Tropfenfall ergibt. Zur Verbesserung der Empfindlichkeit wurde auf verschiedenen Wegen versucht, diesen Störfaktor auszuschalten, indem man beispielsweise immer nur kurz vor Ende eines Tropfenlebens oder nach Absinken des Ladestromes für jeden Tropfen mißt. Auf diese Weise konnte die Empfindlichkeit merklich gesteigert werden.

Inzwischen wurde aber eine neue Arbeitstechnik entwickelt, mit deren Hilfe die Empfindlichkeiten in erstaunlicher Weise erhöht werden konnten. Diese Methode ist unter der Bezeichnung "Inversvoltammetrie", (Anodic Stripping Voltammetry, ASV) bekannt geworden.

4.22.3 Inversvoltammetrische Bestimmung von Metallen

Für diese Technik wird ein Quecksilber-Tropfen als stationäre Elektrode verwendet[61]. Die abgeschiedene Metallmenge wird, da es sich um einen durch die Grenzschicht Elektrolyt-Tropfen diffusionskontrollierten Prozeß handelt, proportional zu Konzentration und Abscheidungszeit sein. Während der Abscheidung wird gerührt, wodurch vor allem bei sehr niedrigen Konzentrationen eine Verarmung vermieden wird. Zunächst wird ein Potential angelegt, das etwas höher als das Abscheidungspotential für das gesuchte Metall liegt. Nun wird das

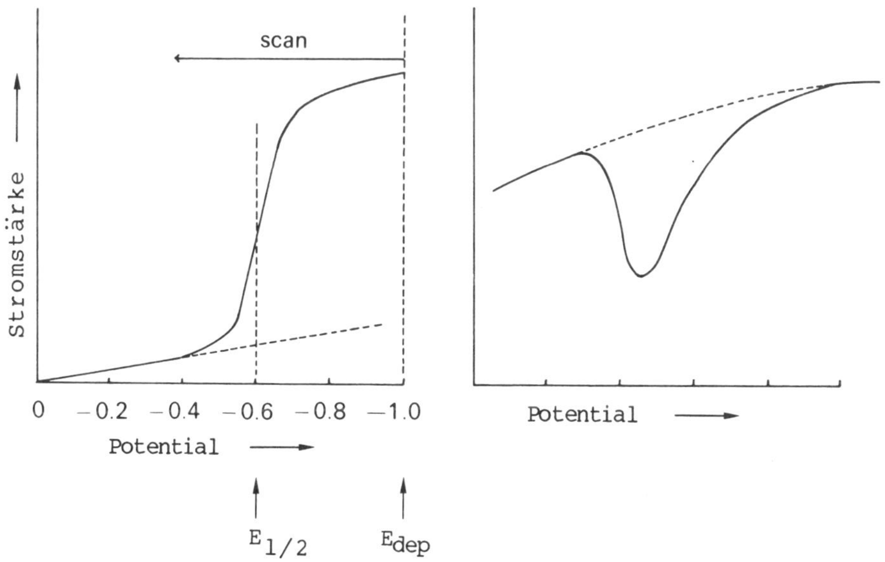

Abb. 4.17 Arbeitsprinzip der Inversvoltammetrie (anodic stripping voltammetry = ASV)

Potential nach Abstellen der Rührung gleichmäßig verringert, etwa mit einer Geschwindigkeit von 100 $mV \cdot min^{-1}$ (s. Abb. 4.17). Sobald das Abscheidungspotential erreicht ist, geht das Metall in Umkehrung des vorherigen Prozesses so schnell als möglich in Lösung, was durch einen scharf ausgeprägten Peak in der Registrierkurve zu erkennen ist. Die Höhe des Peaks ist proportional zur Konzentration des gesuchten Metalls. Die bemerkenswerte Steigerung der Empfindlichkeit ergibt sich aus der Anreicherung des Metalls über einen längeren Zeitraum und dem schnellen Lösungsvorgang. Abb. 4.18 zeigt ein mit einfachster Ausrüstung aufgenommenes Inverspolarogramm für einen Blei-Gehalt von 5 $\mu g \cdot l^{-1}$ (2,5 x 10^{-8} molar) in Leitungswasser, das mittels eines Ionenaustauschfilters gereinigt wurde.

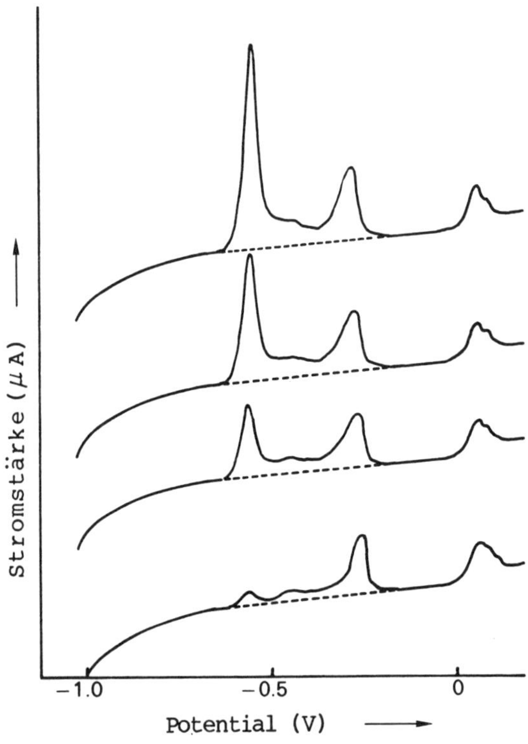

Abb. 4.18 Voltammetrische Diagramme einer Probe mit einem Gehalt von 5 $\mu g \cdot l^{-1}$ Blei vor (unterste Kurve) und nach mehrfachen Standardzusätzen von Blei

Die Wahl der Elektrode. Anfangs wurde meist ein hängender Quecksilber-Tropfen als Elektrode verwendet. Diese Technik erlaubt sehr sauberes Arbeiten; zahlreiche Metalle, die Amalgame bilden, können bestimmt werden. Mit einer Elektrode in Form eines Quecksilber-Tropfens, der auch umgekehrt auf der Stirnfläche eines glatt abgeschnittenen Kapillarglasrohrs sitzen kann, können die einzelnen Metalle unabhängig voneinander und ohne gegenseitige Störung reoxidiert werden. Der Nachteil der Methode besteht darin, daß die vollständige Diffusion aus dem Tropfen zurück in den Elektrolyten einige Zeit benötigt, wodurch sich die hintere Flanke des Peaks, wie aus Abb. 4.17 zu ersehen ist, stark verbreitert. Der hängende Quecksilber-Tropfen gibt zwar recht gute Werte bezüglich der Reproduzierbarkeit (relative Standardabweichung 1,5 % für 1 $mg \cdot l^{-1}$), die Auflösung gegenüber anderen Ionen ist aber nicht befriedigend.

Durch die Verwendung einer festen Elektrode wie Graphit, das zur Verdrängung von Sauerstoff mit Wachs imprägniert wird, oder glasartigem Kohlenstoff lassen sich die durch die Transportzeit gegebenen Nachteile vermeiden, wodurch man wesentlich schärfer ausgeprägte Peaks erhält. Trotzdem ist die Möglichkeit gegenseitiger Störungen groß, da sich die abgeschiedenen Metalle gegenseitig festhalten. Ein häufig benutzter Ausweg besteht darin, dem Elektrolyten etwas Quecksilber-Salz zuzusetzen, so daß die Elektrode von einem feinen Quecksilber-Film, genau genommen mit mikroskopisch kleinen Tröpfchen, bedeckt ist. Dadurch ergibt sich die Möglichkeit der Amalgambildung mit der daraus resultierenden Verringerung der gegenseitigen Beeinträchtigung.

Zur Auswertung der inversvoltammetrischen Bestimmungen eignet sich die Standardzugabe-Methode sehr gut, wie man aus Abb. 4.19 entnehmen kann. Die Peakhöhen der Registrierkurven aus Abb. 4.18 wurden in das Diagramm eingetragen. Durch Extrapolation ergibt sich der gesuchte Wert für die Blei-Konzentration in der vorhin erwähnten Wasserprobe.

4.22.4 Differentialimpuls-Inversvoltammetrie

Obwohl schon die Inverspolarographie eine sehr empfindliche Nachweismethode darstellt, lassen sich noch niedrigere Erfassungsgrenzen erzielen, indem man den bei der Rücklösung linearen Verlauf der Potentialänderung mit kleinen Impulsen (meist in Rechteck oder Sägezahnform) überlagert. Durch Messung der Stromstärke unmittelbar vor und nach jedem Impuls erhält man nach entsprechender elektronischer Aufbereitung eine Kurve, die der ersten Ableitung der vorherigen inversvoltammetrischen Kurve entspricht. Da sämtliche Störsignale durch Differenzbildung weitgehend eliminiert werden, ist eine erhebliche elektronische Verstärkung und somit eine weitaus höhere Empfindlichkeit zu erreichen.

Der Vorteil dieser sogenannten "Stripping-Technik" liegt, ebenso wie bei der einfachen Polarographie, in dem Umstand, daß mehrere Metalle ohne vorherige Trennung nebeneinander bestimmt werden können, was bei der Untersuchung von Oberflächen-Süßwasser oder Meerwasser ohne vorherige Aufbereitung möglich ist. In diesem Fall ist aber Vorsicht geboten, da nur die in ionisierter Form vorliegenden Elemente erfaßt werden können. Stark komplex gebundene oder schwer lösliche, suspendierte Anteile entziehen sich der Bestimmung, so daß eine Aufbereitung durch Behandlung mit ultrareinen Säuren unbedingt zu empfehlen ist. In vielen Fällen wird die Differenz beider Werte ebenfalls von Interesse sein.

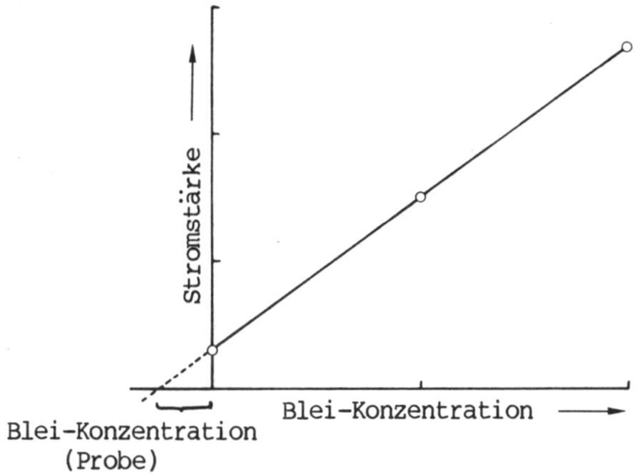

Abb. 4.19 Eichgerade für die Bestimmung von Blei mit Hilfe der Standard-Zusatz-Methode und mit Inversvoltammetrie, bezogen auf Abb. 4.18

4.23 Bedeutung einzelner chemischer Spezies – differenzierte Erfassung

Die meisten gesetzlichen Regelungen für den zulässigen Höchstgehalt an Schwermetallen beziehen sich auf die Gesamtmenge ohne auf die verschiedenen möglichen Bindungsformen zu achten. Analysenmethoden, die nur den in Ionenform vorliegenden Anteil erfassen, können daher ein falsches Bild ergeben. Wie schon im vorigen Abschnitt erwähnt wurde, kann der komplex gebundene oder unlösliche Schwermetallanteil etwa durch Inversvoltammetrie, aber auch mittels ionensensitiver Elektroden nicht erfaßt werden. Bei kolorimetrischen Bestimmungen können komplexierte Metalle zum Teil erfaßt werden; auch kolloide Anteile werden durch Extraktionsschritte teilweise zerstört. Bei der Bestimmung von Blei und Kupfer in Leitungswasser hat sich gezeigt, daß ohne vorherige Zerstörung organischer Anteile bei der inversvoltammetrischen Bestimmung zu niedrige Werte erhalten werden[62]. In solchen Fällen empfiehlt es sich, den organischen Anteil in der angesäuerten Probe durch photochemische Oxidation zu zerstören. Bei der Analyse natürlicher Gewässer sollte die Möglichkeit der Komplexierung stets im Auge behalten werden.

Auch bei AAS-Methoden können Minderbefunde erhalten werden, wenn Voranreicherungsschritte durch Extraktion oder Ionenaustausch vorgesehen sind.

In letzter Zeit wurde der differenzierten Erfassung der Verteilung von Schwermetallen auf die verschiedenen chemischen Erscheinungsformen großes Interesse entgegengebracht. Dieses Thema mit der englischen Bezeichnung "Speciation" wurde von Florence[63] eingehend behandelt. Diese Unterscheidungen sind deshalb von besonderer Bedeutung, weil die Toxizität von Schwermetallen sehr weitgehend von der der Bindungsform abhängt. Aus diesem Umstand ist zu erwarten, daß dem Umweltanalytiker neue Aufgaben erwachsen und daß es wahrscheinlich notwendig werden wird, neue Analysenverfahren für diese Zwecke zu entwickeln.

4.24 Organische Substanzen in Wasser – der Gesamt-Kohlenstoffgehalt

In den letzten Jahren ist nicht nur das Interesse an der Erfassung der organischen Inhaltsstoffe in Wasser und Abwasser erheblich gestiegen, wozu zum Teil auch die neuen gesetzlichen Bestimmungen beigetragen haben, die festlegen, welche Inhaltsstoffe in welcher Menge in Flüsse und Seen enthalten sein dürfen. Darüber hinaus sieht sich die Industrie mit immer strengeren Auflagen konfrontiert, so daß die Kontrolle der organischen Emissionen immer mehr an Bedeutung gewinnt. Es ist allgemein eine Verstärkung der Bemühungen festzustellen, Schadstoffe von der Umwelt von vornherein fernzuhalten, da man zu erkennen beginnt, daß manche Schädigungen der Umwelt kaum mehr rückgängig zu machen sind.

Die Bestimmung des gesamten organisch gebundenen Kohlenstoffs, die in sehr kurzer Zeit durchgeführt werden kann, liefert einen der ersten Anhaltspunkte für die Belastung eines Gewässers mit organischen Verbindungen, wofür auch der biologische und der chemische Sauerstoffbedarf herangezogen werden. Im Gegensatz zu diesen beiden Methoden läßt sich aber die TOC-Bestimmung (TOC = Total Organic Carbon; diese Bezeichnung findet sich auch ständig in der deutschsprachigen Literatur) noch einfacher als die klassische Elementaranalyse in wenigen Minuten instrumentell durchführen, wofür eine Reihe speziell für diesen Zweck entwickelter Geräte angeboten werden. Da die Empfindlichkeit der TOC-Bestimmung auch bei der Verwendung minimaler Probemengen sehr hoch ist, eignet sie sich sehr gut zur Kontrolle der Gewässergüte.

Als Beispiel sei ein Industriebetrieb aufgeführt, der darauf aufmerksam gemacht wurde, daß die Einleitung einer Flaschenfüllung mit verunreinigten Lösungsmitteln in einen Fluß nachgewiesen werden kann. Daraufhin wurde erstens ein Gerät zur laufenden Kontrolle der Abwässer angeschafft und zweitens wurden weitaus strengere betriebsinterne Maßnahmen getroffen, um unnötige Lösungsmittelverluste zu vermeiden. Binnen weniger Monate hatte sich das Gerät durch die erzielten Einsparungen bezahlt gemacht. Die Verunreinigung des Flusses hatte andererseits erheblich abgenommen!

4.24.1 Methoden zur Bestimmung des gesamten organisch gebundenen Kohlenstoffs (DEV; DIN 38 409 H-3)

Wie bereits erwähnt wurde, ist die Zahl der in natürlichen Gewässern möglicherweise vorkommenden Stoffe so groß, daß schon die Bestimmung von Verbindungsgruppen nur in wenigen Fällen durchführbar ist (Phenole, Mineralöle). Man ist daher weitgehend auf die Bestimmung von Summenparametern angewiesen. Zunächst ist zwischen Gesamtkohlenstoff (TC), TIC und TOC zu unterscheiden. Im ersten Fall sind anorganische Kohlenstoffverbindungen inbegriffen. Der TC-Wert ergibt sich aus der Summe von TIC (Total Inorganic Carbon) und TOC. Des öfteren ist auch die Angabe der Menge des gelösten, organisch gebundenen Kohlenstoffs, DOC (Dissolved Organic Carbon) von Interesse. Die Grundlage aller Verfahren beruht auf der Oxidation des Kohlenstoffs zu Kohlendioxid, das entweder als solches oder nach Reduktion zu Methan bestimmt werden kann. Für die CO_2-Bestimmung verwendet man IR-Spektrometrie, nichtwäßrige Acidimetrie, Coulometrie, Konduktometrie, CO_2-sensitive Elektroden, Wärmeleitfähigkeits- oder (nach Umwandlung zu Methan) Flammenionisationsdetektoren. Die Oxidation erfolgt zumeist thermisch durch Verbrennung, naßchemisch oder bei Feststoff-freien Proben durch photochemische Oxidation mit UV-Licht. Der anorganische Kohlenstoffanteil muß entweder vor der TOC-Bestimmung entfernt oder getrennt bestimmt und vom TC-Wert abgezogen werden. Wenn der TOC-Gehalt nicht wesentlich kleiner ist als der TIC-Wert, eignet sich das Differenzverfahren recht gut. Bei Anwesenheit flüchtiger organischer Verbindungen wie Lösungsmittel müssen diese Komponenten zumeist getrennt bestimmt werden. Schwebstoffhaltige Wasserproben werden mit einem Ultraschallgerät homogenisiert.

Es sind mehrere Gerätetypen auf dem Markt, die hier im einzelnen nicht beschrieben werden, da ausführliches Informationsmaterial über den Fachhandel jederzeit beschafft werden kann. Üblicherweise wird ein kleines Volumen der homogenisierten Probe in einen inerten Trägergasstrom injiziert und passiert einen auf hoher Temperatur gehaltenen Katalysator und gelangt schließlich zur Endbestimmung, die in einer der oben angeführten Arten vorgenommen wird. Die Empfindlichkeit der Bestimmung liegt bei 0,1 $mg \cdot l^{-1}$. Zur Eichung verwendet man das in großer Reinheit erhältliche Kaliumhydrogenphthalat.

Vor der Aufnahme der instrumentellen TOC-Bestimmung in das Deutsche Normenwerk wurde ein Ringtest durchgeführt, an dem sich 69 Laboratorien beteiligten. Die in Tab. 4.8 angegebenen Werte sollen auch als Beispiel für die Durchführung eines solchen Ringtests auf multinationaler Ebene dienen. Es ist auch zu erwähnen, daß Planung und Durchführung von Ringtests ebenfalls als DEV-DIN-Verfahren (DIN 38 402, Verfahren A 41 und A 42) in Kürze veröffentlicht werden. Es versteht sich, daß die wichtigsten Summenparameter zur Beurteilung der Belastung von Gewässern, nämlich BSB, CSB und TOC keinesfalls wechselseitig umgerechnet werden können. Das Verhältnis Kohlenstoff zu Sauerstoff-Bedarf zur vollständigen Oxidation kann je nach Art der Verbindung in den weitesten Grenzen schwanken.

Tab 4.8 Bestimmung des gesamten organisch gebundenen Kohlenstoffs (TOC)(aus DEV, 12. Lieferung)

Ein Ringversuch, durchgeführt im Jahre 1979, erbrachte folgende Ergebnisse:

Probe*)	Einwaage	Verdünnung	Sollwert	Arith-metischer Mittelwert	Wiederholstandard-abweichung		Vergleichsstandar-abweichung	
					absolut	relativ	absolut	relativ
		ml auf 1 l	mg/l TOC	mg/l	mg/l	%	mg/l	%
1	723,315 mg/l	5/1	1,71	1,718	0,190	11,04	0,434	25,24
2	9,786 g/l	5/1	23,1	22,948	0,946	4,12	2,141	9,33
3	49,781 g/l	10/0,5	468	447,027	7,957	1,78	27,425	6,14
4	10%ige Lösung	10/1	1,63	1,260	0,165	13,06	0,577	45,80
5	10,976 g/l	5/1	16,3	15,233	0,624	4,10	2,935	19,27
6	121,75 g/l (a) + 208,0 g/l (b)	10/0,5	493 + 468 (TIC)	474	21,721	4,58	86,154	18,16

*) Eingesetzte Chemikalien: Probe 1 bis 3 Kaliumhydrogenphthalat
4 Tetrapropylenbenzolsulfonat
5 Kupferphthalocyanin
6 Harnstoff (a) + Kaliumhydrogenphthalat (b)

Es wurden je 6 Proben verschickt; 69 Laboratorien nahmen teil; sie lieferten 81 Ergebnisse.

Setzt man für TOC einer bestimmten Verbindung den Wert 1 ein, so erhält man beispielsweise für Kohlendioxid einen CSB von 0, für Methan aber 5,33. Wie von der Emde[64] ausführt, liegt der BSB_{20}-Wert nur noch knapp unter dem CSB, da nur noch geringe, bakteriell nicht abbaubare Restanteile organischer Substanz vorliegen. Für das Verhältnis BSB und CSB einerseits und TOC andrerseits kann man jedoch für ungereinigte und gereinigte häusliche Abwässer Erfahrungswerte ermitteln. Für ungereinigte Abwässer findet von der Emde[64] folgende Relationen:

CSB/TOC	3,2 - 3,5
CSB/BSB_5	1,7 - 2,0
BSB_5/TOC	1,7 - 2,0

Für biologisch gereinigte Abwässer ergeben sich folgende Werte:

CSB/TOC	3,0 - 3,5
CSB/BSB_5	3,0 - 6,0
BSB_5/TOC	0,5 - 1,0

Diese Verschiebungen, die nichts über die Absolutwerte dieser Parameter aussagen, erklären sich durch die Eigenart des biologischen Abbaus. Binnen fünf Tage wird ein Großteil, etwa 80 %, der überhaupt abbaubaren Substanz mineralisiert, wodurch sich das Verhältnis zum CSB, also zur gesamten oxidierbaren Substanz erhöhen muß. Eine gut funktionierende biologische Kläranlage soll folgende Grenzwerte (Tagesdurchschnittswerte in $mg \cdot l^{-1}$) erreichen:

BSB_5	<	50
CSB	<	150
TOC	<	50

Da die gereinigten Abwässer in den meisten Fällen in Oberflächengewässer abgeleitet werden, ist die Kenntnis dieser Größen für den Wasseranalytiker von erheblicher Bedeutung.

Zu Werten derselben Größenordnung kommt Offhaus[65].

4.25 Bestimmung einiger individueller Verbindungen oder Verbindungsgruppen

Das von der U.S. Environment Protection Agency (EPA) herausgegebene Handbuch Sampling and Analytical Procedures for Survey of Industrial Effluents for Priority Pollutants (Probenahme und Analysenmethoden für die Kontrolle von Industrieabwässern auf ihren Gehalt an besonders unerwünschten Schadstoffen) führt 114 organische Verbindungen an, die in zumeist geringen Konzentrationen in Wasser vorkommen können (s. Anhang 3). Die Proben müssen zumeist zur Abtrennung und Anreicherung der organischen Komponenten vorbehandelt werden. Für diesen Zweck werden hauptsächlich zwei Methoden verwendet. Flüchtige Komponenten können an aktivierter Aktivkohle adsorbiert werden, von der sie sich mit Schwefelkohlenstoff extrahieren lassen. Nach der Arbeitsvorschrift der EPA erfolgt die Adsorption an ein gepulvertes, poröses Polymer wie Tenax, kombiniert mit Silicagel, das besonders leicht flüchtige Komponenten aufnimmt. Die angereicherten Stoffe werden durch Erhitzen und mittels eines inerten Trägergasstroms direkt in die Chromatographiesäule gebraucht. Eine Gruppe von organischen Stoffen, die auf diese Art bestimmt werden, umfaßt die halogenierten Lösungsmittel, die an einer Polyethylenglykolsäule (Carbowax 1500) mit Temperaturprogrammierung aufgetrennt werden.

Chromatographische Methoden eignen sich allgemein sehr gut für die Bestimmung von organischen Spurenstoffen. Oft genügt jedoch die Bestimmung eines Summenparameters für Substanzen, die eine reaktive Gruppe aufweisen, wie z.B. die Phenole.

4.25.1 Photometrische Bestimmung von Phenolen

Obwohl einige Phenole natürlichen Ursprungs sein können, stammt die Hauptmenge aus industriellen Abwässern von Kokereien und Braunkohle-Destillationsanlagen - auch dann, wenn die Abwässer vorher gereinigt wurden[66]. Abwässer aus der chemischen und pharmazeutischen Industrie enthalten oft erhebliche Mengen von Phenolen. Ihre Toxizität ist besonders für Fische sehr hoch. Schon eine Konzentration von 6 $mg \cdot l^{-1}$ wirkt nach dreistündiger Einwirkung für Forellen tödlich; sogar bei viel geringeren Konzentrationen reichert sich Phenol im Gewebe an und macht die Fische ungenießbar[67]. Die EG-Direktive 80/778 verlangt einen Grenzwert von 0,5 $\mu g \cdot l^{-1}$, wobei aber natürlich vorkommende Phenole, die mit Chlor nicht reagieren, nicht mitgerechnet werden. Ebenso bleiben die im Boden oder in Pflanzen enthaltenen komplexen Phenole unberücksichtigt, sofern sie nach Chlorierung des Wassers durch den Geschmack nicht feststellbar sind. Im Gegensatz dazu können manche Phenole nach der Chlorierung schon in sehr geringen Konzentrationen einen deutlich merkbaren, unangenehmen Geschmack verursachen. Für die Bestimmung von Phenolen sind verschiedene Methoden vorgeschlagen worden, wie zum Beispiel ein Farbtest mit Eisensalzen, Bromierungsreaktionen und IR-spektroskopische Methoden.

In jüngster Zeit wird auch die Gas-Flüssig-Chromatographie (GLC) für die Bestimmung der flüchtigen Phenol-Derivate verwendet, wie dies in Kap. 7, S. 313 beschrieben wird. Sehr gute Ergebnisse erzielt man mit der allgemein bekannten kolorimetrischen 4-Aminoantipyrin-Methode, die sich gut als Beispiel anführen läßt, da es sich um eine Kombination von selektiver Abtrennung und chemischer Reaktion handelt. Phenole mit nicht besetzter para-Position reagieren mit 4-Aminoantipyrin durch oxidative Kondensation[68]:

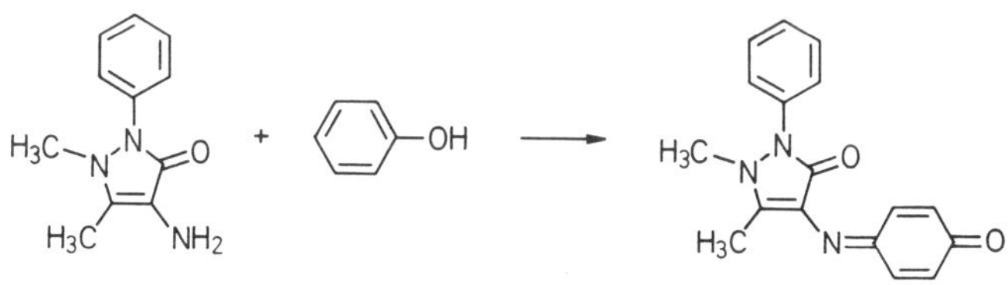

Arbeitsvorschrift. Man bringt 100 ml der Probe auf einen pH-Wert von 10,0 ± 0,2 (NH_3 + NH_4Cl), setzt 2 ml einer wäßrigen Reagenzlösung (w = 2 %) und 2 ml Kaliumhexacyanoferrat(III)-Lösung mit w = 8 % zu und mischt nach jeder Zugabe gründlich. Nach 15 min photometriert man die rot gefärbte Lösung bei 510 nm. Der Meßbereich erstreckt sich über 100 - 500 µg Phenol.

Selektive Abtrennung. Da die beschriebene Reaktion auch mit aliphatischen Aminen abläuft, ist ein selektiver Trennschritt erforderlich. Dazu eignet sich die Wasserdampfdestillation der mit Phosphorsäure angesäuerten Probe (0,5 ml Säure w = 85 % für 500 ml Probe). Man setzt außerdem noch 5 ml Kupfersulfat-Lösung (w = 10 %) zu, um Sulfide zurückzuhalten. Wenn man fast das gesamte Probevolumen überdestilliert, ist die Ausbeute praktisch quantitativ. Wie in vielen anderen Fällen ist sorgfältiges Arbeiten beim Vorbereitungsschritt ebenso ausschlaggebend für korrekte Resultate wie die exakte Ausführung der eigentlichen Bestimmung.

4.25.2 Bestimmung von Kohlenwasserstoffen

Die schon mehrfach zitierte EG-Direktive sieht für Kohlenwasserstoffe in Trinkwasser einen Grenzwert von 0,01 $mg \cdot l^{-1}$ vor. Die Herkunft von Kohlenwasserstoffen als Wasserverunreinigung ist vielfältig. Es kann sich um industrielle Abwässer, um lecke oder überfüllte Heizöltanks, um Transportunfälle, um illegale Deponien von gebrauchten Schmier- oder Motorölen und noch manches andere handeln.

Zur Bestimmung von Kohlenwasserstoffen eignet sich die Infrarotspektrometrie sehr gut. Üblicherweise extrahiert man die Wasserprobe im Verhältnis 50 : 1 mit Tetrachlorkohlenstoff, da diese Verbindung in dem in Frage kommenden Spektralbereich nicht stört. In manchen Fällen ist es möglich, Mineralölspuren in Wasser durch Fluoreszenzspektrometrie zu erfassen - gegebenenfalls nach Anreicherung. Falls bekannt ist, um welche Art von Mineralöl es sich handelt, ist eine einfache quantitative Bestimmung möglich.

Die Identifizierung und quantitative Bestimmung von Kohlenwasserstoffen erfolgt am besten mit Hilfe der Gas-Flüssig-Chromatographie (GLC), die auch als empfindlichste Methode betrachtet werden kann.

Für den in der klassichen anorganischen Analyse geschulten Anfänger auf dem Gebiet der Umweltanalytik ist die Vorstellung einer Gruppenbestimmung sicherlich etwas ungewohnt. Besonders bei Kohlenwasserstoff-Fraktionen, deren Zusammensetzung stark schwanken kann, ist die quantitative Auswertung durch Vergleich mit einem Standardprodukt anfänglich ungewohnt. Oft aber lautet die an den Analytiker gestellte Frage lediglich, ob es sich um KFZ-Treibstoff, um Diesel oder etwa um Kerosin handelt. Diese Unterscheidung wird mit fortschreitender Zeit immer schwieriger, wenn es sich um einen Ölfilm auf der Wasseroberfläche handelt, dessen leichter flüchtige Komponenten verdampfen.

Die Zusammensetzung von Kohlenwasserstoff-Fraktionen. Die Zusammenstellung der Siedebereiche der üblichen Kohlenwasserstoff-Fraktion dürfte von Nutzen sein (Tab. 4.9). Abb. 4.20 zeigt einige typische Chromatogramme dieser Fraktionen, aus denen die komplexe Zusammensetzung ersichtlich ist. Man erkennt aber auch, daß es nicht schwierig ist, die Fraktionen zu unterscheiden. Die detaillierte analytische Erfassung von Kohlenwasserstoff-Gemischen läßt sich durch die Kombination eines Gaschromatographen mit einem Massenspektrometer erreichen (s. S. 222). Auf diese Weise lassen sich über 250 Komponenten identifizieren.

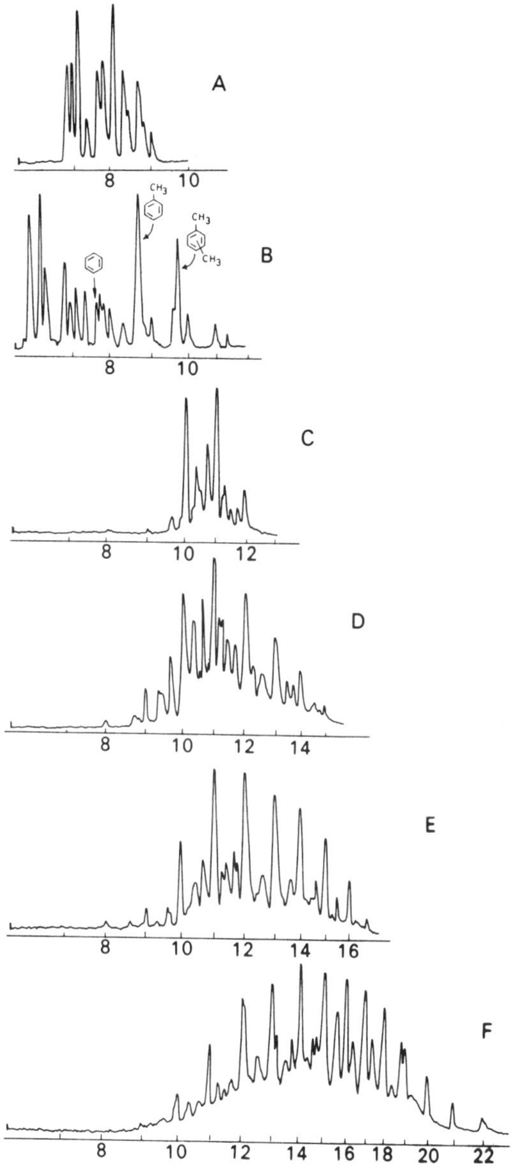

Abb. 4.20 Gaschromatographische Bestimmung von Kohlenwasserstoff-Fraktionen. Die Analyse erfolgt an einer temperaturprogrammierten Siliconöl-Säule: 2 min bei 50 °C, Anstieg 10 °C·min^{-1} bis 250 °C. A Leichtbenzin (Lösungsmittel, Siedebereich 60 - 120 °C); B Benzin; C "White Spirit" (Textbenzin; "Solvent naphtha"); D "jet fuel (JPA)"; E Paraffin (Heizöl extraleicht); F Diesel-Treibstoff. Die Zahlen geben die Kettenlänge der n-Alkane wieder

Tab. 4.9 Siedebereiche von Kohlenwasserstofffraktionen in °C

Flugbenzin	30 - 150	
KFZ-Treibstoff	30 - 200	(hoher Gehalt an Aromaten)
Lackbenzin (White spirit, solvent naphtha)	140 - 200	
Kerosin	175 - 275	(JP5 Düsentreibstoff)
Kerosin	30 - 270	(JP4 Düsentreibstoff)
Dieseltreibstoff	250 - 400	
Schmieröle	400	

Die Löslichkeit der Kohlenwasserstoffe in Wasser ist im allgemeinen gering, variiert aber trotzdem in weiten Grenzen. Für den Analytiker ergibt sich ein weiteres Problem: Soll zwischen gelösten, dispergierten und als Film an der Oberfläche auftretenden Kohlenwasserstoffe unterschieden

Tab. 4.10 Löslichkeiten von Kohlenwasserstoffen in Wasser bei 25 °C in $\mu g \cdot l^{-1}$

n-Pentan	38
n-Oktan	0,66
i-Oktan	2,4
1-Penten	150
1-Octen	2,7
Cyclohexan	55
Cyclohexen	213
Benzol	1780
Toluol	515
Ethylbenzol	152
Naphtalin	32
Anthracen	0,04
Phenanthren	1,0

werden? Falls der gelöste Anteil für sich allein bestimmt werden soll, erhebt sich immer noch die Frage, ob die Bestimmungsmethoden genau genug sind. In Tab. 4.10 sind die Löslichkeiten einer Reihe von KW angegeben [69,70]. Für den Umweltanalytiker ist es interessant zu vermerken, daß die aromatischen Kohlenwasserstoffe, vor allem Benzol, die höchste Löslichkeit und zugleich auch die höchste Toxizität aufweisen. Die Löslichkeit mehrkerniger Aromaten (PAH = Polynuclear-Aromatic-Hydrocarbons) ist wesentlich geringer, so daß unmittelbare toxische Effekte ausgeschlossen werden können.

Die gaschromatographische Bestimmung von Kohlenwasserstoffen[71]. Ein größeres Volumen Wasser (1 l) wird mit 50 ml eines geeigneten Lösungsmittels 15 min lang extrahiert, wofür u.a. Diethylether empfohlen wird. Nach der Extraktion wird der Extrakt mit verdünnter Säure und anschließend mit verdünnter Säure und anschließend mit verdünnter Lauge gewaschen, um lösliche saure und basische Substanzen zu entfernen. Anschließend schüttelt man mit Silicagel, um andere polare Subststanzen zu entfernen. Tetrachlorkohlenstoff und neuerdings Trichlortrifluorethan werden auch als Extraktionsmittel verwendet.

Der Extrakt wird auf ca. 1 ml eingeengt, indem man das Lösungmittel im Stickstoff-Strom verdampfen läßt. Laborpreßluft soll nicht verwendet werden. Ein passender aliquoter Anteil, etwa 5 µl, werden in den Chromatographen injiziert. Man verwendet am besten eine temperaturprogrammierte Säule mit Siliconöl als stationäre Phase (s. Kap. 3, S. 121f.).

Einengen von Extrakten: Konische Gefäße, die an der Spitze zu einem Zylinder mit geringem Durchmesser ausgezogen sind, haben den Vorteil, daß man die Spitze der Injektionsspritze leicht einführen kann. Ein bewährtes Modell ist in Abb. 4.21 gezeigt. 5 ml Extrakt können auf 100 µl eingeengt werden, wobei nur geringe Anteile sehr flüchtiger Komponenten verloren gehen.

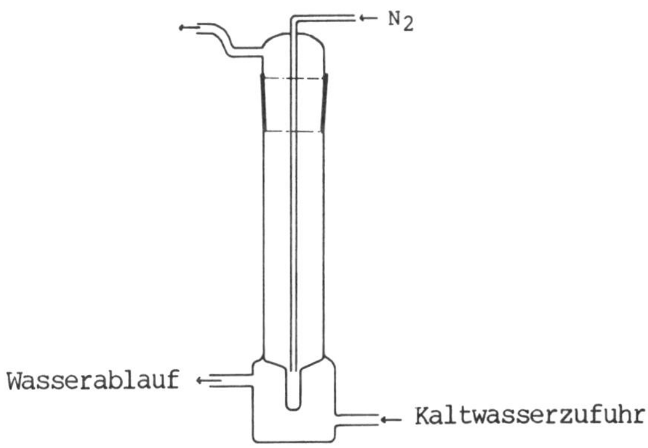

Abb. 4.21 Apparatur zum Einengen von Extrakten

4.25.3 Bestimmung von Organohalogen-Verbindungen

In den letzten Jahren ist das Interesse an der Bestimmung von Organohalogen-Verbindungen schlagartig angestiegen, als sich herausstellte, daß bei der Trinkwasseraufbereitung durch Chlorung auch eine Chlorierung noch vorhandener organischer Substanzen stattfindet. Von den vielen im Wasser vor und nach der Aufbereitung vorkommenden Substanzen sind besonders die Trihalomethane in den Mittelpunkt des Interesses gerückt. Halogenierte Kohlenwasserstoffe sind in Wasser, wie es Bolzer[72] ausdrückt, ubiquitär anzutreffen, was angesichts der großen Zahl und Menge halogenierter, insbesondere chlorierter Kohlenwasserstoffe nicht erstaunlich ist. Die Chlorierung ist einer der am häufigsten angewandten chemischen Prozesse und dient zur Herstellung unzähliger Zwischen- und Endprodukte, oft auch zu höchst toxischen Nebenprodukten, wie die Katastrophe von Seveso gezeigt hat.

Von den zumindest ebenso zahlreichen Neben- und Abfallprodukten gelangen viele direkt oder indirekt in die natürlichen Gewässer. Dies kann teils durch Versickerung, teils aber auch durch Auswaschung aus der Atmophäre erfolgen.

Als Beispeile sollen die Einzelbestimmungen von Trihalomethanen beschrieben werden:

Arbeitsvorschrift. Man versetzt 100 ml Probe in einem 100 ml- Meßkolben mit 5 g Kochsalz (zur Verbesserung der Extraktionsausbeute) und 200 µl Trichlorbrommethan (als interner Standard). Nach Zusatz von 1 ml n-Pentan extrahiert man durch 2 min langes Schütteln. Die gaschromatographische Analyse erfolgt auf einer 4m-Glassäule, i.D. 4 mm, Füllung OV 1, Temperatur des Injektors 150 °C, der Säule 70 °C. Falls auch noch die Trennung von Trichlorethan und Dichlorbrommethan gewünscht wird, muß eine zweite Säule mit 10 % Carbowax 20 M bei 90 °C verwendet werden. Als Trägergas wird Reinst-Stickstoff mit 45 $l \cdot min^{-1}$ benutzt. Zum Nachweis der einzelnen Komponenten dient ein Elektroneneinfang-Detektor bei 250 °C im Puls-Betrieb, dessen linearer Bereich vier Zehnerpotenzen überdeckt.

Die Verwendung eines internen Standards ist bei Methoden dieser Art unerläßlich, da auf diese Weise alle nicht quantitativen Operationen zum größten Teil kompensiert werden.

Bezüglich der Bestimmung des Gesamtgehaltes an organisch gebundenem Chlor, die mit einer für diesen Zweck speziell konstruierten Apparatur (ähnlich TOC) durchgeführt wird, wird auf die Originalliteratur (Bolzer[72]) verwiesen.

4.26 Gaschromatographie/Massenspektrometrie (GC/MS)

Die Gaschromatographie eignet sich hervorragend zur Aufschlüsselung von Gemischen. Die Empfindlichkeit für die Bestimmung der einzelnen Komponenten ist ebenfalls sehr gut, die Möglichkeiten ihrer Identifizierung sind jedoch begrenzt. Für diesen Umstand sind hauptsächlich zwei Gründe zu nennen. Beide lassen sich auf der Tatsache, daß die Identifizierung auf der Retentionszeit beruht, zurückführen. Die Verwendung verschiedener polarer stationärer Phasen kann die Erkennbarkeit einzelner Spezies verbessern (s. Kap. 3, S. 115 und 7, S. 307).

Zunächst besteht immer die Möglichkeit, daß das Gemisch eine Verbindung enthält, deren Anwesenheit nicht erwartet werden konnte. Sofern sie dieselbe Retentionszeit aufweist, wie eine der als Testsubstanz verwendeten Verbindungen, bleibt sie zunächst unentdeckt. Manchmal kann die Verwendung einer Säule mit völlig andersartiger Polarität helfen, aber es ist ebenso gut möglich, daß sich die unbekannte Verbindung nun mit einer anderen Substanz deckt. Ein derartiger Fall ereignete sich bei der Untersuchung von tierischem Magensaft, der keine Acrylsäure zu enthalten schien, da sich der entsprechende Peak mit denen der Butter- und der Isobuttersäure deckte. Durch diese lückenhafte Analyse war es nicht möglich, den Ablauf des Metabolismus aufzuklären[73].

Eine zweite Schwierigkeit ergibt sich bei temperaturprogrammierten Trennungen an Kapillarsäulen für die hochauflösende gaschromatographische Trennung von Gemischen, da die Reproduzierbarkeit nicht immer ausreicht, um die einzelnen Komponenten durch Vergleich mit Standardgemischen eindeutig zu identifizieren.

Die Lösung dieses Problems ergibt sich durch die Kombination des Gaschromatographen mit einem Massenspektrometer. Die Identifizierung einzelner Komponenten ist auch mit einem schnell registrierenden Infrarot-Spektrometer (z.B. Fouriertransformierende Modelle, s. Kap. 3, S. 95) möglich. Die Kombination GC/MS wird jedoch allgemein vorgezogen, da der Informationsgehalt eines Massenspektrogramms so groß ist, daß jede einzelne Komponente eindeutig identifiziert werden kann. Das registrierte Massenspektrum wird über einen Computer mit einer Bibliothek von einigen Zehntausend Spektren verglichen und auf diese Weise identifiziert - ein Vorgang, der nur wenige Minuten in Anspruch nimmt. Selbst wenn das bei der Analyse anfallende Massenspektrum in der Bibliothck nicht enthalten sein sollte, ist das Programm imstande, eine optimale Näherung anzugeben und für die gesuchte Verbindung mögliche Strukturen vorzuschlagen. Die Anwendungen des GC/MS-Verfahrens wurden von Message[74] zusammengefaßt.

4.27 EPA-Verfahren für die Gewässerüberwachung: „Priority Pollutants"

Die bereits auf S. 214 erwähnte Arbeitsvorschrift der US Environment Pollution Agency erfaßt die 114 dort angeführten Schadstoffe durch eine Anzahl verschiedener Lösungsmittelextraktionsschritte unter verschiedenen Bedingungen, wodurch die gesuchten organischen Spurenstoffe in vier Untergruppen aufgeteilt werden. Die weitere Trennung dieser Gruppen erfolgt chromatographisch an einer geeigneten Säule. Zusätzlich werden die flüchtigen Substanzen als eine weitere Klasse erfaßt, wie aus Tab. 4.11 zu ersehen ist.

In den EPA-Richtlinien sind Zusammenfassungen von 15 Methoden für die Analyse von Schadstoffen angegeben. Zwölf davon verwenden HPLC-Trennungen, drei weitere werden mit der Kombination durchgeführt, um die Spurenstoffe eindeutig identifizieren zu können[75].

Tab. 4.11 EPA Priority Pollutants

Flüchtige Substanzen	Ausblasen u. Sammeln	Carbowax 1500	FID
Säuren (Phenole)	Extraktion mit Methylenchlorid bei pH2	Tenax (poröses Polymer); Supelco 1240 DA; deaktiviertes Polycote	FID
Basen und Neutralstoffe	Extraktion mit Methylenblau bei pH 11	Silicon (Methyl-Phenyl-)	FID
Pestizide, PCB-Verbindungen	Extrakttion mit 15 %CH_2Cl_2 in Hexan; CH_2Cl_2 wird abdestilliert	Silicon	ECD
Acrolein, Acrylonitril	Bei 1 ppm direkte Eingabe der wäßrigen Probe	Porapak Q (poröses Polymer)	FID

Folgende Bestimmungen werden angeführt: Flüchtige Lösungsmittel (601, 602); Acrolein und Acrylonitril (603); Phenole (604); Benzidin, HPLC (605); Phthalat-Ester (606); Nitrosamine (607); Organochlor-Pestizide und PCB's (608); Nitroaromatische Verbindungen (609); mehrkernige Aromaten, HPLC (610), Haloether (611) und chlorierte Kohlenwasserstoffe (612). Die neueren GC/MS-Bestimmungen sind für die Erfassung von Dioxin (613), flüchtige organische Verbindungen (624) und extrahierbare Substanzen (625) bestimmt. Die EPA hat auch den Versuch einer Kostenaufschlüsselung unternommen: Bezogen auf das Preisniveau von 1979 ergeben sich für die Bestimmungen 610 - 612 Kosten von £ 100 - 300 pro Probe und Analyse sowie £ 1000 - 2000 für die GC/MS-Bestimmungen. Die bereits erwähnten 114 "Priority Pollutants" sind in Anhang 3 enthalten. Nahezu alle diese Substanzen sind von Supelco Inc., sowie von Merck und LOBA-Chemie zu beziehen.

Literatur

1 Nemecek, E.P. (1978) Der erforderliche Gewässerschutz bei natürlich und künstlich angereichertem Grundwasser Wiener Mitteilungen, Wasser - Abwasser - Gewässer 27, S. 1 - 24.

2 Bauer, F. (1978), Karstwasser, Wiener Mitteilungen, 27 S. C 1 - 23.

3 Schwoerbel, J. (1984) Einführung in die Limnologie, 5. Aufl. Gustav Fischer Verlag, Stuttgart.

4 Wegl, R. (1983) Index für die Limnosaprobität, Wasser Abwasser **26**, 175 S.

5 Biologische Gütebilder der Fließgewässer Österreichs, herausgegeb. vom Wasserwirtschaftskataster des Bundesmin. für Land- u. Forstwirtschaft in Zusammenarbeit mit der Bundesanst. f. Wassergüte, Wien (laufend ergänzt).

6 Deutsche Einheitsverfahren zur Wasser- Abwasser und Schlammuntersuchung, Phys., chem., biolog. u. bakteriol. Verfahren (1983) herausgegeb. von der Fachgruppe Wasserchemie in der Gesellschaft Deutscher Chemiker in Gemeinschaft mit dem Normenausschuß Wasserwesen im Deutschen Institut für Normungswesen (DIN) Bd. I. laufend ergänzt, Verlag Chemie, Weinheim.

7 Mellanby, K. (1972) The Biology of Pollution, Edward Arnold, London.

8 Gesetz über Abgaben für das Einleiten von Abwasser in Gewässer (1976) (Abwasserabgabengesetz - AbwAG v. 13. Sept. 1976) Bundesgesetzblatt BRD, Teil I 1976, nr. 118, Bonn.

9 Ottendorfer, L.J. (1979) Gewässergüterichtlinien - Stellung Österreichs zwischen EG und RGW, Wasser Abwasser 22, 187 - 204.

10 Ottendorfer, L.J. (1984), River Quality Assessment and Monitoring of the Danube - an Example of International

Cooperation, Third River Basin Management Conference, York (UK), 4 - 8 Juli 1983, Wat. Sci. Techn. 16, 13 - 20.

11 Hommonay, A. (1979) Gewässererfassung in Ungarn und Kriterien der Erfassung (Richtlinien der RGW-Staaten), Wasser Abwasser 22, 127 - 140.

12 UK River Survey (1980) River Quality: The 1980 Survey and Future Outlook, National Water Council, London, NWC Dezember 1981.

13 Wood, L.B., Richardson, M.L. (1978) Chem. Brit. 14, 491.

14 Anforderung an die Beschaffenheit von Trinkwasser in geruchlicher, geschmacklicher und chemischer Hinsicht, Neufassung der Ö-Norm M 6250 (z.Zt. in Arbeit), Wien.

15 Stadler, R. (1979) Emissions- und Immissionsbegrenzung auf der Ebene internationaler und wasserwirtschaftlicher Zusammenarbeit, Wasser Abwasser 22, 29 - 44.

16 Wilson, A.L. (1974) The Chemical Analysis of Water: General Principles and Techniques, The Society for Analytical Chemistry, London.

17 Höll, K. (1979, Wasser, Untersuchung, Beurteilung, Aufbereitung; Chemie, Bakteriologie, Virologie, Biologie, 6. Aufl., Walter de Gruyter, Berlin, New York.

18 Leithe, W. (1975) Die Analyse der organischen Verunreinigungen in Trink-, Brauch- und Abwässern, 2. Aufl., Springer Verlag, Wien, New York.

19 Kempf, T. (1986) Gewässerschutz, Wasser, Abwasser 86, 1

20 Herschell, C. (1913), Frontinus and the Water Supply of the City of Rome, Longmans, London, S. 67.

21 Standard Methods for the Examination of Water and Wastewater (1975), 14. Ausg., American Public Health Association

22 Mackereth, F.J.H. (1964) J.Sci.Inst. 41, 38.

23 Nösel, H. (1978) WTW-Die kleine Oxi-Fibel; Technologie und Methodik der Messung des gelösten Sauerstoffs mit Membran-Elektroden; Wirkungsweise der Clark-Zelle; methodische Grundsätze, Anwendungsbreite und Anwendungspraxis, Selbstverlag WTW GmbH, Weilheim i.OB, BRD.

24 Wilcock, R.J., Stevenson, C.D., Roberts, C.A. (1981) Water Research 15, 321.

25 Fa. Voith, J.M., GmbH (1972) Sapromat (Modell B 6 und B 12): Betriebsanleitung, Eigenverl., Heidenheim a.d.Brenz.

26 Rodier, J. (1975) Analysis of Water, Halsted, S. 460.

27 Die Untersuchung von Wasser (1975), 9. Ausg., Merck, Darmstadt.

28 Marczenko, Z. (1976) Spectrophotometric Determination of the Elements, Ellis Horwood, Chichester.

29 Reardon, J., Foreman, J.A., Stacey, R.L. (1966) Clin. Chim. Acta 14, 403.

30 Pym, R.V.E., Milham, P.J. (1976) Anal. Chem. **48**, 1413.

31 Fries, J. (1977) Spurenanalyse; Erprobte photometrische Methoden, Merck, Darmstadt.

32 Karlsson, R., Torstensson, L.G. (1975), Talanta 22, 27.

33 Blom, J., Treschow, C. (1929) Z. Pflanzenernährung, Düngung, Bodenkultur, 13A, 159.

34 Andrews, D.W. (1964) Analyst **89**, 730.

35 Montgomery, H.A.C., Dymock, J.F. (1962) Analyst 87, 374.

36 Norwitz, G., Gordon, H. (1977) Anal. Chim. Acta 89, 177.

37 Yagoda, H. (1943) Ind. Eng. Chem. Anal. Ed. 15, 27.

38 Holler, A.C., Huch. R.V. (1949) Anal. Chem. 21, 1385.

39 Wagner, R. (1969), Neue Aspekte zur Stickstoffanalytik in der Wasserchemie, Vom Wasser 36, 263.

40 Vollenweider, R. (1980) Eutrophication of Water; Monitoring Assessment and Control. Report as a Result of the OECD Cooperative Programme on Eutrophication, Herausgeb. Director of Information, OECD, Paris.

41 Murphy, J., Riley, J.P. (1962) Anal. Chim. Acta 27, 31.

42 Ruzicka, J., Hansen, E.H. (1981) Chemical Analysis, Vol. 62; Flow Injection Analysis, George Wiley, New York.

43 Frant, M.S., Ross, J.W. (1968) Anal. Chem. **40**, 1169.

44 Instrumentation Manual for Orion Fluoride Electrode (1973).

45 Pungor, E. (1961), Über die Anwendung von Membranelektroden bei der Untersuchung von Ionenkonzentrationen, Acta Chim. Hung. 27, 63, Budapest.

46 Havas, J., Toth, K., Pungor, E. (1964), Membranes of heterogeneous structure for the determination of the activity of anions I, Acta Chim. Hung. **41**, 239, Budapest.

47 Pungor, E. (1965), Anwendung von Membranelektroden in der chemischen Analyse, Z. Chem. **5**, 9.

48 Moody, G.J., Thomas, J.D.R. (1972) Talanta **19**, 623.

49 Whitfield, M. (1971) Ion-Selective Electrodes for the Analysis of Natural Waters, Aust. Mar. Sci. Assoc. Handbook, No. 2.

50 Vesely, J., Weiss, D., Stulik, K. (1978), Analysis with Ion-Selective Electrodes, Ellis Horwood, Chichester.

51 Rossotti, H. (1969) Chemical Applications of Potentiometry, Van Nostrand, London.

52 Bates, R. (1963) Determination of pH, Wiley, New York.

53 Small, H., Stevens, T.S., Bauman, W.C. (1975) Anal. Chem. **47**, 1801.

54 Ollram, F. (1983), Anwendung der Ionenchromatographie-Geräte in der Gewässergüteuntersuchung, Wasser Abwasser 27, 211-237.

55 Crowther, J., McBride, J. (1981) Analyst **106**, 702.

56 Burger, K. (1973) Organic Reagents in Metal Analysis, Pergamon, Oxford, S. 122.

57 Irving, H.M.N.H. (1977) Dithizone, Chemical Society, London, S. 50.

58 Iwantscheff, G. (1972) Das Dithizon und seine Anwendung in de Mikro- und Spurenanalyse, 2. Aufl., 330 Seiten, Verlag Chemie, Weinheim.

59 Crow, D.R., Westwood, J.V. (1968) Polarography, Methuen, London, S. 25.

60 Kolthoff, I.M., Lingane, J.J. (1941) Polarography, Interscience, New York.

61 Vydra, F., Stulik, K., Julakova, E. (1976) Electrochemical Stripping Analysis, Ellis Horwood, Chichester.

62 Harrison, R.M., Laxen, D.P.H. (1980) Nature **286**, 791.

63 Florence, T.M. (1982) Talanta **29**, 345.

64 von der Emde, W. (1977) Beitrag zur Effizienz der Gewässerreinhaltung; systematische Untersuchungen von Abwasseranlagen, Herausgeb. Bundesministerium für Land- und Forstwirtschaft, Wien.

65 Offhaus, K. (1976), Zusammenhang zwischen BSB_5-TOC-TOD, Vom Wasser **46**, 65 - 84.

66 Leithe, W. (1973), The Analysis of Organic Pollutants in Water and Waste Water, Ann Arbor, Michigan, USA.

67 Mills, D. (1971) Salmon and Trout, a Resource; its Ecology, Conservation and Management, Oliver and Boyd, Edinburgh, S. 158.

68 Emerson, E., Beacham, H.H., Beegle, L.C. (1943) J.Org. Chem. 8, 417.

69 McAuliffe, C. (1966), J. Phys. Chem. **70**, 1267.

70 May, W.E. (1980) in Petroleum in the Marine Environment (Petrakis, L., Weiss, F.T., Herausgeb.), Ad. Chem. **185**, Chem. Soc, Washington, S. 143.

71 Whittemore, I.M. (1979), in Chromatography in Petroleum Analysis (Altgett, K.H., Gouw, T.H, Herausgeb.), Marcel Dekker, New York.

72 Bolzer, W. (1984) Belastung österreichischer Trinkwässer mit gelösten organischen Verbindungen unter besonderer Berücksichtigung der Organohalogenverbindungen, Diss. Univ. für Bodenkultur, Wien.

73 Noble, R.C., Czerkawski, J.W. (1973) Analyst **98**, 122.

74 Message, G.M. (1984) Practical Aspects of Gas Chromatography/Mass Spectrometry, Wiley, New York

75 Environmental Protection Agency (1979) Federal Register (U.S.), 233, No. 44, Dec. 3rd, 69464.

5. Die Lithosphäre

5.1 Einleitung

Genau genommen dürfte mit dem Ausdruck "Lithosphäre" nur die aus Gestein bestehende äußerste Hülle des Erdballs bezeichnet werden. Der Einfachheit halber wird in diesem Buch auch der Erdboden mit einbezogen, der weite Bereiche des Festlandes bedeckt. In Fachkreisen zieht man es manchmal vor, den Erdboden als eigene, komplex aufgebaute Schicht zu betrachten, die die Lithosphäre einerseits von Hydrosphäre, Atmosphäre und Biosphäre trennt. Die verschiedenen Bodenarten haben ihren Ursprung in verwittertem, durch Frost, Hitze, mechanische Erosion durch Wasserläufe und durch verschiedene biogene Einflüsse bis zu den kleinsten Teilchengrößen zerkleinertem Gestein. Nach primitiven Flechten und Moosen finden höhere Pflanzen allmählich die geeigneten Lebensbedingungen, deren verwitternde und vermodernde Abfallprodukte weiter zur Entwicklung der verschiedenen Bodenarten beitragen. Eine erhebliche Rolle spielen dabei Bodenbakterien und eine Vielzahl von Mikroorganismen, darunter auch solche, die den atmosphärischen Stickstoff in resorbierbare Verbindungen umzuwandeln vermögen. Schließlich leistet auch die Tierwelt einen bemerkenswerten Beitrag zur Verbesserung des Bodens, indem sie ihn auflockert und durch ihre Stoffwechselprodukte an organischer Substanz anreichert. Während auf der einen Seite die Erosionsvorgänge für die Neubildung von Erdboden sorgen, wird ein erheblicher Teil durch Fließgewässer abgetragen und landet schließlich in den Weltmeeren, wo sich im Lauf erdgeschichtlicher Epochen neue Gesteinsschichten bilden können. Da der Erdboden jedenfalls ein Folgeprodukt der Gesteine darstellt, schien es angebracht, die Analysenmethoden für Gesteine und für Bodenarten in einem Kapitel zu vereinigen. Dies ist umso mehr gerechtfertigt, als viele Methoden in beiden Fällen anwendbar sind.

5.2 Erforderliche chemische Analyse von Boden und Gestein

Ein erheblicher Teil der für die Charakterisierung von Gesteinsproben erforderlichen Untersuchungen basiert auf mikroskopischen Methoden, wobei dem Verhalten der mineralischen Komponenten im polarisierten Licht große Bedeutung zukommt. Die individuellen kristallinen Mineralkörnchen, aus denen sich viele Gesteine zusammensetzen, werden als Dünnschliffe im Durchlicht mikroskopiert und durch ihre physikalischen Eigenschaften identifiziert. Ähnliche Methoden lassen sich für die Untersuchung des Sandanteils mit Korngrößen zwischen 2 bis 0,05 mm Durchmesser verwenden (s. Abschn. 5.4). Man muß sich aber darüber klar sein, daß die Klassifizierung nach mikroskopischen Kriterien auch von den Ergebnissen der chemischen Analyse abhängt, wenn auch die Bestimmung der Mineralstruktur durch den Mineralogen am Ausgangspunkt der Untersuchung steht.

Für den Mineralogen ist nicht nur die chemische Zusammensetzung, sondern auch die Kristallform, also die räumliche Anordnung der Atome der verschiedenen Elemente innerhalb des Kristallgitters von großer Bedeutung. Die Kristallstrukturen nahezu aller bisher bekannt gewordenen Minerale sind hauptsächlich durch Röntgenbeugungsuntersuchungen (s. Kap. 3, S. 85) und die dazugehörigen chemischen Analysen aufgeklärt worden. Die Kenntnis der chemischen Zusammensetzung eines Minerals ist deshalb wichtig, weil auf diese Weise Aufschlüsse über die mögliche Entstehung gewonnen werden können. Ebenso läßt sich ableiten, welche chemischen und physikalischen Prozesse bei der Bildung einer Gesteins- oder Bodenart eine Rolle gespielt haben oder weiter spielen werden. Sobald man abschätzen kann, welche Elemente durch die verschiedenen Verwitterungsprozesse freigesetzt werden, läßt sich auch voraussagen, welches Ausmaß an Fruchtbarkeit erwartet werden kann bzw. welche zusätzlichen Düngemittel wie Kalk und Kunstdünger benötigt werden, um einen ertragreichen Boden zu erzielen.

Wenn auch die chemische Zusammensetzung einer Bodenart näherungsweise aus der mineralogischen abgeleitet werden kann, bleibt trotzdem die exakte chemische Analyse in den meisten Fällen unerläßlich. Dabei ist nicht nur der prozentuelle Anteil der Hauptkomponenten von Bedeutung, sondern oft noch vielmehr die An- oder Abwesenheit von Spurenelementen, die auch eine große Rolle in der geochemischen Erkundung von Lagerstätten spielen. Die Spurenanalyse von Sedimenten ist ebenfalls von Bedeutung, da das Sediment natürlicher Gewässer die Zusammensetzung der mineralischen Komponenten des Einzugsgebietes widerspiegelt. Durch systematische Untersuchungen läßt sich eine kartographische Darstellung der Verteilung einzelner Elemente erstellen, aus denen signifikant höhere Gehalte eines gesuchten Elements abgelesen werden können. Auf diese Weise erhält man Hinweise auf Gebiete, in denen die Suche nach ausbeutungswürdigen Lagerstätten lohnend sein kann.

Die chemische Gesamtanalyse liefert die Grundlage für ein Teilgebiet der Bodenkunde (Pedologie), das sich im Detail mit der Entstehungsgeschichte einer Bodentype (der Pedogenese) befaßt. Die Entnahme eines Bohrkerns bis zu einer Tiefe von einem Meter und mehr zeigt in den meisten Fällen, daß die Zusammensetzung mit der Tiefe wechselt, da sich verschiedene Schichten oder "Horizonte" ausbilden, wie aus dem in Abb. 5.1 gezeigten Beispiel zu ersehen ist. Durch Ausschachten einer größeren Fläche wird das Bodenprofil in situ sichtbar. Das ausgewählte Beispiel zeigt die typischen Bodenzusammensetzung unter einem Waldbestand von blätterabwerfenden Laubbäumen unter in Westeuropa gegebenen klimatischen Bedingungen. Das Bodenprofil hängt allgemein vom Klima, von der Topographie, der Art des Muttergesteins, den Drainagebedingungen, der gegenwärtigen und früheren Art der Bodennutzung und dem für die Bildung der Bodenschicht verflossenen Zeitraum ab. Für Leser, die sich für dieses

Fachgebiet speziell interessieren, wird die Lektüre der pedologischen Fachliteratur empfohlen. Für den englischen Sprachraum käme z.B. Fitzpatrik[1] in Frage, für den deutschsprachigen Leser z.B. Fiedler, Untersuchung der Böden[2] oder Kuntze, Bodenkunde[3].

Abb. 5.1 Ein typisches Bodenprofil

Für den mit diesem Buch verfolgten Zweck dürfte es genügen zu wissen, daß die Untersuchung der Verteilung der chemischen Elemente über das Vertikalprofil für das Verständnis der dort ablaufenden chemischen und physikalischen Vorgänge unerläßlich ist.

5.3 Frei verfügbare Elemente

Im allgemeinen ist der Boden als Träger des Pflanzenwachstums von größerem Interesse als die Kenntnis der fundamentalen Vorgänge, die zu seiner Bildung geführt haben. Der Boden fungiert ja nicht nur als mechnischer Träger und Stützelement für den oberirdischen Teil der Pflanzen, sondern er liefert auch die für den Pflanzenwuchs neben Wasser, Kohlendioxid und Licht zusätzlich erforderlichen Elemente bzw. deren Ionen. Dazu gehören Stickstoff, Phosphor, Kalium, Calcium, Magnesium, Schwefel, Kupfer, Zink, Eisen, Mangan, Bor, Molybdän und Chlor. Als erstes erhebt sich nun die besonders wichtige Frage, wie jene Mengen der einzelnen Elemente bestimmt werden sollen, die in einer von der Pflanze resorbierbaren Form vorliegen müssen, um ihr ungestörtes Wachstum sicherzustellen. Wenn ein benötigtes Element in Form einer sehr stabilen oder inerten Verbindung vorliegt, kann es zum Wachstum nicht beitragen. In ähnlicher Weise sind Stickstoff, Phosphor und Schwefel, wenn sie bereits in große organische Moleküle eingebaut sind, für die Synthese weiterer organischer Verbindungen nicht mehr verfügbar. Für die chemische Untersuchung muß daher eine Extraktionsmethode angewendet werden, deren Wirksamkeit etwa der der Pflanzenwurzeln entspricht.

Eine Möglichkeit zur Lösung dieser Aufgabe besteht darin, auf empirischer Basis verschiedene Extraktionsmittel zu verwenden und die Extrakte zu analysieren. Zumeist geht man so vor, daß eine Anzahl verschiedener Bodenarten ausgewählt wird, aus denen in Topfkultur Testpflanzen unter kontrollierten Bedingungen gezogen werden. Nach einiger Zeit werden diese Bodenarten mit verschiedenen Extraktionsmitteln behandelt, wie z.B. mit verd. Essigsäure, Ammoniumacetal-Lösung, verd. Salzsäure und EDTA-Lösung. Anschließend wird der Gehalt an interessierenden Elementen bestimmt. Schließlich bestimmt man die im pflanzlichen Gewebe enthaltenen Mengen der betreffenden Elemente und vergleicht die Ergebnisse, so daß man schließlich eine Verteilungsbilanz erstellen kann. Jenes Extraktionsmittel, das den besten Korrelationskoeffizienten ergibt, kann weiterhin für die Bestimmung der Menge der "verfügbaren Nährstoffelemente" verwendet werden. Ebenso können auf diese Weise Mangelerscheinungen experimentell bestimmt werden, indem man die Auswirkungen des Zusatzes eines bestimmten Spurenelementes verfolgt. Aus diesen Versuchen läßt sich erkennen, für welche Bodenarten ein Zusatz gewisser Mengen von Spurenelementen als wachstumsfördernd zu betrachten ist.

Die Ergebnisse langjähriger Untersuchung lieferten eine Reihe von empfohlenen Extraktionsmitteln für alle wichtigen Nährstoffkomponenten. Ebenso kann auch der Bedarf an Kunstdünger, Mangel oder toxischer Überschuß an Spurenelementen bestimmt werden.

Es muß allerdings darauf hingewiesen werden, daß bezüglich der Zusammensetzung des für die Extraktion eines bestimmten Elementes am besten geeigneten Extraktionsmittels keine einheitliche Auffassung besteht. Dieser Umstand ist zum Teil dadurch begründet, daß die durch die geomorphologische Situation gegebenen Unterschiede der Bodenarten doch ziemlich groß sind und daher in verschiedenen Ländern anderen Extraktionsmitteln der Vorzug gegeben wird.

In einigen Details läßt sich die Wahl des Extraktionsmittels auch theoretisch begründen. Kaliumchlorid-Lösung kann zum Beispiel für die Extraktion des verfügbaren Stickstoffs verwendet werden. Die Hauptmenge des im Boden vorhandenen Stickstoffs ist in organischen Verbindungen fixiert und daher für die Pflanze nicht verfügbar. Ammonium-, Nitrat- und Nitrit-Ionen gehören zu den verfügbaren Formen, machen aber nur ca. 2% der vorhandenen Gesamt-Stickstoffmenge aus. Nitrat und Nitrit lassen sich ohne weiteres mit Wasser eluieren. Das positiv geladene Ammonium-Ion ist aber an die negativ geladenen Gruppen organischer Moleküle und an anorganisches kolloidales Material (die Ton-Fraktion; s. S. 232) in den sog. Austauschpositionen gebunden. Durch einen großen Überschuß eines anderen Kations kann dieser Austausch bewerkstelligt werden, so daß bei Verwendung von Kaliumchlorid als Extraktionsmittel alle drei Stickstoff-Ionen eluiert werden können.

5.4 Korngrößenverteilung im Boden

Die Korngrößenverteilung ist für die Eigenschaften des Bodens von ausschlaggebender Bedeutung. Man hat willkürlich drei oder vier Klassen definiert. Auch in diesem Fall sind in verschiedenen Ländern andere Korngrößenklassen üblich, trotzdem aber zählt die vom US Department of Agriculture (USDA) vorgeschlagene Einteilung zu den bekanntesten. Da die Form der Partikel zumeist unregelmäßig ist, definiert man den sog. "sphärischen Äquivalentdurchmesser", also den Durchmesser eines ideal kugelförmigen Teilchens, das bei gleicher Dichte wie das betreffende Bodenpartikel dieselbe Absetzgeschwindigkeit aufweist. Diese Größe ist vor allem deshalb sinnvoll, da die Größenklassierung stets durch Sedimentation erfolgt. Die vom USDA festgesetzten Korngrößenbereiche sind in Tab. 5.1 angegeben.

Tab. 5.1 Korngrößenbereiche für Bodenpartikel

Bezeichnung	Größenbereich (in µm)
Grobsand	2000 - 200
Feinsand	200 - 50
Schluff	50 - 2
Ton	< 2

Der Tonanteil ist für die Eigenschaften des Bodens von sehr großer Bedeutung. Wegen ihrer Kleinheit ist die spezifische Oberfläche und deren elektrische Aufladung sehr groß, so daß der Tonanteil von ausschlaggebender Bedeutung für die Ionenaustauscheigenschaften des Bodens ist (s. S. 230f.). Die Tonpartikel sind bereits zu klein, um unter dem optischen Mikroskop identifiziert werden zu können. Die verschiedenen mineralischen Komponenten können daher nur durch Röntgenbeugung und durch thermische Analysenmethoden bestimmt werden, wie dies auf S. 257f. kurz beschrieben wird. Der Anteil an der Gesamt-Ionenaustauschkapazität, insbesondere der Kationenaustauschfähigkeit hängt von Menge und Art der Tonkomponente ab.

5.5 Zusammenhang zwischen Bodenanalyse und den an Pflanzen ersichtlichen Symptomen

Sobald Pflanzen mit einer oder mehreren Nährstoffkomponenten unzureichend versorgt sind, zeigt sich ihr Wachstum im Vergleich mit ausreichend versorgten Pflanzen deutlich reduziert. Zugleich werden charakteristische Symptome ersichtlich, die für jedes Spurenelement spezifisch sind. Der erfahrene Beobachter wird beispielsweise bei chlorotischen Pflanzen (auffallend gelblich gefärbte Blätter) auf Stickstoff-Mangel schließen, eine nahezu immer zutreffende Diagnose. Allerdings kompliziert sich die Situation dadurch, daß verschiedene Pflanzen auf denselben Mangel an Spurenmetall verschieden reagieren. Außerdem kann eine Minderversorgung mit mehreren Spurenelementen gleichzeitig durch dieselben Symptome angezeigt werden. Landwirtschaftsberater verwenden die visuelle Beurteilung als Grundlage für die Entscheidung, welche chemischen Analysen im einzelnen durchgeführt werden sollen. Dieser Befund kann durch die Analyse des Pflanzengewebes bestätigt werden, wodurch sich Mangelerscheinungen oder toxische Anreicherungen feststellen lassen (s. Kap. 6). Auf diese Weise kann man zwar die Ursachen der Schäden an den reifen Feldfrüchten, jedoch nicht Mängel beheben, bevor eine schädliche Wirkung erkennbar wird. Es ist daher auf alle Fälle sicherer, die Menge der verfügbaren Nährstoffe rechtzeitig durch eine Bodenanalyse festzustellen.

Die vom Landwirtschaftsberater zu treffende Entscheidung, welche analytischen Bestimmungen im einzelnen durchgeführt werden sollen, beruhen auf seinem Fachwissen über das Verhalten von Nährstoffen in verschiedenen Bodenarten unter Berücksichtigung der lokalen Gegebenheiten. So kann er beispielsweise mit Mangan-Mangel rechnen, wenn es sich um alkalische Böden mit einem hohen Anteil organischer Substanz handelt oder um Kupfermangel bei Pflanzen, die auf torfigen Böden gedeihen. Obwohl viele Bodenanalysen aufgrund besonderer Beobachtungen durchgeführt werden, ist es ebenso üblich, Proben auch dann routinemäßig zu untersuchen, wenn keine besonderen Mangelerscheinungen sichtbar geworden sind. In diesem Fall dient die Untersuchung meistens zur Verbesserung des Ernteertrags. Dazu zählen u.a. die Bestimmung von pH-Wert des Bodens, Kalkbedarf und des Gehaltes an Stickstoff, Phosphor und Kalium. In Gegenden mit sehr trockenem, warmen Klima ist auch die Salzanreichung in den obersten Bodenschichten von großer Bedeutung, die das Pflanzenwachstum sehr erheblich behindern kann. Man wird in diesen Landstrichen den Gehalt an wasserlöslichen Salzen regelmäßig kontrollieren, wobei man oft nur die Leitfähigkeit eines wäßrigen Extrakts zu bestimmen braucht.

5.6 Probleme der Probenahme von Gestein und Boden

Die fachgerechte Probenahme ist bei Gesteins- und Bodenproben und bei der Aufteilung repräsentativer Teilproben von ausschlaggebender Bedeutung. In Gesteinen, noch mehr jedoch im Boden, kann sich die Zusammensetzung schon in geringen Abständen erheblich ändern, sowohl in horizontaler, als auch in vertikaler Richtung. Durch eine unsachgemäße Probenahme werden alle nachfolgenden Analysen naturgemäß wertlos. Zufolge der horizontalen Ungleichmäßigkeiten ist es üblich, von einer über die zu untersuchende Fläche zufallsverteilten Anzahl von Punkten Proben zu entnehmen. Diese werden gemischt und nach dem Lufttrocknen soweit zermahlen, daß die Gesamtprobe ein Sieb mit 2-3 mm Maschinenweite passiert. Anschließend werden Teilproben für die benötigten analytischen Untersuchungen entnommen.

Bei der Entnahme von Bodenproben ergeben sich noch weitere Probleme. In erster Linie muß bestimmt werden, bis zu welcher Tiefe die Proben genommen werden sollen. Da sich die Bodenzusammensetzung auch mit der Tiefe erheblich ändert, ist es üblich, von den einzelnen Horizonten getrennte Proben zu entnehmen (s. S. 228f.). Proben zur Bestimmung der verfügbaren Nährstoffe werden oft nur bis zur Pflugtiefe entnommen. Diese Art von Probenahme läßt sich zwar leicht durchführen, aber nicht so leicht rechtfertigen, da die Durchwurzelung des Bodens meist weit tiefer reicht (eine Tiefe von 75 cm ist nicht ungewöhnlich). Aus den relativ wenigen sorgfältig durchgeführten Vergleichsuntersuchungen zeigt sich, daß bei dickeren Bodenschichten die Untersuchung eben der tieferen Schichten die Vorhersage des Nährstoffangebots erleichtert.

Ein weiteres Problem ergibt sich daraus, daß der Boden nicht nur räumlich, sondern auch zeitlich inhomogen ist, so daß sich die chemische Zusammensetzung mit den Jahreszeiten ändert. Dies betrifft besonders den disponiblen Stickstoff , der nicht nur von der Jahreszeit, sondern auch vom Temperaturverlauf der letzten Tage und der letzten Wochen, vom Ausmaß und zeitlichen Verlauf der Niederschlagstätigkeit und schließlich vom Pflanzenwuchs abhängt. Außerdem spielen noch die Drainageverhältnisse und einige weitere, weniger bedeutsame Faktoren eine gewisse Rolle. Diese Veränderlichkeit ist dann von besonderer Wichtigkeit, wenn vergleichende Untersuchungen zwischen verschiedenen Landflächen durchgeführt werden sollen. Ähnliche Proben fallen bei der Untersuchung des Laubwerks an, worüber in Kap. 6 berichtet wird.

Das dritte Problem ergibt sich aus dem Umstand, daß es nicht immer zulässig ist, Bodenproben vor der Untersuchung zu trocknen, hauptsächlich deshalb, weil die Probe biologisch aktiv ist. Durch den Trockenvorgang wird die Aktivität der ammonifizierenden und nitrifizierenden Mikroorganismen erheblich beeinträchtigt. Je länger eine Bodenprobe in luftgetrocknetem Zustand aufbewahrt wird, desto größer wird der Anteil von organischem Stickstoff, der in anorganische Stickstoff-Verbindungen, hauptsächlich in Nitrat, umgewandelt wurde (was sich feststellen läßt, sobald die Probe für die Analyse wieder angefeuchtet wird). Durch Ofentrocknung werden die nitrifizierenden Bakterien abgetötet, so daß man beim Wiederanfeuchten erhöhte Ammoniumstickstoff-Gehalte zu finden pflegt. Auch die Konzentrationen von verfügbarem Phosphor, Kalium, Schwefel und Mangan können sich durch das Lufttrocknen ändern. Bezüglich weiterer Einzelheiten muß allerdings auf die Fachliteratur[4] verwiesen werden.

Es erhebt sich nun die Frage, warum man Bodenproben überhaupt trocknen muß, wenn sich daraus erhebliche Schwierigkeiten ergeben. Die Antwort ergibt sich aus dem Umstand, daß es so gut wie unmöglich ist, eine naturfeuchte Bodenprobe in repräsentative, homogene Teilproben zu zerlegen. Die Vorteile der Trocknung überwiegen daher die Nachteile bei weitem. Nichtsdestoweniger müssen die verfügbaren Anteile von Ammonium- und Nitrat-Stickstoff sofort aus der naturfeuchten Bodenprobe bestimmt werden. Falls das nicht möglich ist, hat die Aufbewahrung bei Temperaturen unter dem Gefrierpunkt zu erfolgen, um die mikrobiologischen Aktivitäten auf ein Minimum zu reduzieren. Auch die Unterteilung in Teilproben muß von der gefrorenen Probe erfolgen. Da eine getrennte Bestimmung des Wassergehalts durchgeführt wird, können die Ergebnisse unschwer auf die ofengetrocknete Probe umgerechnet werden. Diese Vorgangsweise stellt eine wichtige Voraussetzung für die Vergleichbarkeit verschiedener Bodenproben dar.

5.7 Probenunterteilung

Sobald die gesamte Menge einer Probe getrocknet und gesiebt ist, muß sie für die nachfolgenden analytischen Bestimmungen auf Teilproben aufgeteilt werden. Dazu läßt sich die altbewährte Methode des "Viertelns" der konisch aufgehäuften Probe anwenden. Die Entnahme von Proben, die in Flaschen aufbewahrt wurden, mit Hilfe eines Schöpflöffels sollte vermieden werden, da sich durch den Transport sehr leicht eine Korngrößenfraktionierung einstellt, wodurch es weiterhin zu sehr erheblichen systematischen Fehlern kommen kann. Wenn sehr große Probemengen aufzuteilen sind, verwendet man eine Verteilerrutsche, wie sie in Abb. 5.2 dargestellt ist, oder einen rotierenden Verteiler ("Riffler"). Die Verteilerrutsche besteht aus aneinandergereihten Trichtern, deren senkrechter Querschnitt dreieckig, der horizontale Querschnitt rechteckig ist. Unter jedem Trichter, die abwechselnd nach rechts und nach links gerichtet sind, befindet sich eine genau unter den Trichter passende Box zur Aufnahme von Teilproben. Die Aufteilung der Probe erfolgt durch Entleeren der Flasche, die die Gesamtprobe enthält, wobei man

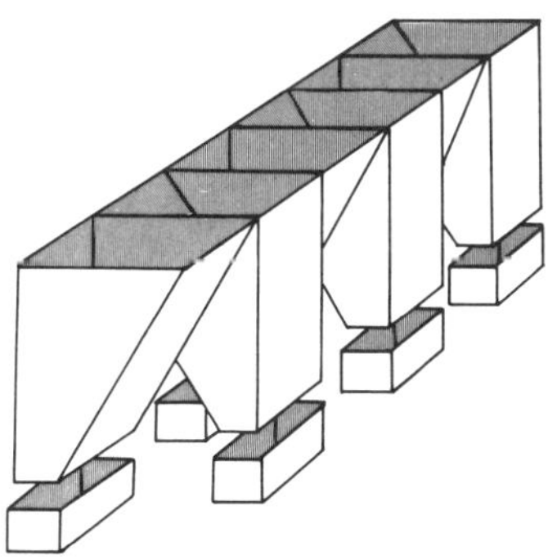

Abb. 5.2 Verteilerrutsche

sie gleichmäßig über den Verteilertrichter hin- und herbewegt. Jede Box enthält nun eine repräsentative Teilprobe. Sollte die Probemenge immer noch zu groß sein, kann der ganze Prozeß wiederholt werden.

Beim rotierenden Riffler sind zumeist zwölf Trichter im Kreis um eine rotierende Verteilerrutsche, die einarmig oder zweiarmig sein kann, angeordnet. Die Probe wird daher völlig gleichmäßig auf zwölf, bei zwei Durchgängen auf weitere zwölf Teilproben aufgeteilt, die dann einem Hundertvierundvierzigstel der Gesamtprobe entsprechen.

Wenn für die analytische Bestimmung nur Mengen unter 1 - 2 g benötigt werden, kann bei einer Korngröße von 2 mm nicht mehr damit gerechnet werden, daß das Probenmaterial homogen ist. Es empfiehlt sich in diesem Fall etwa 20 g Probe auf mindestens 100 mesh (0,15 mm Maschenweite) zu mahlen und davon eine Teilprobe zu nehmen.

5.8 Probenaufschluß für die Gesamtanalyse

Es ist naturgemäß nicht einfach, Gesteins- oder Bodenproben in Lösung zu bringen. Einige bewährte Methoden sollen anschließend erläutert werden. Man kann die Probe in einem Gemisch von Säuren, wie z.B. Fluorwasserstoffsäure/Perchlorsäure in Lösung bringen, wofür man allerdings eine Platin- oder Teflonschale verwenden muß. Fluorwasserstoffsäure wird auf jeden Fall benötigt, um Silikate aufzuschließen. Teflonbeschichtete Stahlbomben sind sehr gut verwendbar und bieten nicht nur den Vorteil des Druckaufschlusses bei höherer Temperatur, sie verhindern auch Verluste von flüchtigen Komponenten (s. Kap. 2, S. 51). Für Bodensorten, die größere Mengen von organischer Substanz enthalten, kann die Probe zuerst verascht oder durch Behandlung mit konz. Salpetersäure oxidativ entfernt werden, vor allem dann, wenn Verluste von leichter flüchtigen Komponenten zu befürchten sind.

Eine weitere Möglichkeit besteht darin, die Probe mit einer alkalischen Schmelze aufzuschließen, wofür Natrium-Kaliumcarbonat gut geeignet ist. Die möglichst fein gepulverte Probe wird mit dem Aufschlußmittel innig vermischt und im Platintiegel bis zur klaren Schmelze erhitzt. Nach dem Erkalten wird der Schmelzfluß mit Wasser aufgenommen. Die Schmelze soll nicht im Tiegel mit Salzsäure behandelt werden, da im Falle eines höheren Mangangehalts Manganate gebildet werden, die mit Salzsäure unter Bildung von freiem Chlor reagieren, das Platin angreift. Die Bildung von freiem Chlor kann auch durch Zusatz von etwas Ethanol vermieden werden. Größere Mengen Eisenoxid können durch Reduktion zum Metall den Platintiegel durch Legierungsbildung schädigen.
In diesem Fall empfiehlt es sich, den Schmelzaufschluß erst nach dem Entfernen des Eisenoxids mit Königswasser durchzuführen. Nicht alle Mineralien lassen sich mit Alkalicarbonat aufschließen- so z.B. Chromit, der auch mit HF/HNO_3 nicht in

Lösung gebracht werden kann. In diesem Fall muß eine zweistufige Aufschlußmethode verwendet werden. Zuerst schmilzt man mit Kaliumhydrogensulfat, wodurch zwar die Metalloxide, nicht aber die Silikate aufgeschlossen werden. Der durch den sauren Aufschluß nicht erfaßte Anteil wird abfiltriert und nach dem Veraschen des Filters mit Alkalicarbonat wie oben beschrieben aufgeschlossen. Für manche Mineralien, die Arsen oder Barium enthalten, eignet sich ein Aufschluß mit Natriumperoxid oder Natriumhydroxid im Nickeltiegel[4]. In allen Fällen müssen Blindbestimmungen durchgeführt werden, wenn Spurenelemente bestimmt werden sollen.

5.9 Einige ausgewählte Methoden der Bodenanalyse

5.9.1 Bestimmung des Boden-pH-Wertes

Definition und Messung des pH-Wertes von wäßrigen Lösungen wurden bereits in Kap. 4, S. 164f. beschrieben. Der Boden-pH-Wert kann nicht so einfach definiert werden wie der einer wäßrigen Lösung, da es sich um den pH-Wert eines Gleichgewichtes zwischen fester Phase und Wasser handelt. Trotzdem ist der pH-Wert die am häufigsten gemessene Größe in der Bodenanalyse.

Der eigentliche Zweck der Bestimmung des pH-Wertes liegt nicht in der Feststellung, ob der Boden sauer oder alkalisch ist, sondern darin, daß man Informationen über die Verfügbarkeit der verschiedenen Elemente erhält. Dazu gehört der Basenzustand, also die austauschbaren Anteile von Calcium, Magnesium, Kalium und Natrium relativ zur austauschbaren Acidität. Nahzu alle Böden weisen pH-Werte zwischen 5 und 8 auf. Elemente wie Zink, Kupfer, Mangan und Eisen sind in sauren Böden mobiler, wobei bei sehr niedrigen pH-Werten bereits toxische Konzentrationen bestimmter Elemente (z.B. Aluminium) auftreten können. Aluminium-Überschuß beeinträchtigt und deformiert die Wurzeln und behindert das Wachstum der ganzen Pflanze. Ein zu hoher pH-Wert kann andererseits zu Spurenelementmangel führen. Die mikrobielle Aktivität ist ebenfalls sehr stark vom pH-Wert abhängig.

Der pH-Wert des Bodens kann nur als Maß für seine Acidität, nicht aber für die Gesamtmenge der vorhandenen Säuren betrachtet werden. Bodenarten mit hohem Tonanteil weisen weitaus größere Aciditätsreserven auf als sandige Typen. Bei torfhaltigen Böden sind oft noch größere Aciditätsreserven zu beobachten. Diese Bodenarten können auch als gut gepuffert bezeichnet werden, da der pH-Wert erst nach Zugabe einer beträchtlichen Menge von Basen anzusteigen beginnt. Die in diesem Fall zu berücksichtigenden Gleichgewichte sind wesentlich schwieriger zu erfassen als die in der analytischen Chemie geläufigen einfachen Pufferlösungen (wie etwa Essigsäure/Ammoniumacetat oder andere). An der Pufferkapazität sind zumeist die verschiedensten im Boden enthaltenen organischen Säuren, aber auch Aluminium-Ionen beteiligt. Sobald der pH-Wert ansteigt, dissoziieren Wasserstoff-Ionen aus den im Ton koordinierten Wassermolekülen. Die in diesem Fall ablaufenden Reaktionen können in vereinfachter Form durch die folgenden Formeln dargestellt werden:

$$Al^{3+} + OH^- \rightleftharpoons (Al(OH))^{2+}$$
$$(Al(OH))^{2+} + OH^- \rightleftharpoons (Al(OH)_2)^+$$
$$(Al(OH)_2)^+ + OH^- \rightleftharpoons Al(OH)_3$$

Sobald der Wassergehalt des Bodens jenen Punkt erreicht oder unterschreitet, der zum Welken der Pflanzen führt, wird der elektrische Widerstand für die pH-Messung zu hoch. Nun ergibt sich für den Bodenanalytiker das Problem, daß die pH-Messung an einem feuchten Boden durchgeführt werden muß, wobei sich aber der pH-Wert mit der Menge des zugesetzten Wassers ändert. Normalerweise steigt der pH-Wert bei Wasserzusatz an. Die meisten Böden liefern beim Schütteln mit Wasser Salzlösungen, deren Konzentration durch weiteren Wasserzusatz natürlich verringert wird. Ebenso steigt der pH-Wert durch Verdünnen, wenn der Boden nennenswerte Mengen an gelöstem Kohlendioxid enthält, da die gebildete Kohlensäure entsprechend verdünnt wird.

Ein weiterer, sehr wesentlicher Faktor ergibt sich durch Ausbildung einer elektrischen Doppelschicht, die die suspendierten, elektrisch geladenen Bodenpartikel umgibt. Die elektrisch geladene Oberfläche der kolloiden Teilchen zieht eine Schicht von Ionen an, die sich ihrerseits mit einer weiteren Schicht von Ionen umgibt. Die Konzentration freier Ionen ist daher in der Lösung geringer, als man eigentlich erwarten sollte. Rührt man aber die Bodenprobe mit Kalium- oder Calciumchlorid-Lösung an, so vermindert sich die durch den Doppelschichteffekt verursachte Verarmung an Wasserstoff-Ionen.

Durch die Festlegung des Verhältnisses Boden zu Salzlösung ist es durchaus möglich, reduzierbare Resultate zu erhalten. Auf diese Weise ergibt sich auch ein bemerkenswerter Vorteil, da der Vergleich von Ergebnissen aus den verschiedensten Teilen der Welt vereinfacht wird. Im Gegensatz dazu ist aber zu überlegen, daß ein sandiger Boden eine viel geringere Wassermenge benötigt, um die gewünschte breiige Konsistenz zu erzielen, als etwa ein toniger oder torfiger Boden. In vielen Publikationen wird daher die Menge der zugesetzten Salzlösung auf die Art des zu untersuchenden Bodens abgestimmt. Obwohl dadurch die Präzision der Bestimmung verringert wird, erhöht sich andererseits die Aussagekraft. Man setzt gerade soviel Salzlösung zu, daß nach gründlichem Mischen eine steif-breiige Konsistenz erreicht wird.

Da in verschiedenen Ländern voneinander abweichende Verfahren üblich sind, muß die jeweils gewählte Vorgangsweise in der betreffenden Veröffentlichung sehr detailliert und genau beschrieben werden.

Zur pH-Messung wird gewöhnlich eine Glas-Kalomel-Elektrode verwendet, wie sie in Kap. 4, S. 165 beschrieben wurde. Der Probenbrei bleibt zur Einstellung des Gleichgewichtes einige Zeit, meistens 1 Stunde, stehen. Für Feldbestimmungen verwendet man batteriebetriebene pH-Meter. In sehr entlegenen Gegenden ist es alldings manchmal etwas schwierig, das gesamte benötigte Inventar wie Bechergläser, destilliertes Wasser etc. mitzuführen.

Die Messung des pH-Wertes kann aber auch mittels der üblichen Säure-Basen-Indikatoren erfolgen. Der Farbumschlag eines Indikators erstreckt sich über einen Bereich von etwa 2 pH-Einheiten. Durch Verwendung einer Mischung von Pufferlösungen, deren pH-Wert sich um jeweils 0,2 pH-Einheiten unterscheidet, kann eine Farbskala hergestellt werden. Durch Vergleich der Farbe, die der betreffende Indikator in Kontakt mit der Bodenprobe annimmt, kann der pH-Wert auf ca. 0,2 Einheiten genau bestimmt werden, was in Anbetracht der natürlichen Schwankungsbreite völlig ausreicht. Durch eine Mischung verschiedener Indikatoren ist es relativ einfach, den ganzen Bereich zwischen pH 3,5 - 8 zu überdecken. Mit solchen Mischungen kann die pH-Bestimmung auf + 0,5 Einheiheiten erfolgen, wofür lediglich ein weißer Kunststoff-Löffel und die Indikatormischung benötigt wird. Der Löffel wird mit 1 - 2 ml Indikatorlösung gespült; anschließend sticht man mit dem Löffel etwas Bodenprobe aus und setzt etwas Indikatorlösung zu. Man mischt, indem man einige Minuten leicht schüttelt. Anschließend vergleicht man die entstandene Färbung mit einer Farbtafel. Diese Arbeitsweise eignet sich sehr gut für schnelle Bestimmung im Feld und kann auch für andere Zwecke nützlich sein.

5.9.2 Bestimmung des Kalkbedarfs

Im vorangegangenen Abschnitt wurde auf die Wichtigkeit des pH-Wertes für das Pflanzenwachstum, auf die Auswirkungen auf die Verfügbarkeit der vorhandenen Spurenelemente und auf die mikrobielle Aktivität hingewiesen. Wenn der pH-Wert für einen optimalen Ertrag zu niedrig ist, kann bzw. muß er durch Kalkzusatz entsprechend erhöht werden. Der Analytiker hat daher festzustellen, wieviel Kalk zugesetzt werden muß.

Ebenfalls wurde erwähnt, daß die Pufferkapazität des Bodens erheblich verschieden sein kann. Böden mit einer hohen Ionenaustauschkapazität, also solche mit hohem Gehalt an tonigen Komponenten oder organischen Stoffen sind zumeist hoch gepuffert; sandige Böden sind zumeist nur schwach gepuffert. Die Messung des pH-Wertes gibt also für sich allein noch keinen Hinweis auf die zur Einstellung eines gewünschten pH-Wertes benötigte Kalkmenge. Eine der gebräuchlichsten Methoden besteht in der Bestimmung der Austauschacidität.

<u>Arbeitsvorschrift</u>. Man versetzt 5 g Bodenprobe mit 50 ml 1 molarer Ammoniumacetat-Lösung bei pH 7 und liest nach einer

Stunde den pH-Wert auf ± 0,02 Einheiten genau ab. In einem Becherglas wird der pH-Wert von weiteren 100 ml derselben Ammoniumacetat-Lösung genau gemessen. Nun fügt man 0,02 molare Essigsäure aus einer Bürette tropfenweise zu und registriert den pH-Wert in Abhängigkeit vom zugesetzten Volumen. Diese Werte werden in Form eines Diagrammes aufgezeichnet. Anschließend liest man vom Diagramm die der Probe entsprechende Wasserstoffionen-Konzentration ab. Nun kann die Austausch-Acidität in mmol. kg^{-1} und der Kalkbedarf in kg · ha^{-1} berechnet werden, wobei das Schüttgewicht des Bodens und die Änderung des pH-Wertes bis zu der durch Pflügen bedingten Tiefe berücksichtigt werden müssen.

In der Literatur finden sich zahlreiche andere Methoden, die einander im Prinzip ziemlich ähnlich sind [4,5]. Andere Methoden ergeben auch etwas andere Resultate. Auch hier wird der Neuling von der Tatsache, daß es keine universell anerkannte Methode gibt, etwas verwirrt sein. Man muß sich aber vor Augen halten, daß gerade in diesem Fall sehr genaue Bestimmungen oftmals nur beschränkte Aussagekraft besitzen. Die Vorgänge, die nach dem Zusatz von Kalkmehl ablaufen, hängen von der Type und der Korngröße des Zusatzes, vom Klima und der anschließenden Art der Bodenbearbeitung ab. Die Geschwindigkeit des Neutralisationsvorganges wird umso höher sein, je geringer die Korngröße ist. In Gegenden, wo die Niederschlagsmenge die Evapotranspiration übersteigt, wird das Calciumcarbonat mehr oder minder rasch ausgelaugt (Bildung von relativ leicht löslichem Calciumcarbonat!). Es müssen daher stets zusätzliche Faktoren mit berücksichtigt werden, die auf Ortskenntnis und Erfahrung beruhen. Sobald sich herausgestellt hat, daß mit einer bestimmten Methode zufriedenstellende Ergebnisse erzielt werden, wird man kaum eine neue Methode anwenden, auch wenn dadurch wesentlich bessere Ergebnisse zu erwarten sein könnten.

5.9.3 Bestimmung des verfügbaren Phosphats

Wie bei der Bestimmung der meisten "verfügbaren Nährstoffe" werden für die Bestimmung des disponablen Phosphats die verschiedensten Extraktionsmittel verwendet. Am weitesten verbreitet dürfte die Verwendung von 0,5 molarer Natriumhydrogencarbonat-Lösung bei pH 8,5 sein[5].

Arbeitsvorschrift. Man extrahiert 5 g Probe mit 100 ml 0,5 molarer Natriumhydrogencarbonat-Lösung die auf pH 8,5 eingestellt wurde. Man neutralisiert 5 ml des filtrierten oder zentrifugierten Extrakts durch Zusatz von maximal 5 ml 0,25 molare Schwefelsäure. Die Bestimmung des extrahierten Orthophosphats erfolgt mit einer der für die Wasseruntersuchung in Kap. 4, S. 187f. beschriebenen Methoden. Sollte Extrakt gefärbt sein, so mischt man eine neue 5 g Probe mit 1 g Aktivkohle und wiederholt die Extraktion. Die Eichung erfolgt durch Zusatz von geeigneter Standardlösung.

Wenn eine große Zahl von Proben routinemäßig zu bestimmen ist, wird man automatische Analysengeräte einsetzen. Es ist darauf zu achten, daß die zum Entfärben verwendete Aktivkohle einen vernachlässigbar geringen Phosphatgehalt aufweist.

5.9.4 Bestimmung des verfügbaren Stickstoffs

Wie bereits auf S. 230f. erwähnt, liegt der verfügbare anorganisch gebundene Stickstoff meist in Form von Ammonium- und Nitrat-Ion vor, die aus der Probe mit Kaliumchlorid-Lösung extrahiert werden können. Die Bestimmung von Ammonium erfolgt üblicherweise durch Destillation im alkalischen Medium. Nitrat wird anschließend durch Zusatz von Titan (III)-sulfat zu Ammonium reduziert, das durch neuerliche Destillation bestimmt werden kann. Auch in diesem Fall ist beim Vorliegen großer Probenzahlen die automatische Bestimmung vorzuziehen, wobei auch ein Dialyseschritt zum Abtrennen gefärbter organischer Komponenten vorzusehen ist (Kap. 4, S. 190).

Arbeitsvorschrift. Man extrahiert 20 g naturfeuchte Probe nach sorgfältigem Entfernen der Steine mit 200 ml 2 molarer Kaliumchlorid-Lösung durch 2 h langes Schütteln und filtriert. Der in Abb. 5.3, S. 242 gezeigte Destillationsapparat nach Hoskin eignet sich sehr gut für die Bestimmung einer größeren Anzahl von Proben, da er selbstreinigend ist. Es kann aber jede andere Wasserdampfdestillationsapparatur geeigneter Größe verwendet werden. Nach Schließen des Quetschhahns D wird der leicht angesäuerte Wasservorrat im Kolben B bei offenem Gummistopfen A zum leichten Sieden gebracht. Man pipettiert 25 ml Extrakt in den inneren Behälter der Apparatur und setzt 5 ml Borax-Pufferlösung (pH 9,6; 0,5 molare Natriumhydroxid-Lösung unter Zusatz von 50 $g \cdot l^{-1}$ Borax) zu. Man verschließt die Gefäße mit den Stopfen A und F und bringt sofort den Vorlagekolben E unter den Kühlervorstoß, wobei dieser in die vorlegte Borsäure-Indikatorlösung eintauchen muß.

Indikatorlösung: Man löst 10 g Borsäure in Wasser unter Kochen, kühlt ab und bringt die Lösung in einen 500-ml-Meßkolben, setzt 100 ml Ethanol sowie 10 ml Mischindikatorlösung zu und füllt zur Marke auf.

Der Mischindikator besteht aus 0,16 g Bromkresolgrün und 0,08 g Methylrot in 250 ml Ethanol.

Zur Wasserdampfdestillation wird die Wärmezufuhr so geregelt, daß in 5 min ca 40 ml Destillat übergehen. Danach senkt man die Vorlage, entfernt den Brenner unter B und öffnet die Verschlüsse F und D sofort und gleichzeitig. Nach dem Öffnen von B erhitzt man mäßig weiter und läßt den Inhalt des inneren Gefäßes H etwas abkühlen. Man setzt einen neuen, mit Indikatorlösung beschickten Kolben unter den

Vorstoß und versetzt die in H befindliche Probe mit 5 ml frisch bereiteter 5%iger Titan(III)sulfat-Lösung in Schwefelsäure. Man verschließt A, D und F so schnell wie möglich und destilliert neuerlich 40 ml, die nun das zu Ammoniak reduzierte Nitrat enthalten. Nach dem Absenken der Vorlage entfernt man die Heizung unter B, worauf der entstehende Unterdruck den Inhalt von H in den Außenraum absaugt. Man wiederholt diesen Vorgang zur Reinigung, indem man 25 ml Wasser auf dieselbe Weise abhebern läßt.

Die beiden Destillate werden jedes für sich mit 0,003 molarer Schwefelsäure titriert. Die Berechnung von Nitrat- und Ammonium-Stickstoff erfolgt unter Berücksichtigung der Blindwerte. Für genauere Bestimmung kontrolliert man die Ausbeute mit frischer Amoniumnitrat-Standardlösung.

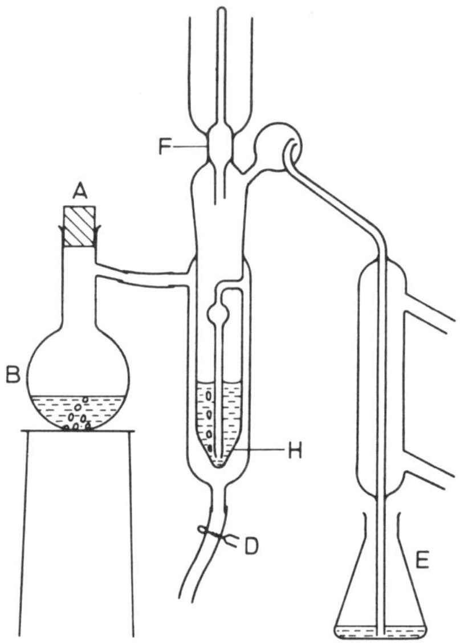

Abb. 5.3 Apparatur zur Ammoniak-Bestimmung nach Hoskins. Die Buchstaben beziehen sich auf die Beschreibung der Methode (s. Text)

5.9.5 Bestimmung des Gesamt-Stickstoffs

Der Anteil des für das Pflanzenwachstum verfügbaren freien Stickstoffs beträgt nur ca 2% der Gesamtmenge. Die Bestimmung des Gesamt-Stickstoff-Gehaltes ist deshalb von Interesse, weil sich daraus ein Anhaltspunkt für Stickstoff-Reserven ergibt, der unter geeigneten Bedingungen für die Mineralisation zur Verfügung steht.

Der organische Stickstoff-Anteil kann durch längeres Kochen mit konz. Schwefelsäure zu Ammonium reduziert werden. Dieser

Vorgang ist allgemein als Kjeldahl-Methode bekannt. Zur Beschleunigung der Reaktion setzt man nicht nur Kaliumsulfat zur Erhöhung des Siedepunkts, sondern auch einen geeigneten Katalysator wie Selen- oder Quecksilber-Reaktionsgemisch zu. Trotzdem benötigt die vollständige Reaktion mehrere Stunden. Die Bodenprobe wird zuerst mit genügend Wasser versetzt, um sofortiges Verkohlen und den damit verbundenen Stickstoff-Verlust zu verhindern. Das Destillat, das den gesamten Stickstoff in Form von Ammonium-Ion enthält, kann anschließend titrimetrisch oder kolorimetrisch bestimmt werden (s. S. 241).

Arbeitsvorschrift. Zur Einwaage gelangen je nach Bodenart 8 g sandiger, 5 g toniger oder 3 g torfiger Boden. Man bringt die Probe in einen trockenen 300ml-Kjeldahl-Kolben, setzt 10 g Kaliumsulfat-Katalysatorgemisch (K_2SO_4:$CuSO_4$:H_2O: Se = 100 : 5 : 2, erhältlich in fertigen 5 g Tabletten) und ca. 25 ml Wasser zu. Nach gründlichem Umschwenken gibt man 30 ml konz. Schwefelsäure zu. Man erhitzt mäßig (unter dem Abzug, eventuell unter Verwendung eines Dampfabsauge-Aufsatzes). Sobald das Schäumen aufgehört hat und das Wasser abgedampft ist, erhitzt man stärker. Der lange Kolbenhals dient als luftgekühlter Rückflußkühler. Man erhitzt 2 - 5 h, bis die Lösung völlig klar geworden ist. Nach dem Erkalten setzt man vorsichtig 50 ml Wasser zu, um auskristallisierte Salze wieder in Lösung zu bringen, kühlt neuerlich und bringt die Lösung quantitativ in einen 250-ml-Meßkolben und füllt unter Beachtung der Temperatur der Probe zur Marke auf.

Zur Destillation bringt man 25 ml Probelösung in den S. 241 beschriebenen Destillationsapparat, wobei man wegen des wesentlich höheren Säuregehalts anstelle der 5 ml Borax-Pufferlösung mit 15 ml Natriumhydroxid-Lösung mit einem Massenanteil von 15 % alkalisch macht. Die Titration des NH_4-Gehalts erfolgt wie vorhin beschrieben. Das Resultat wird in % Gesamt-Stickstoff (bzw. in $g \cdot kg^{-1}$) angegeben.

5.10 Atomabsorptionspektrometrie (AAS)

Die Atomabsorptionsspektrometrie (AAS) wird sehr häufig für die Bestimmung der in größeren oder kleineren Konzentrationen in Böden und Gesteinen vorkommenden Elemente eingesetzt. Die Arbeiten, die zur Entwicklung der AAS geführt haben, wurden zu einem großen Teil in Bodenuntersuchungslaboratorien durchgeführt. Dieser Umstand kann kaum überraschen, wenn man bedenkt, daß die vor der Entwicklung der AAS üblichen Methoden, ausgenommen flammenphotometrische Bestimmung der Alkalien, für Erdalkalien und noch viel mehr für Spurenmetalle sehr mühsam und zeitaufwendig waren. Die größten Schwierigkeiten ergaben sich bei der Gesteinsanalyse stets aus dem Umstand, daß die gesuchten Elemente zumeist in einer schwer aufschließbaren Matrix eingebunden waren, so daß relativ komplizierte Aufschlußverfahren verwendet werden mußten. Reproduzierbarkeit und Blindwerte waren daher insgesamt nicht allzu befriedigend.

Die theoretischen Grundlagen der Atomabsorption unterscheiden sich im Prinzip nicht allzu sehr von den in Kap. 3, S. 95 beschriebenen Molekular-Absorptionsmethoden. Der wesentliche Unterschied ergibt sich aus dem Umstand, daß ein Atom nur ein Photon mit genau definierter Energie absorbieren kann, das eines der Elektronen in eine energiereichere Umlaufbahn bringt. Bei Molekülen können ganze Serien von Frequenzen zur Anregung der Rotations- und Vibrationsschwingungen aufgenommen werden, um einen angeregten Zustand zu erreichen. Es ergeben sich daher zahlreiche Übergänge zwischen dem angeregten und dem Grundzustand und somit relativ breite Absorptionsbandenspektren, die sich vom Infrarot- über den sichtbaren- bis zum Ultraviolett-Bereich erstrecken und Bandbreiten von 200 nm und mehr aufweisen. In einem Atomabsorptionsspektrum sind nur einzelne, scharf definierte Linien möglich, deren Bandbreite bei 0,005 nm liegt. Versucht man nun, die aus einem kontinuierlichen Spektrum, wie es die Wasserstoff- oder Deuterium-Lampe liefert, die durch die Absorption einer schmalen Linie verursachte Energiedifferenz zu messen, so läßt sich keine brauchbare Empfindlichkeit erwarten, wenn der Monochromator ein im Bereich der gewünschten Spektrallinie liegendes Band mit einer Bandbreite von bestenfalls 0,05 nm isolieren kann (s. Abb. 5.4 A).

Das Verhältnis I_t/I_o und somit der Zahlenwert für die Absorption, $-\log_{10} I_t/I_o$ wird zwangsläufig unbefriedigende Werte liefern. Der entscheidene Durchbruch gelang in den 50iger Jahren, als Sir Alan Walsh[6] auf die Idee kam, als Lichtquelle eben dieselbe Spektrallinie zu benutzen, die absorbiert wird. Wie aus Abb. 5.4 B zu ersehen ist, wird in

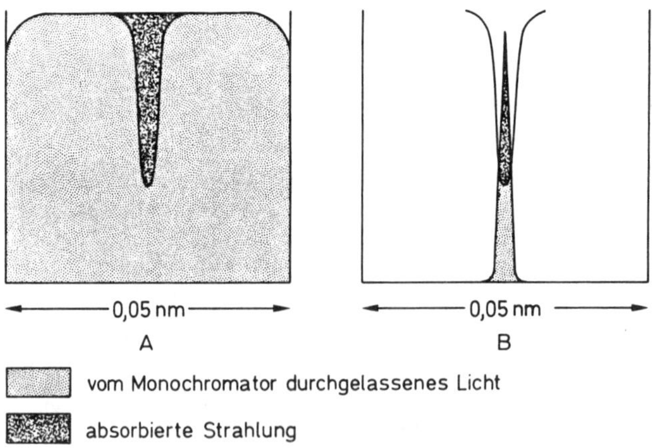

Abb. 5.4 Atomabsorption bei Verwendung einer Lichtquelle mit kontinuierlichem Spektrum A oder einer (monochromatischen) Hohlkathodenlampe B

diesem Fall ein Großteil der emittierten Energie absorbiert, wodurch nicht nur höchste Selektivität, sondern auch höchste Empfindlichkeit gewährleistet wird. Als Lichtquelle dient eine Entladungslampe, die bei niedrigem Druck, hoher Spannung und sehr geringem Stromverbrauch arbeitet. Die Kathode hat die Form eines Zylinders und ist aus jenem Metall, oder einer geeigneten Legierung, angefertigt, das bestimmt werden soll. Neben der zentral angeordneten Holkathode ist die meist aus Wolfram bestehende Anode montiert. Abschirmungen aus Glimmerplättchen konzentrieren die Entladung in das Innere der Hohlkathode, wodurch sich eine nahezu punktförmige Lichtquelle ergibt. Zur Füllung der Lampe verwendet man zumeist Neon bei einem Druck von ca. 6mbar. Das Stirnfenster besteht aus Quarzglas, falls die verwendete Wellenlänge im UV-Bereich liegt. Abb. 5.5 zeigt eine schematische Darstellung des Aufbaus.

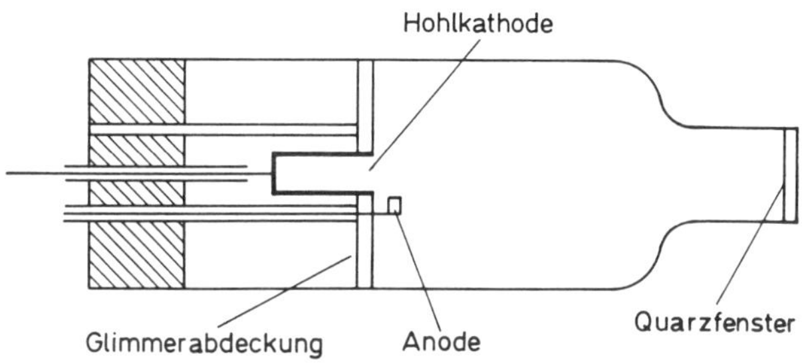

Abb. 5.5 Schnittzeichnung einer Hohlkathodenlampe

Anfänglich erfolgte die Aufspaltung der zu analysierenden Verbindung und die Anregung der gesuchten Atome durch eine Luft-Acetylen-Flamme in einem Langbrenner. Für thermisch stabilere Oxide wie Siliziumdioxid, Aluminium- oder Titanoxid setzt man die wesentlich heißere, energiereichere Lachgas-Acetylen-Flamme ein. Der Langbrenner erzeugt eine flächig ausgebildete Flamme mit einer Länge von 50 - 80 mm für die Lachgas-Acetylen- und 100 - 120 mm für die Luft-Acetylen-Flamme. Die Probe wird über einen Zerstäuber in das Brenngas als Aerosol eingeführt. Der selbstansaugende, als "Aspirator" bezeichnete Zerstäuber besteht lediglich aus zwei dünnen, konzentrisch angeordneten Röhrchen, die wie eine Venturi-Düse wirken. Die durch die Expansion des Oxidanten entstehenden Schockwellen führen zur "pneumatischen Vernebelung", also zu einem aus feinsten Tröpfchen bestehenden Aerosol. Für die Reproduzierbarkeit der Werte ist es wesentlich, daß nur die kleinsten Aerosolpartikel in die Flammenzone gelangen, da dann das Untergrundrauschen (noise) des Signals am geringsten ist. Die Bildung von größeren Tröpfchen, die nach dem Verdampfen des Lösungsmittels zu größeren festen Partikeln führen würden, muß nach bester Möglichkeit unterbunden werden, da sie in der Flamme nicht vollständig verdampft werden könnten.

Der Aufbau eines AA-Spektrometers ist in Abb. 5.6 schematisch wiedergegeben.

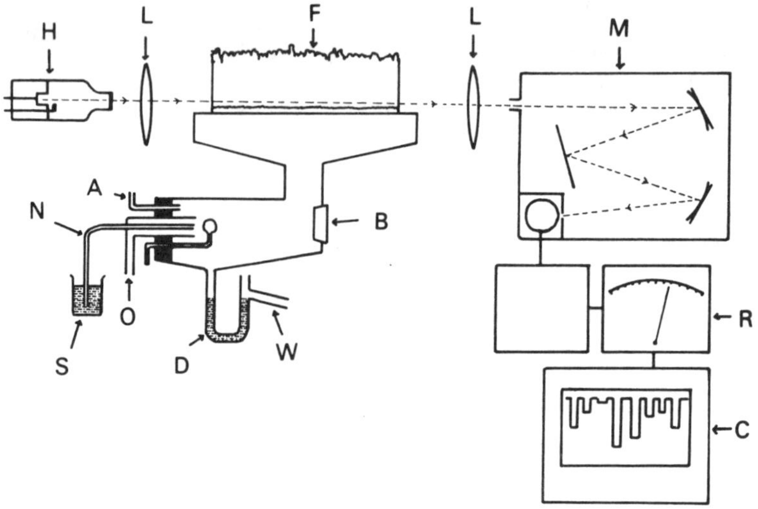

Abb. 5.6 Aufbau eines Atomabsorptionsspektrometers. A Gaszufuhr; B Überdrucksicherung; C Registrierschreiber; D Syphon: E Flamme (Langbrenner); H Hohlkathodenlampe; N Zerstäuberkapillare; O Zufuhr von Oxidationsmittel; R Anzeigegeräte; W Überlauf; S Probe

Das von der Hohlkathodenlampe emittierte Licht wird gebündelt. Der so erzeugte Strahl passiert die Flamme und wird auf den Eintrittsspalt des Monochromators fokussiert. Dieser isoliert die gewünschte Spektrallinie von anderen, weniger empflindlichen Linien des gesuchten Elementes und eventuellen, von der Gasfüllung der Lampe stammenden, störenden Linien.

Die ausgewählte Spektrallinie wird von einem Photomultiplier verstärkt, worauf die der Konzentration proportionale Intensität der Spektrallinie registriert wird. Um das von der Lampe und der Flamme emittierte Licht vom eigentlichen Signal unterscheiden zu können, wird dieses elektrisch, oder mechanisch durch eine rotierende Segmentblende, moduliert. Das auf diese Weise entstehende Wechselstromsignal kann leicht verstärkt, gleichgerichtet und registriert werden. Ebenso werden auf diese Weise Störsignale ausgeblendet, wodurch ein günstigeres Signal-Rausch-Verhältnis und niedrigere Blindwerte erzielt werden.

5.10.1 Störungen bei der AAS

Die Hauptmenge der in der Flamme erzeugten freien Atome befindet sich im Grund-, nur ein geringer Prozentsatz im angeregten Zustand. Daraus folgt, daß eine empfindliche Bestimmung nur durch jene Wellenlänge zu erwarten ist, die dem Übergang vom Grundzustand in einen der nächsthöheren entspricht. Aus diesem Umstand folgert weiter, daß die Absorption nur bei viel weniger Wellenlängen erfolgt, als bei der Emission. In selteneren Fällen überlappen Absorptionslinien eines Elements mit Emissionslinien eines anderen. Dies ist bei der Platin-Linie bei 271,9038 nm und der Eisen-Linie bei 271,9025 der Fall. Eisen kann daher in Gegenwart größerer Mengen Platin nicht bestimmt werden[7]. Das ist selten ein Problem für den Bodenkundler; wenn es jedoch auftaucht, können andere Spektrallinien verwendet werden, mit deren Hilfe eine empfindliche Bestimmung durchgeführt werden kann [8,9]. Nichtsdestoweniger sollte der Analytiker über die Möglichkeit der Überlappung von Spektrallinien informiert sein. Schwierigkeiten dieser Art ergaben sich beispielsweise bei der Bestimmung von Zink in Eisenmeteoriten (die allerdings zum Teil auch durch molekulare Absorption bedingt waren[10]).

Molekulare Absorption entsteht nur dann, wenn eines der Matrixelemente in sehr hoher Konzentration vorliegt. Die Absorptionsbanden sind in diesem Fall bereit; eine Korrektur ist dadurch möglich, daß man neben der monochromatischen Lichtquelle auch eine solche mit kontinuierlichem Spektrum alternierend verwendet. Aus der Differenz der beiden Absorptionssignale läßt sich ein korrigierter Wert für die gesuchte atomare Spezies ableiten. Die beiden Strahlen werden abwechselnd durch die Flamme geleitet, während die zwei Signale in der Diskriminatoreinheit getrennt und durch synchrone Demodulation elektronisch subtrahiert werden. Auch Streusignale durch hohe Salzkonzentration können auf diese Weise eliminiert werden. Eine weitere Möglichkeit zur Ausschaltung von Störeffekten besteht darin, daß man eine aus genügend reinen Substanzen zusammengestellte Standard-Matrix für die Eichung verwendet. Diese Methode ist allerdings bei Gesteins- und Bodenproben nur sehr schwer anwendbar, da die Matrices von Probe zu Probe verschiedene Zusammensetzungen aufweisen.

Fehler durch spektrale Störungen sind relativ selten. Viel öfter treten chemische Verunreinigungen in Erscheinung. Dies geschieht zumeist dann, wenn das gesuchte Element mit anderen, in der Matrix vorhandenen Komponenten thermisch stabile Verbindungen bildet. Eine derartige Störung tritt beispielsweise ein, wenn Calcium in Gegenwart von Phosphat bestimmt werden soll, da das gebildete Calciumphosphat sehr stabil ist und die Absorption von Calcium unterbindet. In ähnlicher Weise stört die Anwesenheit von Silicat bei der Bestimmung von Calcium, Magnesium und Eisen. Störungen dieser Art lassen sich manchmal durch Verwendung einer energiereicheren Flamme (Lachgas/Acetylen) oder durch Verdünnung der Probe beheben, wenn dies die Empfindlichkeit der Einzelbestimmung erlaubt. Eine weitere Möglichkeit besteht darin, ein Element zuzusetzen, das mit der störenden Komponente eine noch stabilere Verbindung eingeht, wie das z.B. bei Lanthan der Fall ist. Man spricht dann von einem "Freisetzungszusatz", man könnte auch von "Maskierung" sprechen.

Eine andere Störquelle ergibt sich aus der unvollständigen Verflüchtigung, die dann entsteht, wenn die Matrix Substanzen enthält, die erst in der Flamme stabile Verbindungen bilden und das gesuchte Element gewissermaßen einkapseln. Auch diese Störung kann durch Verwendung einer heißeren Flamme oder durch Verdünnen zum größten Teil behoben werden.

Durch die Verwendung einer heißeren Flamme kann sich aber ein anderer Nachteil dadurch ergeben, daß ein Teil der Atome thermisch angeregt und dadurch ionisiert wird. Diese bereits ionisierten Atome können die angebotene Energie in Form von Photonen nicht mehr aufnehmen, d.h. das Ausmaß der Absorption nimmt ab:

$$K_o \rightleftharpoons K^+ + e^- \qquad (5.1)$$

Dieser Vorgang würde an sich noch nicht stören, da die Atome von Probe und Standard in gleichem Ausmaß ionisiert werden, obwohl die Eichkurve nicht geradlinig verläuft. Enthält aber die Probe ein weiteres, leicht ionisierbares Element, wie z.B. Natrium, so wird durch dessen Ionisation die Konzentration an freien Elektronen erhöht.

$$Na_o \rightleftharpoons Na^+ + e^- \qquad (5.2)$$

Nach dem Massenwirkungsgesetz

$$\frac{c(K^+) \cdot c(e^-)}{c(K_0)} = \text{konst.} \qquad (5.3)$$

verschiebt sich dann das Gleichgewicht für Kalium auf die Seite des nicht dissoziierten Atoms. Die Klammern bezeichnen wie üblich die molaren Konzentrationen. Diese Störungen durch Ionisation können ausgeschaltet werden, indem man einen großen Überschuß eines leicht ionisierbaren Elements zusetzt, das als Ionisationspuffer bezeichnet wird. Da auf diese Weise die Elektronenkonzentration in der Flamme absichtlich auf einen hohen Wert gebracht wird, fallen die durch Begleitelemente verursachten Einflüsse vernachlässigbar gering aus. Selbstverständlich müssen Probe und Standard dieselbe Konzentration an Pufferzusatz aufweisen.

Zum Abschluß dieses Themas soll noch eine weitere mögliche Ursache von Störungen erwähnt werden, die auf Verschiedenheiten der physikalischen Eigenschaften wie Dichte, Viskosität und Oberflächenspannung zurückzuführen sein können, wenn deren Werte für Probe- und Standardlösung nicht ausreichend gut übereinstimmen. Unterschiede in der Viskosität wirken sich auf die Aspirationsrate aus; verschiedene Werte von allen drei Parametern führen zu einer ungleichen Verteilung der Partikelgröße im Aerosol und ebenso ungleichen Bedingungen in der Flamme. Diese Effekte können vor allem dann auftreten, wenn die verwendeten Probe- und Standardlösungen organische Lösungsmittel enthalten. Durch sorgfältiges Angleichen der Zusammensetzung von Probe- und Standardlösung kann auch dieser Störeinfluß ausgeschaltet werden.

Es erscheint zweckmäßig, bei der Besprechung der AAS-Methoden darauf hinzuweisen, daß es sich um eine sekundäre Analysenmethode handelt, da die Ermittlung der Ergebnisse stets durch Vergleich zwischen Probe und Standard erfolgt. Jeder Fehler beim Pipettieren, Verdünnen oder Wiegen hat direkte Auswirkungen auf die Richtigkeit der Ergebnisse.

Wie alle sonstigen Fehler vermieden werden können, die auf unterschiedliche chemische oder physikalische Eigenschaften der Matrices zurückzuführen sind, wurde im obigen Abschnitt ausführlich erläutert. Die zur Bestimmung sehr kleiner Probemengen besonders geeignete flammenlose Anregung mit Hilfe der Graphitrohr- oder Graphitstabtechnik wird in Kap. 6, S. 287 besprochen.

5.10.2 Anwendung der AAS in der Boden- und Gesteinsanalyse

Die Atomabsorptionsspektrometrie eignet sich besonders zur Bestimmung der gesamten oder der verfügbaren Anteile an Calcium, Magnesium, Natrium und Kalium mit der Luft-Acetylen-Flamme. Störungen durch Aluminium, Silikat und Phosphat werden durch Zusatz eines "Freisetzungsreagens" unterbunden. Die Bestimmung von Gesamt-Eisen und Gesamt-Mangan sowie von Silikat und Aluminium bzw. Aluminat erfolgt unter Verwendung der Lachgas-Acetylen-Flamme, wobei für die Aluminium-Bestimmung Kalium als Ionisationspuffer zugesetzt werden muß. Für die Bestimmung der Gesamt- oder der verfügbaren Anteile an Zink, Kupfer, Blei, Cadmium, Nickel und Kobalt wird die Luft-Acetylen-Flamme eingesetzt, wobei allerdings eine Voranreicherung durch Flüssig-Flüssig-Extraktion nach Umwandlung in ein neutrales Chelat erforderlich sein kann. Für diese Zwecke eignen sich besonders 4-Methylpentan-2-on (MIBK) oder Ethylacetat als organische Phasen, da sie sich besser zerstäuben lassen als wäßrige Lösungen. Dadurch läßt sich die Empfindlichkeit auf das Zwei- bis Dreifache leicht erhöhen. Zusätzlich ergibt sich die Möglichkeit, mögliche Störelemente abzutrennen[11]. Cresser hat gelegentlich auch andere Elemente wie Strontium und Barium (Lachgas-Acetylen-Flamme mit Ionisationspuffer), Chrom (ebenfalls Lachgas-Acetylen-Flamme, ober ohne Puffer) und Gallium (mit Luft-Acetylen-Flamme nach Lösungsmittel-Voranreicherung) bestimmt.

Für die Bestimmung von Elementen, deren charakteristische Absorptionslinien unter 193 nm liegen, ist die AAS-Methodik mit Flammenanregung nicht geeignet. In diese Kategorie fallen die Halogene und die Elemente Schwefel, Kohlenstoff,

Tab. 5.2 In Gesteins- und Bodenproben vorkommende Elemente, deren Bestimmung durch Atomabsorption mit Flammenanregung durchgeführt werden kann

Element	Wellenlänge	Erfassungsgrenze[a)] ($\mu g \cdot ml^{-1}$)	Flamme	Sonstige Erfordernisse
Al	309,3	0,04	A	brennstoffreiche Flamme; Ionisationspuffer
Ca	422,7	0,002[b)]	B	La- oder Sr-Verbindungen als Freisetzungsreagenz
Cd	228,8	0,002	B	Lösungsmittelextraktion [c)]
Co	240,7	0,02	B	
Cu	324,8	0,004	B	
Fe	248,3	0,03	B	La oder Ca als Freisetzungsreagenz oder Flamme A
K	766,5	0,006	B	Ionisationspuffer wenn $<1\ \mu g.ml^{-1}$
Mg	285,2	0,0002	B	La oder Sr als Freisetzungsreagenz
Mn	279,5	0,003	B	La-Freisetzungsreagenz oder Flamme A
Na	589,0	0,003	B	Ionisationspuffer wenn $<1\ \mu g \cdot ml^{-1}$
Ni	232,0	0,01	B	gute Auflösung; Lösungsmittelelextraktion
Pb	283,3	0,02	B	Lösungsmittelextraktion[c)]
Si	251,6	0,1	A	sehr reiche Flamme (kritisch!)
Zn	213,9	0,003	B	Lösungsmittelextraktion[c)]

a) Werte in $g \cdot ml^{-1}$ in wäßriger Lösung
b) Erfassungsgrenze hängt von der Stöchiometrie der Flamme und der Zusammensetzung der Matrix ab (kann auch geringer sein)
c) Lösungsmittelextraktion kann zur Erhöhung der Empfindlichkeit erforderlich sein. Kann entfallen, wenn eine brennstoffarme Flamme verwendet wird und außerdem Störeinflüsse durch größtmögliche Verdünnung auf ein Minimum reduziert werden. Bei der Bestimmung von Gesamtgehalten muß auf eventuelle Background-Absorptionseffekte geachtet werden.
Flamme A = N_2O/C_2H_2
Flamme B = Luft/C_2H_2

Stickstoff und Phosphor. In einigen Fällen ist jedoch eine indirekte Bestimmung möglich. Die Bestimmung von Sulfat in Bodenextrakten kann z.B. in der Weise durchgeführt werden, daß zunächst Bariumsulfat ausgefällt und Barium bestimmt wird. Der Niederschlag wird gründlich gewaschen und in ammoniakalischer EDTA-Lösung aufgenommen. Tab. 5.2 zeigt eine Zusammenfassung jener Elemente, die vorzugsweise mit Hilfe der AAS mit Flammenanregung bestimmt werden, sowie die dafür geeigneten Bedingungen.

5.10.3 Bestimmung austauschbarer Kationen durch AAS

Von den verschiedenen Eigenschaften des Bodens ist seine Kationenaustauschkapazität für den Agrikulturchemiker von besonderem Interesse, da deren Verteilung Hinweise auf die Abundanz und Verfügbarkeit der wichtigsten Nährstoffelemente und den Kalkbedarf des Bodens liefert.

Zur Verdrängung der austauschbaren Kationen verwendet man eine Lösung, die ein weniger interessierendes Kation wie Ammonium in großem Überschuß enthält. Im Extrakt können Calcium, Magnesium, Natrium und Kalium sowie die wichtigsten sonstigen Schwermetall-Ionen bestimmt werden.

Arbeitsvorschrift. 25 g luftgetrocknete Bodenprobe, die ein 3mm-Sieb passiert hat (oder 5 g, gemischt mit säuregewaschenem Sand, wenn es sich um eine Probe handelt, die reich an tonigen Anteilen ist), wird in eine Auslaufvorrichtung gefüllt, wie in Abb. 5.7 gezeigt ist. Die Probe wird mit einer Watteschicht überdeckt, in den Hals eines Erlenmeyerkolbens eingehängt und mit 500 ml Extraktionslösung (1 molares Ammoniumacetat mit pH 7) aus einem verkehrt aufgesetzten Meßkolben eluiert. Das Auslaugen sollte etwa 2 h

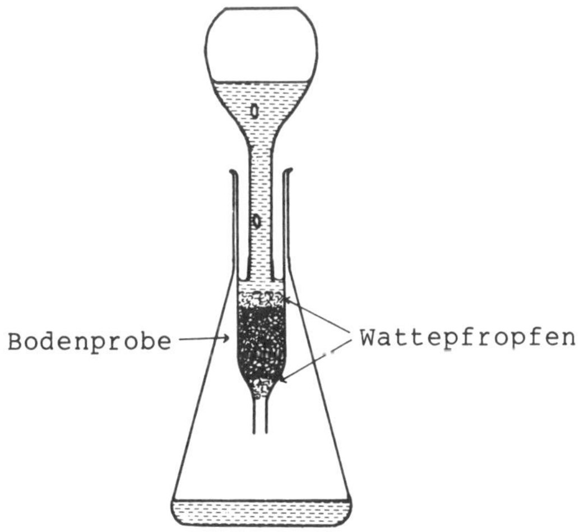

Abb. 5.7 Apparatur zum Auslaugen von Bodenproben

dauern. Sollte der Durchsatz zu groß sein, so wird die Probe durch festeres Aufpressen des Wattepfropfens verdichtet. Das Eluat wird in einem 500-ml-Meßkolben mit 1 molarer Ammoniumacetat-Lösung zur Marke aufgefüllt.

Als Standard-Lösungen verwendet man 0,1 molare Ammoniumacetat-Lösung mit einem Zusatz von jeweils 0 - 4 $mg \cdot l^{-1}$ Natrium- und Kalium-Ion; eine zweite Standardlösung enthält 0 - 20 $mg \cdot l^{-1}$ Mg^{2+} in 0,05 molarer Ammoniumacetat-Lösung, der außerdem so viel Lanthan-Ion zugesetzt wird, daß sie nach dem Auffüllen 5 $g \cdot l^{-1}$ enthält. Zur Bestimmung von Kalium und Natrium wird das Eluat auf das Zehnfache, für die Bestimmung von Calcium und Magnesium auf das Zwanzigfache verdünnt und im letzteren Fall mit Lanthan-Ion entsprechend einer Konzentration von 5 $g \cdot l^{-1}$ versetzt. Die Bestimmung der genannten vier Elemente erfolgt unter genauester Beachtung der für den verwendeten Gerätetyp geltenden Betriebsanleitung. Müssen die Proben verdünnt werden, so muß stets darauf geachtet werden, daß die Konzentrationen von Ammoniumacetat und Lanthan-Ion konstant bleiben. Ammoniumacetat-Lösung ist als Extraktionsmittel nicht für alle Bodentypen geeignet. Calciumcarbonat geht ziemlich leicht in Lösung und gibt daher irreführende Resultate. Eingehendere Hinweise über Vor- und Nachteile der verschiedenen Extraktionsverfahren finden sich in der bereits erwähnten Fachliteratur [2,3,12].

5.11 Flammen-Emissionspektrometrie (FES)

Die Methode wurde lange vor der Atomabsorptionsspektrometrie entwickelt und fand weite Verbreitung. Durch eine wesentliche technische Neuerung konnte ein verbreitetes Anwendungsgebiet erschlossen werden. Die theoretischen Grundlagen ergeben sich aus dem Umstand, daß ein gewisser Anteil der in einer Flamme gebildeten Atome thermisch angeregt werden. Die Anzahl der angeregten Atome, N^*, ist der Anzahl der Atome proportional, die sich im Grundzustand befinden und hängt außerdem von der erforderlichen Anregungsenergie E und von der Flammentemperatur T ab:

$$N^* \sim N_0 \exp(-E/KT) \qquad (5.4)$$

Wie aus der Gleichung zu ersehen ist, nimmt der Anteil der angeregten Atome zu, je höher die Temperatur und je niedriger die benötigte Anregungsenergie ist. Ein Teil der angeregten Atome wird durch Kollision desaktiviert, ein weiterer Teil gibt jedoch die zusätzliche Energie durch Strahlung, also durch Emission von Photonen im Bereich der Lichtwellenlängen ab. Da die Emission von der Menge der angeregten und diese wieder von der Konzentration der nicht angeregten Atome abhängt, ergibt sich, daß die Intensität der Emission von der Konzentration der gesuchten Spezies abhängt. Die Probelösung wird ähnlich wie bei der AAS über einen Zerstäuber in die Flamme gebracht. Die Bestimmung der Konzentration erfolgt ebenso durch Vergleich mit geeigneten Standardlösungen.

Die für FES-Bestimmung benötigte Apparatur ist der für die AAS verwendeten sehr ähnlich. Man benötigt ein Zerstäubersystem, eine Vernebelungskammer, einen Brenner, einen Monochromator und einen Photomultiplier mit Verstärker und ein Anzeige- bzw. Registriergerät. Der Verstärker muß für Gleichstromsignale geeignet sein. Man kann das Signal auch elektronisch, oder mechanisch durch Verwendung einer rotierenden Segmentblende, modulieren. In der Praxis werden AAS-Geräte des öfteren für FES-Bestimmungen verwendet. Man kann Brenner mit kreisförmigem Flammenquerschnitt verwenden, obwohl auch Langbrenner durchaus brauchbare Resultate ergeben. Die in AAS-Geräten verwendeten Monochromatoren haben ein für die FES durchaus geeignetes Auflösungsvermögen und sind auch ausreichend empfindlich. Außerdem können sie auch die im UV-Bereich liegenden Spektrallinien erfassen, wodurch Elemente wie Silber (328,1 nm) oder Magnesium (285,2 nm) bestimmbar sind. Der Eintrittsspalt der für die AAS verwendeten Monochromatoren ist meist so eng, daß das Blickfeld nur die innere Flammenzone erfaßt, die ein relativ niedriges Hintergrundsignal abgibt. Die äußere, sekundäre Diffusionszone, die erheblich stärker emittiert, stört in diesem Fall nicht allzusehr. Störend wirken hingegen alle jene Faktoren, die die Entstehung freier Atome in der Flamme behindern. Störungen durch chemische und physikalische Bedingungen, unvollständige Verdampfung sowie Behinderungen der Ionisation wirken sich bei der FES in derselben Weise aus wie bei der AAS. Bezüglich der gegenseitigen Beeinflussung der Spektrallinien bestehen allerdings in der anzuwendenden Arbeitstechnik beträchtliche Unterschiede. Man betrachte die in Abb. 5.8 gezeigte vereinfachte Darstellung möglicher Übergänge zwischen den einzelnen Energieniveaus. Die gewellten Pfeile stellen thermische Anregungsvorgänge dar, die geradlinigen symbolisieren Anregung durch Strahlung (Absorption) bzw. die Energieabgabe in Form von emittierter Strahlung.

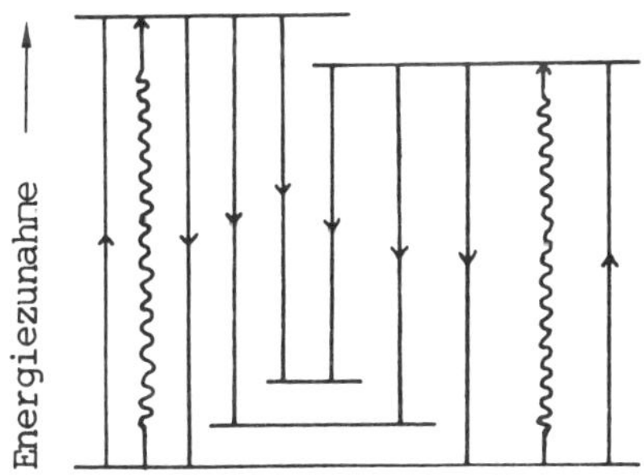

Abb. 5.8 Vereinfachtes Energiediagramm zur Darstellung spektraler Übergänge zw. angeregten und Grund-Niveaus

Dieses sehr vereinfachte Schema zeigt bereits sechs emittierte Linien, denen nur zwei Absorptionsfrequenzen gegenüberstehen, wobei im allgemeinen nur Übergänge von Interesse sind, die vom Grundzustand ausgehen. Man wird jedenfalls bei einer Emissionsauswertung mit wesentlich mehr Spektrallinien zu rechnen haben als bei einer absorptiven Methode. Eine weitere, sehr schwerwiegende Komplikation ergibt sich aus dem Umstand, daß der Monochromator des AAS-Gerätes nur die eine, jeweils für die Auswertung benötigte Linie mit optimaler Intensität von allen anderen zu isolieren hat, während in der Emissionstechnik die gewünschte von allen anderen, viel zahlreicheren Linien der Begleitelemente und von Emissionsbanden von Molekülen isoliert werden muß. Für die selektive Auswertung der Spektren komplizierter Matrices, wie Boden- und Gesteinsproben, sind daher viel höhere Ansprüche an das Auflösungsvermögen des Monochromators zu stellen.

Für die Emissionstechnik kann eine Flamme mit niedriger Temperatur wie Luft/Propan oder Luft/Erdgas (Methan) verwendet werden. In diesem Fall erhält man in Gl. (5.4) einen niedrigen Wert für $T \cdot N^*$ kann daher nur dann einen signifikanten Wert annehmen, wenn der Wert für die Anregungsenergie E ebenfalls niedrig ist. Niedrige Anregungsenergie bedeutet aber auch, daß die emittierten Linien im langwelligen Bereich des Spektrums liegen werden, wie aus Gleichung 5.5 zu entnehmen ist:

$$E = hc/\lambda \qquad (5.5)$$

wobei h das Plancksche Wirkungsquantum, $6{,}626.10^{-34}$ Js, c die Lichtgeschwindigkeit, $2{,}99792 \cdot 10^8 m \cdot S^{-1}$ und λ die Wellenlänge darstellt.

Die Größe E ist als Differenz der beiden Energieniveaus E_1 und E_2 zu verstehen, die man in diesem Zusammenhang meist durch die Einheit Elektronenvolt (präziser $eV \cdot Atom^{-1} = 96{,}7$ $kJ \cdot mol^{-1}$) auszudrücken pflegt. Nur wenige Elemente emittieren Spektrallinien, deren Wellenlänge größer als 400 nm ist. Der sichtbare Bereich liegt zwischen ca. 400 und 700 nm. Das längerwellige Licht zählt zum Infrarot-, kurzwelligeres zum Ultraviolettbereich. Unter den Bedingungen einer relativ energiearmen Flamme emittierten nur wenige Elemente bzw. deren leicht flüchtige Verbindungen, wie z.B.:

Strontium	460,8	Barium	553,5
Thallium	535,1	Bor	548,1
Natrium	589,6	Calcium	618,2
(Doppellinie)			620,3
Lithium	670,8	Strontium	606,0
Kalium	766,5		
	766,9		

Wie diese Auswahl zeigt, genügt zur spezifischen Bestimmung dieser Elemente ein Interferenzfilter. In diesem Fall kann der Photomultiplier durch eine Photozelle ersetzt werden.

Das Schema eines solchen einfachen Photometers mit austauschbaren Interferenzfiltern ist aus Abb. 5.9 zu entnehmen.

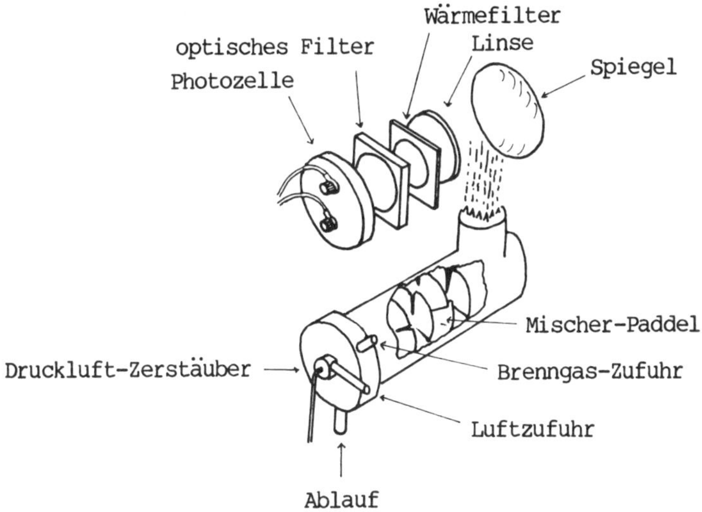

Abb. 5.9 Die wesentlichen Bestandteile eines einfachen Filter-Flammenphotometers (mit freundl. Gen. von Corning Medical and Scientific)

Ein derartiges Gerät, das nur den Bruchteil eines AAS-Gerätes kostet, ist auch bedeutend einfacher zu bedienen. Die Leistungsfähigkeit eines solchen Filterphotometers reicht für die Bestimmung der oben angeführten Elemente Natrium, Kalium, Lithium, Calcium, Strontium und Barium in Boden- und Gesteinsanalysen völlig aus. Am häufigsten wird die Flammenphotometrie zur Bestimmung des verfügbaren Kalium-Gehaltes in Böden und zur Bestimmung des Kalium-Kunstdünger-Bedarfs verwendet. Soll Natrium neben größeren Mengen Calcium bestimmt werden, das bei Bodenanalysen eigentlich die Regel darstellt, so ergibt sich durch die Bandemission von Calciumoxid eine für Interferenzfiltergeräte problematische Störung. Man kann entweder Calcium getrennt bestimmen und das emittierte Calcium-Signal, das mit der Natrium-Doppellinie zusammenfällt, subtrahieren oder Calcium zuvor chemisch abtrennen.

5.12 Andere Emissionsmethoden

Während die AAS-Methodik der FES-Technik in bezug auf Selektivität weit überlegen ist, ergibt sich bei der Emission der Vorteil, mehrere Elemente simultan in einfacher Weise bestimmen zu können. Für diesen Zweck wird der Monochromator durch einen Polychromator ersetzt; weiters ist für jede gewünschte Spektrallinie ein eigener Austrittsspalt und ein Photomultiplier vorgesehen. Durch Verwendung einer weitaus energiereicheren Anregung wie Funken, Lichtbogen oder in letzter Zeit Plasmafackeln können die meisten interessierenden Elemente simultan bestimmt werden. Auf diese Weise lassen sich dreißig Elemente, gegebenenfalls noch mehr, routinemäßig erfassen. Bei den weit verbreiteten Emissions-Spektrographen mit Funken- oder Lichtbogenanregung erfolgte die Auswertung - meist auf dem Umweg über die photographische Registrierung der Spektren und nachfolgender quantitativer Schwärzungsmessung. Der Vorteil dieser Methodik liegt darin, daß die Proben nur in fein gepulvertem Zustand vorliegen müssen und der Aufschluß daher entfällt. Bei größeren Probenzahlen macht sich die dadurch bedingte Zeitersparnis sehr bemerkbar. Die in letzter Zeit weiter verbesserten ICP-Geräte ("Inductively Coupled Plasma") verwenden als anregendes Element die sog. "Plasmafackel", deren prinzipieller Aufbau aus Abb. 5.10 zu entnehmen ist. Anstelle eines brennbaren Gases wird ein Edelgas (zumeist Argon oder Argon-Stickstoff-Gemisch, durch das Hochfrequenzfeld einer Induktionsspule angeregt. Bei einer Frequenz von ca. 27,12 MHz und entsprechend hoher Leistung wird das Edelgas ionisiert.

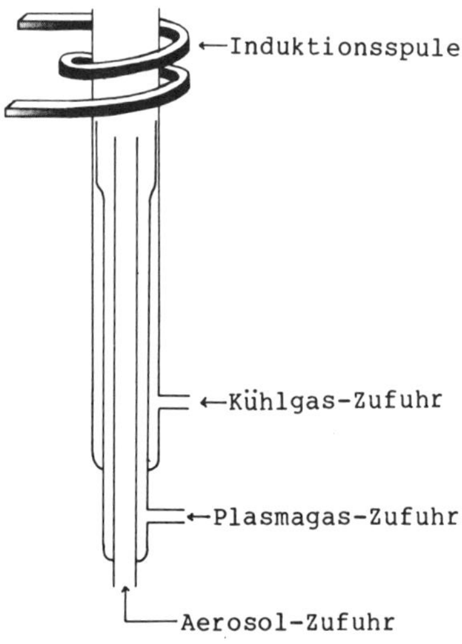

Abb. 5.10 Eine typische, induktiv gekoppelte Hochfrequenzfackel

Durch die anschließend erfolgenden Kollisionen und Rekombination der Ionen und Elektronen wird die zugeführte Hochfrequenzenergie in thermische umgesetzt, wobei Temperaturen von 6000 - 8000 °K erreicht werden. Durch entsprechende Formgebung erhält das Plasma eine toroidale Form, wobei sich die größte Dichte der Ladungsträger an der Oberfläche des Ringwulstes ergibt. Die zerstäubte Probe wird mit einem Gasstrom von 1 - 2 mm Durchmesser zentral zugeführt und bohrt sich gewissermaßen einen Tunnel ins Zentrum des Plasmas. Dadurch wird die Probe optimal eingebracht und bei einer relativ langen Verweilzeit (einige Millisekunden) angeregt. Dadurch ergibt sich eine hohe Ausbeute an emittierten Spektrallinien. Oberhalb der Hochfrequenzspule entsteht eine Zone, in der die Toroidstruktur in eine "Flammenzone" übergeht. Die optimale Beobachtungshöhe findet sich etwa 20 mm über der HF-Spule. Ein weiterer Vorteil folgt aus dem Umstand, daß im Gegensatz zu konventionellen Flammen die Brennzone fast keinen Sauerstoff enthält, so daß Elemente wie Erdalkalien, Lanthanoide, Bor, Silicium etc. keine Oxide oder Hydroxide bilden können, die nicht emittieren. Für ein typisches Gerät dieser Art werden folgende Nachweisgrenzen angegeben [13] (in $mg \cdot l^{-1}$):

Al	0,02	Fe	0,003	Sn	0,03
As	0,05	Mn	0,001	Ta	0,02
B	0,004	Mo	0,008	Ti	0,002
Ba	0,0005	Nb	0,02	U	0,05
Cd	0,004	Ni	0,01	V	0,005
Co	0,006	P	0,05	W	0,04
Cr	0,005	S	0,05	Zn	0,002
Cu	0,003	Se	0,05	Zr	0,004

Durch die hohe Empfindlichkeit können auch Elemente erfaßt werden, wie Bor, Molybdän und Phosphor, die sich dem Nachweis durch die AAS wegen der geringeren Empfindlichkeit entziehen. Bei den hohen Temperaturen der Plasmafackel ergeben sich nahezu keine chemisch bedingten Störungen, wohl aber solche, die die Konstanz der Aerosolproduktion beeinträchtigen. Wegen der großen Zahl der unter diesen Bedingungen emittierten Linien muß das Auflösungsvermögen sehr gut sein. Für das oben erwähnte Gerät werden folgende Werte angegeben: Auflösungsvermögen 241 000; spektrale Bandbreite 0,025 nm (im UV-Bereich).

5.13 Indentifizierung von Mineralien

5.13.1 Röntgenstrahlbeugung

Zum Abschluß des Kapitels über Gesteins- und Bodenanalysen sollen noch die zur Identifizierung von Mineralen und ihrer Struktur verwendeten instrumentellen Methoden besprochen werden. Die bereits in Kap. 3, S. 85 kurz erwähnte Röntgenstrahlenbeugung wird besonders für die Untersuchung toniger Partikel verwendet, die aufgrund ihrer geringen Größe mit dem Lichtmikroskop nicht mehr erfaßt werden können. In zahlreichen Tonmineralien sind die Distanzen zwischen den aus Silikatgittern bestehenden Ebenen je nach der Art der assoziierten Kationen variabel. Bei der Probenvorbereitung ist es daher üblich, das Kristallgitter des zu untersuchenden Tonminerals mit einem bestimmten Kation zu sättigen. Da aber die Abstände der Gitterebenen für verschiedene dieser Tonminerale ziemlich ähnliche Werte aufweisen, können zusätzliche

Informationen durch die Verwendung verschiedener Kationen erhalten werden. Eine weitere Möglichkeit besteht in der Kontrolle von Veränderungen der Kristallstruktur durch thermische Einwirkungen.

5.13.2 Thermische Analysenmethoden

Eine der wichtigsten Methoden zur Untersuchung von Mineralen ist die Differential-Thermoanalyse. Diese Methode beruht auf dem Umstand, daß strukturelle Veränderungen, die auch mit chemischen Umsetzungen gekuppelt sein können, als endotherme oder exotherme Prozesse ablaufen. Wird die Probe zugleich mit einem thermisch inerten Standard gleichmäßig erhitzt, so gibt sich bei der Aufzeichnung des Temperaturverlaufes mittels abgestimmter Thermoelement-Paare ein positiver oder negativer Peak, dessen Position im zugehörigen Diagramm ($\Delta T/T$) für die einzelnen Minerale charakteristisch ist (s. Abb. 5.11 oben). Auf ähnliche Weise wird auch ein Gewichtsverlust durch Dehydration etc. aufgezeichnet, wie dies aus Abb. 5.11 unten zu ersehen ist.

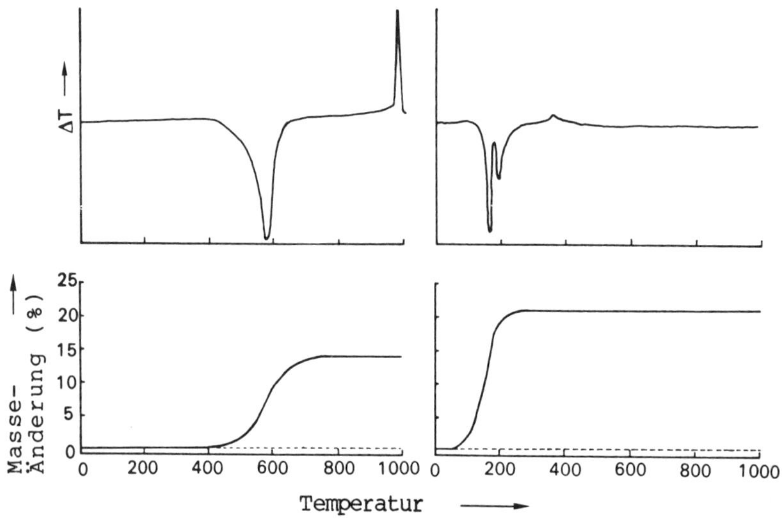

Abb. 5.11 Schreiberkurven von der Differential-Thermoanalyse und der thermogravimetrischen Analyse von Kaolinit (links) und Gips (rechts)

Diese Technik bezeichnet man als Thermogravimetrie. In diesem Fall wird nur ein Tiegel benötigt, dessen Gewichtsänderung mit einer für diese Zwecke speziell konstruierten Mikrowaage verfolgt wird. Verständlicherweise sind Massenverluste leichter zu interpretieren als die Differentialthermogramme, die dafür aber einen höheren Informationswert besitzen. Üblicherweise werden thermische Methoden mit Röntgenbeugungsuntersuchungen kombiniert, mit deren Hilfe strukturelle

Änderungen feststellbar sind. In manchen Fällen kann man auch noch die Infrarot-Spektroskopie zur Gewinnung zusätzlicher Informationen einsetzen.

Die Ergebnisse aller dieser Untersuchungen dienen nicht nur der Aufklärung chemisch-physikalischer Vorgänge zum Zweck ihrer theoretischen Interpretation. Sie sind von weitaus größerer praktischer Bedeutung etwa im Hinblick auf die Eigenschaften von Baustoffen, für die Aufklärung geologischer und geochemischer Prozesse sowie bei der Behandlung agrar- und forstwirtschaftlicher Fragen, womit der Zusammenhang mit der Umweltanalytik wiederhergestellt ist.

Literatur

1 Fritzpatrick, E.A. (1971) Pedologie. A Systematic Approach to Soil Science, Oliver and Boyd, Edinburgh.

2 Fiedler, H.J. u.M. (1973) Methoden der Bodenanalyse, 2 Bde., Steinkopf, Dresden, 619 Seiten.

3 Kuntze, H. et al. (1983) Bodenkunde, 407 Seiten, Uni-Taschenbücher 1106, Ulmer Verlag, Stuttgart.

4 Hesse, P.R. (1971) A Textbook of Soil Chemical Analysis, John Murray, London.

5 Black, C.A. (Herausgeb.) (1965) Methods of Soils Analysis, Teil 2: Chemical and Microbiological Properties, American Society of Agronomy, Madison, Wisc., USA.

6 Walsh, A. (1955) Spectrochim. Acta, 7, 108.

7 Fassel, V.A., Rasmuson, J.O., Cowley, T.G. (1968) Spectrochim. Acta, 23b, 579.

8 Kirkbright, G.F., Sargent, M. (1974) Atomic Absorption and Fluorescence Spectroscopy, Academic Press, London, New York.

9 Price, W.J. (1972) Analytical Atomic Absorption Spectometry, Heyden & Son, London.

10 Kelly, W.R., Moore, C.B. (1973) Anal. Chem., 45, 1274.

11 Cresser, M.S. (1978) Solvent Extraction in Flame Spectroscopy Analysis, Butterworths, London.

12 Schauer, K., Linser, H. (1969) 3 Bde., 2604 Seiten, Springer-Verlag, Wien, New York.

13 Boumans, P.W. (1982) Analysis in Inductively Coupled Plasma Emission Spectrometry, John Wiley, New York en.

14 Atom-Spektroskopie, ICP/5500-System (1982), Firmeninformation, Perkin-Elmer & Co. GmbH, Überlingen.

6. Die Biosphäre

6.1 Natur der Biosphäre

Das vorige Kapitel 5 befaßte sich vorwiegend mit der Analyse von Boden- und Gesteinsproben. In diesem Kapitel wird die belebte Umwelt behandelt, ein Bereich, der sich von den einfachsten Amöben bis zur höchstorganisierten Säugetieren erstreckt und somit alle pflanzlichen und tierischen Lebewesen umfaßt, die die (in diesem Buch so bezeichnete) Lithosphäre bewohnen. Im Kap. 5 wurde zwar auf den Umstand hingewiesen, daß der Erdboden im Prinzip als biologisch aktiv betrachtet werden muß, aus Gründen der Zweckmäßigkeit jedoch wurde dieser Bereich trotzdem als Teil der Lithosphäre behandelt. In diesem Kapitel werden botanische und zoologische Proben gemeinsam betrachtet, da sich bei ihrer Bearbeitung für den Analytiker oft dieselben Fragen ergeben. Darüber hinaus ist es nicht ungewöhnlich, für Flora und Fauna den gemeinsamen Begriff "Biosphäre" zu verwenden. In diesem Kapitel werden hauptsächlich Untersuchungen an pflanzlichem Material beschrieben, schon aus dem Grund, weil Proben für Übungszwecke aus diesem Bereich leichter erhältlich sind als tierisches Material, obwohl sich auch hier typische Beispiele finden lassen, die für die gesamte Biosphäre charakteristisch sind.

6.2 Erforderliche Analysen von Pflanzenmaterial

Es gibt eine Reihe von Routinefragen, die die Analyse von pflanzlichen Proben erforderlich machen. Die wichtigsten Gründe sind folgende:

1. Nährstoffmangel. Die Bestimmung der für ein gesundes Pflanzenwachstum erforderlichen Elemente, vor allem dann, wenn sie in ungenügender Menge oder in nicht resorbierbarer Form vorliegen.

2. Substanzen, die sich für das Pflanzenwachstum als toxisch erweisen. Es ist zu prüfen, ob irgendwelche Stoffe in so hohen Konzentrationen vorliegen, daß sie das Pflanzenwachstum beeinträchtigen.

3. Verständnis der Wachstumsprozesse von Pflanzen. Untersuchungen über die Verteilung oder die Aufnahme bestimmter Elemente bzw. bestimmter Gruppen von Elementen.

4. Nachweis bestimmter organischer Verbindungen. Es kann sich um wachstumsfördernde Verbindungen wie z.B. um Vitamine oder um wachstumshindernde, wie z.B. Pestizid- oder Fungizidrückstände handeln. Die in solchen Fällen gebräuchlicher Analysenmethoden fallen auch in das Sachgebiet der Lebensmittelanalyse, das in Kap. 7 behandelt wird.

5. Chemische Verbindungen auf Weideflächen, sobald sie in Konzentrationen vorhanden sind, die für Weidevieh schädlich oder giftig sind. Auch diese Art analytischer Bestimmungen könnten in Kap. 7 diskutiert werden; sie werden jedoch in diesem Kapitel behandelt, da die benötigten analytischen Methoden nicht von den unter Punkt 2. und 3. zu unterscheiden sind.

6. Vorkommen von Elementen in Pflanzen, die aus ökonomischer Sicht von Bedeutung sind. Diese Elemente können im Boden oder im Gestein vorhanden sein und von dort wachsenden Pflanzen extrahiert und aufgenommen werden. Diese Vorgänge bilden die Grundlage des "biochemical prospecting" (der biochemischen Bodenerkundung).

6.2.1 Probleme im Zusammenhang mit Mangelerscheinungen

Die meisten der für das Pflanzenwachstum wichtigen Nährstoffe wurden bereits in Kap. 5 erwähnt. Es wurde gezeigt, daß die verfügbaren Nährstoffmengen durch Behandlung mit geeigneten Reagenzien extrahiert und anschließend bestimmt werden können. Als Alternative können aber auch Pflanzenteile, meistens Blätter, analysiert werden, wobei man von der Annahme ausgeht, daß die wachsende Pflanze selbst den besten Indikator für ihren Nährstoffbedarf darstellt. In diesem Zusammenhang lassen sich eventuelle Mangelerscheinungen leichter feststellen als durch bloße optische Betrachtung von Verfärbungen, veränderten Wachstumsmustern, wie z.B. verkürzte Abstände zwischen den Blättern oder eingeschränktes Wurzelwachstum. Tab. 6.1 zeigt den typischen Konzentrationsbereich der in gesunden Blättern zu vorkommenden Elemente. Diese Werte stammen zum Teil aus Analysen des Autors Cresser und zum Teil aus der Literatur[1-3].

Tab. 6.1 Typische Konzentrationen (a) in %, b) in ppm) der in gesunden, getrockneten Blättern vorkommenden Elemente

a)	Stickstoff	0,8	-	3,0
	Kalium	0,5	-	2,5
	Calcium	1,5	-	2,8
	Magnesium	0,15	-	0,45
	Phosphor	0,08	-	0,35
b)	Eisen	40	-	150
	Mangan	30	-	100
	Bor	10	-	50
	Kupfer	5	-	12
	Zink	30	-	200
	Molybdän	0,01	-	1,5
	Cobalt	0,1	-	0,5

Gehalte, die deutlich unterhalb des in Tab. 6.1 angegebenen Konzentrationsbereiches liegen, können auf eine Unterversorgung hinweisen. Die Interpretation solcher Analysenwerte muß aber mit Vorsicht vorgenommen werden. Auch die oben angeführten "normalen Werte" hängen sehr stark von der Pflanze selbst ab. So zum Beispiel unterschied sich der Mangan-Gehalt zweier verschiedener Pflanzenarten, die auf einer Weidefläche unmittelbar nebeneinander wuchsen, um das Zwanzigfache[4]. Darüber hinaus ist zu bedenken, daß sich die Nährstoffkonzentrationen während der gesamten Wachstumsperiode ändern. Es kann aber auch durchaus der Fall sein, daß eine Pflanze keine Anzeichen eines Nährstoffmangels aufweist und trotzdem auf zusätzliche Nährstoffgaben reagiert. Dies trifft beispielsweise für den Kupfer-Gehalt der oberirdischen Teile und Körner von Getreidepflanzen zu[1].

6.2.2 Toxizitätsprobleme

Eine Reihe toxischer Einflüsse ist auf natürliche Ursachen zurückzuführen. Böden, die durch Vewitterung von Serpentin entstanden sind, können durch den sehr hohen Mangan-Gehalt zum Verkümmern der Wurzeln führen. In Verbindung mit solchen Fällen können auch toxische Auswirkungen überhöhter Nickel- oder Chrom-Gehalte festgestellt werden. Chrom wird man allerdings kaum in den Blättern finden, da dieses Element in den Wurzeln zurückgehalten bzw. gespeichert wird. Die häufigsten Ursachen von toxischen Beeinträchtigungen des Pflanzenwuchses sind auf menschliche Einwirkungen und zwar auf generelle Beeinträchtigungen der Umwelt zurückzuführen.

Eine der häufigsten Ursachen ergibt sich durch die Ablagerung von Klärschlamm auf landwirtschatlich genutzten Flächen, vor allem dann, wenn dies über viele Jahre hindurch erfolgt. Anläßlich einer Untersuchungsserie wurden in 42 Klärschlammproben folgende Konzentrationen von Spurenelementen gefunden (Werte in $\mu g \cdot g^{-1}$): Zink 800 - 49200; Kupfer 200 - 8000; Nickel 20 - 5000; Chrom 40 - 8000.

Die Höhe der einzelnen Werte in verschiedenen Proben hängt natürlich von den Aktivitäten der in diesem Bereich tätigen Industriebetriebe ab[3]. Eine der Hauptursachen toxischer Effekte ist die illegale und manchmal sogar genehmigte Ablagerung chemischer Rückstände, die durch die in ihnen enthaltenen anorganischen und organischen toxischen Stoffe das Pflanzenwachstum ebenso negativ beeinflussen können, wie die fortgesetzte Beeinträchtigung durch Luftschadstoffe, wie Aerosole von Metallschmelzen oder "saurer Regen" aus gasförmigen Emissionen. Mancherorts finden sich toxische Auswirkungen durch Versickerung von Regenwasser, das Schlackendeponien oder Abraumhalden aus dem Bergbau ausgelaugt hat. Es sind auch Fälle bekannt, daß Abfälle, die man in aufgelassenen Bergwerken schadlos aufbewahrt zu haben glaubt, nach Jahren toxische Auswirkungen zur Folge haben.

6.2.3 Analyse des Grünfutters

Oft wird die Analyse von Grünpflanzen nur deshalb durchgeführt, um sicherzustellen, daß sie als Tierfutter geeignet sind. Dabei können Mängel an essentiellen Spurenelementen ebenso wie zu hohe toxische Konzentrationen erkannt werden.

Es ist aber auch möglich, daß Rinder an Zink- oder Cobalt-Mangel leiden, obwohl der Pflanzenwuchs auf ihren Weideflächen durchaus gesund zu sein scheint. Hohe Selen-Gehalte können bei Rindern zur Taumel-Krankheit ("staggers"), bei Schafen zur Drehkrankheit führen. Das kann auf das Vorkommen von Pflanzen zurückzuführen sein, die Selen anreichern. In Astragalus, eine zu den Leguminosen zählende Pflanze, finden sich Konzentrationen bis zu 2 $mg \cdot g^{-1}$.

6.2.4 Biogeochemische Lagerstättensuche

Die vorigen Abschnitte befaßten sich hauptsächlich mit der Auswirkung einiger Elemente auf den Pflanzenwuchs. Die Untersuchung der damit zusammenhängenden Mangel- und Vergiftungserscheinungen sind für die Agrarwirtschaft und die Pflanzenphysiologie von Interesse. Es können sich aber auch für den Geologen aus gewissen Einzelheiten des Pflanzenwuchses wertvolle Hinweise für das Vorkommen bestimmter Elemente ergeben, da verschiedene Pflanzen signifikant verschiedene Mengen von chemischen Elementen aufnehmen können. Man kann in gewissem Sinn bestimmte Pflanzen als Indikatoren für wirtschaftlich möglicherweise auswertbare Lagerstätten betrachten. Für diese geobotanische Porspektierung kommen beispielsweise Viola calaminera lutea (Vogesenstiefmütterchen, Erzstiefmütterchen) als Indikatorpflanze für Zinklagerstätten in Fragen, während Astragalus (Bärenschote) im westlichen Nordamerika höhere Selen-Gehalte anzeigt, die wiederum aufgrund geochemischer Gesetzmäßigkeiten, auf Uranvorkommen schließen lassen. Diese Art der Lagerstättenerkundung erfordert ein hohes Maß an botanischen Kenntnissen und spezieller Erfahrung, vor allem in Hinsicht auf die eindeutige Identifizierung der in Frage kommenden Pflanzenarten[5].

Biogeochemisches Prospektieren stützt sich auf die Analysen von Pflanzenteilen, zumeist Blätter oder Zweige, aus denen man Rückschlüsse auf die Zusammensetzung des Bodens ziehen kann. Die dafür in Frage kommenden Pflanzen lassen sich als natürliche Extraktionssysteme betrachten, die Spurenmetalle aus den tiefer gelegenen Boden- bzw. Gesteinsschichten anreichern. Dabei spielt die Art des Wurzelwachstums eine wichtige Rolle: Xerophyten haben ein flach ausgebildetes Wurzelsystem, das sich für die Wasseraufnahme hauptsächlich des Oberflächenwassers bzw. des Regens bedient, während die Phreatophyten ihre Wurzeln bis in Tiefen von 10 - 15 m entsenden.

Weitere Komplikationen ergeben sich aus dem Umstand, daß manche Spurenelemente in den tiefliegenden Wurzelpartien fixiert werden, womit sie der Analyse kaum zugänglich sind, während andere Elemente bis zu einer Höchstgrenze angereichert werden, auch wenn im Boden wesentlich höhere Konzentrationen vorhanden sind. Im Idealfall sollte die Anreicherung von Spurenelementen in einer Pflanze zu den im Boden vorliegenden Konzentrationen proportional sein, was aber nur selten der Fall ist. Bestenfalls läßt sich eine Proportionalität in bezug auf ein einzelnes Element feststellen. Diese eher mangelhafte Korrelation beruht auf der Verschiedenheit der äußeren Bedingungen wie pH-Wert, Speichervermögen oder Abflußeigenschaften des Bodens und der geographischen Lage. Darüber hinaus erhebt sich die Frage, welche Pflanzen für die Analyse gesammelt werden sollen und welche Teile derselben zu berücksichtigen sind. Nicht zuletzt ist noch zu bedenken, wie schwierig es sein kann, Geologen dazu zu überreden, Pflanzen anstatt Gesteinsproben zu sammeln.

Eine Möglichkeit, um Schwierigkeiten zu vermeiden, die sich aus dem unterschiedlichen Verhalten der Pflanzen in Hinsicht auf ihre Aufnahmefähigkeit für Schwermetallspuren ergeben, besteht darin, daß man nicht den Absolutgehalt einzelner Spurenelemente als Kriterium heranzieht, sondern das Verhältnis der Konzentrationen zweier Metalle zueinander. So kann beispielsweise die Konzentration von Zink in der Asche verschiedener Pflanzenspezies um einen Faktor 1 : 10 variieren; Warren und Delavant[6] fanden jedoch, daß das Massenverhältnis Kupfer : Zink auch für sehr verschiedene Pflanzen weitaus konstanter ist. Verhältniszahlen unter 0,07 oder über 0,23 (Cu : Zn) deuten daher auf eine erhebliche Anreicherung von Zink bzw. Kupfer hin.

Man kann aus dem bisher Gesagten entnehmen, daß es nicht immer einfach ist, aus den Analysenwerten von Pflanzenasche auf die Zusammensetzung des felsigen Untergrundes zu schliessen. Es ist zwar wesentlich einfacher, pflanzliches Probenmaterial zu sammeln statt Probebohrungen durchzuführen. Andererseits ist zu bedenken, daß die Vegetationsperiode bzw. Blütezeit der meisten Pflanzen relativ kurz ist, wodurch sich die Notwendigkeit ergibt, in dieser Zeit sehr intensiv tätig zu sein. Eine sehr gute, praktische Zusammenfassung über die Möglichkeiten des "biochemical prospecting" wurde von Brooks[7] veröffentlicht.

6.3 Erforderliche Analyse von tierischem Probenmaterial

Eine Aufzählung der Gründe, warum Proben tierischer Herkunft analysiert werden müssen, würde der in in Abschn. 6.2 enthaltenen Liste sehr ähnlich sein. Auch im Bereich der Fauna ist es wichtig, Spurenelementmangel oder -Überschuß und die Verteilung einzelner Elemente festzustellen. Auch der Weg, den manche Elemente von der Nahrungsaufnahme bis zur Ausscheidung nehmen und ihre eventuelle Speicherung in verschiedenen

Körperorganen sind von großem Interesse. Ähnliche Überlegungen gelten für den Nachweis gewisser organischer Verbindungen - besonders dann, wenn sie in irgendwelchen tierischen Produkten auftreten können, die zur Herstellung von Nahrungsmitteln dienen oder direkt als solche verwendet werden. Diese Art von Analysen fällt bereits in den Bereich der Lebensmittelkontrolle, obwohl es auch hier sehr wichtige Ausnahmen gibt. Es muß z.B. großer Wert darauf gelegt werden, daß die zur Fernhaltung unerwünschter Insekten etc. verwendeten Schädlingsbekämpfungsmittel die Muskelpartien und inneren Organe, die für den menschlichen Genuß in Frage kommen, in keiner Weise nachteilig beeinflussen.

Darüber hinaus sollen derartige Mittel auch für nützliche Tierarten wie Bienen, Schmetterlinge und höhere Tiere wie z.B. Igel unschädlich sein. Die Hersteller von Pestiziden, Fungiziden und Herbiziden sind ständig bemüht, durch entsprechende Forschungs- und Entwicklungsarbeiten die von ihnen hergestellten Produkte zu verbessern, wobei auch auf die möglichen Abbauprodukte, teils durch Umwelteinwirkungen, teils durch den tierischen Metabolismus, geachtet werden muß. Diese Studien beginnen bereits bei den eventuellen Auswirkungen auf Mikroorganismen und erstrecken sich über die Insekten bis zu den höheren Tieren. Insbesondere muß auf die Möglichkeit der Anreicherung toxischer Stoffe in der Nahrungskette geachtet werden. Auf dem Weg von den Fischbeutetieren, wie z.B. Wasserflöhe (Daphnien), bis zu den fischfressenden Wasservögeln, können sich, besonders im Fettgewebe, Organochlor-Pestizide bis zum Zehntausendfachen anreichern. Es kommt auch relativ häufig vor, daß sich toxische Stoffe in bestimmten Körperorganen, vorwiegend in der Leber, anreichern. Nähere Einzelheiten finden sich u.a. bei Schwoerbel[8].

6.4 Vorteile der ganzheitlichen Betrachtung der Biosphäre

Wie in Kap. 1 bereits kurz erwähnt, wird ein erheblicher Teil der umweltbezogenen chemischen Analysen im Verlauf der Untersuchung ökologischer Vorgänge durchgeführt. Wie vorhin angedeutet, kann ein Pflanzenschutzmittel von der Vegetation entweder direkt oder indirekt nach Konsumation durch einen Pflanzenfresser in die menschliche Nahrung und somit in den menschlichen Organismus gelangen. Schadstoffe können auch an Aerosolpartikel adsorbiert werden, besonders wenn sie als Sprühmittel verstäubt werden. Auf diese Weise können sie über die Atmungsorgane aufgenommen werden, aber auch auf dem Umweg über den aquatischen Bereich in die Nahrungskette gelangen. Ähnliche Überlegungen gelten für die Schwermetalle und ihre Verbindungen, wobei besonders auf metallorganische Verbindungen geachtet werden muß.

6.5 Probleme der Probenahme

6.5.1 Pflanzen

Eines der zahlreichen Probleme, die sich bei der Probenahme von pflanzlichem Material ergeben, zeigt sich bereits, wenn Blätter von einem ca. 20 m hohen Baum gesammelt werden sollen. Die exzellente Idee eines Studenten - "Warten wir bis zum Herbst" - führt jedenfalls nicht zum Ziel.

Man kann Baumscheren an langen Stangen verwenden und die Bäume so hoch wie möglich erklettern. Es wurde sogar vorgeschlagen, die benötigten Blätter mit einem Schrotgewehr abzuschießen und aufzusammeln[9], allerdings wurden die Blätter in diesem Fall für physikalische Messungen und nicht für Blei-Bestimmungen verwendet. Wenn es sich um laubabwerfende Bäume handelt, kann man sicher sein, daß das abfallende Blattwerk aus einem Jahr stammt; bei immergrünen Pflanzen muß die Arbeitsanweisung für die Probenahme genauestens eingehalten werden, wobei besonders darauf zu achten ist, daß nur junge, aus der letzten Wachstumsperiode stammende Blätter aus der Nähe der Spitze des Baumes genommen werden. Bei der Untersuchung eines Waldstückes wählt man eine genügende Anzahl von Bäumen aus, die repräsentativ erscheinen und vereinigt deren Blätter zu einer Sammelprobe. Erst dann werden die Blätter getrocknet und gemahlen. Atypische und im Wuchs behinderte Bäume dürfen im allgemeinen nicht herangezogen werden, obwohl sie leichter zu erklettern sind. Man würde auf diese Weise Gefahr laufen, einen erheblichen systematischen Fehler einzuführen.

Pflanzen bereiten wie alle anderen biologischen Spezies die Schwierigkeit, daß sich die chemische Zusammensetzung des Probenmaterials im Lauf der Zeit ändert. Als Beispiel ist in Abb. 6.1 die Veränderung des Stickstoff-Gehaltes von Gerstenpflanzen während der ersten 14 Wochen nach Auskeimen dargestellt.

Der Stickstoff-Gehalt hängt nicht nur von der Pflanzenart, sondern oft auch von der speziellen Zuchtform ab, ferner vom Zeitpunkt der Probennahme, vom Bodentyp und dem Klima vor dem Auskeimen. Die Wetterbedingungen beeinflussen die zum Zeitpunkt des Keimens verfügbare Stickstoff-Menge. Schließlich sind auch noch Zeit und Menge der Kunstdüngergaben zu berücksichtigen. Es kann auch der Fall sein, daß die von der Pflanze aufgenommene Menge eines Elements von den Konzentrationen anderer, ebenfalls assimilierter Elemente abhängt, da sich oftmals komplizierte Wechselwirkungen ergeben. Eben diese Wechselwirkungen zeigen deutlich, mit welch großer Sorgfalt die Probennahme vorgenommen werden muß. Der Vergleich von Untersuchungsergebnissen von Proben aus verschiedenen Gegenden oder den gleichen Gegenden, aber zu verschiedenen Jahreszeiten, kann somit nur dann zu aussagekräftigen Resultaten führen, wenn alle die erwähnten Faktoren sorgfältig berücksichtigt werden.

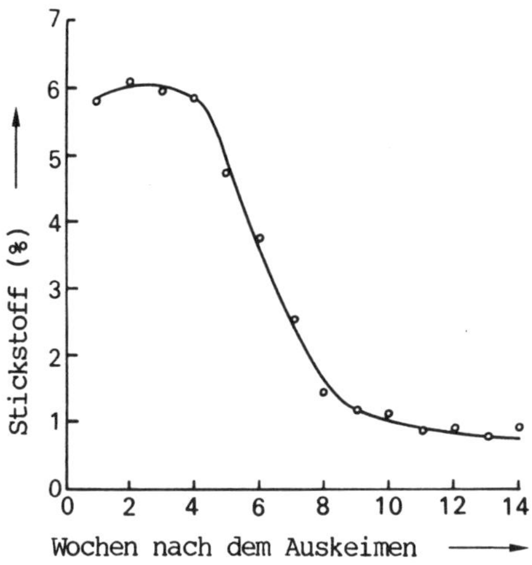

Abb. 6.1 Änderung des Stickstoff-Gehalts von ofengetrockneten Gerstenpflanzen in Abhängigkeit von der Zeit (ab dem Austreiben)

Andere Pflanzen, außer Bäumen, sind zwar für die Probennahme leichter erreichbar, dafür ergeben sich bei ihnen wieder andere Schwierigkeiten.

1. Die chemische Zusammensetzung ändert sich mit der Zeit - worauf bereits hingewiesen wurde.

2. Es kann sehr leicht der Fall sein, daß das Pflanzenmaterial merklich verunreinigt ist, worauf in Abschn. 6.6.1 näher eingegangen wird.

3. Oft ergibt sich die Frage, ob die ganze Pflanze oder nur Teile als Probe genommen werden sollen. Die Verteilung der Haupt- und Spurennährstoffe ist in den verschiedenen Pflanzenteilen nicht gleichmäßig.

4. Besonderes Augenmerk muß auf eine repräsentative, über die ganze Wachstumsfläche verteilte Probennahme gelegt werden. Erhebliche Fehler können sich beispielsweise ergeben, wenn man die Pflanzenproben in der Nähe der Grundstückszufahrt nimmt, die oft viel reichlicher mit Stall- oder Kunstdünger versorgt wird, als die abgelegeneren Flächen. Fehler anderer Art können sich aber an diesen Stellen auch dadurch ergeben, daß die Pflanzen dort viel häufiger niedergetreten oder sogar zertrampelt werden. Durch die Kotabgabe der Weidetiere erhält man oftmals entlang der Zäune und in der Umgebung der Wassertröge atypische Resultate.

6.5.2 Tierisches Probenmaterial

Analysen von kleineren Tieren oder etwa von Insekten werden oft an Individuen ausgeführt, die unter sorgfältig kontrollierten Laborbedingungen aufgewachsen sind, wobei durch die begleitende Überwachung verläßliche Referenzwerte erhalten werden können. In diesem Fall bereitet die Probenahme keine Schwierigkeiten, vorausgesetzt, daß eine genügende Anzahl von Einzelindividuen verfügbar ist, aus der sich das Ausmaß der natürlichen Streuung erfassen läßt. Einzelne oder einige, meist tote, aus ihrer natürlichen Umgebung stammende Spezies werden gelegentlich zur Untersuchung gebracht.

Werden aber Tiere speziell für den Zweck gefangen, um einen Überblick über die Gegebenheiten in freier Wildbahn zu erhalten, muß besonders sorgfältig darauf geachtet werden, daß die Resultate nicht dadurch verfälscht werden, daß kranke oder schon vergiftete Tiere leichter zu fangen sind.

6.6 Fragen der Probenvorbereitung

6.6.1 Waschen oder nicht waschen

Es ist stets damit zu rechnen, daß Pflanzen während des Wachstums durch staubförmige Niederschläge aus verschmutzter Luft verunreinigt werden. Davon sind besonders solche Pflanzen betroffen, deren Blätter rauh oder behaart sind.

Niedrig wachsende Pflanzen sind der Verunreinigung durch Schlammspritzer ausgesetzt, wie sie bei heftigen Regenfällen auftreten. Diese Verunreinigungen würden natürlich die analytische Bestimmung der vom Boden aufgenommenen resorbierten Elemente sehr beeinträchtigen und zu falschen Resultaten führen. Der Hauptteil der gröberen Verunreinigungen läßt sich zum Beispiel von breiteren Blättern mit einem weichen Pinsel entfernen. Man kann das Pflanzenmaterial aber auch unter fließendem Wasser waschen oder in verdünnte Waschmittellösung eintauchen und anschließend mit destilliertem Wasser waschen. Dabei ergeben sich zwei Fragen:

1. Besteht die Gefahr, daß irgendwelche Komponenten ausgewaschen werden?

2. Wann ist es tatsächlich nötig, Pflanzenteile zu waschen?

Die erste Frage ist mit "ja" zu beantworten, zumindest soweit es einige Elemente und deren Verbindungen betrifft. Stickstoff-Verbindungen können auch bei sehr vorsichtigem Waschen ausgelaugt werden[10]. Ebenso kann Kalium-Verlust entstehen, besonders wenn es sich um zerschnittenes Material handelt. Die Unterscheidung ob ein Waschvorgang lediglich äußerlich anhaftende Verunreinigungen beseitigt oder zu einem Verlust von Komponenten des Probenmaterials führt, läßt sich nur unter Verwendung eines radioaktiven Tracers treffen. Markiert man beispielsweise den Boden mit einem radioaktiven Eisen-Isotop, so werden die Blätter nach einiger Zeit eine entsprechende Aktivitätsrate zeigen. Um äußere Verunreinigungen zu vermeiden, muß der Boden mit Kunststoffolie abgedeckt werden. Verringert sich die Aktivitätsrate durch den Waschprozeß, so ist ein Verlust der entsprechenden Pflanzeninhaltsstoffe erwiesen. Verringert sich die gefundene Gesamt-Eisenmenge bei gleichbleibender Aktivitätsrate, so beweist dies klar, daß durch das Waschen nur die äußerlich anhaftenden Verunreinigungen entfernt wurden[11].

Die Antwort auf die zweite Frage kann aus Tab. 6.1 abgelesen werden. Unter normalen Umständen ist kaum mit einer ernstlichen Verunreinigung durch die Hauptnährstoffe oder durch Bor, Molybdän, Kupfer oder Zink zu rechnen, sofern diese nicht in abnormal hohen Konzentrationen in dem vom Erdboden stammenden Staub enthalten sind. Im allgemeinen liegen die Konzentrationen dieser Elemente in der Pflanze und im Boden in ziemlich ähnlichen Bereichen, so daß nur sehr intensive Staubverunreinigungen eine merkbare Veränderung der Analysenergebnisse zur Folge haben könnte. Lediglich im Fall von Eisen und in geringerem Ausmaß von Mangan, die im Boden in weit höheren Konzentrationen vorliegen als in der Pflanze, besteht schon bei mäßiger Staubverschmutzung die Gefahr einer Verfälschung der Analysenwerte. Auch Aluminium ist im Boden in weitaus höheren Konzentrationen vorhanden als in Pflanzen. Für die meisten analytischen Bestimmungen ist es also angebracht, die Pflanzen, besonders Blätter, nur von der ärgsten Staubschicht zu befreien. Sollen aber Eisen, Mangan oder Aluminium bestimmt werden, so muß das Material gut gewaschen, getrocknet und schließlich gemahlen werden.

Bei der Analyse von Wurzelteilen ist das Problem der Reinigung wegen der zwangsläufig anhaftenden erdigen Partikel noch schwieriger zu lösen. Nach der Erfahrung einer der Autoren ist es anscheinend völlig unmöglich, Wurzeln selbst unter Verwendung von speziellen Reinigungsbädern und unter Einsatz von Ultraschall einwandfrei zu säubern. In diesem Zusammenhang wirkt es besonders störend, daß die meisten Spurenelemente im Boden in viel höheren Konzentrationen vorliegen als in den Wurzeln.

Die Verunreinigung von tierischen Proben kann zumeist als vernachlässigbar gering betrachtet werden, da die zumeist verwendeten inneren Organ, Muskelgewebe und Blut, nicht von außen her verunreinigt werden können, sofern bei der Probenvorbereitung die üblichen Vorsichtsmaßnahmen getroffen werden. In manchen Fällen ist allerdings zu entscheiden, was zum Probenmaterial gehören soll und was nicht. Sollen beispielsweise die im Verdauungstrakt von Schwänen gefundenen Bleikügelchen von Fischleinen mitberücksichtigt werden? Auch Moorhühner nehmen bei der Futtersuche in stark bejagten

Moorflächen Schrotkörner auf, wobei es sich kaum entscheiden läßt, ob sich auf diese Weise toxische Auswirkungen ergeben können.

Wenn man alle in unverdauter Nahrung enthaltenen Komponenten in die Analyse einbezieht, läßt sich aus den Ergebnissen noch kein schlüssiger Hinweis auf die vom Körper tatsächlich aufgenommenen Mengen ableiten. Ein sehr gutes Beispiel dieser Art ergibt sich bei der Analyse von Regenwürmern.

Ziemlich problematisch ist auch die Analyse von Haaren. Besonders Menschenhaar hält Komponenten von Shampoos und von Haarfestigern etc. hartnäckig fest, die sich durch Waschen kaum restlos entfernen lassen, ohne daß die Gefahr besteht, auch die eigentlichen körpereigenen Verbindungen teilweise mitauszuwaschen. Auch in diesem Fall muß sichergestellt werden, daß die Anteile der gesuchten Komponenten der Probe durch den Waschprozeß nicht beeinträchtigt werden.

6.6.2 Trocknen

Wenn es notwendig ist, biologisches Material zu trocknen, so soll dies so rasch wie möglich geschehen, um eventuelle mikrobielle Umsetzungen zu vermeiden. Größere Mengen von pflanzlichem Material breitet man auf großen Tassen aus und trocknet am bestem mit einem warmen Luftstrom, wobei aber die Möglichkeit des Verlustes von flüchtigen Komponenten, wie z.B. ätherische Öle, in Betracht gezogen werden muß. Selen-Verbindungen können bereits bei Temperaturen über 90 °C verloren gehen. Das Material der zum Trocknen verwendeten Tassen oder Schalen darf natürlich keines der Elemente enthalten, die anschließend bestimmt werden sollen.

Die Trockenräume sollten auch von jenen, in denen die Proben zermahlen werden, möglichst weit entfernt sein. In manchen Fällen ist es leichter, die für die Analyse benötigten Pflanzenteile erst nach dem Trocknen von der Hauptmenge des Probenmaterials abzutrennen, wie z.B. Nadeln von Koniferen. Wenn flüchtige Komponenten zu analysieren sind, wird die Probe am besten der Gefriertrocknung unterzogen.

6.6.3 Mahlen

Die meisten Pflanzenteile, aber auch tierische Gewebeproben sind verhältnismäßig weich und lassen sich nach dem Trocknen ohne Schwierigkeiten mahlen. Es wird of stillschweigend angenommen, daß eine Verunreinigung von weichem Probenmaterial durch den Mahlvorgang nicht eintritt. Trotzdem können sich aus dem Abrieb von Schneidmessern und eingebauten Sieben Probleme ergeben.

6.6.4 Homogenisieren

Da die zur nassen und trockenen Oxidation verwendeten Methoden relativ viel Zeit in Anspruch nehmen, sind in letzter

Zeit Methoden zur Probenhomogenisierung unter Verwendung geeigneter organischer Basen mit Erfolg eingesetzt worden. Diese Art der Probenvorbereitung eignet sich besonders für die Atomabsorptionsspektrometrie. Schnell reagierende "Mixer", Hilfsstoffe zum Beschleunigen des homogenen Mischens und Einsatz von Ultraschall-Dispersionssystemen werden benötigt, um einen zufriedenstellenden, homogenen Aufschluß zu erzielen. Allerdings können nicht alle Arten von biologischem Probenmaterial auf diese Weise behandelt werden.

6.6.5 Probenvorbereitung zur Bestimmung pflanzlicher Pigmente

Die meisten biologischen Proben können als ausreichend stabil betrachtet werden, wenn die Gefahr mikrobieller Veränderungen ausgeschaltet wird. Sollen aber Stoffe wie Chlorophyll, Carotinoide oder ähnliche Farbstoffe extrahiert werden, so muß die Möglichkeit photochemischer Abbauprozesse berücksichtigt werden. Das Mahlen der Probe erfolgt unter Zusatz eines geeigneten Lösungsmittels (zumeist Wasser/Aceton). Diese Prozedur erfolgt zumindest bei möglichst gedämpften Licht oder unter Dunkelkammer-Rotlicht. Die Extrakte müssen im Dunkeln aufbewahrt werden. Naßbetrieb-Kugelmühlen haben sich für solche Zwecke sehr gut bewährt[12]. Die Möglichkeit chemischer oder photochemischer Umsetzungen sollte aber auch bei der Bestimmung anderer organischer Komponenten stets im Auge behalten werden.

6.7 Lösen der Proben

Die Überführung der Proben in gelöste Form erfordert einen sehr erheblichen Zeitaufwand, oft den größten Teil der gesamten Arbeitszeit. Die drei wichtigsten Methoden, nämlich Naßoxidation, trockenes Veraschen und Verbrennen im Gasstrom wurden in Kap. 2 ausführlich behandelt und werden daher an dieser Stelle nicht wiederholt. Auf Aufschlußmethoden, die für die Multielementaranalyse einer einzigen Probe geeignet sind, soll jedoch näher eingegangen werden.

6.7.1 Aufschluß zum Zweck einer Multielement-Analyse

Der Zeitbedarf für den Probenaufschluß ist von ausschlaggebender Bedeutung für die Anzahl der Proben, die innerhalb eines gegebenen Zeitraums durchgeführt werden können. Aufschlußverfahren, die die Bestimmung einer größeren Anzahl von Elementen gleichzeitig gestatten, erwecken daher besonderes Interesse. Bei der Pflanzenanalyse ist öfter die Bestimmung von Stickstoff erforderlich, die üblicherweise mittels eines Kjedahl-Aufschlusses durchgeführt wird. Da man aber bei dieser Methode Selen oder Quecksilber-Verbindungen als Katalysator verwendet, ist die Bestimmung anderer Elemente als Stickstoff, besonders wenn es sich um Spuren handelt, ziemlich problematisch. Will man beispielsweise Phosphat durch Reduktion der Phosphormolybdänsäure zu Molybdänblau bestimmen, so werden Selen und Quecksilber ausgefällt. Pflanzenmaterial läßt sich zumeist leichter aufschließen als Bodenproben. Zumeist genügt der Aufschluß mit konz. Schwefelsäure, wenn man gegen Ende einige ml Perchlorsäure zur Komplettierung der Oxidation zusetzt[13]. Die Verwendung von Perchlorsäure ist nicht ungefährlich, da es immer wieder zu spontanen, explosionsartigen Zersetzungen kommen kann. In vielen Larboratorien ist die Verwendung von Perchlorsäure als Oxidationsmittel grundsätzlich verboten!

Ein einziger Aufschlußansatz von maximal 200 mg Probe, der auf ein Volumen von 50 ml gebracht wird, reicht für die Bestimmung von Stickstoff, Phosphor, Kalium, Calcium, Magnesium, Natrium, Eisen und Mangan. Von der Verwendung größerer Probenmengen ist abzuraten, da neben der Zersetzungsgefahr durch die größere Menge Perchlorsäure auch noch Verluste von Ammonium zu befürchten sind. Bei einem Gehalt von 1 $\mu g \cdot g^{-1}$ eines Spurenelementes in der Pflanzenprobe erhält man 0,2 μg in 50 ml oder 0,004 $\mu g \cdot ml^{-1}$. Wie Tab. 6.1 zeigt, können daher die meisten Spurenelemente nicht mehr erfaßt werden. Lediglich Mangan kann mit AAS bestimmt werden, da diese Bestimmung eine besonders hohe Empfindlichkeit aufweist.

6.7.2 Säureaufschluß für die Spurenanalyse

Falls man auf die Stickstoff-Bestimmung verzichtet, kann man größere Probenmengen einsetzen, wofür sich neben Schwefelsäure/Perchlorsäure auch Salpetersäure/Perchlorsäure eignet.

Man kann etwa 1 g Probe aufschließen und auf ein Volumen von 10 ml bringen. Obwohl diese Lösung stark sauer reagiert, kann sie dennoch für die Bestimmung einiger Spurenelemente durch AAS verwendet werden. Bei Proben, die für anschliessende kolorimetrische Bestimmungen vorgesehen sind, ergeben sich aus der Notwendigkeit der pH-Kontrolle eine weitere Verdünnung und als Folge der resultierenden geringen Konzentrationen auch verringerte Genauigkeiten.

Bei der Bestimmung von Elementen, die in Konzentrationen unter 1 $\mu g \cdot g^{-1}$ vorhanden sind, kann der sauere Aufschluß zu übermäßig hohen Blindwerten führen. In solchen Fällen ist die Trockenveraschung vorzuziehen. Auf die Gefahren bei der Verwendung von Perchlorsäure wurde bereits hingewiesen. Die heiße, konz. Säure darf keinesfalls mit fett- oder wachsartigen organischen Verbindungen in Berührung kommen. Auch teilweise verkohlte organische Stoffe können heftige Explosionen auslösen.

Eine weitere Gefahrenquelle ergibt sich aus dem Umstand, daß abgesaugte Säuredämpfe in den oftmals aus Kunststoff ausgeführten Absaugleitungen kondensieren, wo sich höchst gefährliche Perchlorate bilden können. Falls der Einsatz von Perchlorsäure nicht zu umgehen ist, müssen besondere Abzüge verwendet werden, deren Wände mit Wasser berieselt werden können. Alle diese Argumente sprechen für den Einsatz der Trockenveraschung, wo immer dies möglich ist. Allerdings kann diese Methodik für die Bestimmung von Selen und anderen flüchtigen Elementen bzw. Verbindungen nicht eingesetzt werden.

6.7.3 Probleme bei der Trockenveraschung

Die Trockenveraschung läßt sich für Proben bis zu 10 - 20 g ziemlich einfach durchführen: Die Asche kann in einem relativ kleinen Volumen verd. Säure aufgenommen werden. Trotzdem sind einige Punkte zu beachten. Einige Spurenelemente, wie Kupfer und Cobalt, neigen dazu, von silikatreichen Rückständen hartnäckig festgehalten zu werden. Man ist dann gezwungen, den Rückstand mit Säure zu erhitzen und den Veraschungsprozeß zu wiederholen. Abschließend muß der Rückstand nochmals unter Säurezusatz sehr hoch erhitzt werden, um alle Spurenelemente in Lösung zu bringen[11]. Ein weiteres Problem ergibt sich aus der Entwicklung einer sehr beträchtlichen Menge organischer Dämpfe, besonders wenn größere Mengen organischer Proben verascht werden sollen. Bei zu hohen Temperaturen kann sich die Probe entzünden, wodurch Verluste entstehen können. Langsames Veraschen bei niedriger Temperatur ist zu empfehlen (ca. 8 h bei 460 °C).

6.7.4 Schmelzaufschlüsse

Zur Bestimmung des Silikat-Gehalts einer Probe ist es im allgemeinen erforderlich, einen Aufschluß mit Natriumhydroxid oder mit Natriumcarbonat (bzw. Natrium-Kalium-Carbonat, "Aufschlußsonde") durchzuführen. Saure Aufschlußverfahren unter Verwendung von Perchlorsäure kann die freiwerdende Kieselsäure zu Siliciumdioxid dehydrieren, wenn man nicht gegen Ende des Aufschlußvorganges durch Zusatz von Fluorwasserstoffsäure in Hexafluorokieselsäure umwandelt. Allerdings besteht dabei die Gefahr von Verlusten durch das flüchtige Siliciumtetrafluorid. Nähere Einzelheiten über verschiedene Schmelzaufschlußmethoden finden sich in den Kap. 2, S. 51 und 5, S. 237.

6.8 Bestimmung von N, P, K, Ca und Mg in pflanzlichem Material

Wie bereits in Abschn. 7.1 erwähnt, können die oben angeführten Elemente in einem einzigen Säureaufschluß bestimmt werden. Falls nicht mehr als 200 mg Probe verwendet werden, ist die nachfolgend beschriebene Methode zu empfehlen, mit deren Hilfe der Aufschluß einfach, rasch und ohne Verlust von Calcium oder Kalium durchgeführt werden kann.

6.8.1 Aufschluß

200 ± 0,1 mg ofengetrocknete, gemahlene Probe wird in einen reinen, trockenen Kjeldahl-Kolben eingewogen. Am Hals des Kolbens anhaftende feste Partikel werden durch leichtes Klopfen mit einem Spatel abgelöst. Man setzt etwas säuregewaschenen Quarzsand als Siedehilfe und 5 ml konz. Schwefelsäure zu, schüttelt und läßt 20 min stehen. Anschließend erhitzt man und läßt 5 min sieden, wobei zu starkes Schäumen vermieden werden muß. Man läßt 30 min leicht weitersieden, unterbricht das Sieden und setzt 1 ml einer Mischung mit einem Volumenanteil von 4 % Perchlorsäure und konz. Schwefelsäure zu und erhitzt weitere 10 min mäßig. Das Gemisch sollte nun klar und farblos sein. Die Aufschlußlösung wird vorsichtig verdünnt, in einen 50 ml Meßkolben überführt und zur Marke aufgefüllt. In gleicher Weise werden zwei Blindproben ausgeführt.

6.8.2 Stickstoff-Bestimmung durch Destillation und Titration

Zwei 10ml-Parallelproben werden nach der in Kap. 5, S. 242f. beschriebenen Methode zur Stickstoff-Bestimmung herangezogen, wobei zwei Blindbestimmungen durchzuführen sind. Zur Titration verwendet man 0,005 molare Schwefelsäure.

6.8.3 Spektrophotometrische Phosphor-Bestimmung

Man bereitet die in Kap. 4, S. 187f. beschriebene Mischreagenz-Lösung in 1 molarer Schwefelsäure. Der Säuregrad der Lösung muß sorgfältig unter Kontrolle gehalten werden. Die Aufschlußlösung ist bereits ca. 1,8 molar an Schwefelsäure; die Acidität der Lösung muß zuletzt im Bereich von 0,15 - 0,30 $mol \cdot l^{-1}$ liegen[7]. Man verwendet 2 ml der Aufschlußlösung, (wenn erforderlich, können bis zu 2,8 ml verwendet werden) setzt 10 ml Mischreagenz zu und bringt auf ein Volumen von 50 ml. Die Herstellung der Eichlösungen mit Gehalten von 0 - 50 µg P und die Durchführung der Blindbestimmungen erfolgt nach der Arbeitsvorschrift in Kap. 4, S. 188.

6.8.4 Flammenphotometrische Kalium-Bestimmung

Für die Eichung der Methode verwendet man je 500 ml Standard-Lösungen mit Gehalten zwischen 0 - 5 $\mu g \cdot ml^{-1}$ sowie eine Blindlösung aus 2,5 ml Aufschluß-Blindlösung auf 500 ml. Die Probe-Aufschluß-Lösung wird auf das 20fache verdünnt. Die Bestimmung erfolgt durch Flammenphotometrie oder Flammenemissionsspektrometrie wie in Kap. 5, S. 252 beschrieben.

6.8.5 Bestimmung von Calcium und Magnesium durch AAS

Die Eichlösungen enthalten 0 - 15 $\mu g \cdot ml^{-1}$ Calcium und 0 - 2,5 $\mu g \cdot ml^{-1}$ Magnesium, 10 ml Aufschluß-Blind-Lösung und 5

$mg \cdot ml^{-1}$ Lanthan-Lösung als Freisetzungsreagenz in 100 ml Gesamtvolumen. 5 ml Aufschlußlösung und 25 ml Lanthan-Lösung (10 $mg \cdot ml^{-1}$) werden in einem 50-ml-Meßkolben zur Marke aufgefüllt. Für die AAS-Bestimmung wird eine leicht reduzierende Luft/Acetylen-Flamme verwendet. Man verwendet die Calcium-Linie bei 422,7 nm. Wird die Bestimmung flammenemissionsspektrometrisch, z.B. mit einem EEL-Flammenphotometer durchgeführt, so muß der Bereich der Eichstandards bis 50 $\mu g \cdot ml^{-1}$ reichen.

6.9 Bestimmung von Bor in pflanzlichem Material

Der Bor-Bestimmung kommt große Bedeutung zu, da Bor in geringer Konzentration für das gesunde Wachstum der Pflanzen unerläßlich ist, während schon etwas zu hohe Konzentrationen toxisch wirken.

Die Bor-Mangelerscheinungen sind besonders bei Wurzelgemüse auffallend und machen sich durch eine braune Verfärbung der Blattkrone bemerkbar. Derartiges Gemüse ist unverkäuflich.

Der Bor-Gehalt in Pflanzen ist relativ gering. Flammenphotometrische Methoden, die in diesem Fall nicht sehr empfindlich sind, können daher nur nach einem Voranreicherungsschritt eingesetzt werden, wenn die Bestimmung mittels Atomabsorption oder Atomemission durchgeführt werden soll. Weiters stehen einige selektive und auch sensitive kolorimetrische Methoden zur Verfügung. Borat-Ion bildet in alkoholischer Lösung und in Gegenwart von Oxalsäure einen Komplex mit Curcumin [1,7-bis(4-Hydroxy-3-methoxyphenyl)-1,6-heptadien-3,5-dion]. Die spektrofluorimetrische Bestimmung des mit Carminsäure (eine hydroylhaltige Anthrachinoncarbon-Säure mit einer zuckerartigen Seitenkette) gebildeten Komplexes dürfte etwas einfacher durchzuführen sein[14]. In den "Deutschen Einheitsverfahren" bzw. im Verfahren DIN 38 405 - DIN D17 wird Borat-Ion mit Azomethin-H photometrisch bestimmt. Das Reagenz ist ein Kondensationsprodukt von H-Säure (4-Amino-5-hydroxynaphtalin-2,7-disulfonsäure) mit Salicylaldehyd:

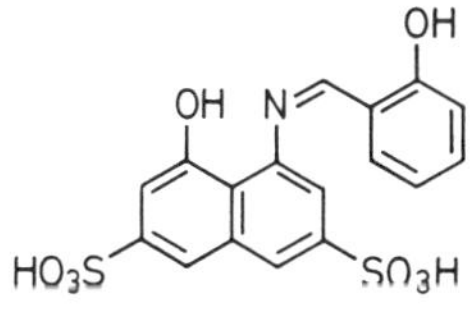

Azomethin - H

In einer auf pH 5,9 gepufferten Lösung bildet sich ein gelber Farbstoff, dessen kolorimetrische Bestimmung bei 414 nm erfolgt.

6.9.1 Fluoreszenspektrometrie

Die von kleineren Molekülen aufgenommene Lichtenergie wird sehr schnell durch Kollisionen oder intramolekulare Umlagerungen aufgezehrt. Größere organische Moleküle mit verhältnismäßig starren Strukturen müssen relativ schnell in den niedrigstmöglichen Rotations- oder Vibrationsschwingungszustand übergehen, wofür entweder ein angeregter Singulett-Zustand, für den Fall, daß die Spinvektoren der beteiligten Elektronen gleichsinnig gepaart sind, oder ein durch Wechselwirkungen bedingter Triplett-Zustand, mit ungleichsinnigen Spinvektoren, in Frage kommt. Die Lichtemission erfolgt im ersteren Fall spontan (10^{-8} s); im zweiten Fall verzögert (10^{-6} - 10^{2} s). Die physikalisch richtige Bezeichnung für diese Phänomene lautet Lumineszenz. Die analytischen auswertbaren Effekte werden, wenn sie spontan erfolgen, als "Fluoreszenz", wenn sie verzögert auftreten, als "Phosphoreszenz" bezeichnet. In beiden Fällen sind die Frequenzen des emittierten Lichtes gegenüber den absorbierten etwas in den langwelligen Bereich verschoben.

In Kap. 3, S. 91 wurde bereits erläutert, daß zwischen der einfallenden Strahlungsenergie P_0 und der nach der Transmission verbleibenden Energie P_t für monochromatisches Licht und eine Lösung der Konzentration c in einer Küvette der Länge l folgende Beziehung besteht:

$$\log \frac{P_0}{P_t} = \varepsilon \cdot c \cdot l \text{ oder } P_t = P_0 \cdot 10^{-\varepsilon cl}. \qquad (6.1)$$

Die absorbierte Strahlungsenergie ergibt sich aus dem Ausdruck

$$P_0 - P_t \text{ oder } P_0\,(1 - 10^{-\varepsilon cl}), \qquad (6.2)$$

während die durch Fluoreszenz emittierte Energie sowohl von der absorbierten Energie, aber auch vom Wahrscheinlichkeitsmaß des Deaktivierungsvorganges abhängt. Man kann nun einen Wert definieren, den man als Quantenwirksamkeitsfaktor bezeichnen könnte, durch den sich das Verhältnis zwischen absorbierter und durch Fluoreszenz emittierter Strahlungsenergie ausdrücken läßt.

$$P_f = \Phi \cdot P_0 \cdot (1 - 10^{-\varepsilon cl}) \qquad (6.3)$$

Durch Reihenentwicklung gelangt man zu der unter (6.4) angegebenen Form

$$P_f = \Phi P_0 \left[2{,}3\,\varepsilon cl - \frac{(2{,}3\,\varepsilon cl)^2}{2!} + \frac{(2{,}3\,\varepsilon cl)^3}{3!} - \dots \right]. \qquad (6.4)$$

Wenn die Werte für c niedrig sind, können das zweite und alle folgenden Glieder der Reihe vernachlässigt werden, so daß sich die ausreichend genaue Näherungsgleichung (6.5) ergibt.

$$P_f = 2{,}3\,\Phi P_0 \varepsilon c l \qquad (6.5)$$

Auf diese Weise ist der Zusammenhang zwischen der durch Fluoreszenz emittierten Strahlungsenergie bei gegebener, konstanter Anregung und ebenfalls festgelegter Emissionswellenlänge proportional zur Konzentration der fluoreszierenden Spezies. Damit ergibt sich die Möglichkeit, eine Substanz analytisch zu bestimmen, die entweder selbst fluoresziert oder in eine fluoreszenzerregende bzw. -unterdrückende Verbindung umgewandelt werden kann. Es muß aber besonders darauf hingewiesen werden, daß ein entscheidender Unterschied zu absorptionsspektrometrischen Methoden besteht.

Bei der Fluoreszenzanalyse hängt die Intensität des emittierten Signals von der Strahlungsintensität der anregenden Lichtquelle ab. Es ist daher wesentlich, eine sehr energiereiche Lichtquelle wie z.B. eine impulsgesteuerte Xenon-Hochdrucklampe zu verwenden. Außerdem ist die Form der in Abb. 6.2 A dargestellten Eichkurve zu berücksichtigen. Bei höheren Konzentrationen wird ein erheblicher Anteil der für die Anregung benötigten Lichtenergie in den äußeren Schichten der Probelösung absorbiert. Eine sehr vereinfachte Darstellung ist in Abb. 6.2 B zu sehen. Die aus diesem Bereich emittierte Fluoreszenzstrahlung kann mit freiem Auge durchaus sichtbar sein, aber den für die Emissionsauswertung bestimmten Monochromator nicht erreichen - ein Problem, das sich aber in der Spurenanalyse kaum jemals ergibt.

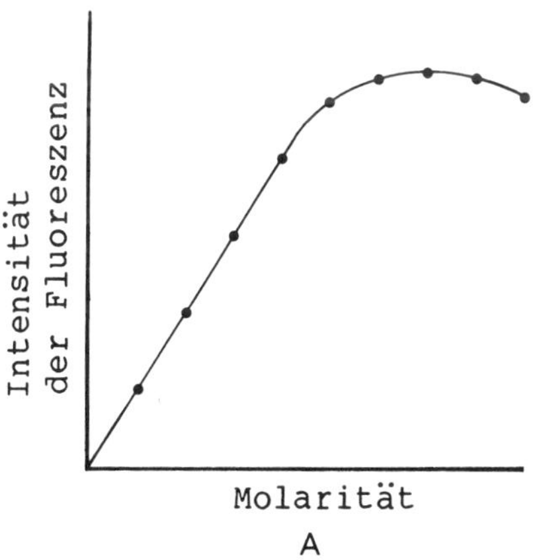

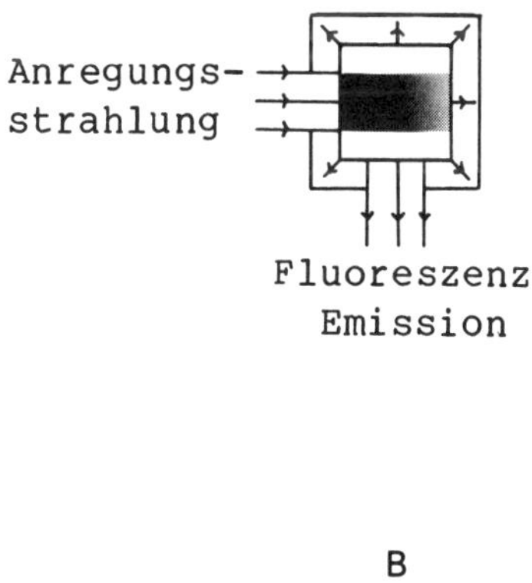

Abb. 6.2 A typische Eichkurve für spektrofluorimetrische Bestimmungen. **B** Änderung der Intensität der Fluoreszenz. Emission über den Querschnitt der Küvette für eine konzentrierte Lösung

<u>Geräte zur Fluoreszenzanalyse</u>. Die vom Fachhandel angebotenen Geräte haben durch die stürmische Entwicklung auf diesem Sektor ein hohes Maß an Bedienungssicherheit und analytischer Genauigkeit erreicht, so daß Fehler durch

Streulicht etc. völlig ausgeschaltet sind. In modernen Geräten werden die Wellenlängen des eingestrahlten und des emittierten Lichtes durch getrennte Monochromatoren festgelegt, wodurch sich ein Höchstmaß an Selektivität ergibt. Durch die Verwendung monochromatischen Lichts für die Anregung vermindert sich auch die Gefahr photochemischer Zersetzung der zu analysierenden Substanz. Für die verschiedenen Gerätetypen kommen ein oder zwei Interferenzfilter, aber auch ein oder zwei Monochromatoren in Frage. Da für die Auswertung des emittierten Signals hochempfindliche Photomultiplier und für die emittierende Lichtquelle eine stabilisierte Hochspannungsquelle vorgesehen werden müssen, sind moderne Geräte noch kostspieliger als Absorptionsmeßgeräte für den sichtbaren und den UV-Bereich. Der Aufbau je eines einfachen und eines etwas komplexeren Gerätes ist in Abb. 6.3 schematisch dargestellt. In Anbetracht der rasch fortschreitenden technischen Entwicklung ist auf die ausführlichen Gerätebeschreibungen zu verweisen, die vom einschlägigen Fachhandel oder direkt von den Erzeugerfirmen erhältlich sind.

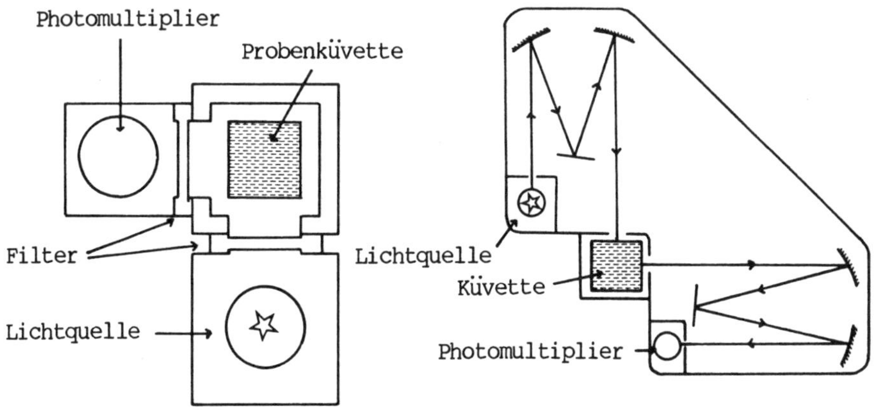

Abb. 6.3 Optische Komponenten eines Doppelmonochromator-Spektrofluorimeters mit Zwillingsfiltern

Zur <u>Selektivität der Fluoreszenzanalyse</u>. Man sollte annehmen, daß die für die Spurenanalyse eingesetzten fluorimetrischen Methoden wesentlich selektiver als die kolorimetrischen sein sollten, da nur relativ wenige Elemente mit organischen Reagenzien fluoreszierende Komplexe bilden können. Als hinderlich erweist sich aber der Umstand, daß jede Verbindung, die entweder bei der Anregungs- oder der Emissionswellenlänge absorbiert, störend in Erscheinung tritt. Die Entwicklung sensitiver und zugleich auch selektiver Bestimmungsmethoden ist daher nicht allzu einfach und gelingt oft nur unter Zuhilfenahme zusätzlicher Trennungs- oder Maskierungsschritte. Die jeweilige Arbeitsvorschrift muß in bezug auf die Konzentration sämtlicher Reagenzlösung und der Reihenfolge ihrer Zugabe sowie den zeitlichen Ablauf für die

Entwicklung des Komplexes genauestens eingehalten werden. Fluorimetrische Methoden werden oft für die Analyse organischer Verbindungen eingesetzt, wofür sich im vorliegenden Buch einige Beispiele finden. Für die Elemente Bor und Selen werden fluorimetrische Bestimmungen gerne verwendet. Es ist jedoch in diesem Zusammenhang nochmals darauf hinzuweisen, daß Bor aus Borsilikat- oder auch Pyrex-Gerät extrahiert werden kann, so daß es sich empfiehlt, Geräte aus Kunststoff oder Quarzglas zu verwenden. Es dürfte aber auch nicht allgemein bekannt sein, daß Papierfilter nennenswerte Mengen Selen enthalten[15].

6.9.2 Aufschluß von Pflanzenmaterial

Man verascht 2 g ofengetrocknete, fein gemahlene Probe mindestens 6 h bei 450 °C in einem Quarztiegel. Nach dem Erkalten digeriert man die Asche 1 h lang auf dem Wasserbad mit 20 ml 1 molarer Salpetersäure. Man neutralisiert mit 1 molarer Natriumhydroxid und füllt in einem 100 ml-Kunststoff-Meßkolben zur Marke auf. Blindproben werden mit 20ml-Anteilen HNO_3-Lsg. hergestellt.

6.9.3 Fluorimetrische Bor-Bestimmung

Man bereitet eine 10^{-3} molare Lösung von Carminsäure, indem man 0,246 g Reagenz in 10 ml 0,1 molare Natriumhydroxid-Lösung, mit verd. Essigsäure bis zu einem pH-Wert von 7 neutralisiert und nach Filtration auf 500 ml verdünnt. Man bereitet ferner eine Pufferlösung für pH 7 aus 35 g Dinatriumhydrogenphosphat in 500 ml Wasser.

Bei Bor-Stammlösung mit einer Konzentration von 100 $\mu g \cdot ml^{-1}$ bereitet man durch Auflösen von 0,286 g durch Umkristallisieren gereinigter Borsäure. Für den Gebrauch wird diese Vorratslösung auf das Zehnfache verdünnt. Für die Bestimmung verwendet man 25 ml der verd. Probelösung sowie eine Eichserie, für die man 0 - 5 ml dieser verdünnten Vorratslösung (10 $\mu g \cdot ml^{-1}$) in 50ml-Kunststoffmeßkolben einpipettiert. Nach Zusatz von 2,5 ml 0,1 molarer EDTA-Lösung, 5 ml Pufferlösung pH 7 und 5 ml 10^{-3} molare Carminsäure-Lösung füllt man zur Marke auf und läßt eine Stunde stehen. Die Messung erfolgt bei 556 nm mit einer Anregungswellenlänge von 467 nm.

Die kolorimetrische Bor-Bestimmung wird nach der in den "DEV zur Wasser-, Abwasser- und Schlammbestimmung (DIN 38 405 - D 17)" angegebenen Arbeitsvorschrift durchgeführt. Diese Methode eignet sich zur Bestimmung einer Konzentration von 0,01 bis 1 $mg \cdot l^{-1}$.

6.10 Bestimmung von Cobalt in pflanzlichem Material

In Abschn. 6.2.3 wurde bereits auf die Bedeutung des Spurenelements Cobalt für Ernährung der Pflanzenfresser hingewiesen. Da die Untergrenze des für den Stoffwechsel erforderlichen Cobalt-Gehaltes bei 0,1 $\mu g \cdot g^{-1}$ liegt, muß eine relativ große Menge Pflanzenmaterial aufgeschlossen und in ein kleines Volumen Probelösung gebracht werden. Um allzu hohe Blindwerte zu vermeiden, bedient man sich der Veraschungsmethode, wobei vermieden werden muß, daß Cobalt von dem im Veraschungsrückstand enthaltenen Silikat zurückgehalten wird. Die Empfindlichkeit der nachfolgend beschriebenen Methode kann durch Lösungsmittelextraktion gesteigert werden, wie dies von Gelman[16] beschrieben wird.

Veraschung der Probe. Man erhitzt etwa 10 g Probe in einer Quarzschale (Durchmesser 75 mm) im Elektroofen unter dem Abzug, wobei darauf zu achten ist, daß die Probe nicht zu brennen beginnt. Der Veraschungsprozeß wird bei 460 °C für 9 Stunden, oder über Nacht, fortgesetzt. Durch die vorangegangene Zersetzung der Probe wird eine Verunreinigung des Muffelofens vermieden. Die Asche wird mit etwas Wasser befeuchtet und in 5 ml konz. Salpetersäure aufgenommen. Man engt unter einer Infrarotlampe bis zur Trockne ein, nimmt den Rückstand nach dem Erkalten in 8 ml konz. Salzsäure auf und dampft neuerlich wie oben ein.

Auflösen des Rückstands und Lösungsmittelextraktion. Man bringt den Rückstand mit 20 ml 0,1 molarer Salzsäure auf dem Wasserbad in Lösung (ca. 20 min) und filtriert nach dem Erkalten in einen 100ml-Scheidetrichter. Man wäscht die Schale mit insgesamt 30 ml heißer 0,1 molarer Salzsäure in mehreren Portionen nach, so daß sich ein Gesamtvolumen von ca. 50 ml ergibt. Nach Zusatz von 2 ml einer Lösung von 2 g Ammoniumtetramethylendithiocarbamat in 100 ml Wasser fügt man 5 ml Methyl-isobutyl-keton (4-Methylpentan-2-on) zu und schüttelt 1 min lang heftig. Nach erfolgter Phasentrennung wird die wäßrige Phase verworfen. Für die Cobalt-Bestimmung mit AAS bringt man die organische Phase in eine 10ml-Eprouvette. Als Eichstandard verwendet man Lösungen mit Gehalten von 0 - 3 µg Cobalt in 50 ml 0,1 molarer Salzsäure. Die Blindlösung wird, mit der Zugabe von 5 ml Salpetersäure beginnend, nach der obigen Arbeitsvorschrift hergestellt.

Bestimmung von Cobalt im organischen Extrakt

Die atomabsorptionsspektrometrische Bestimmung erfolgt bei 240,7 nm unter Verwendung einer Luft/Acetylen-Flamme. Zur Nullpunkteinstellung verwendet man Methyl-isobutyl-keton und regelt die Acetylen-Zufuhr so, daß eine nichtleuchtende Flamme entsteht.

6.11 Bestimmung des Schwefel-Gehalts von Pflanzenproben

Der Bestimmung des Schwefel-Gehaltes von Pflanzen kommt in letzter Zeit immer größere Bedeutung zu. Die Bestrebungen, den Schwefeldioxid-Ausstoß auf ein Minimum zu reduzieren, die reichliche Verwendung von Kunstdünger und die dadurch bedingte Zufuhr von Stickstoff, Phosphor und Kalium begünstigen das Pflanzenwachstum. Diese Maßnahmen können aber unter Umständen zu einer Unterversorgung mit Schwefel führen, worauf in Kap. 4, S. 142 bereits hingewiesen wurde. Der organisch gebundene Schwefel muß für die Bestimmung einheitlich in Sulfat überführt werden, wofür man meist die Naßveraschungsmethode mit Salpetersäure/Perchlorsäure wählt. Für geringere Probemengen kann die direkte Verbrennung im Sauerstoff-Strom, s. Kap. 2, S. 53 oder die Kolbenmethode nach Schöniger verwendet werden[17].

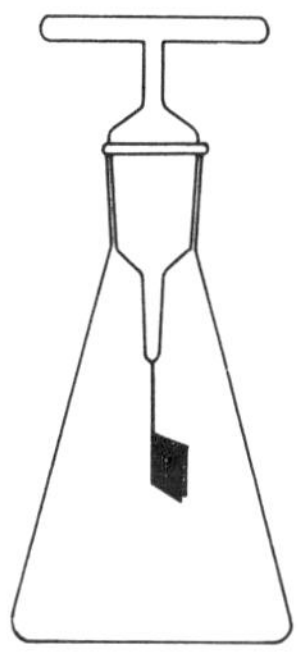

Abb. 6.4 Schöniger-Kolben zum Probenaufschluß durch Verbrennung in reinem Sauerstoff. Zur Verwendung gelangt ein dickwandiger 250ml-Erlenmeyer-Kolben

Verbrennung in Sauerstoff – Methode nach Schöniger

Man wiegt 50 - 100 mg Probe auf ein Stück Filterpapier geeigneter Größe, faltet es sorgfältig - um Verluste des Probenmaterials zu vermeiden - und klemmt es in die aus Platindraht bestehende Haltevorrichtung. Ein schmaler Streifen dient als Lunte; man entzündet diese und führt die Probe in den Schöniger-Kolben (s. Abb. 6.4) ein, der bereits 9 ml Wasserstoffperoxid-Lösung [$w(H_2O_2)$ von 3 %] als Absorbens enthält. Man schwenkt den Kolben mehrfach; nach 30 min entfernt man den Schliffstopfen und erwärmt den Kolbeninhalt, um überschüssiges Wasserstoffperoxid zu zerstören.

Turbidimetrische Sulfat-Bestimmung

Für die Sulfatbestimmung stehen mehrere Methoden zur Verfügung. In diesem Fall ist die von Hunt[17] vorgeschlagene turbidimetrische Methode zu empfehlen, da sie schnell, einfach, selektiv und sensitiv ist. Die Eprouvette wird in die vertikale Bohrung eines Holzblocks geeigneter Größe eingesetzt. Am unteren Ende der Bohrung befindet sich eine Lichtquelle konstanter Lichtstärke. Das aus der Eprouvette vom gefällten Bariumsulfat seitlich abgestrahlte Streulicht wird mit Hilfe einer Photozelle gemessen. Zur Stabilisierung des Niederschlags setzt man einige Tropfen eines oberflächenaktiven Mittels wie "Tween 80" oder ein ähnliches zu.

Arbeitsvorschrift. Man säuert die Absorptionslösung im Schöniger-Kolben durch Zusatz von 1 ml 1 molarer Salzsäure an. 5 ml dieser Lösung oder der Standardlösung mit Gehalten von 0 - 20 $\mu g \cdot ml^{-1}$ Sulfat in 0,1 molarer Salzsäure pipettiert man in trockene, saubere Eprouvetten und gibt 3 ml einer Lösung von Tween 80 und Bariumchlorid zu (66 ml Tween 80 und 13,4 g $BaCl_2$) pro Liter). Man läßt 30 - 45 min stehen, schüttelt nochmals kräftig und mißt die Absorption in einer 10mm-Zelle bei 420 nm oder mit Hilfe der oben beschriebenen Apparatur. Ein Vorteil dieser Methode[17] liegt darin, daß Kationen, die andernfalls stören könnten, in der Asche auf dem Pt-Netz zurückgehalten werden.

6.12 Simultane Multielement-Analyse

6.12.1 Multielement-Analyse mit Hilfe der Emissionsspektrometrie

Wenn eine große Anzahl von Proben zu analysieren ist, kann die seit vielen Jahren bewährte Emissionsspektralanalyse verwendet werden. Die veraschte Probe wird etwa im Verhältnis 1 : 1 mit Kohlepulver entsprechender Reinheit gemischt und in das ausgehöhlte obere Ende einer Lichtbogenelektrode eingebracht. Nach dem Zünden des Lichtbogens kann das Emissionsspektrum auf einem für diese Zwecke geeigneten Film festgehalten werden. Die quantitative Auswertung erfolgt durch Vergleich der Schwärzung der einzelnen Spektrallinien, die von anerkannten Eichstandards stammen. Der Zeitbedarf dieser Methode ist relativ gering. Die Genauigkeit muß als eher gering bezeichnet werden, da die notwendige photographische Entwicklung eine sehr erhebliche Fehlerquelle darstellt. Wesentlich genauere Ergebnisse erhält man durch die Plasmaemissionsspektrometrie, auf die bereits in Kap. 5, S. 255f. hingewiesen wurde.

6.12.2 Plasma-Emissionsspektrometrie

Die derzeit angebotenen Geräte erlauben die Programmierung von bis zu 80 Spektrallinien. Die Genauigkeit dieser Methode ist nur dann hoch, wenn man Standard- und Probelösungen aufeinander abstimmt und spektrale Überschneidungen entsprechend berücksichtigt. Man erhält jedoch eine erste Information über die insgesamt vorhandenen Spurenelemente und kann anschließend spezielle Bestimmungsmethoden verwenden. Ob die hohen Anschaffungskosten eines solchen Gerätes gerechtfertigt sind, richtet sich nach dem durchschnittlichen Probenanfall im Vergleich mit dem finanziellen Aufwand für speziell geschultes Laborpersonal. Eingehendere Informationen finden sich bei Boumans[18] oder in den Informationsschriften der Herstellerfirmen.

6.13 Bedeutung der Spurenelemente für Lebewesen

Tiere benötigen auch ein Mindestmaß von Spurenelementen, die in der pflanzlichen Nahrung nicht immer in ausreichender Menge enthalten sind. Für die Ausbildung des Knochengerüstes ist Calcium erforderlich, für die biogene Hämoglobinsynthese wird Eisen als Zentralatom des kompliziert aufgebauten Porphyrin-Moleküls benötigt. Andere Elemente sind, wie wir gesehen haben, notwendig, aber nur in geringen Mengen: Durch Koppelung an Eiweißmoleküle bilden sie die Enzyme, die die biosynthetischen Vorgänge im lebenden Organismus katalysieren und kontrollieren.

6.13.1 Enzyme

Nach der Ansicht von Cloetens[19] enthält das typische Enzymmolekül eine gewisse Anzahl von "aktiven Zentren", die in der nachfolgenden Skizze mit den Symbolen G_1, G_2 und G_3 bezeichnet werden.

$$6_3 \text{ — EN} \begin{cases} 6_1 - M_1 \\ 6_2 - M_2 \end{cases}$$

Nach dieser Modellvorstellung ist nur die Gruppierung G_3 nicht an ein Metall gebunden. Es können jedoch kleinere Moleküle assoziiert werden, die für den erforderlichen stereospezifischen Reaktionsablauf eine möglichst niedrige Aktivierungsenergie garantieren. Die Gruppen G_1 und G_2 binden Metallionen - G_1 relativ locker, G_2 etwas strenger. Auf diese Weise kann das Enzymmolekül nur dann als biologischer Katalysator wirksam werden, wenn die benötigten Metallionen in ausreichender Menge vorhanden sind.

6.13.2 Enzym-kontrollierte Reaktionen-kinetische Analysenverfahren

Das einfachste Modell einer chemischen Reaktion läßt sich wie folgt darstellen:

$$A + B \longrightarrow C + D \quad .$$

Für die zahlenmäßige Erfassung des Reaktionsablaufs genügt es, die noch vorhandene Menge der Spezies A zu verfolgen.

Somit läßt sich der mit R bezeichnete Reaktionsablauf durch die nachfolgende Gleicheung (6.5) darstellen:

$$R = \frac{d \cdot c(A)}{dt} = -k \cdot c(A) \cdot c(B) \qquad (6.5)$$

In bezug auf A und B handelt es sich um eine Reaktion der ersten Ordnung; die Reaktionsgeschwindigkeit hängt somit von der Konzentration der im System vorhandenen Spezies A und B ab. Da A mit B reagiert, genügt es, nur die Konzentration von A zu verfolgen. Üblicherweise wird angenommen, daß Spezies B in einem so großen Überschuß vorhanden ist, daß die reaktionsbedingte Abnahme dieser Komponente zahlenmäßig vernachlässigt werden kann.

Bei einer enzymkontrollierten Reaktion verhält sich das Enzym wie ein Katalysator, dessen Konzentration während des Ablaufes der Reaktion nicht abnimmt

$$(B) + \text{Enzym} \longrightarrow (C) + (D) + \text{Enzym} \quad .$$

Daraus folgt

$$\frac{d \cdot c(B)}{dt} = -k \cdot c\,(\text{Enzym}) \cdot c(B) = -\frac{d \cdot c(C)}{dt} \qquad (6.6)$$

Man kann daher die für den Reaktionsablauf benötigte Enzymmenge als direktes Maß für die zu bestimmende chemische Spezies betrachten. Sowohl die Abnahme der Konzentration der Spezies B, als auch die Zunahme der Spezies C kann man als charakteristischen Parameter für den Ablauf der Reaktion heranziehen, wie dies in den Abb. 6.5 A und 6.5 B darge-

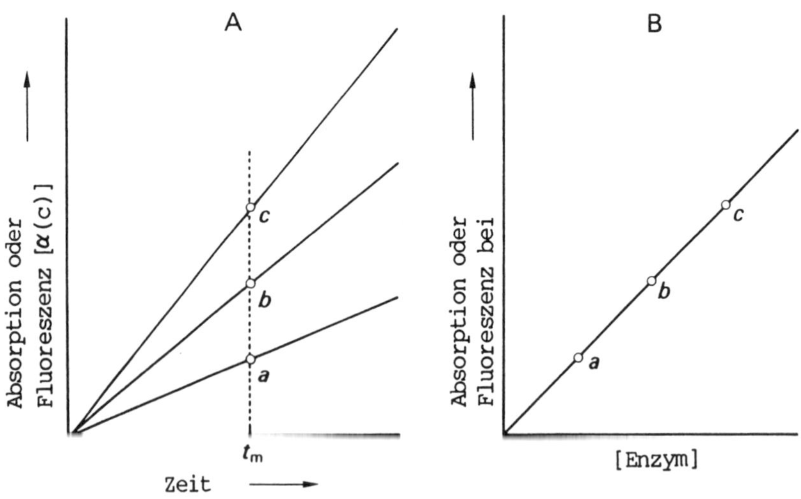

Abb. 6.5 Prinzip der kinetischen Anaysenmethoden

stellt ist. Auf diese Weise lassen sich nicht nur Enzyme, sondern auch die mit diesen reagierenden Verbindungen analytisch erfassen.

Verständlicherweise wird man eine als B oder C bezeichnete, analytisch leicht erfaßbare Komponente für die Kontrolle des Reaktionsablaufs auswählen. Durch Kombination eines Spektrometers mit einem Registrierschreiber kann die Auswertung völlig problemlos erfolgen.

Derartige kinetische Analysenmethoden wurden u.a. von Weisz[20] beschrieben.

Als Beispiel wird die Bestimmung von p-Nitrophenylphosphat beschrieben, die durch die alkalische Phosphatase zu p-Nitrophenolat hydrolysiert wird. Diese Verbindung ist intensiv gelb gefärbt und kann daher spektrophotometrisch mit ausreichender Genauigkeit bestimmt werden. Um reproduzierbare Resultate zu erhalten, ist eine sehr präzise Temperaturkontrolle erforderlich.

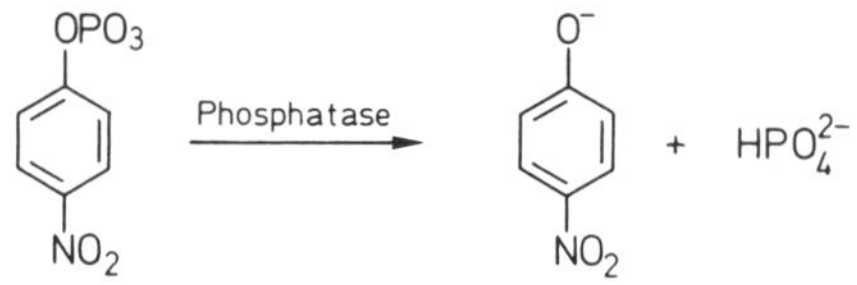

gelb

Wesentlich empfindlicher sind die Methoden zur Bestimmung der Hydrolyseprodukte α-Naphthylphosphat (I) oder Umbelliferronphosphat (II). Die Verbindungen, die sich nach der Hydrolyse ergeben, fluoreszieren und können daher für die analytische Bestimmung von Phosphatasen herangezogen werden.

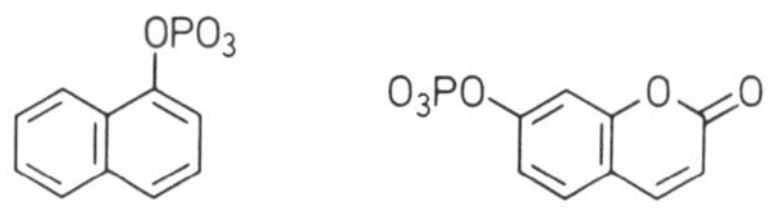

I II

Die für die medizinisch-chemische Analyse sehr wichtigen Bestimmungen einer Vielzahl von Enzymen wurden von Guilbault[21] zusammengefaßt.

6.13.3 Deaktivierung von Enzymen

Enzyme können auch desaktiviert werden, indem man sie gegen eine Metallkomplexlösung dialysiert. Dieser Prozeß ist reversibel; man kann daher die Aktivität des Enzyms durch Zugabe geringer Mengen des für seine Funktion erforderlichen Metallions wiederherstellen. Auch dieser Effekt kann analytisch verwendet werden. Die Empfindlichkeit einer derartigen Reaktion liegt im Bereich von 10 - 100 ng. Bezüglich der Selektivität ergeben sich allerdings Probleme, da für die

Reaktivierung von Enzymen verschiedene Metallionen in Frage kommen. Townshend hat die Bestimmung von ng-Mengen Zink unter Verwendung von alkalischer Phosphatase beschrieben[22]. Das Enzym wird zuerst desaktiviert und durch kontrollierten Zusatz von Magnesium reaktiviert.

6.13.4 Hemmung von Enzymen

Es ist bekannt, daß Schwermetalle für zahlreiche lebende Organismen toxisch wirken. Sie blockieren die Funktion der Enzyme, die dann nicht mehr in der Lage sind, die angebotenen Nährstoffe abzubauen. Die Komplexe der Schwermetalle sind oftmals wesentlich stabiler als die der Erdalkalimetalle, z.B. die Pb^{2+}- oder Hg^{2+}-Komplexe mit EDTA im Vergleich zu denen mit Ca^{2+} oder Mg^{2+}. Zn^{2+} oder Mg^{2+} können daher verdrängt werden, wodurch das Enzym unwirksam, also "inhibiert" wird. Die daraus resultierende Abnahe der Reaktionsgeschwindigkeit läßt sich als Maß für die Menge des vorhandenen Schwermetall-Ions verwenden. Die generelle Schwierigkeit liegt jedoch darin, diesen Vorgang für die einzelnen Schwermetalle spezifisch zu gestalten. Es genügt aber in vielen Fällen, die Summenwirkung einer Gruppe von Schwermetallen zu erfassen und diese als "entsprechend der Wirkung von... ng Blei" anzugeben. Solche Analysenmethoden wurden von Guilbault und Mitarbeitern[21] erfolgreich für die Bestimmung der Blockierung von Enzymen durch Pestizide verwendet. Ein großes Fischsterben in der Donau konnte dadurch aufgeklärt werden, daß das Vorhandensein von Organophosphorverbindungen nachgewiesen werden konnte, die als Cholinesterase-Blocker wirkten[23]. Cholinesterase, die die Acetat-Gruppen hydrolysiert, läßt sich auch durch Pestizidspuren hemmen, wobei aber die von verschiedenen Tierarten extrahierten Verbindungen auf verschiedene Pestizidgruppen sehr verschieden ansprechen. Cholinesterase, die aus menschlichem Serum gewonnen wird, reagiert empfindlich auf Spuren von Organophosphor-Pestiziden; die aus dem Serum von Bienen gewonnene Cholinesterase reagiert äußerst empfindlich auf Organophosphor-Verbindungen, aber nicht auf Organochlor-Pestizide.

In gewisser Weise sind diese Verfahren für den Umweltanalytiker besonders befriedigend, da man die unerwünschten Auswirkungen gewisser Verbindungen auf die Umwelt benutzen kann, sie zu analysieren. Auf diese Weise schließt sich der Kreis von verfügbaren Untersuchungsmethoden. Fischversuche mögen grausam erscheinen; man muß aber bedenken, daß dadurch einer ungleich größeren Zahl aquatischer Organismen eine Umwelt garantiert werden kann, in der sie leben und sich vermehren können. Kinetische Verfahren unter Verwendung von Enzymen zählen jedenfalls dazu.

6.14 Spurenelementbestimmung an sehr geringen Probemengen

Viele der neueren Analysengeräte benötigen nur sehr geringe Probenmengen. Während man für die früher üblichen klassischen Methoden Einwaagen im Bereich einiger mg einsetzen mußte, erfordern die neueren Methoden wenige µg, manchmal sogar noch kleinere Mengen. Falls man sicher sein kann, über eine repräsentative Probe dieser Größenordnung zu verfügen, ergeben sich für die biologische, insbesondere für die klinische Analytik völlig neue Möglichkeiten. So ist es beispielsweise möglich, in einem einzigen Haar oder in kleinen Stücken abgeschnittener Fingernägel mehrere Elemente zu bestimmen. Ebenso reichen einige µl Blut für eine Anzahl simultan zu bestimmender Elemente aus. Eine bemerkenswerte Entwicklung stellt auf diesem Gebiet die Atomabsorptionsspektrometrie dar.

6.14.1 Elektrothermische Atomisierung

Wie bereits in Kap. 5, S. 243 bemerkt wurde, lassen sich AAS-Bestimmungen mit sehr niedrigen Konzentrationen durchführen, wobei eine Vernebelungsdauer von 15 s bei einer Aspirationsrate von 4 $ml \cdot min^{-1}$ genügt. Somit reicht ein Probenvolumen von 1 ml aus. Ersetzt man die Flamme durch einen Graphitstab oder ein dünnwandiges Graphitrohr, das durch elektrischen Strom entsprechender Stärke in kürzester Zeit auf die erforderlichen hohen Temperaturen gebracht werden kann, so reicht ein Probenvolumen von 10 µl aus. In der Flamme lassen sich nur etwa 10 % des Analyten in den angeregten Zustand bringen, während bei flammenloser Anregung durch die hohe Geschwindigkeit der Widerstandsaufheizung das gesamte Probenvolumen in der Reaktionszone verbleibt. Man erhält auf diese Weise eine Steigerung der Empfindlichkeit auf etwa das 100fache.

Der typische Aufbau einer Graphitstabelektrode ist in Abb. 6.6, der einer Graphitrohrelektrode in Abb. 6.7 dargestellt. Die Funktion des sogenannten "Atomizers" ist in beiden Fällen im Prinzip die gleiche. Die Probelösung wird auf- bzw. eingebracht, während der Atomizer noch kalt ist. Anschliessend wird nur soweit erhitzt, daß die Probelösung verdampft ohne zu spritzen. Die nächste Temperaturerhöhung dient dazu, organische Komponenten zu zerstören. Dieser Vorgang kann auch in zwei Stufen erfolgen. Nun wird der Atomizer sehr schnell, binnen einiger Sekunden, auf die erforderliche hohe Temperatur erhitzt, so daß der Analyt atomisiert wird. Der dabei entstehende Absorptionspeak wird registriert. Die jeweils erforderlichen Temperaturstufen können individuell vorprogrammiert und automatisch gesteuert werden.

Die neuesten AAS-Geräte registrieren nicht nur die Peakhöhe, sondern wahlweise die Gesamtfläche des Peaks über die Zeit. Viele Geräte sind auch mit einer separaten Untergrundkorrektur ausgestattet, mit deren Hilfe die durch molekulare Absorption oder Streuung entstehenden Fehler kompensiert werden können. Wenn man mit entsprechender Aufmerksamkeit darauf achtet, die bei dieser Art der Atomisierung auftretenden Störeffekte auszuschalten, erhält man auch bei Verwendung kleinster Probenmenge sehr niedrige Erfassungsgrenzen. Bezüglich der Frage, ob die Graphitstab- oder die Graphitrohrmethode vorzuziehen ist, muß auf die ausführlichere spezielle Fachliteratur verwiesen werden[24].

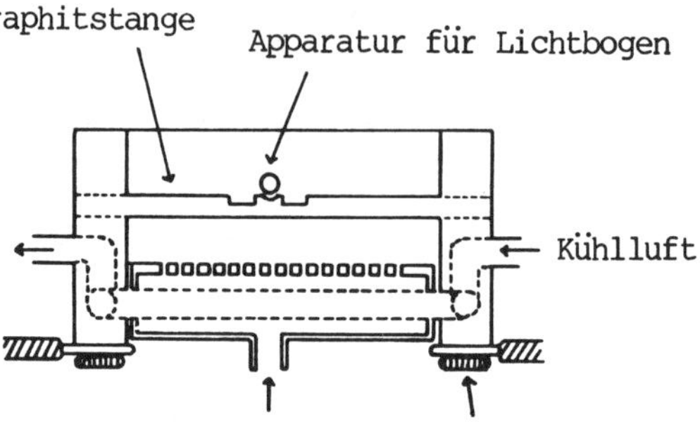

Abb. 6.6 Schemazeichnung einer flammenlosen Graphitstabanregung

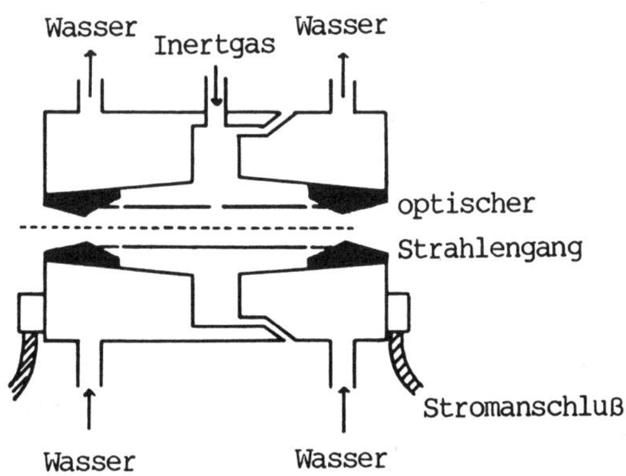

Abb. 6.7 Schemazeichnung einer flammenlosen Graphitrohranregung

Sobald Methoden für die direkte Bestimmung von Spurenelementen in kleinsten Probenmengen zur Verfügung standen, hat die Anzahl von Veröffentlichungen über klinische Untersuchungen über Anreicherung und Verteilung toxischer Schwermetalle enorm zugenommen. Blutproben in einer Menge von 50 µl sind leicht zu entnehmen. Dieser Umstand und die Schnelligkeit und Einfachheit der anschließenden analytischen Bestimmung führten zu einer wahren Flut von Verfahren, die auf der flammenlosen Anregung für die AAS basierten. Allerdings sollte man die früheren Ergebnisse solcher Untersuchungen mit einer gewissen Vorsicht betrachten, da die ersten im Fachhandel erhältlichen Modelle noch nicht über jene Korrektur- und Kontrollmöglichkeiten verfügten, mit denen die nunmehr lieferbaren, ausgereiften Modelle ausgestattet sind. Oftmals sind Informationen in Veröffentlichungen über neu entwickelte Analysenverfahren unvollständig, wenn es sich um die Überprüfung der Gültigkeit der Resultate handelt. Dieser Punkt wird in Kap. 8 nochmals behandelt. Es schien aber nötig, schon hier die Notwendigkeit des Interesses und des Verständnisses von Umweltwissenschaftlern für die Arbeit des auf diesem Gebiete tätigen Analytikers (und umgekehrt) zu unterstreichen.

6.15 Kaltdampfmethode und Systeme zur Erzeugung von Hydriden in der AAS-Technik

Eine gewisse Anzahl von Elementen, die routinemäßig durch AAS-Methoden bestimmt werden können, bilden flüchtige Hydride. Zu diesen Elementen gehören aus der Gruppe IV des periodischen Systems Germanium, Zinn und Blei, aus der Gruppe V Arsen, Antimon und Wismut sowie Selen und Tellur aus Gruppe VI. Falls die genannten Elemente in gelöster Form vorliegen, lassen sie sich in die entsprechenden Hydride umwandeln, die anschließend durch Argon oder Stickstoff ausgetrieben und durch den Gasstrom in eine beheizte Zelle aus Quarzglas gespült werden. Da die Hydride thermisch nicht sehr stabil sind, zersetzen sie sich leicht. Die Metallatome werden frei, so daß das entsprechende Atomabsorptionssignal registriert werden kann. Die Beheizung der Zelle erfolgt entweder elektrisch oder durch eine Flamme.

Durch die Hydriderzeugung und -zersetzung vermeidet man die Nachteile der geringen Vernebelungsausbeute in der Flamme. Da das Austreiben des Hydrids aus der Lösung sehr schnell erfolgt, erzielt man eine Steigerung der Empfindlichkeit um zwei bis drei Größenordnungen.

Von allen Metallen des periodischen Systems nimmt Quecksilber eine Sonderstellung ein, da es bereits bei Zimmertemperatur als einatomiges Gas vorliegt. Man kann diese Eigenschaft von Quecksilber für eine sehr empfindliche Bestimmungsmethode verwenden, indem man die vorliegende gelöste Verbindung zum elementaren Zustand reduziert und den Quecksilber-Dampf ähnlich wie bei der Hydridmethode durch einen inerten Gasstrom austreibt. Es besteht die Ansicht, daß sich Probleme durch unerwünschte Kondensation und Wasserdampf eher vermeiden lassen, indem man die Gasphase über die Lösung zuerst mit Quecksilber-Dampf ins Sättigungsgleichgewicht kommen läßt und erst das bereits gesättigte Gas in die Meßzelle überführt[25]. Es wird behauptet, daß man auf diese Weise bessere Resultate erzielt, als mit jener Variante, bei der man den inerten Gasstrom durch die Lösung perlen läßt. Trotzdem haben die Autoren mit der in Abb. 6.8 gezeigten einfachen Apparatur zufriedenstellende Resultate erzielt.

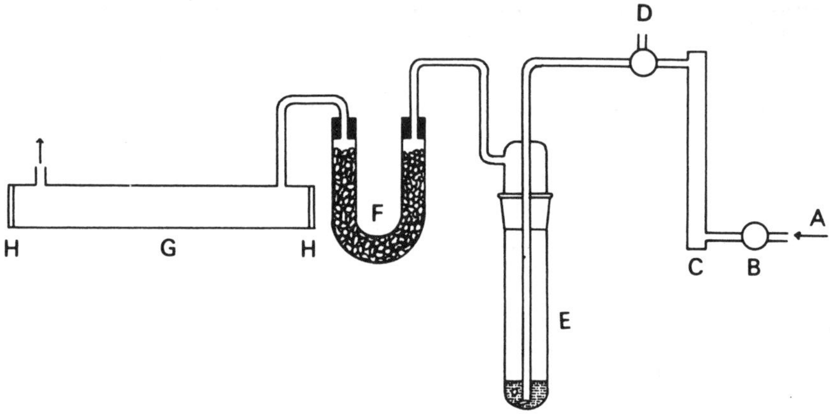

Abb. 6.8 Apparatur zur Kaltdampf-Bestimmung von Quecksilber. A Luftzufuhr; B Nadelventil; C Strömungsmeßgerät; D Dreiweghahn; E Probenbehälter; F Calciumchlorid-Trockenrohr; G Absorptionszelle; H Küvettenfenster aus Quarzglas

6.15.1 Bestimmung von Quecksilber im Urin

Es ist seit mehreren Jahren bekannt, daß die Belastung der Umwelt durch Quecksilber besonders schwerwiegende Folgen hat. Höhere Quecksilber-Raten gefährden besonders Zahnärzte und Elektrotechniker, wenn sie die gebotenen Vorsichtsmaßregeln nicht sorgfältigst beachten. Auch die als Saatgutbeizmittel verwendeten Organoquecksilber-Verbindungen haben im Verlauf von Hungerkatastrophen ihren Weg in die Nahrung gefunden, was katastrophale Folgen zeigte. Durch die schnelle und einfach Bestimmung des Quecksilber-Gehaltes von Urin läßt sich die Höhe der Quecksilber-Belastung sehr wirkungsvoll kontrollieren[26].

Arbeitsvorschrift. Man pipettiert je 2 ml Urin oder Quecksilber-Standardlösung mit Gehalten von 0 - 0,2 μg·ml in Eprouvetten, die mit Normalschliffverbindungen versehen sind. Man kühlt die Eprouvetten mit kaltem Wasser und gibt 0,4 ml konz. Schwefelsäure vorsichtig zu. Nach dem Durchmischen setzt man 3 ml Kaliumpermanganat-Lösung (60 $g \cdot l^{-1}$) zu, mischt durch leichtes Schwenken und läßt die Röhrchen mit lose aufgesetztem Stopfen über Nacht, zumindest aber 12 h bei Raumtemperatur stehen. Anschließend reduziert man das überschüssige Kaliumpermanagnat durch Zusatz von 0,6 ml Hydroxylammoniumchlorid-Lösung (20 g/100 ml). Man versetzt die in der ersten Proberöhre enthaltene Lösung mit 5 ml Zinn(II)-chlorid-Lösung (20 g $SnCl_2 \cdot 2H_2O$ in 100 ml 6 molarer

Salzsäure und schließt die Eprouvette unverzüglich an die in Abb. 6.8 gezeigte Apparatur an, wobei der Luftstrom zunächst über den Dreiweghahn D abgeleitet wird. Durch Verdrehen von Hahn D wird er anschließend durch die Probe geleitet und gelangt mit einer Geschwindigkeit von 3 $l \cdot min^{-1}$ in die Absorptionszelle.

Man registriert den Quecksilber-Peak bei 253,6 nm. Dann ersetzt man die Proberöhre durch eine andere, die 20 ml destilliertes Wasser enthält. Man spült so lange, bis die ursprüngliche Nullinie am Recorder wieder erreicht ist, bevor mit der Messung der nächsten Probe oder Standardlösung begonnen werden kann.

Literatur

1 Mitchel, R.L. (1964) The Spectrochemical Analysis of Soils, Plants and Related Materials, Techn. Comm. 44A of the Commonwealth Bureau of Soils, Commonwealth Agricultural Bureau, Farnham Royal, England.

2 International Methods for Chemical Analysis (1973) Report on Activities, 1971 - 1973, IUFRO, Subject Group S1.02, Working Party 3.

3 Trace Elements in Soils and Crops (1971) Ministry of Agriculture, Fisheries and Food Technical Bulletin 21 HMSO, London.

4 Archer, F.C. (1971) Factors Affecting the Trace Element Content of Pastures, in Trace Elements in Soils and Crops, MAFF Technical Bulletin 21, HMSO, London.

5 Cannon, H.L. (1960) Science 132, 591.

6 Warren, H.V., Delavant, R.E. (1952) Trace Elements in Geo-Chemistry and Biogeochemistry, Sci. Mon., New York 75, 26.

7 Brooks, R.R. (1972) Geobotany and Biogeochemistry in Mineral Exploration, Harper and Row, New York.

8 Schwoerbel, J. (1984) Einführung in die Limnologie, 5. Aufl., Gustav Fischer Verlag, Stuttgart.

9 Waring, R.H., Running, S.W. (1978) Plant, Cell Environment 1, 131.

10 Boswell, F.C. (1972) Communal Soil Sci. Plant Anal. 3, 243.

11 Nicholas D.J.D., Lloyd Jones, C.P., Fischer, J.D. (1957) Plant and Soil 8, 367.

12 O'Neill, E.J. Cresser, M.S. (1980) Analyst **105**, 625.

13 Cresser, M.S., Parsons, J.W. (1979) Anal. Chim. Acta **109**, 431.

14 Gabriels, R., Van Keirsbulck, W. (1977) Lab. Pract. **26**, 620.

15 West, P.W., Cimerman, Ch. (1964) Microdetermination of Selenium with 3,3'-Diaminbenzidine by Ring-Oven Technique and its Application to Air Pollution Studies, Anal. Chem. **36**, 2013.

16 Gelman, A.L. (1972), J.Sci.Fd.Agric. **23**, 299.

17 Hunt, J. (1980) Analyst **105**, 83.

18 Boumans, P.W. (1982) Analysis in Inductively Coupled Plasma Emission Spectrometry, Wiley, New York.

19 Cloetens, R. (1941) Biochem. Z. **307**, 353.

20 Weisz, H. (1976) Anwendung katalytischer Reaktionen in der analytischen Chemie, Angew. Chem. 88, 177.

21 Sadar, M.H., Kuan, S.S., Guilbault, G.G. (1970) Anal. Chem. **42**, 1770.

22 Townsend, A., Vàughan, A. (1970) Talanta 17, 289.

23 Ottendorfer, L.J. (1981) Ungewöhnliche Ursachen von Gewässerverunreinigungen. Österr. Wasserwirtschaft 33, Heft 7/8, 149 - 153.

24 Fuller, C.W. (1977) Electrothermal Atomization for Atom Absorption Spectrometry, The Chemical Society, London.

25 Ure, A.M., Shand, C.A. (1974) Anal. Chim. Acta 72, 63.

26 Lindstedt, G. (1970) Analyst **95**, 264.

7. Nahrungsmittel

7.1 Einleitung

Man kann das Thema "Nahrungsmittel" als letztes Glied in der Kette aller jener Themen betrachten, die in den vorigen Kapiteln dieses Buches behandelt worden sind. Die belebten Produkte, die aus der Umwelt stammen und aus Luft, Wasser, mineralischen Nährstoffen und Licht als Energiequelle aufgebaut sind, dienen letztlich dem Menschen als Nahrung. Der Mensch hat im Verlauf seiner Entwicklung gelernt, welche Pflanzen und welche Teile welcher Tiere für den menschlichen Genuß geeignet sind. Erst in jüngster Zeit wurde man darauf aufmerksam, daß Nahrungsmittel nicht mehr die natürliche, von schädlichen Beimengungen freie Zusammensetzung aufweisen. Für die heute gegebene Notwendigkeit, Lebensmittel zu prüfen und zu analysieren, bevor sie für den menschlichen Genuß als unbedenklich bezeichnet und für den Verkauf freigegeben werden dürfen, sind hauptsächlich zwei Gründe ausschlaggebend: Lebens- und Genußmittel können zunächst einmal durch Zusatz anderer Substanzen absichtlich verfälscht sein, zumeist mit der Absicht, eine bessere Qualität vorzutäuschen. Der zweite Grund beruht meist nicht auf böser Absicht, sondern ergibt sich aus dem Umstand, daß in der Umwelt vorhandene unerwünschte oder schädliche Stoffe ihren Weg in die Nahrungskette finden und somit in den menschlichen Körper gelangen (s. Abb. 7.1).

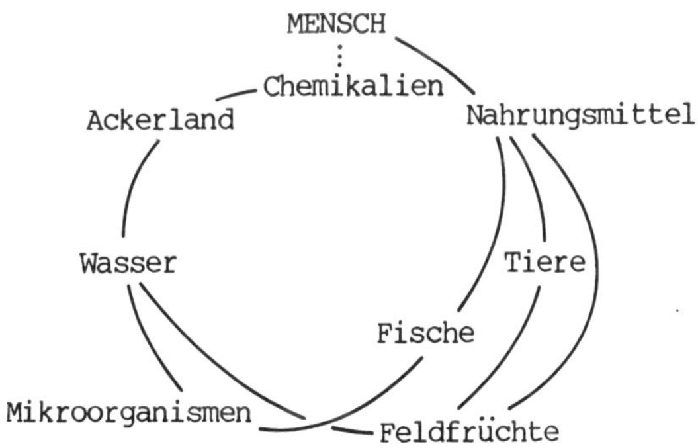

Abb. 7.1 Die beim Menschen endende Nahrungskette

Das Arbeitsgebiet des Lebensmittelchemikers ist sehr vielfältig. Er wird die verschiedensten Arten von Probenmaterial zu bearbeiten haben, in denen eine Unzahl von Verbindungen zu bestimmen ist, wobei manche schon in den geringsten Mengen biologisch wirksam sein können.

7.2 Lebensmittelgesetze

Seit dem raschen Wachstum der Städte zu Beginn der industriellen Revolution (etwa im 18. Jh.) stand ein immer größer werdender Anteil der Gesamtbevölkerung, der von der Zulieferung von Nahrungsmitteln abhängig war, einem immer kleiner werdenden Anteil von Landwirtschaftstreibenden gegenüber, die die benötigten Lebensmittel produzierten.

In gleicher Weise ergab sich eine zunehmende Abhängigkeit vom Zwischenhandel, da der städtische Konsument kaum mehr in der Lage war, seinen gesamten Bedarf direkt vom Produzenten einzukaufen. Damit setzte sich eine Entwicklung fort, die schon im klassischen Altertum begonnen hatte. Besonders begehrte Produkte wurden in zunehmendem Maß verfälscht oder "gestreckt", indem man hochwertige Ware mit einem gewissen Prozentsatz minderwertiger vermischt; beide Methoden lassen sich bei alkoholischen Getränken oder Speiseöl relativ leicht anwenden. In Großbritannien hatte bereits zur Mitte des 19. Jh. das Ausmaß der Verfälschung der in den Städten erhältlichen Lebensmittel ein unerträgliches Ausmaß erreicht, wobei es kaum irgendwelche Möglichkeiten zu geben schien, dieser Unsitte Herr zu werden. Zunächst war es schon schwierig genug, die Verfälschung eines Lebens- oder Genußmittels überhaupt nachzuweisen; die Notwendigkeit Informationen und Erfahrungen in dieser Richtung auszutauschen, führte im Jahre 1874 zur Gründung der Society of Public Analysts und der Zeitschrift "The Analyst" im März 1876. Es ist äußerst interessant, die ersten Bände dieser Zeitschrift nachzulesen. Man vergißt leicht, mit welchen Schwierigkeiten diese Pioniere der analytischen Chemie zu kämpfen hatten.

Die zweite Schwierigkeit bestand im Fehlen der auf diesem Gebiet benötigten Gesetze. Erst im Jahre 1875 wurde der "Sale of Food and Drugs Act" erlassen, auf dessen Inhalt im Rahmen dieser Übersetzung nicht im Detail eingegangen wird. Eine grundsätzlich neue Situation ergab sich erst durch den im Jahre 1973 erfolgten Beitritt Großbritanniens zur Europäischen Gemeinschaft. Es gehört ja zu einer der Aufgaben der EG, die Lebensmittelgesetzgebung in den Mitgliedsstaaten zu rationalisieren und zu standardisieren. Einige dieser Direktiven und Vorschriften sind ebenso wie in anderen Mitgliedsstaaten bereits in Kraft getreten. An der Einführung einiger weiterer wird gearbeitet. In manchen Fällen sind auch die Vorschläge der Expertenkomitees der WHO berücksichtigt, z.B. was die zulässigen Höchstgrenzen von Pestiziden in Nahrungsmitteln betrifft. Die frühere Society of Analytical Chemistry, nunmehr ein Teil der Royal Society of Chemistry, hat 1974 eine ausführliche Zusammenstellung überprüfter Methoden veröffentlicht[1]. Eine ausgezeichnete Zusammenstellung des gesamten Arbeitsgebietes wurde von Pearson veröffentlicht[2]; Prinzipien und Techniken des Arbeitsgebietes sind von Grünwedel und Whitaker[3] übersichtlich dargestellt.

In den Vereinigten Staaten bemüht sich die Association of Official Analytical Chemists (AOAC) um alle Aspekte der Lebensmittel- und Agrikulturchemie und gibt das regelmäßig auf den neuesten Stand gebrachte Handbuch "Official Methods of Analysis"[4] heraus, das auch in amerikanischen Bundes- und Bundesstaatlichen Gerichten bevorzugt angewendet wird.

Sowohl in der Bundesrepublik Deutschland, wie auch in der Deutschen Demokratischen Republik gilt, von nachträglichen Änderungen abgesehen, das Lebensmittelgesetz aus dem Jahre 1936. Dieses Gesetz umfaßt auch Bedarfsgegenstände, die mit dem menschlichen Körper in unmittelbare Berührung kommen, wie Geschirr, Bekleidung, kosmetische Artikel, Spielzeug, Möbelstoffe und Tapeten. Die Lebensmittelhygiene wird durch viele zusätzliche Einzelgesetze und Verordnungen noch eingehender geregelt. Große Bedeutung kommt auch der Lebensmittelkennzeichnungsverordnung (1935) zu. Eine wesentliche Änderung der gesamten Gesetzeslage erfolgte für die Bundesrepublik Deutschland durch die 1958 erschienene Novelle zum Lebensmittelgesetz, da durch diese die Verwendung von Konservierungsmitteln, künstlichen Farbstoffen und anderen fremden Zusatzstoffen ausnahmslos verboten wird. Einzelne Stoffe, deren Unbedenklichkeit strengstens überprüft wurde, können zugelassen werden, wenn die unbedingte Notwendigkeit ihrer Verwendung anerkannt wird. Eine erste Übersicht über diese in legislativer Hinsicht sehr komplexe Materie findet sich beispielsweise in der "Brockhaus-Enzyklopädie", 17. Aufl. in Bd. 11 (1970). Sicherlich wird diese Zusammenstellung für die einzelnen Länder auf den neuesten Stand zu bringen sein, wofür eine sehr umfangreiche Fachliteratur zur Verfügung steht.

In Österreich gilt das 1951 wiederverlautbarte Lebensmittelgesetz in der Fassung von 1960 bzw. 1966. Das vom Bundesministerium für Soziale Verwaltung herausgegebene Österreichische Lebensmittelbuch (Codex alimentarius Austriacus) bringt insbesondere Untersuchungsmethoden, Beurteilungsgrundsätze und Begriffsbestimmungen für Lebensmittel sowie Richtlinien für den Lebensmittelverkehr. Die Lebensmittelüberwachung ist in ähnlicher Weise wie in Deutschland geregelt. Sie wird von Amtsärzten, Lebensmittelinspektoren und von Lebensmitteluntersuchungsanstalten durchgeführt.

In der Schweiz ist Lebensmittelgesetzgebung Sache der Kantone, doch ist der Bund ermächtigt, einschlägige gesetzliche Bestimmungen zu erlassen.

7.3 Zusammensetzung der Nahrungsmittel

In den vorangegangenen Kapiteln wurde bereits erläutert, daß es sich bei Luft, Wasser, Boden und pflanzlichem Material um kompliziert zusammengesetzte Stoffe handelt, in denen aber zumeist nur die in geringen Konzentrationen enthaltenen Komponenten zu analysieren sind, da die Zusammensetzung der

Basiskomponente als bekannt vorausgesetzt werden kann. In der Lebensmittelchemie ergibt sich eine völlig andere Sachlage; in der überwiegenden Zahl der Fälle muß die Analyse sämtliche Komponenten bis zu den geringsten Beimengungen erfassen. Oft muß sich der Einbringer einer Probe mit der Bekanntgabe von Kennzahlen begnügen, die nach einem festgelegten Prüfverfahren ermittelt wurden und aus denen sich ergibt, ob die Probe den Richtlinien entspricht.

So kann beispielsweise der Wassergehalt einer Probe durch Trocknung unter definierten Bedingungen bestimmt werden. Ebenso ist es aber möglich, den Wassergehalt durch Destillation unter Zusatz eines geeigneten "Trägers" wie Dichlormethan oder Xylol zu bestimmen, oft auch als "Schleppdampfdestillation" bezeichnet. In beiden Fällen ist aber auch mit Gewichtsverlusten durch Verflüchtigung der leichteren fetten Öle zu rechnen; eine Direktbestimmung des Wassergehalts wäre vorzuziehen, wenn der größere Arbeitsaufwand gerechtfertigt erscheint.

Für die Bestimmung des Gehaltes an natürlichen Fetten und Ölen bedient man sich oft der Lösungsmittelextraktion mit nachfolgender Abdampfung des Extraktionsmittels. Eine derartige Methode kann z.B. ohne weiteres für die Bestimmung des Fettgehaltes von Erdnüssen herangezogen werden, obwohl sie über die Zusammensetzung der extrahierten Fettstoffe nichts aussagt. Wird diese Methode für eine Lebensmittelprobe eingesetzt, so erhält der Analytiker keinen Aufschluß über Art und daher auch nicht über Herkunft der in der Probe enthaltenen Fette. Sehr oft ist es notwendig, zwischen "freien" und "gebundenem" Fett zu unterscheiden, wobei für die Bestimmung der letzteren die Zellstrukturen zerstört werden müssen. Falls auch noch die Einzelbestimmung der einzelnen Fettsäuren verlangt wird, muß die Analyse gaschromatographisch nach der auf S. 310f. beschriebenen Methode oder mittels der GC/MS-Kombination durchgeführt werden. Mit diesen Methoden können die Herkunft des analysierten Produkts ebenso wie eventuelle Verfälschungen erkannt werden. In manchen Fällen läßt sich sogar feststellen, womit das Tier, von dem die Probe stammt, gefüttert wurde (s. S. 310).

Die Bestimmung der Proteine stellt einen weiteren problematischen Arbeitsbereich dar. Im tierischen Gewebe gibt es eine große Zahl verschiedener Verbindungen, die alle als Proteine bezeichnet werden. Das charakteristische Merkmal, das allen diesen Verbindungen gemeinsam ist, besteht im Vorhandensein der Peptidgruppe, - NHCO -, mit der die Aminosäuren zu hochmolekularen Verbindungen zusammengefügt sind. Die Analyse dieser Verbindungen ist etwas schwierig, obwohl Emil Fischer schon im Jahr 1901 eine Methode entwickelte, die auf der Umwandlung der Peptidgruppe in Ammonium mit nachfolgender Destillation im alkalischen Medium beruht. Die in den letzten Jahren entwickelten Geräte gestatten die Durchführung von Serienanalysen mit einem Minimum an Zeitaufwand. Der Aminosäureanteil der Probe wird durch Multiplikation des Stickstoffwertes mit einem der Probe entsprechenden Faktor ermittelt: für Mehl 5,7, für Fleisch 6,25 und für Milch 6,38.

Die in kleineren Mengen in Lebensmitteln enthaltenen Substanzen unterscheidet man in zwei Gruppen, nämlich in zulässige und unzulässige. Durch die Verschiedenheit der Lebensmittelgesetzgebung ergibt sich trotz aller Bemühungen internationaler Organisationen eine nur schwer überschaubare Vielfalt. In Tab. 7.1 sind die wichtigsten zulässigen und unzulässigen Zusätze aufgeführt.

Tab. 7.1 Beimengungen zu Lebensmitteln

"zulässige" Additive	"unzulässige" Verunreinigungen
Konservierungsmittel	Lösungsmittel
Antioxidantien	Verpackungshilfsstoffe
zugelassene Farbstoffe	Pestizide
Emulgations- und Stabilisierungshilfsmittel	Hormone
Vitamine	Toxine (durch Verarbeitung nicht entfernbar)
Gewürze	Schwermetalle

In den folgenden Abschnitten dieses Kapitels werden Analysenmethoden für einige dieser Substanzen vorgestellt, wobei das Hauptgewicht auf der Abtrennung dieser zumeist nur in sehr geringen Mengen vorhandenen Substanzen von der Hauptmenge der Probe liegt.

7.4 Konservierungsmittel

Lebensmittelkonservierungsmittel werden zugesetzt, um bakterielle Zersetzung zu vermeiden. Die in Großbritannien gültigen "Preservatives in Food Regulations 1975" führen eine Liste von zulässigen Konservierungsmitteln an, wobei auch festgelegt ist, welche Zusätze für welche Lebensmittel und in welchen Mengen verwendet werden dürfen. Nähere Angaben finden sich im Appendix 1 bei Pearson[2] (s. Literatur S. 328).

In der Bundesrepublik Deutschland gilt die Konservierungsstoff-Verordnung in der Änderung 1967 und läßt nur die in Tab. 7.2 angeführten Stoffe zu. Grundlebensmittel wie Fleisch, Milch, Brot u. dgl. dürfen nicht konserviert werden. Lebensmittel mit konservierenden Zusätzen müssen, etwa durch Angabe der Kenn-Nr., gekennzeichnet sein.

Tab. 7.2 Zugelassene Konservierungsstoffe

Stoffe	Bezeichnung	Kenn-Nr.
Sorbinsäure und ihre Natrium-, und Kalium-Verbindungen	"Sorbinsäure"	1
Benzoesäure und ihre Natrium-Verbindung	"Benzoesäure"	2
p-Hydroxybenzoesäure-ethylester p-Hydroxybenzoesäure-propylester und deren Natrium-Verbindungen	"PHB-Ester"	3

Schwefeldioxid inhibiert die Entwicklung von Hefe- und Schimmelpilzen sowie von aeroben Bakterien und kann beispielsweise in Fruchtprodukten oder Wurstwaren verwendet werden. Die Bestimmung erfolgt üblicherweise direkt oder nach Abtrennung durch Destillation durch Titration mit Iod.

Undissoziierte Benzoesäure ($pH < 5$) verhindert ebenfalls das Wachstum von Hefe- und Schimmelpilzen. Die Bestimmung kann durch Extraktion der angesäuerten Probe mit Diethylether und durch anschließende UV-Spektrometrie oder sogar nur durch Eindampfen zur Trockne und anschließendes Auswiegen erfolgen. In beiden Fällen sind jedoch Reinigungsschritte erforderlich.

Biphenyl und o-Phenylphenol werden ebenfalls als Fungizide benutzt. Ihre Verwendung ist aber auf Citrusfrüchte beschränkt, deren Schalen üblicherweise nicht gegessen werden.

Biphenyl o-Phenylphenol

Die Früchte werden entweder in eine alkalische Lösung von o-Phenylphenol getaucht oder in Papier eingewickelt, das mit Biphenyl getränkt ist. Anscheinend findet ein nur vernachlässigbar geringer Transport der Konservierungsmittel in das Innere der Früchte statt. Werden Orangen zur Marmeladeerzeugung gekocht, so werden die Fungizide durch den Kochvorgang bzw. die dabei vor sich gehende Wasserdampfdestillation abgetrieben. Die zulässigen Konzentrationen betragen 70 bzw. 12 $\mu g.g^{-1}$.

Die Wasserdampfdestillation kann zweckmäßigerweise für die Bestimmung der beiden Fungizide dienen. Beide destillieren aus saurer Lösung ab. Die Phenol-Verbindung wird aber in alkalischer Lösung zurückgehalten. Diese Eigenschaft kann bei der UV-spektrometrischen Bestimmung ausgenützt werden, die bei 251 bzw. 290 nm erfolgt[5]. Beide Substanzen können aber auch durch GLC[6] bestimmt werden - eine Methode, die als interessante Laborübung durchgeführt werden kann.

7.4.1 Bestimmung von Fungiziden auf Schalen von Citrusfrüchten

Man zerschneidet etwa 20 g Orangenschalen in ca. 5 mm große Stücke und beschickt damit das in Abb. 7.2 gezeigte Probengefäß.

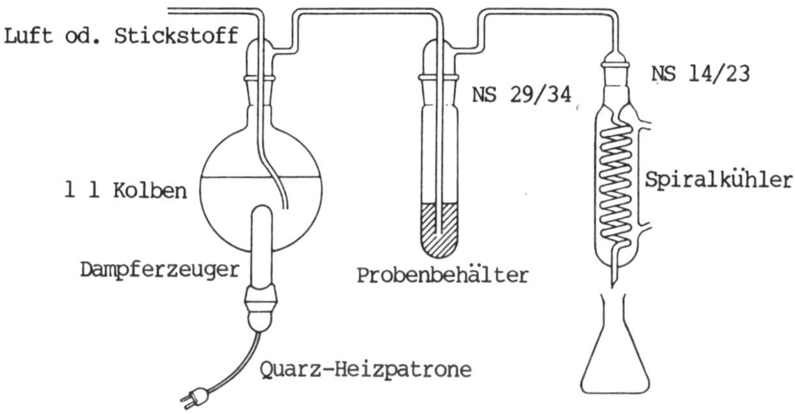

Abb. 7.2 Apparatur zur Wasserdampfdestillation

Arbeitsvorschrift. Man setzt 20 ml Wasser und 1 ml sirupöser Phosphorsäure zu. Man leitet einen langsamen Luft- oder Stickstoffstrom durch die Apparatur und bringt das Wasser im Dampferzeuger zum Sieden. Der eingeleitete Dampf erhitzt den Inhalt des Probengefäßes. Nach einigen Minuten, sobald das Destillat nicht mehr länger milchig, sondern klar erscheint, wird die Heizung abgestellt. Das Destillat wird mit 2 mal 4 ml Diethylether extrahiert. Die kombinierten Extrakte werden vereinigt, mit einer Spatelspitze wasserfreiem Natriumsulfat getrocknet und in einen 10 ml-Meßkolben gebracht. Man setzt 1 ml einer Lösung von 1 $mg \cdot ml^{-1}$ Naphthalin in Ether als inneren Standard zu und füllt zur Marke auf. Man engt 5 ml dieser Lösung auf 0,1 ml ein und injiziert eine 15 l-Probe in den auf 160 °C erhitzten Gaschromatographen mit einer Siliconsäule. Der Nachweis erfolgt mit einem Flammenionisationsdetektor. Temperaturprogrammierung, beginnend mit 2 min. bei 150 °C und mit einem Gradienten von 10 $°C \cdot min^{-1}$ bis 220 °C erlaubt eine schnellere und bessere Trennung der Fungizide von den natürlichen ätherischen Ölen (s.Abb. 7.3).

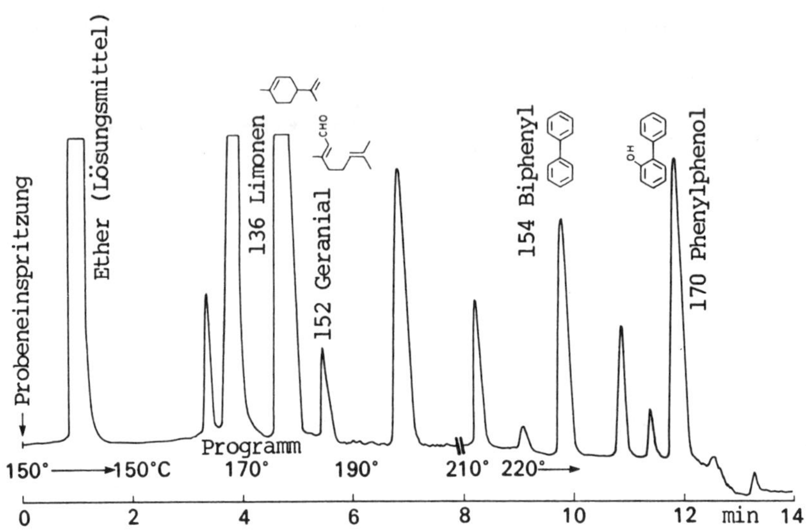

Abb. 7.3 Gaschromatorgramm eines Orangenschalenextraktes

7.4.2 Identifizierung chromatographischer Peaks bei der GC/MS

Das in Abb. 7.3 gezeigte Chromatogramm weist eine größere Anzahl von Peaks auf, wobei diejenigen, auf die sich die Bestimmung bezieht, relativ klein sind. Für die Bestimmung von Biphenyl reicht die Identifizierung durch die Retentionszeit aus; für die Erfassung von o-Phenylphenol ist dies aber nicht der Fall, da eine des öfteren anzutreffende natürliche Komponente dieselbe Retentionszeit aufweist. Man kann zwar durch zwei Wasserdampfdestillationen bei verschiedenen pH-Werten Abhilfe schaffen. Wesentlich günstiger liegen die Verhältnisse beim Einsatz der Kombination von Gaschromatographie und Massenspektrometrie (GC/MS)[7].

Die Verbindung der beiden Geräte erfolgt durch einen, meist als Interface bezeichneten, Separator, wie er in Abb. 7.4 gezeigt ist. Der größte Teil des Trägergases - für die vorliegende Bestimmung sollte Helium verwendet werden - wird abgepumpt, während die von der Probe stammenden Moleküle in ihrer Hauptmenge von der ersten in die zweite Düse gelangen, da sie aufgrund ihrer weit höheren Masse auch ein höheres Trägheitsmoment besitzen und daher nicht so weit aus der geradlinigen Bahn abgelenkt werden können, wie die viel leichteren Helium-Atome (s. Kap. 3, S. 115). Betrachtet man nun die Massenspektren der Peaks des in Abb. 7.3 gezeigten Chromatogrammes, so kann man die Anwesenheit von Biphenyl (m/e = 154) in der Probe bestätigen. Es ergab sich aber auch die Anwesenheit einiger Peaks, die Molekularionen mit einem m/e-Verhältnis von 136 zuzuordnen sind. Es handelt sich um Terpen-Isomere aus dem Orangenöl, wobei Limonen am reichlichsten vertreten ist.

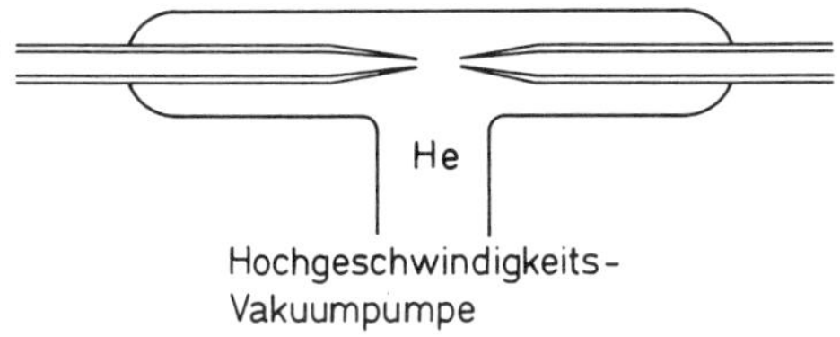

Abb. 7.4 Molekülseparator für die GC/MS-Kombination

7.5 Antioxidantien

Diese Art von Chemikalien werden Lebensmitteln zugesetzt, die natürliche Fette und Öle enthalten - vor allem vorgekochte Speisen - um deren Zersetzung bei der Verarbeitung zu verhindern. Sofern der Hersteller sowohl die richtige Dosierung als auch die korrekten Verarbeitungsbedingungen wählt, sollten diese Substanzen zum Zeitpunkt der Abpackung nur noch in geringsten Mengen vorhanden sein. Für diese Zwecke sind Stoffe wie Butylhydrosyanisol (BHA), Butylhydroxytoluol (BHT) und bestimmte Alkalisalze der Gallussäure als Zusätze zu Fetten und Ölen zugelassen.

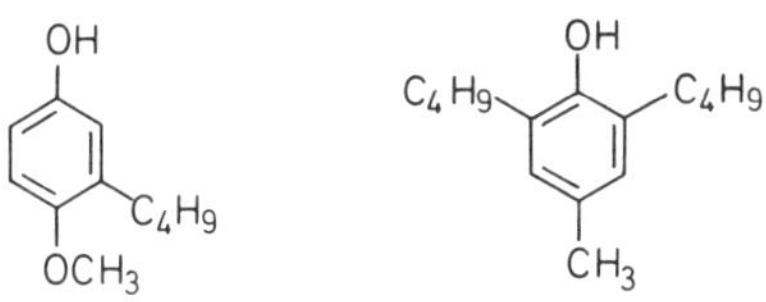

BHA BHT

BHA kann von den geschmolzenen festen Fetten, z.B. Schweineschmalz, durch Wasserdampfdestillation abgetrennt und im wäßrigen Destillat spektrofluorimetrisch nachgewiesen werden[8] (s. Kap. 6, S. 276).

Spektrofluorimetrische Bestimmung von BHA in Fetten

Arbeitsvorschrift. Man bringt 5 g Fett in den Probenbehälter der in Abb. 7.2 abgebildeten Wasserdampfdestillationsapparatur und setzt 5 ml 0,2 molare Schwefelsäure zu. Die Wasserdampfdestillation wird so lange durchgeführt, bis etwa 50 ml Destillat übergegangen sind. Die fluorimetrische Bestimmung erfolgt mit Anregung bei 293 nm und Emission bei 323 nm. Die Vollständigkeit der BHA-Wiedergewinnung sollte als Funktion des gesammelten Volumens durch Vergleich mit Standards mit einem Gehalt von 1, 3, 10, 30 und 100 $\mu g.ml^{-1}$ BHA in Wasser im doppelt-logarithmischen Maßstab, ähnlich dem in Abb. 6.2 gezeigten Eichdiagramm, durchgeführt werden.

Die zulässigen Gehalte betragen 200 $\mu g.g^{-1}$ für eßbare Fette und Öle und 170 $\mu g.g^{-1}$ für Butter. Konzentrationen in dieser Größenordnung können mit der angegebenen Methode noch gut bestimmt werden. Wesentlich niedrigere Gehalte bereiten Schwierigkeiten. Man sollte versuchen, die Erfassungsgrenze dieser Methode durch Standardzusätze zu bestimmen.

7.6 Vitamine

Rohe Lebensmittel enthalten eine Vielfalt von Vitaminen, von denen einige in mehr oder minder großem Ausmaß durch die Verarbeitung bzw. durch Kochen zerstört werden. In einigen Fällen ist in den einschlägigen gesetzlichen Vorschriften vorgesehen, daß Lebensmittel einen Mindestgehalt an essentiellen Vitaminen aufweisen müssen. So muß beispielsweise Mehl zumindest 0,24 mg Vitamin B_1 in 100 g enthalten.

Zur Bestimmung einiger Vitamine kann man sich ihrer mikrobiologischen Aktivität bedienen, wie z.B. im Fall von Vitamin D oder Riboflavin (B_2). Andere Vitamine lassen sich durch chemische Farbreaktionen oder sogar durch direkte Spektrometrie bestimmen, wobei natürlich entsprechende Vorabtrennungsschritte erforderlich sind.

Für das Vitamin B_1, in Europa Aneurin, im englischen Sprachbereich als Thiamin bezeichnet, gibt es eine interessante Analysenmethode, da es sich in das fluoreszierende Thiochrom umwandeln läßt, welches mit guter Empfindlichkeit fluorimetrisch bestimmt werden kann. Das Vitamin wird zunächst säulenchromatographisch von Kombinationen mit Begleitstoffen wie z.B. Zucker durch Hydrolyse getrennt. Anschließend wird es mit alkalischer Kaliumhexacyanoferat(III)-Lösung zu Thiochrom oxidiert und kann nach Elution bei 365/445 nm fluorimetrisch bestimmt werden. Die detaillierte Arbeitsvorschrift findet man bei Paerson[2] (S. 217). Auf die in Kap. 6, S. 276 behandelte Fluorimetrie wurde bereits mehrfach hingewiesen.

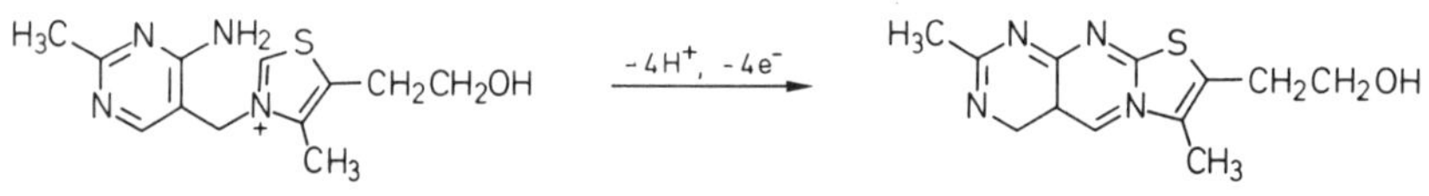

7.6.1 Bestimmung von Vitamin C

Vitamin C (Ascorbinsäure) läßt sich relativ leicht auf titrimetrischem Weg bestimmen. Dieses Vitamin findet sich in zahlreichen Früchten wie in Citrusfrüchten, in schwarzen Johannisbeeren, Hagebutten, Papayafrüchten und in vielen anderen. Es ist interessant zu wissen, wieviel Vitamin C beim Verkochen zu Marmelade zerstört wird. Die Autoren haben festgestellt, daß aus wilden Hagebutten (Massenanteil ca. 4 %) hergestellte Marmelade nur noch ca. 1 % Vitamin C enthält. Die quantitative Bestimmung kann durch Titration mit Kaliumhexacyanoferrat (III) oder besser mit 2,6-Dichlorphenolindophenol (I) erfolgen. Dieser tiefblau gefärbte Farbstoff oxidiert Ascorbinsäure zu Dehydroascorbinsäure und wird dabei selbst zu der farblosen Spezies (II) reduziert.

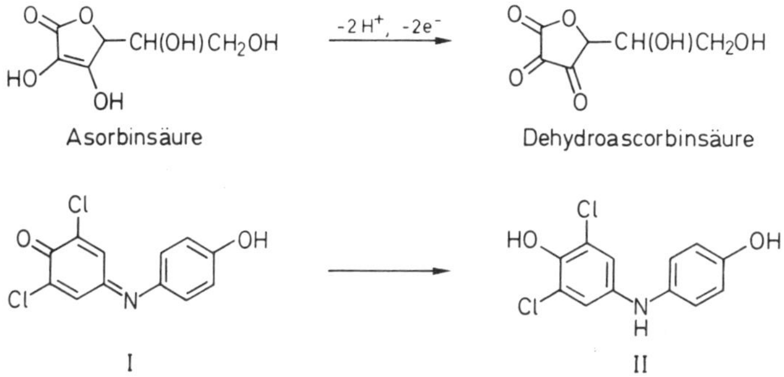

Arbeitsvorschrift. Man löst 50 mg Indophenol-Reagenz in 100 ml Wasser und filtriert. Zur Titerstellung verwendet man 10 ml Ascorbinsäure-Lsg. (50 mg, gelöst in 60 ml 20%iger Metaphosphorsäure und mit Wasser auf 250 ml aufgefüllt; der Zusatz von Metaphosphorsäure verhindert vorzeitig Oxidation durch Luft.

Man titriert bis zu einem schwach rosa Farbton. Für die Bestimmung versetzt man 5 ml Fruchtsaft oder gegebenenfalls verdünnten Fruchtextrakt (z.B. als Markenware erhältlichen schwarzen Johannisbeersaft) mit 2 ml 25%iger Metaphosphorsäure (Massenanteil) und 5 ml Wasser und titriert mit der Indophenol-Lösung wie oben. Diese Titration läßt sich auch an gefärbten Säften durchführen, da man nur auf die Farbänderung zu achten braucht. Bei einer photometrischen Titration würde die Eigenfarbe von Johannisbeersaft stören. Saft von Citrusfrüchten enthält gewöhnlich etwa 30 - 50 mg Vitamin C in 100 ml.

7.7 Flüchtige Verbindungen in Lebensmitteln: Head-space-Analyse

In diesem Zusammenhang sind hauptsächlich zwei Gruppen von Verbindungen zu betrachten: ätherische Öle und Aromastoffe in Lebensmitteln sowie Lösungsmitteln, die bei der Verarbeitung oder bei der Vorbereitung des Verpackungsmaterials verwendet werden. Man würde zunächst annehmen, daß derartige Bestimmungen mit Hilfe der Gaschromatographie durchgeführt werden könnten. In diesem speziellen Fall ergeben sich aber zwei wesentliche Schwierigkeiten. Erstens enthalten die in Frage kommenden Proben so große Mengen nicht flüchtiger Substanz, daß die Chromatographiesäulen ohne Vorbereitungsschritt in Kürze unbrauchbar würden. Zweitens ist es schwierig, ein für einen solchen Vorbereitungsschritt geeignetes Lösungsmittel zu finden, das die gesuchten Peaks nicht überdeckt. In diesem Fall bietet sich die Head-space-Technik als elegante Lösung an.

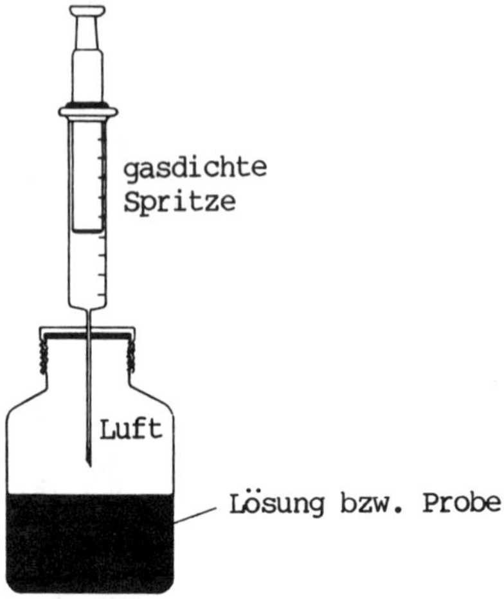

Abb. 7.5 Gefäß zur Einstellung des Gleichgewichts für die "Head-space"-Analyse

Die Probelösung wird, wie es in Abb. 7.5 gezeigt ist, in einer luftdicht verschlossenen Flasche mit dem verbleibenden Luftraum bei etwas erhöhter Temperatur equilibriert. Eine in der Lösung enthaltene flüchtige Komponente wird sich zwischen Lösung und Gasphase (Luft) so verteilen, daß sich in der Gasphase ein Partialdruck p_i einstellt, der der Molfraktion x_i in der Lösung proportional ist.

$$p_i = p_i^0 \cdot x_i \cdot \gamma_i \quad (7.1)$$

wobei γ_i den Aktivitätskoeffizienten der betrachteten flüchtigen Komponente in der Lösung und p_i den Dampfdruck der reinen flüchtigen Komponente darstellt. Ist die Konzentration der flüchtigen Komponente niedrig, so liegt der Wert der Molfraktion der Lösungsmittel sehr nahe bei eins und verändert sich auch in diesem Fall durch die Gleichgewichtseinstellung nicht signifikant. Man kann daher statt der Molfraktion die Konzentration der flüchtigen Komponente einsetzen:

$$p_i = k \cdot p_i^0 \cdot C_i \cdot \gamma_i \quad (7.2)$$

Die Bestimmung des gesuchten Wertes von p_i erfolgt durch gaschromatographische Analyse eines bestimmten Volumens (z.B. 1 ml) der Gasphase, das mit einer luftdichten Spritze durch das Gummiseptum hindurch entnommen wird. Die Fläche des Peaks entspricht der Beziehung

$$A_i = k' \cdot p_i^0 \cdot C_i \cdot \gamma_i \quad (7.3)$$

(Man kann auch die Peakhöhe verwenden).

Die Eichung erfolgt am besten nach der Methode der Standardzusätze, wobei man auf verschiedene Weise vorgehen kann. Entweder setzt man nach der Entnahme der ersten Luftprobe eine bekannte Menge der zu bestimmenden flüchtigen Komponente zu und wiederholt Gleichgewichtsstellung und Entnahme einer Luftprobe wie oben beschrieben oder man setzt eine Reihe von gleichartigen Proben an, die alle außer einer mit steigenden Mengen Standardzusatz dotiert sind.

Schließlich ist es noch möglich, eine Verbindung, die in der Probe mit Sicherheit nicht enthalten ist, als internen Standard zu verwenden. Diese Methode vermeidet Schwierigkeiten, die sich durch Temperaturänderungen und die dadurch bedingte Änderung von p^o ergeben, aber auch solche durch ungleichmäßige Zusammensetzung der Probe (Änderung von γ_i), was vor allem dann der Fall sein kann, wenn die Probe gelöste Salze enthält. Für eine zufriedenstellende Reproduzierbarkeit der Analysenergebnisse ist eine hohe Temperaturkonstanz unbedingt notwendig.

Mehrere flüchtige Komponenten lassen sich ohne weiteres in einem einzigen Chromatogramm bestimmen, da die Gleichgewichtsverteilung jeder einzelnen Komponente unabhängig von der Anwesenheit der anderen ist. Ein zusätzlicher Vorteil dieser Methode besteht darin, daß der Zeitbedarf gering ist, da nur vernachlässigbar geringe Mengen schwerer flüchtiger Komponenten in der Probe enthalten sein können. Die Empfindlichkeit der Methode hängt von der Löslichkeit der flüchtigen Komponente in der Matrix ab. Je geringer die Löslichkeit, um so höher ist der Partialdruck in der Gasphase. Kohlenwasserstoffe und chlorierte Kohlenwasserstoffe lassen sich daher in wäßrigen Proben noch in sehr geringen Mengen bestimmen, während andererseits die Bestimmung von Essigsäure in mariniertem Fisch oder von Benzin in Schmieröl sehr schwierig ist. Man wird sich fragen, auf welchem Weg die Lösungsmittel in die Lebensmittel gelangen. In einigen Fällen werden Lösungsmittel bei der Verarbeitung benötigt, wie z.B. Aceton, das zur Reinigung bestimmter Fette gebraucht wird. Dichlormethan wird verwendet, um Kaffeebohnen das Coffein zu entziehen. Die Hauptquelle der flüchtigen Komponenten stellen jedoch die Verpackungsmaterialien dar, von denen Stoffe wie die restlichen Monomere (Styrol oder Vinylchlorid) oder viel häufiger die in Druckfarben enthaltenen Lösungsmittel wie Tetrahydrofuran, Toluol oder Ethylacetat in die Lebensmittel eindiffundieren.

Diese Stoffe lassen sich in einfachster Weise dadurch bestimmen, daß man ein Stück des zu untersuchenden Verpackungsmaterials in das Untersuchungsgefäß gibt, bei etwa 60 °C equilibriert und Luft samt Lösungsmittel über eine Polyethylensäule chromatographiert. Die quantitative Bestimmung bereitet erhebliche Schwierigkeiten; für qualitative Bestimmungen ist diese Methode jedoch sehr gut geeignet. Für die Migration von Polymer-Additiven (Weichmacher) kann das von Crompton[9] verfaßte Buch empfohlen werden. Wenn eine größere Anzahl von Proben zu analysieren ist, empfiehlt sich die Verwendung eines speziell für diese Zwecke entwickelten Headspace-Analysators, der nicht nur alle erforderlichen Operationen automatisch ausführt, sondern auch wesentlich präzisere Resultate als die manuelle Analyse liefert.

7.8 Pestizide

Von der großen Zahl der Pestizide, die man in Lebensmitteln vorzufinden pflegt, werden nur zwei Gruppen kurz behandelt: die Organochlor(OC)- und die Organophosphor(OP)- Pestizide.

7.8.1 Organochlor-Pestizide

Zu dieser Gruppe gehören Verbindungen wie DDT, Aldrin, Dieldrin und Heptachlor; sie wurden in sehr großen Mengen seit den 40iger Jahren erzeugt und auf der ganzen Welt verwendet. Da es sich um außerordentlich stabile Verbindungen handelt, ist ihre Halbwertszeit in der Umwelt ungewöhnlich lang.

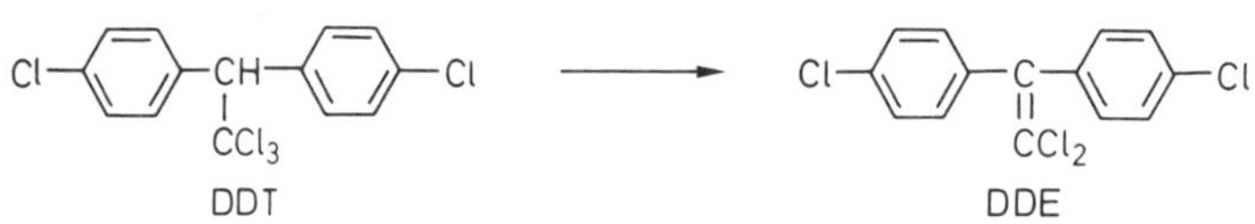

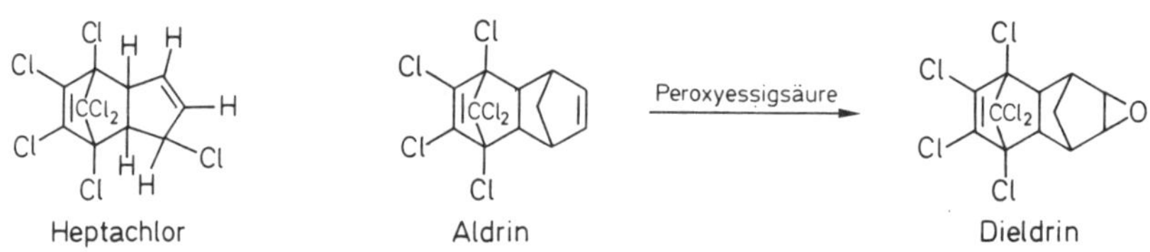

Daher werden sie auch in der komplexen natürlichen Nahrungskette von einem Organismus zum nächsten befördert und zumeist auch angereichert, bis sie schließlich auch im menschlichen Körper landen.

Geringe Mengen von DDT findet man in den verschiedensten Proben aus der Biosphäre, zumeist gemeinsam mit dem primären Metaboliten DDE. Es ist bekannt, daß bereits geringe Mengen DDT den Bruterfolg von Vögeln beeinträchtigen, die mit DDT vergiftete Insekten fressen (wobei die Resistenz mancher Insektenarten zu bedenken ist). Sehr geringe Mengen Dieldrin sind für kleinere Säugetiere tödlich. Wesentlich schwieriger ist die Frage zu entscheiden, wie hoch die Risikogrenze von DDT für den menschlichen Organismus anzusetzen ist. Arbeiter, die regelmäßig mit DDT in Berührung kommen, reichern im Fettgewebe bis zu 100 $\mu g.g^{-1}$ (Maximalwert) bzw. 10 $\mu g.g^{-1}$ (Durchschnittswert) im Fettgewebe und im Blut an, ohne irgendwelche Symptome zu zeigen. Kleinere Tiere können ebenfalls erhebliche Mengen DDT speichern. Beeinträchtigungen zeigen sich jedoch, wenn in Streß- oder Hungerperioden das im Körper gespeicherte Fett aufgezehrt wird, und die Pestizide in den Blutkreislauf gelangen.

Auf die Gefahr, die die unbedenkliche und unüberlegte Anwendung riesiger Mengen dieser Pestizide für die gesamte Biosphäre bedeutete, wurde die breite Öffentlichkeit erst durch das inzwischen berühmt gewordene Buch "Der stumme Frühling" von Rachel Carson[10] aufmerksam.

Zur Zeit ist man der Ansicht, daß der Gehalt an Aldrin und Dieldrin in Lebensmitteln 0,1 $\mu g.g^{-1}$ nicht übersteigen soll. Für Babynahrung und Trockenmilch ist ein Grenzwert von 0,02 $\mu g.g^{-1}$ vorgesehen[11]. Derart niedrige Konzentrationen können aber erst nach einem Trennungs- und Voranreicherungsschritt ("clean-up") erfolgreich bestimmt werden.

Für die Abtrennung und Voranreicherung dieser üblicherweise als Pestizidrückstände bezeichneten geringen Mengen von Organochlor-Verbindungen verwendet man zumeist Lösungsmittel-Extraktionsmethoden[12]. Fette müssen besonders behandelt werden. Man löst sie unter Erwärmung in Hexan und friert die Fette anschließend wieder aus, wobei die OC-Verbindungen in Lösung bleiben[13]. Eine weitere Trennung wird durch Zusatz von Dimethylformamid (DMF) erreicht. Die Rückführung in reines Hexan gelingt durch Zugabe von Wasser zur DMF-Phase, wodurch die Löslichkeitsgleichgewichte in die gewünschte Richtung verschoben werden. Die Hexan-Phase (Sdp. = 69 ^{o}C) wird auf ein kleines Volumen eingeengt, von dem dann eine geeignete Menge in den Gaschromatographen injiziert wird. Die Schwierigkeit bei derartigen mehrstufigen Anreicherungsverfahren liegt in der Höhe der erreichbaren Wiederfindungsrate. In diesem Fall beträgt sie in Schaffett im 0,1 $\mu g.g^{-1}$-Bereich für alle üblichen OC-Verbindungen 80 % und mehr als 90 % für die meisten von ihnen.
Eine weitere Unterscheidung läßt sich durch Verwendung eines Elektroneneinfangdetektors erzielen (s. Kap. 3, S. 115), der auf Organochlorverbindungen sehr empfindlich anspricht, nicht aber auf Kohlenwasserstoffe, die kein Halid-Ion enthalten.

Eine weitere Voranreicherungsmethode für "nasse" Proben ist in der Literatur[4], Kap. 29 genau beschrieben.

7.8.2 Organophosphor-Pestizide

Die Verbindungen dieser Kategorie, zu der die bekannten Pestizide Dichlorvos, Malathion und Parathion gehören, sind zwar wesentlich toxischer als die im vorigen Abschnitt behandelten OC-Verbindungen. Da sie aber weniger stabil sind, ist ihre Persistenz in der Umwelt erheblich geringer.

Eine Übersicht über die analytischen Bestimmungsmöglichkeiten wird von Bowman[14] gegeben. Die OP-Verbindungen liegen in den zu untersuchenden Proben in Konzentrationen von 0,01 µg.g^{-1} und darunter vor. Da die OP-Verbindungen stark polaren Charakter aufweisen, lassen sie sich aus wäßrigen Proben durch Azeotrop-Dampfdestillation[15] mit einem Wasser-Dichlormethan (=DCM)-Gemisch unschwer trennen.

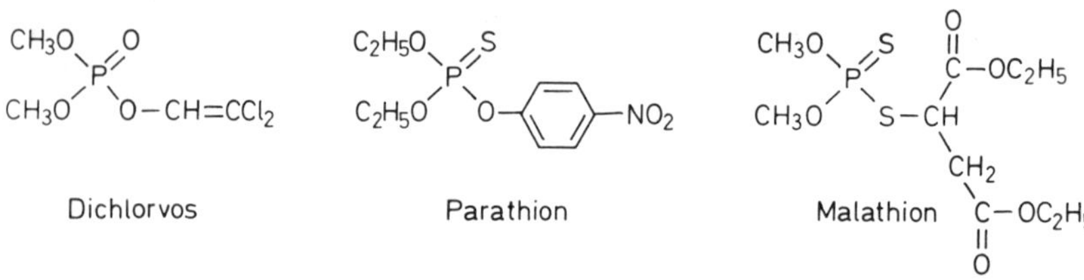

Bei der Entmischung des Destillats finden sich die OP-Pestizide in der DCM-Phase, die sich leicht auf ein kleines Volumen (Sdp. = 40 °C) einengen läßt. Die Bestimmung erfolgt gaschromatographisch. Als Detektor für die OP-Pestizide wird ein flammenphotometrischer Detektor empfohlen[16]; die Wasserstoffflamme des Flammenionisationsdetektors emittiert Licht, wenn gewisse Elemente anwesend sind: blau für Schwefel (S_2-Moleküle emittieren bei 394 nm) und grün für Phosphor (HPO-Moleküle emittieren bei 526 nm). Das emittierte Licht passiert ein geeignetes Spektralfilter und wird von einem Photomultiplier aufgenommen. Verwendet man ein Filter für das Phosphor-Band, so wird die Schwefel-Emission mit verringerter Empfindlichkeit mitregistriert. Der Faktor für die Diskrimination der Kohlenwasserstoffe beträgt etwa 10^4. Es empfiehlt sich, dieses System als Doppeldetektor FID/FDP mit einem Zweikanalschreiber zu betreiben. Es läßt sich dann leicht feststellen, welche Verbindungen Schwefel oder Phosphor oder keine von beiden enthalten.

7.8.3 Säulen zur gaschromatorgraphischen Trennung der Pestizide

Da die Flüchtigkeit der meisten Pestizide ziemlich gering ist, müssen die Chromatographiesäulen bei ziemlich hoher Temperatur, etwa bei 200 °C, betrieben werden. Verschiedene Siliconöle sind in diesem Temperaturbereich ausreichend stabil und weisen auch recht gute Trenneigenschaften auf. Ein Methylsilicon mit der Bezeichnung DC 200 hat sich als sehr geeignet für die Trennung zahlreicher OC-Verbindungen erwiesen, wie Abb. 7.6 zeigt.

Allerdings kann die Identifizierung einzelner Komponenten allein aufgrund der Retentionszeiten nicht als ausreichend verläßlich betrachtet werden, da die reale Probe in ihrer Zusammensetzung vom Testgemisch, das die einzelnen Pestizide in gleich großen Konzentrationen enthält, erheblich abweicht. Man sollte daher die Retentionszeiten an zumindest einer weiteren Säule bestimmen. Es wäre naheliegend, eine andere Silicon-Verbindung als stationäre Phase zu verwenden. Die Reihenfolge der Elutionsgeschwindigkeit der üblichen

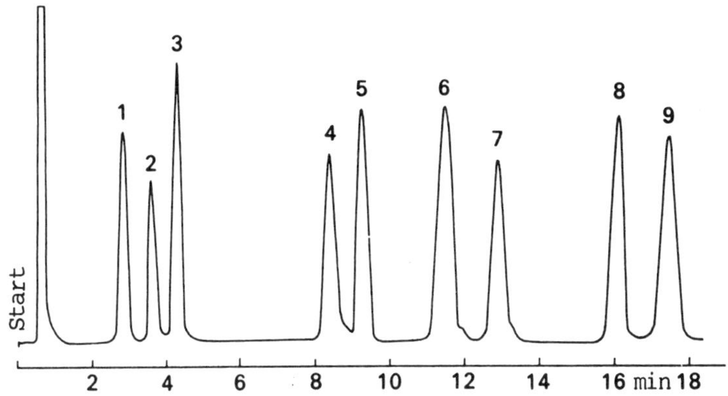

Abb. 7.6 Gaschromatographische Trennung von chlorierten Kohlenwasserstoff-Pestiziden an eine 6-Fuß-Siliconölsäule (OV-210 auf GasChrom Q; mit freundl. Gen. von Alltech Associates Inc.); 1 d-BHC, 2 Lindan, 3 Aldrin, 4 Heptachlorepoxid, 5 p,p'-DDE, 6 o,p'-DDT, 7 Dieldrin, 8 p,p'-DDD, 9 p,p'-DDT

Pestizide würde sich aber in diesem Fall kaum ändern. Man muß daher eine völlig andere Art von stationärer Phase verwenden, zum Beispiel Diethylenglycolsuccinat. An einem Ester ist die Elutionsreihenfolge völlig anders, was der Identifizierung der Komponenten viel größere Sicherheit verleiht. Dieser Effekt ist aus den in Abb. 7.7 gezeigten Korrelationsdiagrammen zu ersehen.

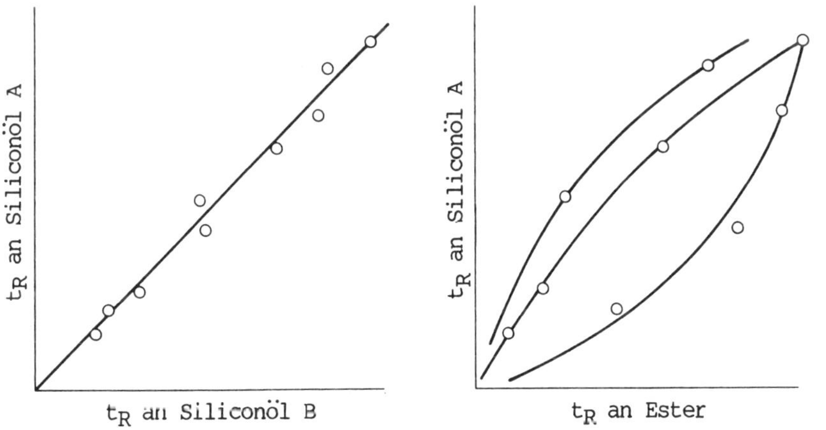

Abb. 7.7 Korrelation der Retentionszeiten einer Gruppe von Verbindungen an zwei ähnlichen und an zwei verschiedenen Trennsäulen

Thomson und Watts haben die Auswahl der für Pestizide geeigneten Kolonnen ausführlich diskutiert und umfangreiche Tabellen der Retentionszeiten zusammengestellt[17].

7.8.4 Standards für die Analyse von Pestizid-Rückständen

Reine Pestizide sind im Fachhandel erhältlich. Es ist aber wesentlich einfacher, bereits fertige Lösungen von Pestizidgemischen zu kaufen, die nur auf das gewünschte Maß zu verdünnen sind.

7.9 Derivatisierung von Fettsäuren für die Gaschromatographie

Die langkettigen Fettsäuren (C_8 - C_{24}) kommen in der Natur sowohl in pflanzlichen als auch in tierischen Ölen und Fetten als Triglyceride, also verestert mit Glycerin (1,2,2-Trihydroxypropan) vor. Die Fettsäuren sind normalerweise geradkettig, obwohl z.B. Schafe, die mit Gerste gefüttert werden, auch verzweigtkettige Fette produzieren. Die meisten Fettsäuren enthalten gesättigte Kohlenwasserstoff-Ketten. Verschiedene pflanzliche Öle können oft durch ihren Gehalt an ein- bis dreifach ungesättigten Fettsäuren charakterisiert werden. Auf diese Weise lassen sich auch Verfälschungen mit einem billigeren Produkt erkennen[18]. So läßt sich beispielsweise eine Verfälschung von Olivenöl mit Rapssamenöl durch Anwesenheit der ungesättigten C_{22}-Erucasäure feststellen. Da die höheren Fettsäuren nicht ausreichend flüchtig sind, um sie gaschromatographisch trennen zu können, müssen sie in geeignete Derivate, meist in ihre Methylester, umgewandelt werden. Die Reaktion läßt sich gemeinsam mit der Hydrolyse der Triglyceride in einem Arbeitsgang durchführen. Einer der möglichen Wege besteht in der Reaktion mit Dimethoxypropan in methanolischer Salzsäure bei etwas mehr als Raumtemperatur [19]. Die Reaktion ist einfach, verläßlich und vermeidet die Verwendung gefährlicher Reagenzien, die für andere Methoden benötigt werden. Da die Reaktion bei niedriger Temperatur abläuft, besteht keine Gefahr von Nebenreaktionen, vor allem solcher, die die Doppelbindungen angreifen könnten.

7.9.1 Bestimmung der Fettsäuren in eßbaren Fetten und Ölen

Die methanolische Salzsäure wird folgendermaßen hergestellt: Man läßt unter einem gut ventilierten Abzug aus einer Bürette 10 ml Acetylchlorid langsam in 90 ml Methanol unter Magnetrührung eintropfen. Die lebhafte Reaktion verläuft glatt; beim Einfall eines jeden Tropfens ist ein mäßig knallendes Geräusch zu hören. Man wiegt etwa 0,2 g Öl oder Fett (durch Differenzwägung) in eine 30 ml-Glasschliffflasche. Aus einer Bürette werden 14 ml Toluol sowie 1 ml Dimethoxypropan und 5 ml methanolische Salzsäure zugesetzt. Für diese beiden Zugaben verwendet man eine Kolbenpipette.

Man läßt die verschlossene Flasche über Nacht oder 5 h bei 40 ^{o}C stehen. Anschließend setzt man 1 - 2 g Neutralisationsgemisch (Natriumcarbonat, Natriumbicarbonat und Natriumsulfat, alle wasserfrei, im Verhältnis 2:1:2, über Nacht bei 12o °C getrocknet) zu. Man wartet ca. 15 min bis die CO_2-Entwicklung aufgehört hat und sich die Feststoffe abgesetzt haben. Dann injiziert man 5 µl dieser Lösung in eine polare Siliconsäule mit einem FID. Cyanosilicon wie z.B. OV 225 oder Supelco 2340 sind gut geeignet. Temperaturprogrammierung ist sehr zu empfehlen: 4 min bei 80 °C, anschließend ein Gradient von 15 °C/min bis 25o °C, die weitere 10 min gehalten werden. Mit einer weniger polaren Säule ist es kaum möglich, die ungesättigten von den gesättigten Fettsäuren zu trennen. Abb. 7.8 zeigt ein unter den beschriebenen Bedingungen erhaltenes Chromatogramm.

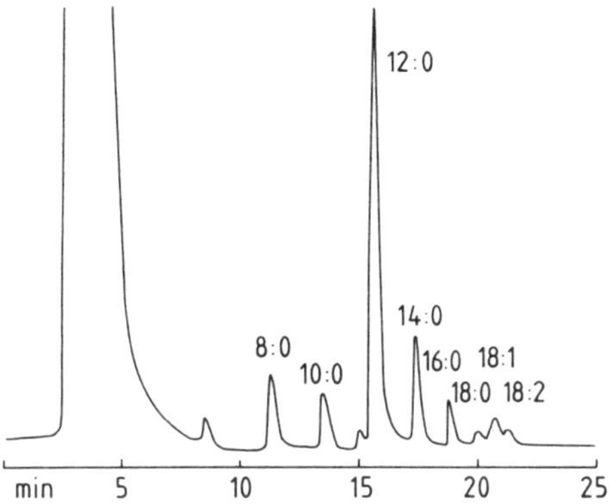

Abb. 7.8 Gaschromatogramm von Fettsäure-Methylestern in Kokosnußöl. Siliconöl-Säule, 4 min bei 80 °C, Steigerung um 15 °C min^{-1} bis 250 °C "18:1" bezeichnet eine C-18-Fettsäure mit einer Doppelbindung

Wenn keine freien Fettsäuren zur Verfügung stehen, kann man dieses Chromatogramm als Referenz benutzen. Stehen einzelne freie Fettsäuren zur Verfügung, wiegt man 20mg-Mengen von drei oder vier Fettsäuren in eine 30ml-Flasche und behandelt sie wie beschrieben.

In Tab. 7.3 sind die durchschnittlichen Gehalte von Fettsäuren in einigen Ölen und Fetten angegeben.

Die Entwicklung von neuen, für hohe Temperaturen geeigneten stationären Phasen (z.B. Dexsil-300) hat es ermöglicht, die einzelnen Triglyceride ohne chemische Vorbehandlung zu separieren. Man verwendet eine kurze 50cm-Säule mit Temperaturprogrammierung bis zu 350 °C.

Tab. 7.3 Gehalte an verschiedenen Fettsäuren in einigen Fetten und Ölen (Massenanteil in %) *)

Öle: **)	1		2	3		4	5		6		
	Kokos	Palmkern	Palm	Erdnuß	Oliven	Sesam	Maiskeim	Sonnenblumen	Leinsamen	Butter	Schmalz
Fettsäuren:											
8.0 Capryl-	10	4									
10.0 Caprin-	8	4								1	
12.0 Laurin-	55	48								1	
14.0 Myristin-	15	16	1							17	2
16.0 Palmitin-	6	8	44	16	19	9	16	4	10	43	30
16.1 Palmitolein-					2					4	4
18.0 Stearin-	1	2	4	4	2	5	2	3	5	9	14
18.1 Olein-	3	15	40	45	63	35	26	25	21	20	40
18.2 Linol-	1	3	10	31	13	45	54	55	16	1	9
18.3 Linolen-				2	1		2	5	48	0,5	1
20.0 Arachidin-				2							

*) Die Werte können für einzelne Proben geringfügige Abweichungen zeigen.

**) Die Einteilung in Gruppen aufgrund des Gehaltes der Hauptkomponenten ist jene, die von Ullmann verwendet wird[20].

7.9.2 Weitere Derivatisierungsreaktionen

Zur Umwandlung von Säuren in ihre Ester sind noch einige weitere Reaktionen üblich. Ebenso gibt es verschiedene Methoden, mit deren Hilfe man nicht-flüchtige Verbindungen wie Zucker, Steroide und Aminosäuren in ausreichend flüchtige Verbindungen umwandeln kann. Phenole können zwar direkt chromatographiert werden, sie neigen aber sehr zum "Nachschleppen", so daß man es zumeist vorzieht, sie in die entsprechenden Methylether umzuwandeln und diese zu chromatographieren. In Tab. 7.4 sind einige der wichtigeren Derivatisierungsreaktionen zusammengestellt. Eine eingehendere Behandlung dieses Themas findet sich bei Perry[21].

7.9.3 Kapillar-Gaschromtographie

Für schwierige Trennungen würde man sehr lange Säulen und in weiterer Folge einen relativ hohen Trägergasdruck benötigen. Als Alternative zur gepackten Säule läßt sich die Kapillarsäule einsetzen, die üblicherweise eine Länge von 25 m und einen Innendurchmesser von 0,25 mm aufweist. Die Innenwandung trägt eine dünne Schicht der stationären Phase. Trotz der größeren Länge ist die Gesamtmenge der stationären Phase gering und könnte daher leicht überladen werden. Man verwendet aus diesem Grund ein sogenanntes "Splitter"-System, das einen Großteil der aufgegebenen Probe verwirft. Daraus ergibt sich aber der Vorteil, daß sich die Kapillarchromatographie eben wegen der geringen Probenmengen und der

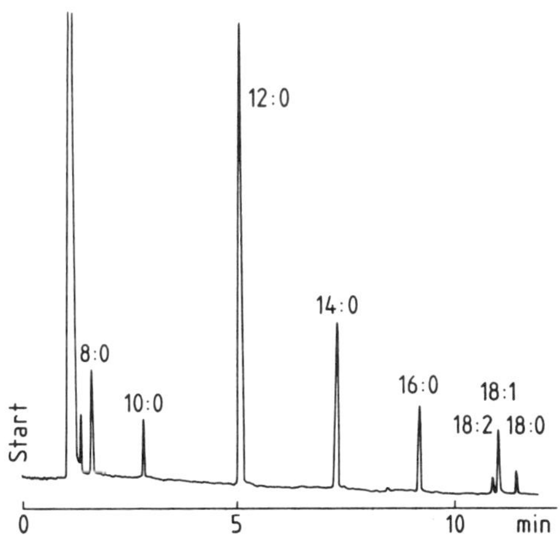

Abb. 7.9 Gaschromatogramm von Fettsäure-Methylestern in Kokosnußöl an einer hochauflösenden Kapillarsäule (25m x 0,25mm) mit einem niedrig-polaren Siliconöl als stationären Phase. Die Autoren danken Dr. Alistair Smith vom Rowett Research Institut für die Durchführung dieser chromatographischen Bestimmung

niedrigen Trägergasmenge und -geschwindigkeit zur Kombination mit dem Massenspektrometer sehr gut eignet. In Abb. 7.9 ist ein Chromatogramm mit hoher Auflösung dargestellt, das im Vergleich mit Abb. 7.8 die Vorteile dieser Technik sehr überzeugend darstellt.

7.10 Chromatographie nicht-flüchtiger Verbindungen

Mit den üblichen GLC-Methoden können Mischungen zahlreicher, in geringen Mengen vorliegender Substanzen getrennt und quantitativ bestimmt werden. Diese Technik ist aber für alle jene Verbindungen nicht brauchbar, deren Dampfdruck zu niedrig ist oder die bei höheren Temperaturen nicht mehr ausreichend stabil sind. Für die Trennung solcher Substanzen läßt sich die Chromatographie verwenden, bei der ein Lösungsmittel bzw. Lösungsmittelgemisch eine mit feinkörnigem Absorptionsmittel gepackte Kolonne durchwandert. Als Absorbentien verwendet man Substanzen wie Aluminiumoxid oder Silicagel. Diese altbewährte Technik eignet sich gut für gefärbte Substanzen, bei denen sich der Trennungsvorgang leicht verfolgen läßt. Als Nachteil ist der Umstand zu betrachten, daß die Trennung nicht sehr scharf bzw. die Auflösung nicht gut ist und daß einwandfreie Trennungen schon einer relativ geringen Anzahl von Komponenten schwierig durchzuführen sind.

Tab. 7.4 Einige Derivatisierungsreaktionen für die Gaschromatographie

Verbindungen	Reagenz	Produkt
Fettsäuren	HCl/CH_3OH/ Dimethoxy-propan	Methylester
	Bortrifluorid/CH_3OH	Methylester
Zucker	Trimethylsilylimidazol (TSIM)	Trimethylsilylether
Phenole	Hexamethyldisilazan	Trimethylsilylether
Phenole	Trifluoressigsäureanhydrid	Trifluoroacetatester
Steroide	Essigsäureanhydrid	Acetate
Aminosäuren	Essigsäure/n-Propanol	N-Acetyl-n-propylester
Anorganische Anionen	als Ag^+-Salz zum Trocknen; n-Butyliodid	n-Butylhalogenide etc.

In Kap. 3, S. 94 wurden die Begriffe "Theoretischer Boden" und "Theoretische Bodenhöhe" ("Height Equivalent to a Theoretical Plate" = HETP) bereits erläutert. Ebenso wurde der durch die van Deemter-Gleichung (s. Kap. 3, S. 73f.) beschriebene Zusammenhang zwischen Geschwindigkeit des Trägerstroms und der theoretischen Bodenhöhe beschrieben.

Für die Gaschromatographie läßt sich eine ähnliche Theorie ableiten, wobei der Unterschied lediglich in der Annahme liegt, daß die Diffusionskoeffizienten der gelösten Stoffe im Lösungsmittel, also in der mobilen Phase, und die der am Trägermaterial absorbierten gleich groß sind, daß der Übergang schnell verläuft und nur sehr wenig Energie erfordert. Die Gleichung nimmt unter diesen Voraussetzungen folgende Form an:

$$h = A \cdot v^{1/3} + \frac{B}{v} + C \cdot v \qquad (7.4)$$

wobei h die <u>reduzierte Bodenhöhe</u> darstellt (damit ist die Anzahl der aneinandergereihten Teilchen des Trägermaterials mit dem Durchmesser d_p gemeint) die durch Multiplikation mit h die theoretische Bodenhöhe ergeben würde. Mit v wird die <u>reduzierte Geschwindigkeit</u> bezeichnet, die sich aus dem Verhältnis des Teilchendurchmessers zum Diffusionskoeffizienten, multipliziert mit der linearen Fließgeschwindigkeit des Solvens f ergibt:

$$v = \frac{f \cdot d_p}{D}$$

Gl. (7.4) kann nunmehr in folgender Weise geschrieben werden

$$HETP = A \cdot d_p \cdot f^{1/3} + \frac{B \cdot D}{f} + \frac{C \cdot f \cdot d_p^2}{D} \qquad (7.5)$$

Das erste Glied der Gl. (7.5) ist als Maß für die "Gewundenheit" ("Tortuosity") zu betrachten, womit die unterschiedlichen Weglängen gemeint sind, die Moleküle auf ihrem Weg durch die Säule zurückzulegen haben. Dieses Glied ist proportional zu d_p, dem Teilchendurchmesser. Das zweite Glied beschreibt die Verbreiterung eines Bandes während der Passage, da die Moleküle in alle Richtungen diffundieren. Dieser Effekt macht sich bei geringeren Fließgeschwindigkeiten erheblich stärker bemerkbar. Da aber die Diffusionskoeffizienten in der flüssigen Phase viel geringer sind als in der Gasphase, ergibt sich demzufolge bei der Flüssigkeitschromatographie ein weitaus geringerer Effekt als bei der Gaschromatographie.

Das letzte Glied gibt die Übergangsrate zwischen stationärer und mobiler Phase an; bei größeren Teilchendurchmessern wirkt sich dieses Glied mehr aus als bei kleineren. Ein Diagramm, in dem die theoretische Bodenhöhe (HETP) gegen die reduzierte Fließgeschwindigkeit v aufgetragen wird, ist dem für die Gaschromatographie in Abb. 3.32, S. 118 gezeigten ziemlich ähnlich. Für typische Säulen sollte sich der Minimalwert für die theoretische Bodenhöhe bei einer reduzierten Fließgeschwindigkeit von v = 3 und einer optimalen Teilchengröße von etwa 5 µm ergeben. Die Leistung der Säule wird besser, wenn alle Teilchen dieselbe Größe haben und wenn sie eher kugelig und nicht irregulär geformt sind.

Um aber bei diesen Teilchengrößen die gewünschte Fließgeschwindigkeit zu erzielen, ist ein relativ hoher Druck erforderlich, etwa 2 MPa (20 bar) für eine Säule von 10 cm Länge; für eine 20cm-Säule ist etwa der doppelte Druck erforderlich. Für die Zufuhr des Lösungsmittels bei diesem Druck und diesen Fließgeschwindigkeiten von wenigen $ml \cdot min^{-1}$ verwendet man eine Kurzhub-Kolbenpumpe. Erst durch die Entwicklung von Pumpen, die unter diesen Bedingungen mit der erforderlichen Präzision arbeiten, konnte die Technik entwickelt werden, die heute als Hochdruck- oder Hochleistungschromatographie (High Pressure oder High Performance Liquid Chromatographie, "HPLC") bekannt ist. Genauere Einzelheiten finden sich bei Knox[22] sowie bei Engelhardt[23] und Mayer[24].

7.10.1 Die Hochleistungsflüssigkeitschromatographie (HPLC)

Der grundsätzliche Aufbau eines HPLC (High Pressure Liquid Chromatography) -Gerätes ist aus Abb. 7.10 ersichtlich.

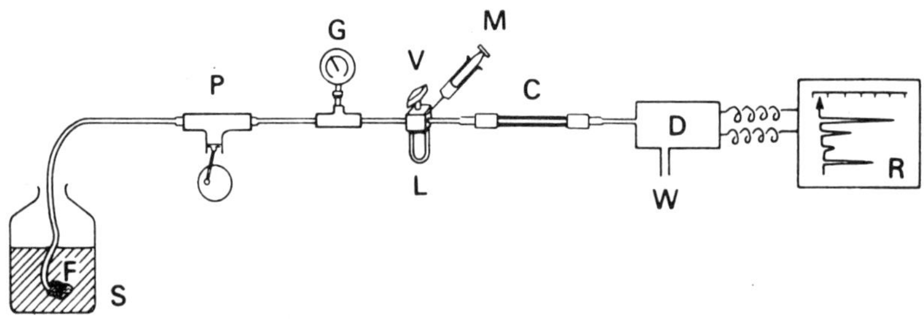

Abb. 7.10 Schematische Darstellung einer Apparatur für die Hochdruck-Flüssigkeitschromatographie; S Lösungsmittel, das über Filter F und Pumpe P zur Einlaßeinheit V gelangt; an den Mehrweghahn V sind eine Probenschleife L und die Einspritzeinheit M angeschlossen. Der Druck kann am Manometer G abgelesen werden. Auf die Säule C folgt die Detektoreinheit D mit Ablauf W und Registrierschreiber R

Die Pumpe muß das Lösungsmittel bei hohem und konstantem Druck (bis zu 30 MPa = 300 bar) bei einer Förderleistung von wenigen $ml \cdot min^{-1}$ liefern. Doppelwirkende Pumpen geben einen gleichmäßigeren Durchfluß, wodurch die Welligkeit der Basislinie des Registrierschreibers verringert wird (siehe Abb. 7.11).

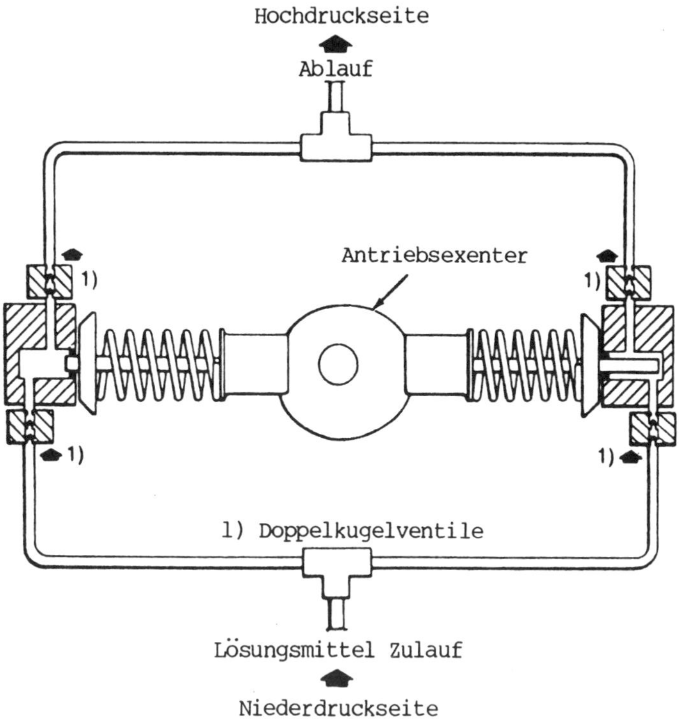

Abb. 7.11 Schematischer Aufbau einer Kurzhubkolbenpumpe

Die direkte Probeneinspritzung mit einer Mikroliterspritze ist zwar möglich, aber nicht zu empfehlen. Weitaus günstiger ist es, ein Einspritzsystem zu verwenden, das aus einer Dosierschleife und einem Sechslochscheibenventil besteht. Das Probenvolumen liegt zwischen 1 und 20 µl (s. Abb. 7.12).

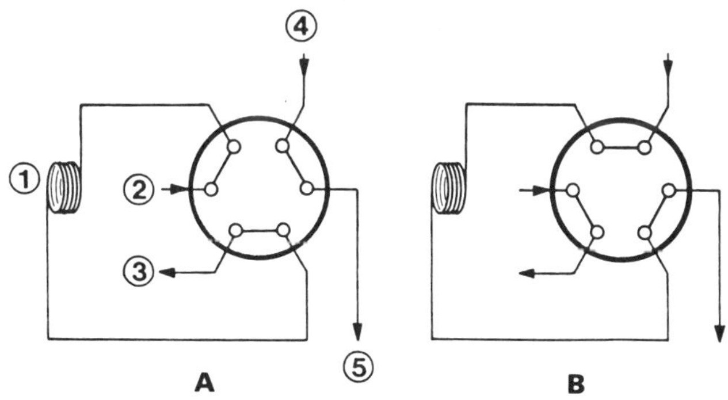

Abb. 7.12 Probenaufgabe über Dosierschleife. 1 Dosierschleife, 2 Einspritzstelle, 3 Überlauf, 4 Pumpe, 5 Trennsäule

Tab. 7.5 Detektoren für Flüssigkeitschromatographie

Typ	Abkürzung	Bemerkungen	Linearer dynamischer Bereich	Empfindlichkeit
Refraktometer	RI	Universell anwendbar; empfindlich gegen Temperaturschwankungen und Änderungen in der Zusammensetzung des Lösungsmittels	groß	mittelmäßig
Leitfähigkeitsmeßgerät	Cond.	Für Ionenchromatographie besonders geeignet	groß	sehr gut
Spektrophotometer (UV)	UV	Nur für Verbindungen oder ihre Derivate, die im UV-Bereich absorbieren, aber für Gradienten-Elution sehr gut geeignet	begrenzt	gut
Fluorimeter	F	Für einen begrenzten Bereich von Verbindungen wie z.B. für Polyaromaten sehr gut geeignet	groß	sehr gut
Elektrochemische Detektoren	Elek.	Selektiv, z.B. für Nitro- und Chinongruppen und Sulfide	groß	gut
Atomabsorption oder Emissionsspektrometer	AD ES	Registriert Metalle nach Abscheidung von Organometallverbindungen. Anregung mit Flamme oder ICP	begrenzt groß	mittelmäßig gut
Massenspektrometer	MS	Zentrales Problem ist die Abtrennung des Lösungsmittels, das jedoch bereits gelöst zu sein scheint	groß	gut

Tab. 7.6 Einige typische HPLC-Trennungen

Verbindungen	Säule	Lösungsmittel	Detektor
Chlorierte Kohlenwasserstoffe, Pestizide	Silicagel	n-Heptan	RI
Coffein, Codein, Ephedrin	Silicagel	CH_3OH/NH_4OH	UV
Steroide	Silicagel	$CHCl_3/CH_3OH$	RI
Polyaromatische Kohlenwasserstoffe	Silicagel	n-Heptan	F
Fettsäuren (als p-Bromophenacylester)	C_8-vernetztes Silicagel	Acetonitril/ H_2O	UV
Dicarbonsäuren	C_{18}-vernetztes Silicagel	H_2O/CH_3OH + 0,1 % Propionsäure	UV/RI
Carboxysäuren, Sulfonsäuren	C_{18}-vernetztes Silicagel ("reverse-phase" Ionen-Paarchromatographie	H_2O/CH_3OH + Tetrabutylammoniumphosphat	UV
Monsaccharide	NH_2-vernetztes Silicagel	Acetonitril/ H_2O	RI
Anorganische Anionen	Ionenaustauschharze (Ionenchromatographie)	Na_2CO_3, $NaHCO_3$, wäßrige Pufferlösungen	Cond.

Die Säulen bestehen aus dickwandigem Stahlrohr, 10 - 20 cm lang, mit einem Innendurchmesser von 2 - 3 mm. Die Teilchengröße der Füllung liegt zwischen 2 - 20 µm, beträgt jedoch meist 5 oder 10 µm.

Die stationären Phasen lassen sich in drei Kategorien gliedern:

a) Polare Feststoffe wie Aluminiumoxid oder Silicagel, die mit wenig polaren Lösungsmitteln als mobile Phase verwendet werden.

b) Chemisch vernetzte Stoffe, wie z.B. Octylsilan oder Octadecylsilan, zur Verwendung mit polaren Solventien wie Ethanol/Wasser-Gemisch.

c) Ionenaustauschharze für die Trennung von Aminosäuren oder für die Ionenchromatographie.

In der Gaschromatographie sind die Art der stationären Phase und die Temperatur die für die Trennung ausschlaggebenden Faktoren. In der HPLC kommt es hauptsächlich auf die Wahl des geeigneten Lösungsmittels bzw. Lösungsmittelgemisches an, durch deren Variation die optimalen Resultate erzielt werden. Man benötigt daher nur einige verschiedene Typen von Trennsäulen, um eine Vielzahl von verschiedenen Analysen durchführen zu können. Analog zur Temperaturprogrammierung in der Gaschromatographie verwendet man in der HPLC die als "Gradientenelution" bekannte Technik: Die Zusammensetzung des Lösungsmittelgemisches ändert sich während der Analyse. Bei den Detektoren lassen sich zwei Gruppen unterscheiden: jene, die die Eigenschaften des Solvens messen sowie jene, die lediglich auf die gelösten Stoffe ansprechen. Zu der ersten Kategorie gehören Refraktometer und Leitfähigkeits-meßzellen, zur zweiten zählen spektrophotometrische und spektrofluorimetrische Detektoren. In Tab. 7.5 sind die wichtigsten derzeit für die HPLC in Verwendung stehenden Detektoren zusammengestellt. Tab. 7.6 bringt einige Beispiele von HPLC-Trennungen, aus denen auch die typischen Kombinationen von Trennsäulen und Lösungsmitteln ersichtlich sind.

7.10.2 Voranreicherungsverfahren für HPLC

Als Voranreicherungsverfahren läßt sich in vielen Fällen die Extraktion mit einem geeigneten Lösungsmittel verwenden, das anschließend auf ein kleines Volumen eingeengt wird. Dieses in den vorigen Abschnitten schon mehrfach erwähnte Verfahren (s. Abb. 4.20) wird für die Bestimmung von Polyaromaten in Wasser empfohlen. Ebenso kann es für die Bestimmung von Pestizidrückständen in Lebensmitteln verwendet werden, wie dies in Abschn. 7.8.1 beschrieben wurde. Eine andere Möglichkeit, die sich besonders für die Wasseranalyse eignet, besteht in der Anreicherung an C_8- oder C_{18}-vernetztem Silicagel mit anschließender Desorption in einem Lösungsmittel, das direkt in die HPLC-Trennsäule eingegeben werden kann. Man verwendet in diesem Fall ein Lösungsmittel mit viel niedrigerer Polarität. Sehr gute Trennleistungen erzielt man, wenn man C_{18}-vernetztes Silicagel verwendet und von wäßrigem Methanol graduell zu reinem Methanol übergeht[25].

7.11 Natürliche Gifte: die Mycotoxine

In den vorigen Kapiteln war fast ausschließlich von Giftstoffen die Rede, die auf gewollte oder ungewollte menschliche Aktivitäten zurückzuführen sind. Dessenungeachtet kommt eine Vielzahl höchst gefährlicher Gifte in verschiedenen tierischen und pflanzlichen Organismen vor. Als bemerkenswertes Beispiel können die zu den Mycotoxinen gehörenden Aflatoxine genannt werden, die zum ersten Mal aus Kulturen von Aspergillus flavus isoliert wurden[26]. Dieser Schimmelpilz gedeiht unter tropischen Bedingungen auf Erdnüssen und war die Ursache für den Tod vieler Tiere, die mit erdnußhaltigen Stoffen gefüttert worden waren.

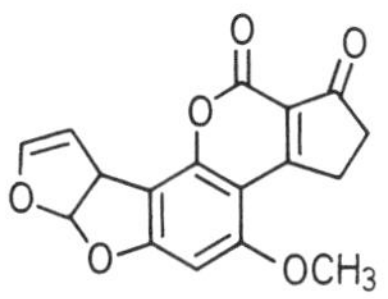

Aflatoxin B_1

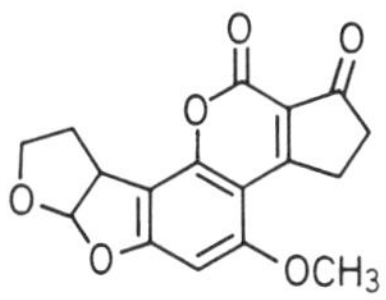

Aflatoxin B_2

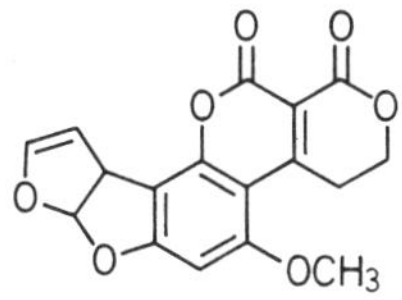

Aflatoxin G_1

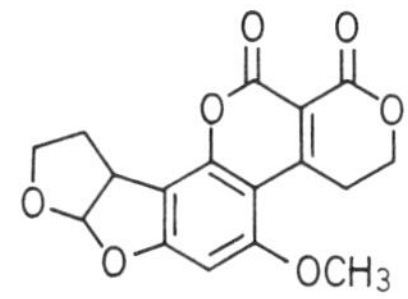

Aflatoxin G_2

Wie Horwitz[4], S. 427 ausführt, genügt bereits eine verschimmelte Nuß unter 10000 (ca. 5 kg), um eine signifikante Aflatoxin-Konzentration zu erhalten. Die Probennahme ist daher sehr problematisch. Es gibt keine andere Substanz, deren Anwesenheit in Lebensmitteln in einer derart niedrigen Konzentration, nämlich 10 $\mu g \cdot kg^{-1}$ routinemäßig bestimmt werden muß.

Die meisten der bisher durchgeführten Untersuchungen, die sich auf Vorkommen und Konzentrationsbereiche bezogen, wurden an 10kg-Proben vorgenommen. Für Routineuntersuchungen begnügt man sich mit 1 kg-Proben. Die Untersuchungsmethodik wurde von Schuller et al[27] zusammenfassend dargestellt. Die Empfehlung bezüglich der Grenzwerte stammt von einem Expertenkomitee der FAO[28].

7.11.1 Trennung der Aflatoxine durch Dünnschichtchromatographie (Thin Layer Chromatography, TLC)

Aflatoxine und ihre Trennung stellen sicherlich kein geeignetes Übungsbeispiel für den Unterricht dar. Aflatoxin B_1 ist ein äußerst wirksames Carcinogen; alle bewirken Leberschädigungen. Trotzdem kann man die Trennung und Identifizierung als fluoreszierende Flecken als eines der elegantesten Beispiele für die Anwendung einer einfachen Arbeitstechnik zur Lösung einer schwierigen analytischen Aufgabe betrachten. Die Bezeichnungen der Aflatoxine sind übrigens auf ihre Position und ihre Fluoreszenzfarben zurückzuführen: "B" für blau, "G" für grün.

Bei der Dünnschichtchromatographie nach Stahl[29] handelt es sich um eine adsorptions- und verteilungschromatographische Methode. Als Trennschicht verwendet man Kieselgel. Aluminiumoxid oder Cellulosepulver, die mit einem Bindemittel (z.B. Gips) als Brei auf eine Glasplatte aufgetragen werden und nach dem Trocknen eine ca. 0,2 mm dicke Schicht bilden. Man kann auch Einweg-Alufolien verwenden, die im Fachhandel erhältlich sind. Die Proben werden auf der sog. "Startlinie", ca. 2 cm vom unteren Rand, in Form kleiner Tropfen aufgetragen. Die "Entwicklung" des Chromatogrammes erfolgt durch Einstellen der Platte in ein Glasgefäß (s. Abb. 7.13), in dem sich das "Laufmittel" befindet, also jenes Lösungsmittel oder Lösungsmittelgemisch, mit dem die Trennung erfolgen soll.

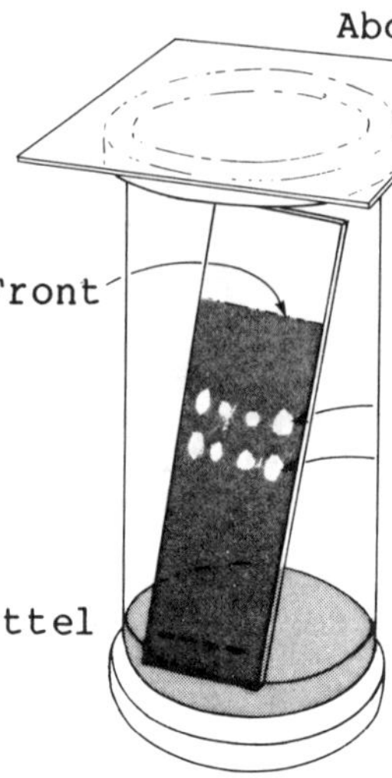

Abb. 7.13 Vorrichtung für die Dünnschichtchromatographie, am Beispiel der Trennung von Aflatoxinen demonstriert

Durch die Kapillarwirkung steigt das Lösungsmittel bis zu einer gewissen Obergrenze auf (Dauer ca. 30 min). Nach dem Trocknen werden die einzelnen Komponenten der Probe durch Besprühen mit einem geeigneten Reagenz oder unter UV-Licht sichtbar gemacht. Durch entsprechende Wahl der Trennschicht und verschieden polarer Lösungsmittel lassen sich die Bedingungen in sehr weitem Umfang variieren und der jeweiligen Aufgabenstellung anpassen.

Die Dünnschichtchromatographie kann in gewisser Hinsicht als Weiterentwicklung der Papierchromatographie betrachtet werden, ist ihr aber in bezug auf die Leistungsfähigkeit weit überlegen. Da man als Trennschicht anorganische Materialien verwenden kann, sind auch aggressive Lösungsmittel anwendbar.

Die <u>Trennung und der Nachweis der Aflatoxine</u> erfolgt in folgender Weise:

<u>Arbeitsvorschrift</u>. Man extrahiert 50 g fein zerhackte Erdnüsse mit 25 ml Wasser und 250 ml Chloroform in Gegenwart von 25 g Kieselgur zur Absorption des Öls. Man filtriert den Extrakt und bringt die ersten 50 ml auf eine mit 10 g feinem

Silicagel beschickte Chromatographiesäule, die die Aflatoxine adsorbiert. Störende Substanzen werden zuerst mit 150 ml Hexan und dann mit 150 ml wasserfreiem Ether entfernt. Nun eluiert man die Aflatoxine mit 150 ml Chloroform mit einem Massenanteil von $w(CH_3OH)$ von 3 %). Diese Lösung wird fast zur Trockne auf dem Wasserbad eingedampft und in 1 ml $CHCl_3$ aufgenommen. Eine 10 μl-Probe wird auf die Dünnschichtplatte neben einer geeigneten Standardlösung, Konzentration der einzelnen Aflatoxine ca. 10 $\mu g \cdot ml^{-1}$, aufgetragen und mit 3 % (Massenanteil) CH_3OH in $CHCl_3$ entwickelt. Die unter UV-Licht sichtbar werdenden Flecken entsprechen, von oben nach unten, den Verbindungen B_1, B_2, G_1 und G_2. Die genaue Arbeitsvorschrift findet sich in [7], S. 429, zusammen mit der Anweisung für die quantitative Auswertung durch UV-Spektrometrie.

Eine weitere Bestimmungsmöglichkeit ergibt sich durch HPLC[30], wofür man denselben Extrakt verwenden kann wie für die Dünnschichtchromatographie. Die Empfindlichkeit ist etwas besser, der Zeitbedarf geringer. Außerdem ergibt sich der Vorteil, daß man zufolge der besseren Auflösung auch andere Mycotoxine sowie Penicillinsäure bestimmen kann.

7.12 Spurenmetalle in Lebensmitteln

Pflanzliches und tierisches Gewebe enthält geringe Mengen der verschiedensten Metalle, die sich daher auch in Lebensmitteln wiederfinden. Es wäre sehr einfach, wenn man diese Elemente, in zwei oder drei Gruppen einteilen könnte. Essentielle Elemente, die üblicherweise als wesentlicher Bestandteil der Enzyme oder im Knochengerüst vorkommen; toxische Elemente, die manchmal irreversibel in Enzymmolekülen gebunden sind und manche andere, die keine besondere Rolle zu spielen scheinen. In Wirklichkeit ist die Situation wesentlich komplizierter. So zum Beispiel hat sich herausgestellt, daß einige Elemente in geringen Konzentrationen als essentiell, in höheren Konzentrationen hingegen als toxisch zu betrachten sind, wobei die Konzentration, bei der die toxische Wirkung eintritt, in manchen Fällen nur das 50fache der essentiellen beträgt. Im Fall von Selen liegt die Spanne noch niedriger. Es ist daher zweckmäßiger, die in Tab. 7.7 angeführten Elemente in drei Klassen zusammenzufassen und die unwichtigen Elemente nicht mit aufzunehmen.

Tab. 7.7 Spurenelemente in belebten Systemen

Essentiell	Na, Mg, K, Ca
Essentiell, aber auch toxisch	Cr, Mn, Fe, Cu, Zn, Sn, Se
Toxisch	As, Sb, Cd, Pb, Hg etc.

Bei der Beurteilung der Toxizität eines in Lebensmitteln enthaltenen Elementes ergibt sich eine weiter Schwierigkeit. Das Metall kann zu einem gewissen Teil in Form von Organometallverbindungen vorliegen, deren Toxizität völlig anders sein kann als die des freien Elementes. Der Lebensmittelanalyse stellt sich daher immer öfter die Aufgabe, zwischen beiden Formen zu unterscheiden und beide getrennt zu bestimmen. Eine Zusammenfassung der Bestimmung von Metallen in Lebensmitteln wurde von Crosby[31] verfaßt.

7.12.1 Bestimmung der Gesamt-Spurenmetalle in Lebensmitteln

Die mit der Destruktion organischer Substanz zusammenhängenden Fragen (einschließlich des Aufschlusses der organometallischer Verbindungen) unter der Voraussetzung, daß keine Verluste an Spurenelementen eintreten, war Gegenstand einer grundlegenden Untersuchung von Gorsuch[32]. In allen Fällen, in denen Verluste von Metallen zufolge der Anwesenheit flüchtiger Verbindungen zu befürchten wären, wird man den nassen Aufschluß mit Schwefelsäure-Salpetersäure anzuwenden haben. In einfacheren Fällen kann trocken verascht werden, wie zum Beispiel bei der Bestimmung von Kupfer in Marmelade. Man findet Kupfer in leicht nachweisbaren Mengen u.a. in Marmeladen, die in Großbritannien auch heute noch in Messingpfannen zubereitet werden. Der Konzentrationsbereich liegt bei ca. 10 $\mu g \cdot g^{-1}$ und kann somit als unbedenklich betrachtet werden, da die höchstzulässige Konzentration 20 $\mu g \cdot g^{-1}$ beträgt.

Arbeitsvorschrift. Man erhitzt ca. 1 g Magnesiumnitrat in einem Quarztiegel auf 500 °C, um eine Schutzschicht aus Magnesiumoxid zu erzeugen. Man setzt 5 g Marmelade zu, erwärmt vorsichtig bis zur Trockne und verascht schließlich 2 h bei 500 °C, bis die Asche rein weiß ist. Nach dem Erkalten nimmt man mit so viel 6 molarer Salzsäure auf, daß sich das Magnesiumoxid unter Erwärmen löst und verdünnt auf 25 ml. Man bringt 10 ml dieser Lösung in einen 50-ml-Scheidetrichter und setzt 5 ml einer Lösung mit einem Massenanteil w(Ammoniumcitrat) von 20 % (die Vorbehandlung erfolgt durch Zusatz von Diethyldithiocarbamatlösung und Extraktion mit $CHCl_3$, bis der Extrakt farblos ist), 5 ml Diethyldithiocarbamatlösung (Massenanteil von 0,1 %) und 5 ml $CHCl_3$, zu. Man schüttelt 30 s heftig, filtriert die $CHCl_3$-Phase nach erfolgter Phasentrennung in einen 10-ml-Meßkolben und füllt mit $CHCl_3$ zur Marke auf. Nach gutem Mischen bestimmt man die Absorption bei 440 nm in einer 10-mm-Küvette.

Die Eichgerade soll den Bereich von 5 - 25 µg überdecken. Die salzsaure Lösung kann auch direkt für die AAS-Bestimmung verwendet werden, wobei die Spektrallinie bei 324,8 nm benutzt wird. In diesem Fall ist ein Konzentrationsbereich von 1 - 10 $\mu g \cdot ml^{-1}$ brauchbar, was einem Gehalt von 5 - 50 $\mu g \cdot g^{-1}$

in der Marmelade entspricht. Man benötigt die für den Meßbereich passenden Standardlösungen einschließlich einer Reagenzienblindprobe.

Zinn wird manchmal im Inhalt von Konservengemüse bestimmt (zulässiger Gehalt 250 $\mu g \cdot g^{-1}$), obwohl Fruchtsäfte Zinn nur in Gegenwart von Luft angreifen, also erst, nachdem die Dose geöffnet wurde. Für die Mineralisierung verwendet man Schwefelsäure und Wasserstoffperoxid, da bei der Verwendung von Salpetersäure unlösbares Zinnoxid entstehen könnte, was allerdings bei Spurenmengen umstritten ist. Für die AAS-Bestimmung im Bereich von 10 - 50 $\mu g \cdot ml^{-1}$ verwendet man die Linie bei 284,0 nm. Bei der Herstellung der Standardlösungen sollte darauf geachtet werden, dieselbe Schwefelsäure-Konzentration wie in der Probe herzustellen, da sich ansonsten geringfügige Störungen ergeben.

Arsen war früher öfter in Zucker anzutreffen, für dessen Produktion arsenhaltige Schwefelsäure verwendet worden war. Heutzutage findet man Arsen nur noch selten, obwohl es in manchen Teilen der Welt immer noch als Unkrautvertilgungsmittel (Natriumarsenat) verwendet wird.

Die AAS-Bestimmung, die sich in diesem Fall der Hydrid-Methode bedient, ist äußerst einfach und empfindlich. Die Entwicklung von Arsenwasserstoff durch Umsetzung mit Natriumborhydrid erfolgt in einer Apparatur, die jener ähnelt, die für die Quecksilber-Bestimmung nach der Kaltdampfmethode verwendet wird (Kap. 6, S. 290). Der Unterschied besteht lediglich darin, daß die optische Zelle aus Quarzglas besteht und durch eine Gasflamme erhitzt wird, so daß der gebildete Arsenwasserstoff thermisch zersetzt wird. die freien Arsen-Atome werden bestimmt, wobei eine Empfindlichkeit von 0,001 $\mu g \cdot ml^{-1}$ erreicht wird.

Cadmium tritt aus Abwasser und Klärschlamm in die Nahrungskette über Fisch oder über Gemüse ein, wenn die Felder mit schwermetallhaltigem Schlamm gedüngt werden. Auch farbige Glasuren von Keramik- oder Steinzeugwaren geben durch Essig und Fruchtsäuren erhebliche Mengen Cadmium ab (Cadmiumgelb ist einer der beliebtesten Keramikfarbstoffe). Derartige Glasuren sind heute verboten, obwohl oft noch Salatschüsseln und ähnliches als Souvenierartikel in Urlaubsländern angeboten werden. Trotzdem ist die Untersuchung der Mengen von Blei und Cadmium, die aus altem Küchengeschirr ausgelaugt werden können, von großem Interesse[33]. Die Bestimmung erfolgt spektrophotometrisch mit Dithizon oder durch Inversvoltammetrie.

Blei ist in einer Vielfalt von Lebensmitteln enthalten. Der Mittelwert liegt bei 0,1 $\mu g \cdot g^{-1}$. Die zulässige Höchstkonzentration beträgt für die meisten Lebensmittel 2 $\mu g \cdot g^{-1}$. Man zerstört die organischen Anteile durch nasse Oxidation und bestimmt Blei nach der Dithizonmethode (s. Kap. 4, S. 202f. und Pearson[2], S. 84).

Quecksilber ist aus zwei Gründen nicht ganz einfach zu bestimmen. Erstens besteht durch die hohe Flüchtigkeit des Metalls und mancher seiner Verbindungen während des gesamten Analysenganges die Gefahr von Verlusten, zweitens besteht in den meisten Laboratorien die Gefahr, Proben und Reagenzien mit Quecksilber zu verunreinigen. Dieses Thema wird in Kap. 8, S. 340 noch einmal behandelt. Meist verwendet man die Naßoxidationsmethode mit Schwefelsäure und Salpetersäure, zumeist unter Zusatz von Kaliumpermanganat, um sicher zu sein, daß nur zweiwertige Quecksilber-Verbindungen vorliegen. Für Fischproben hat sich die Hydrolyse mit 20 %igem (Massenanteil) Kaliumhydroxid bei 20° C über Nacht besser bewährt. Für die Bestimmung kommt die Kaltdampfmethode (s. Kap. 6, S. 290) oder die spektrophotometrische Dithizonmethode (s. Kap. 4, S. 202) in Frage. Eine Zusammenstellung der Quecksilber-Bestimmungsmethoden findet sich bei Ure und Shand[34].

7.12.2 Bestimmung der metallorganischen Verbindungen

Das Charakteristikum dieser Art von Verbindungen besteht darin, daß sie zumindest eine Metall-Kohlenstoffbindung aufweisen. Chelate von Metallen mit organischen Säuren oder Komplexbildnern werden noch zu den anorganischen Verbindungen gerechnet, weil sie relativ instabil und wasserlöslich sind. Die meisten metallorganischen Verbindungen, die in irgendeiner Hinsicht interessierten, sind künstlichen Ursprungs; einige können allerdings von Mikroorganismen produziert werden. In Tab. 7.8 sind die in der Umwelt und in Lebensmitteln am häufigsten anzutreffenden metallorganischen Verbindungen zusammengestellt. Die Jahreserzeugung von Organoblei- und Organozinn-Verbindungen beträgt einige tausend Tonnen.

Die Methode zur Bestimmung der Organometall-Verbindungen in Lebensmitteln sind im großen und ganzen dieselben wie für Pestizide. Nach einem Voranreicherungsschritt durch Lösungsmittelextraktion wird eine gaschromatographische Bestimmung durchgeführt. Für die flüchtigeren wie Methylquecksilber- oder Alkylblei-Verbindungen kommt Gaschromatographie in Frage, während die HPLC immer öfter für die Bestimmung der anderen Organometall-Verbindungen eingesetzt wird. Für die Gaschromatographie eignen sich Elektroneneinfangdetektoren; für die HPLC zieht man Atomabsorption oder Plasmaemission vor.

Die Atomemission mit der ICP-Fackel ist wegen ihrer hohen Empfindlichkeit sehr attraktiv, das Gerät ist aber in der Anschaffung und im Betrieb sehr teuer.

Methylquecksilber-Verbindungen sind für den Menschen besonders giftig und verursachen irreparable Gehirnschädigungen, wenn sie durch den Verdauungstrakt aufgenommen werden - beispielsweise durch den Konsum von Fischen, die aus verunreinigten Gewässern stammen. Bei der Voranreicherung durch

Tab.7.8 Einige wichtige, kommerziell verwendete Organometallverbindungen, die in Lebensmitteln verwendet werden

Element	Verbindung	Verwendung
Zinn	Triphenylzinnacetat Bis(tri-n-butyl-zinn)oxid Dibutylzinn- oder Di-octylzinn-di-isothioglykolat	Zum Besprühen von Saatkartoffeln, um Fäulnis zu verhindern; als Fungizide in Holzimprägnierungsmitteln; als Stabilisator in PVC, das für Lebensmittelverpackungen oder für die Herstellung von Flaschen verwendet wird.
Blei	Tetramethylblei Tetraethylblei	Als Antiklopfzusatz in Vergasertreibstoffen; ein Teil des Zusatzes bleibt unverbrannt und wird zusammen mit anorganischen Blei-Partikeln mit den Auspuffgasen ausgestoßen.
Queck-silber	Phenylquecksilber-acetat Methylquecksilber-salze; Dimethylquecksilber	Als Fungizid zur Behandlung von Winterssatgut; wird auch im Sediment der Gewässer von Mikroorganismen aus anorganischen Quecksilber-Verbindungen gebildet

Lösungsmittelextraktion kann man sich den Umstand zunutze machen, daß das Anion des wasserlöslichen Salzes leicht ausgetauscht werden kann[35]. Dimethylquecksilber ist fettlöslich und flüchtiger als die Methylquecksilbersalze und somit auch toxischer. Allerdings kommt es in wesentlich geringeren Mengen vor.

Wäßrige Proben werden mit Kaliumbromid versetzt, worauf das gebildete Methylquecksilberbromid mit Toloul extrahiert werden kann. Nach Abtrennung der Toluol-Phase wird mit wässriger Thiosulfat-Lösung rückextrahiert, wobei $CH_3HgS_2O_3^-$ entsteht. Nun setzt man Kaliumiodid zu und extrahiert mit Benzol. Das nun gebildete Methylquecksilberiodid ist ausreichend stabil, andererseits aber genügend flüchtig, um an einer polaren Säule unter Verwendung eines Elektroneneinfangdetektors gaschromatographisch bestimmt zu werden. Allerdings ist es erforderlich, Glassäulen zu verwenden, da die Verbindung im Kontakt mit heißen Stahlsäulen disproportioniert

$$2\ CH_3HgI \longrightarrow (CH_3)_2Hg + HgI_2 .$$

Im Benzolextrakt lassen sich noch Konzentrationen von 0,1 $\mu g \cdot ml^{-1}$ nachweisen. Einige Aspekte dieser Bestimmung werden in Kap. 8, S. 340 besprochen.

Literatur

1 Analitical Methods Committee (1974) Official, Standardised and Recommended Methods of Analysis, 2. Ausg., Soc. Anal. Chem., London.

2 Pearson, D. (1976) The Chemical Analysis of Food, 7. Ausg., Churchill Livingstone, London.

3 Grünwedel, D.W., Whitaker, J.R., Food Analysis: Principles and Techniques, Vol. 1 (1984), Vol. 2 (1984), Vol. 3 (1985), Vol. 4 (1987), Marcel Dekker, New York.

4 Horwitz, W. (Herausgeb.) (1970) Official Methods of Analysis 11. Ausg., Assoc. of Official Analytical Chemists, Washington, USA.

5 Harvey, D., Penketh, G.E. (1957) Analyst **82**, 498.

6 Morries, P. (1973), J Assoc. Public Anal. **11**, 44.

7 Brooks, C.J., Edmonds, E.G. (1979) in Practical Mass Spectrometry, Kap. 3 (Middleditch, B.S., Herausgeb.), Plenum Press, New York.

8 Dilli, S., Robards, K. (1977) Analyst **102**, 201.

9 Crompton, T.R. (1979) Additive Migration from Plastics into Food, Pergamon Press, Oxford.

10 Carson, R. (1962) Der stumme Frühling, Becksche Schwarze Reihe Nr. 144, München.

11 FAO/WHO (1974) Pesticide Residues in Foods. Technical Report Series No. 545 vom Joint Meeting FAO/WHO 1973, WHO, Genf.

12 Beynon, K.I., Elgar, K.E. (1966) Analyst **91**, 143.

13 Maunder, M.J. et al. (1964) Analyst **89**, 168.

14 Bowman, M.C. (1981) Chem. Anal. (N.Y.), 58 (Anal. Pestic. Residues), 263.

15 Elgar, K.E., Marlow, R.G., Mathews, B.L. (1970) Analyst **95**, 875.

16 Natusch, D.F.S., Thorpe, T. (1973) Anal. chem. **45**. 1184A.

17 Thomson, J.F., Watts, R.R. (1981) in Analysis of Pesticide Residues (Moye, H.A., Herausgeb.), John Wiley, New York.

18 Dickes, G.J., Nixkolas, P.V. (1976) Gas Chromatography in Food Analysis, Kap. 10, Butterworths, London.

19 Mason, M.E., Waller, G.R. (1964) Anal. Chem. **36**, 583.

20 Ullmann, F. (1956) Enzyklopädie der Technischen Chemie, 3. Ausg., Urban und Schwartz, München, Bd. 7, S. 477.

21 Perry, J.A. (1981) Introduction to Analytical Gas Chromatography, Kap. 12, Marcel Dekker, New York.

22 Knox, J.H. (Herausgeb.) (1979) High Performance Liquid Chromatography, Edinburgh University Press.

23 Engelhardt, H.(1986) Practice of High Performance Liquid Chromatography: Applications, Equipment, and Quantitative Analysis, Springer Verlag, Berlin, Heidelberg, New York.

24 Meyer, V. (1986) Praxis der Hochleistungs-Flüssig-Chromatographie, Diesterweg Verlag, Frankfurt.

25 May, W.E. et al. (1975) J. Chromatog. Sci. 13. 535.

26 Hartley, R.D., Nesbit, B.F., O'Kelly, J. (1963) Nature 198, 1056.

27 Schuller, P.L., Horwitz, W., Stoloff, L. (1976) J. Assoc. Off. Anal. Chem. **59**, 1315.

28 WHO Report (1979) Environmental Health Criteria Hazards of Food; Contamination from Aflatoxins, No. 11, WHO, Genf.

29 Stahl, E. (1967) Dünnschichtchromatographie - ein Laboratoriumshandbuch, 2. Aufl., Springer-Verlag, Wien, New York.

30 Hunt, D.C. (1981) Anal. Proc. 18, 471.

31 Crosby, N.T. (1977) Analyst **102**, 225.

32 Gorsuch, T.T. (1970) The Destruction of Organic Matter, Pergamon Press, Oxford.

33 Dömling, H.J. (1973) Z. Anal. Chem. **267**, 118.

34 Ure, A.M., Shand, C.A. (1974) Anal. Chim. Acta 72, 63.

35 Rodriguez-Vasquez, J.A. (1978) Talanta **25**, 299.

8. Vergleichende Untersuchungen der analytischen Chemie

Die analytische Chemie stellt ein so altes und angesehenes Teilgebiet der Chemie dar, daß man gelegentlich meint, es handle sich um eine allseits bekannte, bestens verstandene und zu verstehende, einfache Disziplin, deren Hauptaufgabe es sei, anderen Wissensgebieten hilfreich zur Seite zu stehen. Oftmals lautet die Lehrmeinung, daß es sich lediglich um eine Sammlung von Methoden, wenn nicht sogar von Rezepten, handelt, so daß es sich kaum lohnt, über analytische Fragen nachzudenken. Die vielen, in den letzten Jahren entwickelten, höchst empfindlichen Geräte haben die Arbeit des Analytikers sicherlich erleichtert. Sie haben aber ebenso für alle jene, die meinten, mit der Anschaffung eines modernen Analysengerätes alle Probleme aus der Welt geschafft zu haben, neue und oft noch schwieriger zu lösende präsentiert. Die nahezu atemberaubende Weiterentwicklung der instrumentellen Analytik hat neuerlich dazu geführt, daß die analytischen Chemiker ihre Methoden und vor allem die Ergebnisse noch strengeren Prüfungen zu unterziehen haben als bisher. Jeder Analytiker findet es heute nicht nur als selbstverständlich, sondern sogar als notwendig, an Ringversuchen teilzunehmen und sich zu überzeugen, daß die im eigenen Laboratorium erhaltenen Werte genau und richtig sind. Beides läßt sich erst durch den Vergleich mit den Resultaten anderer Laboratorien einigermaßen schlüssig beweisen. Wenn man früher vielleicht zu befürchten hatte, sich als nicht ausreichend qualifizierter Analytiker bloßzustellen, ist man heute bemüht, die Probleme, die sich immer und überall ergeben können, durch den Leistungsvergleich zu identifizieren und gemeinsam zu lösen. Dieses Kapitel befaßt sich hauptsächlich mit einigen Beispielen von vergleichenden Untersuchungen, die einer kritischen Betrachtung unterzogen werden. Ebenso werden Analysenwerte und die von verschiedenen Autoren gegebenen Antworten diskutiert.

8.1 Mondgestein

Die ersten amerikanischen Astronauten, die 1969 auf dem Mond landeten, entnahmen Staub- und Gesteinsproben, die von Arbeitsgruppen von Analytikern auf der ganzen Welt untersucht werden sollten. In erster Linie waren die Geochemiker an den Analysenresultaten interessiert, um sie mit ihren Theorien über die Herkunft des Mondes zu vergleichen. Damit erhob sich sofort die Frage, welches Maß an Genauigkeit diesen Analysen zuzumessen sein, um damit etwas mehr als die Tatsache zu beweisen, daß der Mond nicht, wie es im angloamerikanischen Sprachgebrauch scherzhaft heißt, nur aus "grünem Käse" besteht. Mit den chemisch-analytischen Aspekten des Mondlandeprogrammes hatte sich einer der leitenden Wissenschaftler des Mondlandeprogrammes, George Morrison, im Laufe des Jahres 1971 zu befassen[1].

Um die gewünschten Antworten zu erhalten, wurde ein sehr beeindruckendes Instrumentarium aufgeboten, wobei offensichtlich die größten und teuersten Geräte bzw. die dazu gehörenden Arbeitsmethoden bevorzugt wurden. An der Spitze standen die Neutronenaktivierungsanalyse (NAA), die Elektronenstrahl-Mikrosonde (EM) und die Massenspekrometrie (MS), während naßchemische Methoden an letzter Stelle rangierten. Die Begründung für diese Vorgangsweise war relativ einfach: Jeder Bearbeiter sollte aus einem Minimum an Probenmaterial ein Maximum an Informationen herausholen. Damit ergab sich zwangsläufig die Anwendung von Arbeitsmethoden, die eine Multielementaranalyse ermöglichen. Allerdings entsprach die Qualität der Resultate in einigen Fällen nicht ganz den Erwartungen, was zum Teil daran lag, daß man eben diese Vielfachbestimmungen anzuwenden hatte und daher nicht in der Lage war, die Bedingungen für jedes einzelne Element optimal einzustellen. Es lohnt sich daher, einige dieser Ergebnisse näher zu betrachten.

Probe 12070 enthielt etwa 0,25 % Chrom - ein Anteil, dessen Bestimmung keine allzu großen Schwierigkeiten bereiten sollte. Die dreizehn erhaltenen Werte lagen jedoch zwischen 0,208 und 0,303 (sieben Bestimmungen wurden mittels Neutronenaktivierung durchgeführt) mit einer relativen Standardabweichung von 12 %. Besonders interessant ist aber der Umstand, daß der nach chemischer Trennung und anschließender massenspektrometrischer Bestimmung des Acetylacetonats erhaltene Wert von 0,270 dem errechneten Mittelwert von 0,277 sehr nahe kommt. Die Methode wurde aber als einzige für ein bestimmtes Element ausgesucht und optimiert. Oftmals erliegt man bei anderen Methoden, wie bei der Neutronenaktivierung, der Versuchung, aus einem gemessenen Signal auch dann einen Analysenwert zu errechnen, wenn bekannt ist, daß die Genauigkeit der Bestimmung sehr zu wünschen übrig läßt.

In derselben Probe wurden siebzehn Werte für Lanthan ermittelt. Der Mittelwert lag bei 33 $\mu g \cdot g^{-1}$, die Einzelwerte lagen zwischen 22 und 40 $\mu g \cdot g^{-1}$. Morrison bemerkte dazu, daß eine relative Standardabweichung von 15 % für die Bestimmung von Lanthan in dieser Größenordnung zu hoch sei, aber auch er fand es schwierig, die beteiligten Laboratorien zu "klassifizieren". Er begnügte sich mit der Feststellung, daß einige Laboratorien mit vielen ihrer Ergebnisse den Mittelwerten recht nahe kamen, andere aber nicht. Einige Laboratorien hatten nur wenige Elemente zu analysieren, aber eben solche, deren Bestimmung schwierig ist; in diesen Fällen war mit geringerer Genauigkeit zu rechnen - darüber hinaus war der "richtige" Wert unbekannt. Als einzige Methodik, mit der in nahezu allen Fällen gute Ergebnisse erzielt werden konnten, bewährte sich die Kombination von Isotopenverdünnung und Massenspektrometrie am besten. Diese Analysentechnik ist allerdings zeitaufwendig und teuer; sie wurde daher nur für vierzehn Elemente eingesetzt.

Die Untersuchung des Mondgesteins erregte das Interesse der breiten Öffentlichkeit in hohen Maß; möglicherweise lenkte sie aber auch die Aufmerksamkeit einer ungewöhnlich großen Zahl von Analytikern auf die Frage des Aussagewertes analytischer Daten, obwohl völlig unabhängig davon eine beträchtliche Anzahl von Ringversuchen an mineralischen Proben durchgeführt worden sind.

8.2 Spurenelemente in Flugasche

Ein im Jahr 1974 durchgeführter Ringtest[2] zur Untersuchung von Flugasche, jenem feinstkörnigen Anteil der Asche von Feuerungsanlagen, die mit fossilen Brennstoffen betrieben werden, ergab eine sehr große Streuung der Ergebnisse. Die Analysenwerte für fünf Elemente variierten um mehr als eine Größenordnung: Lithium 20 - 300; Magnesium 2200 - 44000; Natrium 500 - 6600; Vanadium 180 - 2000 und Zink 70 - 1000 $\mu g \cdot g^{-1}$.

Auch die für die Hauptkomponenten wie Eisen erhaltenen Werte gaben Grund zur Besorgnis; die Werte erstreckten sich von 5,3 - 26 %, wahrscheinlichster Wert 18 %. Zum Teil mag die Heterogenität des Probenmaterials auf diese große Streubreite zurückzuführen sein; man kann sich aber des Eindrucks nicht erwehren, daß eine gewöhnliche Ein-Element-Bestimmung durch Titration, Spektrophotometrie oder Atomabsorption nach Auflösen der Probe und nachfolgender analytischer Bestimmung bessere Resultate ergeben hätte als eine Multielementbestimmung wie die Funkenquellen-Massenspektrometrie, optische Emissionsspektrometrie und Neutronenaktivierungsanalyse, bei denen die Probe ohne irgendeine Vorbehandlung untersucht wurde.

8.3 Der 100%-Trugschluß – Analysen eines Amphibols

Man muß sich allerdings fragen, ob die früher üblichen Methoden besser waren oder besser gehandhabt wurden. Larsen[3] schickte im Jahre 1938 durch Zufall Proben eines Amphibolgesteins an zwei Analytiker statt nur an einen und mußte feststellen, daß die Analysenresultate nur schlecht übereinstimmen: "Ich habe nie geglaubt, daß bei der Analyse gewöhnlicher Gesteine oder Minerale ein sehr hoher Grad von Genauigkeit erreicht wird, aber die hier vorliegenden Differenzen sind beunruhigend", schrieb er, nachdem er die Analysenresultate von drei Analytikern verglichen hatte. Der letzte dieser drei vewendete eine Methode, die für ein Silikatgestein gedacht war, das auch Fluorid enthält. Larsen diskutierte die mit der Probennahme zusammenhängenden Probleme - eine Frage, die in diesem Buch bereits mehrfach behandelt wurde. Einige der Ergebnisse, die Larsen vorlagen, geben aber sicher Grund zum Nachdenken, wie Tab. 8.1 zeigt.

Tab. 8.1 Vergleich von drei Analysen (A, B und C) eines Amphibols

Komponente	A	B	C
SiO_2	37,70	37,86	40,18
Al_2O_3	12,36	14,83	14,26
TiO_2	3,10	0,60	1,79
CaO	16,86	14,96	12,88
+ andere	⋮	⋮	⋮
Summe	100,04	100,09	99,86

Als übliche Richtlinie für die Brauchbarkeit des Resultates einer Gesamtanalyse von mineralischen Proben gilt, daß die in Prozenten ausgedrückten Einzelwerte eine Summe von 100 ± 0,5 % ergeben sollen. Die Serien A und B der Tab. 8.1 kommen dieser Forderung nach, obwohl die Werte für Aluminiumoxid, Titanoxid und Calciumoxid sehr stark voneinander abweichen. Es wäre möglich, daß die Proben ziemlich inhomogen waren. Es stellte sich aber heraus, daß der Analytiker B einige weitere Bestandteile im Betrag von 1,8 % bestimmte, die der Analytiker A nicht untersucht hatte. Keiner der beiden hatte Fluorid bestimmt, obwohl, wie sich später herausstellte, 0,8 % vorhanden waren. Somit sind die Bemühungen, mit der Summe der Einzelbestimmungen 100,0 % zu erreichen, eher dafür bestimmt, den Auftraggeber zu beruhigen, statt wie es eigentlich sein sollte, die Richtigkeit der Teilresultate zu kontrollieren. Diese Ansicht wurde durch eine persönliche Erfahrung des Autors in umgekehrter Richtung bestätigt. Er hatte den Auftrag erhalten, ein Gemisch der Gase Helium, Stickstoff und Sauerstoff zu analysieren. Nach sorgfältiger Analyse und Kalibrierung ergab sich eine Summe, mit der der Analytiker sehr zufrieden war. Der Auftraggeber hingegen war offensichtlich verärgert, daß das Resultat nicht schlicht und einfach 100 %, sondern 100 ± 0,5 % lautete, wobei es sehr einfach gewesen wäre, wenn man sich damit begnügt hätte, Helium als Differenz der Summe von Sauerstoff und Stickstoff auf 100 % anzugeben. Larsen kommentiert: "Viele, die mit den Fehlermöglichkeiten der chemischen Analyse nicht vertraut sind, ziehen aus kleinen Differenzen der Werte für verschiedene Proben ungerechtfertigte Schlüsse". Möglicherweise ergibt sich für die Chemiker das Problem, ihre Auftraggeber aufzuklären, woraus wieder die Notwendigkeit hervorgeht, den Unterricht in analytischer Chemie an den Universitäten realistischer zu gestalten.

8.4 Ein umfassendes Programm zur Untersuchung von Eruptivgesteinen

Etwas neuere Ergebnisse wurden von Schlecht[4] veröffentlicht, der 1951 die "Ergebnisse des ersten jemals organisierten Programmes zur Untersuchung der Zusammensetzung von Eruptivgestein" veröffentlichte. Sorgfältig vorbereitete Proben wurden an 25 Laboratorien in der ganzen Welt verschickt, die sich auf Gesteinsanalysen spezialisiert hatten. Schlecht kommentiert: "Die große Verschiedenheit der Ergebnisse zeigt den derzeit völlig unbefriedigenden Stand der Gesteinsanalyse ... aufgrund der derzeitigen Beweislage ist es nicht möglich zu entscheiden, wie groß der Anteil der Fehlerhaftigkeit ist, der auf mangelndes Können der Analytiker und wieviel auf die Mangelhaftigkeit der Methoden zurückgeführt werden muß. Es wird mühevoller Detailarbeit und sorgfältig ausgeklügelter Experimente bedürfen, um den Sachverhalt klarzustellen". Der letzte Satz ist besonders treffend; unglücklicherweise gibt es immer noch viel zu viele Chemiker, die Analysen durchführen und ihre Resultate veröffentlichen, ohne deren Verläßlichkeit und Richtigkeit zu überprüfen. Einige der von Schlecht wiedergegebenen Resultate sind als Histogramm in Abb. 8.1 wiedergegeben. Von diesen Analysenwerten, es handelt sich um ein Diabas-Gestein, stimmen die für Siliciumdioxid erhaltenen recht gut, die für Aluminiumoxid schon weniger, bei denen allerdings Korrekturen für andere, mitgefällte Oxide zu berücksichtigen wären. Für die in geringeren Anteilen vorhandenen Komponenten ist die Streuung öfter sehr erheblich. Die Streuung der Ergebnisse für Eisen(II)oxid ist beträchtlich, ein Hinweis auf die Wichtigkeit einer sorgfältigen Arbeitstechnik. Die

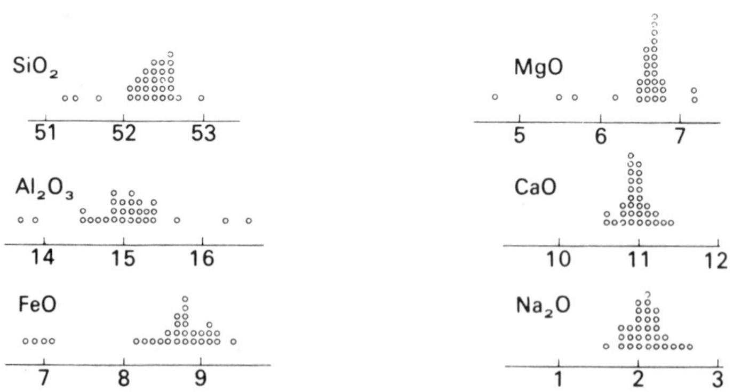

Abb. 8.1 Analysenergebnisse einer Probe Diabas-Gestein, Angaben in % (Wiedergabe mit freundl. Gen. aus Analytical Chemistry, Schlecht (1951)[4]

gravimetrische Eisen-Bestimmung in Silikaten ist nicht einfach durchzuführen, bereitet auch heute noch Schwierigkeiten und muß oft noch naßchemisch durchgeführt werden. Da in relativ höheren Prozentsätzen anwesende Calcium zeigt wieder recht gute Übereinstimmung. Schlecht war immerhin optimistisch und hofft auf eine zukünftige Verbesserung: "Mit modernen Reagenzien könnte eine direkte Bestimmung von Aluminiumoxid in Gestein durchführbar sein". Für die Bestimmung der Alkalien bietet die Flammenphotometrie die Möglichkeit von erhöhter Genauigkeit bei gleichzeitiger Einsparung an Arbeitszeit. Man muß sich vor Augen halten, daß damals fast ausschließlich rein chemische Methoden verwendet werden mußten.

8.5 Neue anstelle alter Methoden

Nach dem vorher Gesagten ist die Frage angebracht, ob die neuen Analysenmethoden die Situation wirklich verbessert haben. Bennett[5] versucht diese Frage in einer 1977 veröffentlichten Übersicht zu beantworten. Er kommt zu dem Schluß, daß die neueren Methoden sicherlich schneller geworden sind, so daß man für eine vollständige Gesteinsanalyse nicht mehr zehn, sondern nur noch etwa drei Tage benötigt. Die Ergebnisse sind für die Hauptkomponenten auch nicht schlechter als früher, während die Resultate für die Alkalien und die Nebenbestandteile entschieden besser geworden sind. Tab. 8.2 zeigt die Unterschiede der Genauigkeit der Bestimmung eines Sillimanits, der Gegenstand je eines Ringtests im Jahre 1953 und 1968 war.

Tab. 8.2 Vergleich der Genauigkeit von Analysen[5] von Sillimanit, durchgeführt 1953 und 1968, angegeben als absolute Standardabweichung in %, mit Angabe der Anzahl der Resultate (in Klammer). Wiedergabe mit Genehmigung[5]

Jahr	SiO_2	Al_2O_3	CaO	MgO
1953	0,20 (19)	0,29 (33)	0,17 (14)	0,06 (14)
1968	0,13 (28)	0,24 (22)	0,06 (26)	0,03 (26
vohandene Menge	36 %	63 %		

Sillimanit ist ein schwer zu analysierendes Mineral. Der vollständige Aufschluß ist heikel; höhere Ofentemperaturen können zur Vollständigkeit des Schmelzaufschlusses beitragen. Bei Serien von Analysenwerten wurden in der Hauptsache naßchemische Methoden angewendet, wobei aber zu bedenken ist,daß die meisten der Laboratorien, die Gesteinsanalysen routinemäßig durchführen, mit Röntgenfluoreszenzanalyse arbeiten. Welche Auswirkungen hat das auf die Situation? Ganz allgemein läßt sich sagen, daß mit der instrumentellen Technik beeindruckende Ergebnisse erzielt werden können, deren Richtigkeit aber nach wie vor von der der verwendeten Standards abhängt, mit denen die Methode geeicht werden muß. Bennett[5] schrieb: "Die derzeit verfügbare Liste von Standard-Schiedsmethoden, die den gesamten Bereich überdecken, sind sowohl genau als auch korrekt, werden wahrscheinlich unverändert bleiben, nicht weil sie zur Perfektion ausgereift sind, sondern weil sie für die heutigen Bedürfnisse ausreichen und weil sie in Zukunft in zunehmend geringerem Maß benötigt werden dürften".

Abbey[6], der sich 1981 mit Ringuntersuchungen von Standard-Gesteinsproben befaßte, vertrat die Meinung, daß die mit den heutigen Analysenmethoden erhaltenen Analysenwerte für die Hauptkomponenten wie Siliciumdioxid sicherlich nicht besser sind als die vor 50 Jahren. Er meinte: "Die Anwendung rigoroser statistischer Interpretationsmethoden wäre bei dem Versuch, korrekte Resultate sicherzustellen, von höchst fragwürdigem Wert, da die Heterogenität der Daten sogar noch größer ist als die der Proben". Seine Hauptbesorgnis gilt dem Umstand, daß in hohem Maß unrichtige Daten viel häufiger auftreten als richtige Werte mit einigermaßen akzeptablen Streuungen. Er meinte auch, daß nicht einzelne instrumentelle Methoden wie AAS, Röntgenfluoreszenz, Neutronenaktivierung etc. miteinander verglichen werden sollten, sondern vollständige Analysengänge und kam schließlich zu folgendem abschließendem Kommentar: "Es gibt keine schlechten Methoden, sondern nur schlechte Analytiker, die die Grenzen der Leistungsfähigkeit der von ihnen verwendeten Methoden nicht gebührend berücksichtigen".

8.6 Spurenelemente im Meerwasser

Eine ganz andere Art des Vergleiches von Analysenergebnissen ist jene, bei der in einem Laboratorium verschiedene Methoden untereinander verglichen werden, wobei man zumeist ein etwas ermutigenderes Bild erhält. Sturgeon et al.[7] haben für die Bestimmung von Spurenelementen in Meerwasser folgende Methoden verglichen: Isotopenverdünnungs-Massenspektrometrie (ID/MS), AAS mit Graphitrohranregung (GF/AAS und Plasma-Emissionsspektrometrie (IPC). Direkt konnten lediglich Eisen, Mangan, Cadmium und Zink mit GF/AAS bestimmt werden. Nach vorheriger Anreicherung durch Ionenaustausch wurden mit allen drei Methoden sehr zufriedenstellende Ergebnisse für Konzentrationen von ca. 1 $ng \cdot g^{-1}$ erhalten. Der Zeitbedarf zur Bestimmung von neun Elementen mit allen drei Methoden betrug jedoch zwei Monate. Wie klar ersichtlich ist, sind Zeit und Geduld wesentliche Voraussetzungen für eine spurenanalytische Methode.

8.7 Analytische Untersuchungen in der Archäologie

Nach der Gesteinsanalyse soll nun eine andere Art von Proben behandelt werden. Die Anwendung analytischer Methoden in der modernen Archäologie stellt ein faszinierendes Studiengebiet dar; es ist aber auch ein Arbeitsgebiet, in dem Zusammenarbeit und Verständnis zwischen den beiden Wissenszweigen bei weitem nicht so gut sind wie sie es sein sollten. Viele Archäologen sind nicht ausreichend über die Möglichkeiten informiert, die sich aus der chemischen Analyse oder aus anderen physikalischen Messungen ergeben könnten. Somit besteht die Wahrscheinlichkeit, daß sie nutzlose Resultate in erster Linie deshalb erhalten, weil sie nicht die richtigen Fragen stellen. Was hat nun der Analytiker zu bieten und wie gut sind die Resultate, die er zur Verfügung stellen kann?

Chase[8] vom Smithonian Institute in Washington schrieb dazu im Jahre 1983: "Obwohl Tausende von Analysenresultaten von archäologischen Bronzeartefakten in der Literatur bekanntgegeben wurden, ist die Vergleichsbasis, vor allem wenn es sich um Ergebnisse aus verschiedenen Laboratorien handelt, eher unsicher". Er organisierte daher einen Ringtest, um herauszufinden, welche Resultate von der Analyse zweier alter Bronze-Artefakte zu erwarten sind (eine Axt und eine Speerspitze). Die beiden Gegenstände wurden sorgfältig gereinigt, gemahlen und an 21 Laboratorien zur Analyse verschickt. Von den Ergebnissen, die für die wichtigeren Nebenbestandteile erhalten wurden, ist eine Auswahl aus der größeren Zahl eingetroffener Ergebnisse in Tab. 8.3 angeführt.

Tab. 8.3 Spurenelemente in antiken Bronzen. Wiedergabe mit Genehmigung[8]

Element	$\overline{x}$ (%)	Bereich	n	s_{rel} (%)
Ag	0,025	0,01 - 0,05	14	47
As	0,043	0,009 - 0,09	8	70
Fe	0,055	0,03 - 0,08	10	31
Mn	0,002	0,0004 - 0,004	5	74
Sb	0,023	0,002 - 0,1	12	140

Wie man sieht, ist die Streuung zwischen den Laboratorien für alle Elemente so groß, daß man sich fragt, welche Bedeutung man diesen Werten zuerkennen kann und ob sie überhaupt eine solche haben. Die Streuungen mögen zum

Teil auf Mangel an Sorgfalt im Detail zurückzuführen sein, wie etwa die Berücksichtigung gegenseitiger Störeinflüsse, Überprüfung der Eichung und in der Methode liegende Fehler, besonders bei der Massenspektrometrie, der Emissionsspektrometrie und der Neutronenaktivierungsanalyse. Einige Laboratorien machten sich allerdings die Mühe, die Proben mikroskopisch zu untersuchen und berichteten, daß Inhomogenitäten festzustellen waren, was sehr wohl der eigentliche Grund dieser Schwankungen gewesen sein mag. Obwohl die Initiatoren alle Anstrengungen unternommen hatten, Korrosionsprodukte zu entfernen und nur den metallischen Anteil als Probe zu verschicken, dürften ihre Bemühungen nicht gänzlich erfolgreich gewesen sein. Da außerdem viele der Spurenelemente dazu neigen, sich im Verlauf eines über sehr lange Zeiträume verlaufenden Korrosionsvorganges in den verschiedenen festen Phasen der Korrosionsprodukte anzureichern, könnte dadurch die Variationsbreite der Analysenresultate eine plausible Erklärung finden. Zu den Schwierigkeiten, die sich aus dem untersuchten Material selbst ergeben, kommt noch die Tatsache, daß die meisten der beteiligten Laboratorien mit sehr kleinen Probenmengen arbeiten mußten, was sich zwangsläufig aus dem großen Wert von Museumsstücken ergibt. Von den meisten Proben wurden für jede Analyse nur 5 - 10 mg verwendet; nur in Ausnahmefällen ging man von einer Probemenge von 100 mg aus. Die kleinen Einwaagen wirkten sich auch bei der Bestimmung der Hauptkomponenten in einem solchen Maß aus, daß aufgrund der Werte für Zinn (wie Chase folgert) "6 von 21 Laboratorien nicht in der Lage waren, die Probe im metallurgischen Sinn als Bronze zu identifizieren". Einige Laboratorien begnügten sich damit, Kupfer nur als Differenz auf 100 % anzugeben - eine Methode, über die bereits ausreichend diskutiert wurde; von den restlichen Laboratorien wurden 14 "gute" Werte erhalten, deren Mittelwert 81,6 % und die Standardabweichung 1,8 % betrugen, also Resultate, die man als etwas zufriedenstellender bezeichnen kann.

8.8 Grenzen analytischer Methoden – Eisenspuren in Wolfram

Die Frage nach der Größe der Proben wurde bereits in Kap. 2 in Zusammenhang mit der Bestimmung von Eisenspuren in Wolfram behandelt. Dieses Thema findet eine interessante Fortsetzung in einem Vergleich von drei verschiedenen, für diese Bestimmung in Frage kommenden Methoden[9]. Die charakteristischen Werte der vollständigen Analysen sind in Tab. 8.4 zusammengefaßt.

Es hat den Anschein, daß die Leistungsfähigkeit der Methoden durch äußere Einflüsse wie Verunreinigungen, Reproduzierbarkeit der instrumentellen Bestimmung usw. bestimmt wird. Die in der Tat viel höhere Empfindlichkeit der Atomabsorptionsmethoden gestattet es, wesentlich geringere Probenmengen zu verwenden, was möglicherweise ein recht zweifelhafter Vor-

Tab. 8.4 Bestimmung von Eisenspuren in Wolfram. Entnommen mit Genehmigung[9]

Merkmal	Spektro-photometrie	XRF	AAS
Arbeitsbereich (µg)	6 - 56	10 - 100	0,6 - 5,6
Einwaage (mg)	500	1000	50
Konzentrationsbereich	10	-	100
Standardabweichung (µg)	1,5	1,6	1,5
Erfassungsgrenze ($\mu g \cdot g^{-1}$)	6	7	6
Zeitbedarf für eine Bestimmung (h)	1,5	1	2
Zeitbedarf für 10 Bestimmungen (h)	4	4	8

teil sein kann. Bei der Untersuchung von Wolfram-Proben ergibt sich jedoch gegenüber den anderen Methoden keine niedrigere Erfassungsgrenze. Die Röntgenfluoreszenzanalyse bietet nebenbei den Vorteil, daß neben Eisen weitere fünf Elemente in derselben Probe ohne zusätzlichen Zeit- und Arbeitsaufwand mitbestimmt werden können.

8.9 Bestimmung von Ethanol in pharmazeutischen Zubereitungen

Ringtests beschränken sich keinesfalls nur auf die Bestimmung einzelner Elemente. Im Bereich der organischen Analyse kann die Bestimmung von Ethanol als gutes Beispiel dienen. Dieser Bestimmung kommt auch deshalb große Bedeutung zu, weil sich in den meisten Ländern die Besteuerung alkoholischer Getränke nach dem Ethanol-Gehalt richtet. Die Bestimmung muß mit einer Genauigkeit von zumindest 0,1 - 0,2 % durchgeführt werden; für pharmazeutische Produkte sind die Anforderungen zumeist etwas geringer. Die British Pharmacopoeia sah bis 1983 für die Ethanol-Bestimmung eine vierfache Destillation vor - eine sehr zeitraubende und daher sehr teure Bestimmung, auch wenn es durch Automation der Methode möglich ist, daß eine Person mehrere Bestimmungen nebeneinander durchführen kann. Es erhebt sich die Frage, ob man nicht die Gaschromatographie einsetzen könnte. Natürlich ergeben sich in diesem Fall einige kleinere Probleme: Manche

Säulen vertragen Wasser nicht, manche Detektoren arbeiten nicht linear usw.; die Hauptschwierigkeiten ergeben sich aber dann, wenn man versucht, die offiziellen Stellen davon zu überzeugen, daß eine neue Methode zumindest ebenso gute und verläßliche Resultate liefert wie die bisher verwendete, wenn nicht sogar bessere. Islam von der British Pharmacopoeia Commission hat die Ergebnisse eines Ringtests beschrieben, mit dem einige Ethanol enthaltende Präparate mit zwei verschiedenen Methoden untersucht wurden[10]. Es ergaben sich die folgenden relativen Standardabweichungen: 0,85 - 1,04 % für die Gaschromatographie und 1,07 - 1,43 % für die Destillationsmethode. Daraufhin wurde die neue Methode anerkannt, wobei sich noch der Vorteil ergibt, daß sie schneller durchgeführt werden kann. Die Unterscheidung der Leistungsfähigkeit beider Methoden fiel allerdings nicht allzu klar aus. Laboratorien, die regelmäßig Bestimmungen mit der Destillationsmethode durchführten, erhielten wesentlich bessere Ergebnisse als jene, die diese Bestimmung nur gelegentlich durchzuführen hatten. Sofern man das eine oder andere zweifelhafte Resulat außer acht ließ, waren die mit den beiden Methoden erhaltenen Mittelwerte nicht signifikant verschieden - was das Vertrauen in beide Methoden stärkt.

8.10 Quecksilber in der Umwelt

Als Beispiel einer schwierigen Bestimmung organometallischer Verbindungen in der Umwelt kann jene von Alkylquecksilber-Verbindungen genannt werden.

Da diese Verbindungen relativ leicht flüchtig sind, können sie gaschromatographisch bestimmt werden. Trotzdem ist die Bestimmung nicht problemlos durchzuführen, da sich an der heißen Innenwand der Säule recht interessante Reaktionen abspielen, als deren Produkte sich die korrespondierenden Dialkylquecksilber-Verbindungen ergeben. Verwendet man jedoch Säulen aus Glas, noch besser aus Quarzglas, so erhält man bei strikter Beachtung der Arbeitsvorschrift durchaus zufriedenstellende Ergebnisse. Betrachtet man die von Schafer[11] (Mitarbeiterin der US Food and Drugs Administration - FDA Laboratories) berichteten Resultate, so entnimmt man aus Tab. 8.5, daß der Ringtest für die Mittelwerte sehr gute und für die Standardabweichung nur etwas weniger gute Übereinstimmungen ergab als jene, die von den beteiligten Laboratorien selbst gefunden worden waren.

Es handelt sich um eine etwas langwierige Methode, die 8 Extraktions- und Rückextraktionsschritte für Voranreicherung und Abtrennung vorsieht, bevor die Probelösung in den Gaschromatographen injiziert werden kann (s. Kap. 7, S. 326). Da die gesuchten Alkylquecksilber-Verbindungen nur in einer Konzentration von etwa 1 $\mu g \cdot g^{-1}$ vorhanden waren, wurden einige Proben von Fischen mit etwa derselben Menge dotiert. Auf diese Weise konnte festgestellt werden, daß die Wiederfindungsrate bei 80 % liegt. Der Variationskoeffizient be-

Tab. 8.5 Bestimmung von Methylquecksilberchlorid in Dosenthunfisch. Entnommen mit Genehmigung[11]

	Ringtest	N.C.A. Labor	FDA Labor
Anzahl der Proben		8	9
Mittelwert ($\mu g \cdot g^{-1}$)	0,79	0,83	0,81
Standardabweichung ($\mu g \cdot g^{-1}$)	0,18	0,05	0,06
Variationskoeffizient (%)	23	6	8

trägt etwa 14 %. Diese Ergebnisse sind für eine so komplexe Methode sehr ermutigend. Dennoch darf man nicht übermäßig zufrieden sein, wenn man die Ergebnisse eines Ringtests betrachtet, der zur Bestimmung des Quecksilber-Gehaltes in Trockenmilchpulver organisiert worden war[12]. Die Ergebnisse sind in Tab. 8.6 zusammengefaßt.

Tab. 8.6 Ringtest zur Bestimmung von Quecksilber in Trockenmilchpulver. Entnommen mit Genehmigung von Tölg[12]

Einzelwerte ($ng \cdot g^{-1}$)	10, 1, 100, 8, 0,5, 10, 44, 1, 4, 50, 1, 136, 54
Mittelwert	35, 5 $ng.g^{-1}$
Standardabweichung	44 $ng \cdot g^{-1}$ (= 124 %)

Die Streuung der Werte ist enorm hoch, auch wenn man berücksichtigt, daß in allen Proben die Gehalte an Quecksilber-Verbindungen noch weit niedriger lagen als in den vorhin erwähnten Fischproben. Es scheint sich in diesem Fall ein Problem zu ergeben, wenn entschieden werden soll, wie hoch der Quecksilber-Gehalt tatsächlich war. Die Kommentare von Abbey[6] zu der Bedeutung der statistischen Betrachtung von Analysenergebnissen verdienen in diesem Zusammenhang besondere Aufmerksamkeit. Da aber Tölg[12] und seine Mitarbeiter in der Lage waren, jeden Schritt ihres im Grunde höchst einfachen Verfahrens zu überprüfen, wobei sie lediglich Reinst-Sauerstoff als Reagenz und nichts anderes verwenden, konnten sie einen Wert von 0,5 $ng \cdot g^{-1}$ als gesichert betrachten. Die höheren Werte sind also offensichtlich auf Verunreinigungen zurückzuführen. Die "korrekten" Resultate wurden in einer für diese Zwecke besonders eingerichteten Reihe von Räumen erhalten, in denen der Staub- und Verunreinigungspegel durch spezielle Maßnahmen auf dem niedrigsten erreichbaren Maß gehalten werden konnten. Eine, wie man sieht, extreme, aber durchaus notwendige Maßnahme.

8.11 Blei-Bestimmung im Blut – endlich ein Erfolg

In Kap. 1, S.8f.wurde bereits darauf hingewiesen, wie schwierig es ist, Werte für den Blei-Gehalt im Blut von Personen zu vergleichen, die in verschiedenen Teilen der Welt beheimatet sind. Außerdem ist damit zu rechnen, daß die Verläßlichkeit von zahlreichen Untersuchungsergebnissen zu wünschen übrig läßt. Diese Schlußfolgerung konnte aus einigen der in diesem Kapitel beschriebenen Untersuchungen gezogen werden. Aus den Ergebnissen der verschiedenen Ringversuche läßt sich auch kein Hinweis ableiten, auf welche Weise die Verläßlichkeit der gewonnenen Daten verbessert werden könnte.

In Großbritannien wurde im Jahre 1969 ein Arbeitsprogramm, das UK External Quality Assessment Scheme for General Clinical Chemistry" als "National Quality Control Scheme" beschlossen. Whitehead[13] beschrieb die Ziele dieses Programmes wie folgt:

a) Es soll eine Beurteilung der Verbesserung von Genauigkeit und Richtigkeit der von den beteiligten Laboratorien erhaltenen Resultate erfolgen, die man durch folgende Maßnahmen zu erreichen hofft.

b) Ein möglichst rascher Ablauf von Probenverteilung, Durchführung der Analysen, Rücksendung und Auswertung der Ergebnisse mit abschließender Veröffentlichung der Resultate und Aussendung einer statistischen Auswertung an alle beteiligten Laboratorien innerhalb von 14 Tagen, also ausreichend schnell im Hinblick auf die Aktualität der Ergebnisse. Darüber hinaus besteht noch die Möglichkeit, eventuelle Unstimmigkeiten zu untersuchen. Durch diese Maßnahmen soll die Leistungsfähigkeit der Laboratorien entscheidend verbessert werden.

Eine der Schwierigkeiten dieses Programms bestand darin, eine einfache und klare Art der Darstellung der Ergebnisse zu finden, insbesondere aber einen objektiven Bewertungsmaßstab für die Leistungsfähigkeit der Laboratorien und die verschiedenen von ihnen durchgeführten Bestimmungen zu erstellen. Zu Anfang wurde ein "Varianzindex" verwendet, der die Differenz zwischen den von einem bestimmten Laboratorium erhaltenen Ergebnissen und dem Mittelwert der Resultate aller Laboratorien im Vergleich zur Standardabweichung für alle Werte berücksichtigt. In jüngerer Zeit wird ein "Variance Index Score (VIS)" berechnet. Dieser Ausdruck kann etwa mit "Varianzindex-Bewertung" übersetzt werden. Für die Ergebnisse der Blutblei-Bestimmung wird außerdem eine Kennzahl berechnet, die als "smoothed Mean Running Variance

Index Score" (MRVIS, etwa "gleitendes Mittel der Varianzindex-Bewertung") bezeichnet und aus den jeweils zehn letzten Bewertungen ermittelt wird. Wenn sich die Leistung eines Labors steigert, muß normalerweise der aktuelle VIS-Wert niedriger sein, als der aktuelle MRVIS-Wert.

Die Erfolge der derzeit verwendeten Darstellungsmethode sind aus dem in Abb. 8.2 gezeigten Diagramm ersichtlich, in dem alle mittleren MRVIS-Werte für alle Laboratorien eingetragen sind, die Blutblei-Bestimmungen durchführen. Die stetige Abnahme der MRVIS-Werte zeigt, daß sich die Werte der einzelnen Laboratorien dem gemeinsamen Mittelwert immer mehr nähern, d.h., daß die Leistungsfähigkeit der beteiligten Laboratorien gestiegen ist.

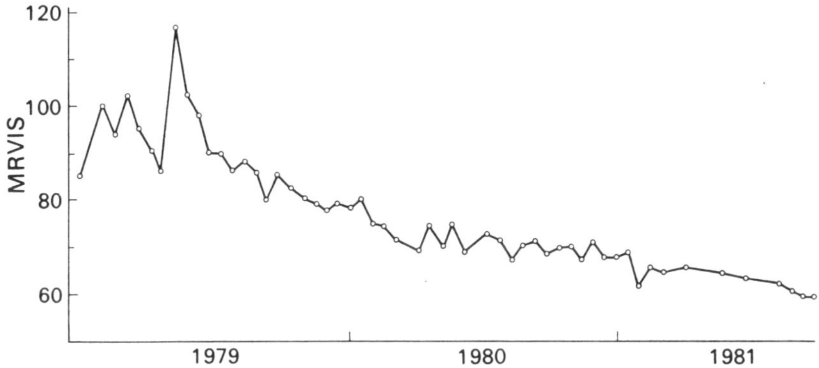

Abb. 8.2 Mittlere Blei-Gehalte im Blut (Erläuterung im Text). Die Werte stammen vom "UK External Quality Assessment Scheme" (1979 - 1981). Die Autoren danken Prof. Whitehead and Mr. Bullock vom UK External Quality Assessment Scheme in den Wolfson Research Laboratories, Queen Elizabeth Medical Centre, Birmingham, für die Erlaubnis zur Reproduktion dieser jüngsten und bisher nicht veröffentlichten Daten

Die statistische Auswertung befaßt sich auch mit den Werten, die mit verschiedenen Methoden erhalten wurden. Tab. 8.7 zeigt eine Serie neuerer Ergebnisse von Blutblei-Bestimmungen. Es beruhigt, daß die Mittelwerte, aber auch die Standardabweichungen für die fünf Methoden nicht signifikant voneinander abweichen.

Der Schluß, daß die Schwierigkeiten eher bei der Art der Probenvorbereitung und in der Wahl der Standards liegen, als bei der eigentlichen Bestimmungsmethode liegt nahe - etwa in der Art wie es bei der Eisen-Bestimmung in Wolfram der Fall war.

Das National Quality Control-Scheme hat gezeigt, daß durch ein gewisses Maß an Wettbewerbsgeist, abgeschirmt durch die

Tab. 8.7 Bestimmung des Blei-Gehaltes im Blut (1981)

Methode	Anzahl der Ergebnisse	Mittelwerte* ($\mu mol \cdot l^{-1}$)	Mittelwerte* ($\mu g \cdot l^{-1}$)	Relative Standardabweichung (%)
AAS-Delves-Becher	21	1,56	323	13,2
AAS-flammenlos	38	1,59	329	10,6
AAS-andere Anregung	6	1,63	337	12,7
Dithizon (manuell)	3	1,54	319	21,7
Elektrochemisch	3	1,52	315	1,5

* Die hier angegebenen Werte sind für die britische Bevölkerung nicht als typisch zu betrachten, da die Proben mit kleinen Mengen der zu bestimmenden Substanzen dotiert wurden, um den Untersuchungsumfang erweitern zu können.

Vertraulichkeit der bekanntgegebenen Resultate der beteiligten Laboratorien, eine merkliche Leistungssteigerung erreicht und laufend kontrolliert werden kann.

Aus allen guten Geschichten sollte man eine Lehre ziehen können. Dieses Buch soll dazu beitragen, dieselben Fehler nicht noch einmal zu machen, die schon gemacht wurden. Die Autoren machen zwei Vorschläge:

Erstens, daß man sich bei der Erprobung einer neuen oder neu in das Arbeitsprogramm aufgenommenen Methode die Zeit nehmen soll, jeden einzelnen Arbeitsschritt hinsichtlich der Wiederfindungsrate und zufriedenstellender Durchführung zu prüfen. Außerdem muß man eine ausreichende Zahl von Resultaten sammeln, um aus dieser Überprüfung Nutzen ziehen und die Verläßlichkeit der Methode sicherstellen zu können. Zweitens sollte man, wann immer dies möglich ist, die erhaltenen Resultate mit einer völlig anderen Analysenmethode überprüfen.

Befolgt man diese Ratschläge, so ist ein weitaus höherer Zeit- und somit auch Geldaufwand unausbleiblich. Es kann aber angenommen werden, daß Larsen[3] mit seiner bereits 1938 ausgedrückten Meinung recht hatte: "Geologen erhalten alle die Ergebnisse, für die sie bezahlen, vielleicht sogar noch etwas mehr. Wäre es aber nicht wesentlich besser, weniger Analysen in Auftrag zu geben, dafür aber auf verläßlicheren

Resultaten zu bestehen?". Die Autoren halten diesen Standpunkt nicht nur für geologische, sondern auch für viele andere Anwendungsgebiete der analytischen Chemie und für die vielen verschiedenen Arten von Proben für sehr wesentlich. Es ist zu hoffen, daß der Leser dieses Buches, sei er nun Analytiker oder Auftraggeber, sich dieser Gesichtspunkte erinnert und stets bemüht ist, bei der künftigen Arbeit optimale Ergebnisse dadurch zu erzielen, daß man sich mehr Zeit nimmt, nachzudenken, zu überprüfen und erst dann zu analysieren. Wir hoffen, für alle unsere Leser, daß ihnen die analytische Chemie, so wie uns, stets Freude bereiten möge.

Literatur

1 Morrison, G.H. (1971) Anal. Chem. **43** (7) 22A.

2 von Lehmden, D.J., Jungers, R.H., Lee, R.E. (1974) Anal. Chem. **46**, 239.

3 Larsen, E.S. (1938) Amer. J. Sci. **35** (5), 94.

4 Schlecht, W.G. (1951) Anal. Chem. **23**, 1568.

5 Bennett, H. (1977) Analyst **102**, 153.

6 Abbey, S. (1981) Anal. Chem. **53** (4) 529A.

7 Sturgeon, R.E. et al. (1980) Anal. Chem. 52, 1585.

8 Chase, W.T. (1974), Comparative Analysis of Archeological Bronzes, in Archeological Chemistry (Beck, C, Herausgeb.), Advances in Chemistry, Vol. 138, American Chemical Society, Washington D.C.

9 Ortner, H.M., Scherer, V. (1977) Talanta **24**, 215.

10 Islam, A. (1975) Proc. Soc. for Anal. Chem. 12, 266.

11 Schafer, M.L. et al. (1975) J.Agric. Food Chem. **23**, 1079.

12 Tölg, G. (1977) Fresenius Z.Anal.Chem. **283**, 257.

13 Whitehead, T.P., Browning, D.M., Gregory, A.(1973) J.Clin.Pathol. **26**, 435.

Anhang 1A

Chemische Umweltanalyse
Daten aus der MAK-Werte-Liste 1984

Substanzen	(H, S)	*	ppm	$mg \cdot m^{-3}$
Acetaldehyd			50	90
Aceton			1000	2400
Acetonitril			40	70
Acrolein			0,1	0,25
Acrylnitril	(H)	A_2		
Aldrin	(H)			0,25
Ammoniak			50	35
Anilin	(H)	B	2	8
Antimonwasserstoff			0,1	0,5
Arsenwasserstoff			0,05	0,2
Benzol	(H)	A_1		
Beryllium		A_2		
Biphenyl			0,2	1
Bis(chlormethyl)ether		A_1		
Blei				0,1
Blei-Tetraethyl	(H)		0,01	0,075
Blei-Tetramethyl	(H)		0,01	0,075
Brom			0,1	0,7
2-Butanon			200	590
Cadmium u. seine Verbindungen		B		
Chlor			0,5	1,5
Chloroform		B	10	50
Chlorwasserstoff			5	7
Chrom(III)-chromat		A_2		
Cyanwasserstoff	(H)		10	11
DDT	(H)			1
Dichlorvos	(H)		0,1	1
Dichlorodifluormethan (Freon 12)			1000	4950
Dichlormethan			100	360
Dieldrin	(H)			0,25
Diethylether			400	1200
Dimethylformamid	(H)		20	60
Ethylacetat			400	1400
Fluoride (als Fluor ber.)				2,5
Fluorwasserstoff			3	2
Formaldehyd	(S)	B	1	1,2
Heptachlor	(H)	B		2,5

Substanzen	(H, S)	*	ppm	$mg \cdot m^{-3}$
Kohlendioxid			5000	9000
Kohlendisulfid	(H)		10	30
Kohlenmonoxid			30	33
Lindan	(H)			0,5
Malathion				15
2-Methoxyethanol	(H)			
Nickeltetracarbonyl	(H)	A_2		
Nitrobenzol	(H)		1	5
Osmiumtetroxid			0,0002	0,002
Oxalsäuredinitril	(H)		10	22
Ozon			0,1	0,2
Parathion	(H)			0,1
Pentachlorphenol	(H)		0,05	0,5
Phenol	(H)		5	19
Phosgen			0,1	0,4
Phosphin			0,1	0,15
Pyridin			5	15
Quecksilber			0,01	0,1
organische Verbindungen	(H, S)			0,01
Salpetersäure			10	25
Schwefeldioxid			2	5
Schwefelsäure				1
Schwefelwasserstoff			10	15
Selenwasserstoff			0,05	0,2
Stickstoffdioxid			5	9
Styrol			100	420
Tellur u. seine Verbindungen				0,1
Thallium-Verbindungen, löslich				0,1
Toluol			200	750
1,1,1-Trichloroethan			200	1080
Tetrachlormethan	(H)	B	10	65
Vinylchlorid		A_1		
Zinn-Verbindungen, organische	(H)			0,1

* Krebserzeugende Arbeitsstoffe (eindeutig erwiesen = A, begründet verdächtig = B)

(H) Gefahr der Hautresorptionen, (S) Gefahr der Sensibilisierung

Anhang 1B

Zeitproportional gewichtete Mittelwerte für MAK-Werte (Maximale Arbeitsplatz-Konzentrations-Werte) für einige Gase und Dämpfe sowie für einige öfter anzutreffende Verbindungen; entnommen aus Guidance Note EH 40, Occupational Exposure Limits 1984, HMSO, London.
(folgt Anhang 1B, Liste TWA-TLV 1984)

Substanzen	A, S	ppm	$mg \cdot m^{-3}$
Acetaldehyd		100	180
Aceton		1000	1780
Acetonitril	(S)	40	70
Acrolein		0,1	0,25
Acrylonitril	(A_2, S)	2	4,5
Aldrin		-	0,25
Alkylquecksilber		-	0,01
Ammoniak		25	18
Anilin		2	10
Arsin		0,05	0,2
Benzol	(A_2)	10	30
Beryllium	(A_2)	-	0,002
Biphenyl		0,2	1,5
Blei (-Staub, -Salze)		-	0,15
Bleitetraethyl	(S)	-	0,1
Brom		0,1	0,7
2-Butanon (Methylethylketon)		200	590
Cadmium (-Staub, -Salze)		-	0,5
Chlor		1	3
Chloroform	(A_2)	10	50
Chlorwasserstoff		5	7
Bis(Chlormethyl)ether		0,001	0,005
Chromate, zum Teil wasser-schwerlöslich	(A_1)	-	0,05
Cyanogen (Oxalonitril)		10	20
Cyanwasserstoff	(S)	10	10
Dibutylphthalat		-	5
Dichlordifluormethan (Freon 12)		1000	5000
Dichlormethan		200	700
2,4-Dichlorphenoxyacetylsäure		10	-
Dichlorvos (DDVP)		0,1	1
DDT		-	1
Dieldrin	(S)	-	0,25
Diethylether		400	1200
Dimethylformamid	(S)	10	30
Ethylacetat		400	1400

Substanzen	A, S	ppm	$mg \cdot m^{-3}$
Ethylenoxid		5	10
Fluoride, als F		-	2,5
Fluorwasserstoff als F		3	2,5
Formaldehyd	(A_2)	(2)	(3)
Heptachlor	(S)	-	0,5
Kohlendioxid		5000	9000
Kohlenmonoxid		50	55
Kohlensäurechlorid (Phosgen)		-	-
Lindan (γ-BHC)	(S)	-	0,5
Malathion	(S)	-	10
2-Methoxyethanol		-	-
Methylcellulose	(S)	5	16
Nickeltetracarbonyl		0,05	0,35
Nitrobenzol	(S)	1	5
Osmiumtetraoxid als Os		0,0002	0,002
Oxalsäure		-	1
Ozon		0,1	0,2
Parathion	(S)	-	0,1
Pentachlorphenol	(S)	-	0,5
Petroleum Gas, verflüssigtes		1000	1800
Phenol	(S)	5	19
Phosphin		0,3	0,4
Pyridin		5	15
Quecksilber-Verbindungen		-	0,05
Salpetersäure		2	5
Schwefeldioxid		2	5
Schwefelkohlenstoff	(S)	10	30
Schwefelsäure	(S)	-	1
Schwefelwasserstoff		10	14
Selen u. Verbindungen		-	0,2
Selenwasserstoff als Selen		0,05	0,2
Stickstoffdioxid		5	9
Stickstoffmonoxid		25	30
Stibin		0,1	0,5
Styrol		100	430
Tellur (Verbn.)		-	0,1
Tetrachlormethan	(A_2, S)	20	65
Thallium (lösliche Anteile)	(S)	-	0,1
Toluol		100	375
1,1,1-Trichloroethan		350	1900
Trichlorethen		100	355

Substanzen	A, S	ppm	$mg \cdot m^{-3}$
Vinylchlorid	(A_1)	3	6
Zinn, metallorganische Verbindungen	(S)	-	0,1

(A) Anhang A, Krebserzeugende Arbeitsstoffe
(S) Gefahr der Hautresorption

Anhang 2

Richtlinie des Rates vom 15. Juli 1980 über die Qualität von Wasser für den menschlichen Gebrauch (80/778/EWG).

Auszug aus der kompletten Auflistung veröffentlicht im Amtsblatt der Europäischen Gemeinschaften vom 30.08.80 (Nr. L 229, S. 16 - 21)

Parameter		Richtzahl	Zulässige Höchstkonzentration
Physikalisch-chemische	pH-Wert	6,5 - 8,5	
	Leitfähigkeit	400 $\mu S \cdot cm^{-1}$	
	Chlorid	25 $mg \cdot l^{-1}$	
	Sulfat	25 $mg \cdot l^{-1}$	250 $mg \cdot l^{-1}$
	Calcium	100 $mg \cdot l^{-1}$	
	Magnesium	30 $mg \cdot l^{-1}$	50 $mg \cdot l^{-1}$
	Natrium	20 $mg \cdot l^{-1}$	150 $mg \cdot l^{-1}$
Unerwünschte Stoffe	Nitrat	25 $mg \cdot l^{-1}$	50 $mg \cdot l^{-1}$
	Nitrit		0,1 $mg \cdot l^{-1}$
	Fluorid		1,5 $mg \cdot l^{-1}$
	Oxidierbarkeit ($KMnO_4$)	2 $mg \cdot l^{-1}$ O_2	5 $mg \cdot l^{-1}$ O_2
	Phenole		0,5 $\mu g \cdot l^{-1}$
	oberflächenaktive Stoffe		200 $\mu g \cdot l^{-1}$
	organische Chlor-Verbindungen (außer Pestiziden)	1 $\mu g \cdot l^{-1}$	
	Kupfer	100 $\mu g \cdot l^{-1}$	

Parameter		Richtzahl	Zulässige Höchstkonzentration
Toxische Stoffe	Pestizide (gesamt)		0,5 $\mu g \cdot l^{-1}$
	polycyclische aromatische Kohlenwasserstoffe		0,2 $\mu g \cdot l^{-1}$
	Arsen		50 $\mu g \cdot l^{-1}$
	Cadmium		5 $\mu g \cdot l^{-1}$
	Quecksilber		1 $\mu g \cdot l^{-1}$
	Blei		50 $\mu g \cdot l^{-1}$

Liste I der Stoffamilien und Stoffgruppen

Stoffe, deren Aufnahme in der Liste I der "Richtline des Rates vom 04.05.76 betreffend der Verschmutzung infolge der Ableitung bestimmter gefährlicher Stoffe in die Gewässer der Gemeinschaft" diskutiert werden.

Die Liste I umfaßt bestimmte einzelne Stoffe folgender Stoffamilien oder -gruppen, die hauptsächlich aufgrund ihrer Toxizität, ihrer Langlebigkeit, ihrer Bioakkumulation auszuwählen sind, mit Ausnahme von biologisch unschädlichen Stoffen und Stoffen, die rasch in biologisch unschädliche Stoffe umgewandelt werden:

1. Organische Halogen-Verbindungen und Stoffe, die im Wasser derartige Verbindungen bilden können

2. Organische Phosphor-Verbindungen

3. Organische Zinn-Verbindungen

4. Stoffe, deren cancerogene Wirkung im oder durch das Wasser erwiesen ist

5. Quecksilber und Quecksilber-Verbindungen

6. Cadmium und Cadmium-Verbindungen

7. Beständige Mineralöle und aus Erdöl gewonnene beständige Kohlenwasserstoffe sowie für die Anwendung der Artikel 2, 8, 9 und 14 dieser Richtlinie

8. Langlebige Kunststoffe, die im Wasser treiben, schwimmen oder untergehen können und die jede Nutzung der Gewässer behindern können.

Vorgeschlagene Einzelstoffe	
Aldrin	Chloraphthaline (techn. Mischung)
2-Amino-4-chlorphenol	4-Chlor-2-nitroanilin
Anthracen	1-Chlor-2-nitrobenzol
Arsen und seine mineralischen Verbindungen	1-Chlor-3-nitrobenzol
Azinphosethyl	1-Chlor-4-nitrobenzol
Azinphosmethyl	4-Chlor-2-nitrotoluol
Benzol	Chlornitrotoluole (andere als 4-Chlor-2-nitrotoluol)
Benzylchlorid (alpha-Chlortoluol)	2-Chlorphenol
Benzylidenchlorid	3-Chlorphenol
Biphenyl	4-Chlorphenol
Cadmium und Cadmium-Verbindungen	Chloropren (2-Chlorbuta-1,3-dien)
Tetrachlorkohlenstoff	3-Chlorpropen (Allylchlorid)
Chloralhydrat	2-Chlortoluol
Chlordan	3-Chlortoluol
Chloressigsäure	4-Chlortoluol
2-Chloranilin	2-Chlor-p-toluidin
3-Chloranilin	Chlortoluidine (andere als 2-Chlor-p-toluidin)
4-Chloranilin	Coumaphos
Chlorbenzol	Cyanurchlorid (2,4,6-Trichlor-1,3,5-triazin)
1-Chlor-2,4-dinitrobenzol	2,4-D (einschl. 2,4-D-Salze und 2,4-D-Ester)
2-Chlorethanol	DDT (einschl. der Abbauprodukte DDD und DDE)
Chloroform	
4-Chlor-3-methylphenol	
1-Chlornaphthalin	

Vorgeschlagene Einzelstoffe	
Demeton (einschl. Demeton-o, Demeton-s, Demeton-s-methyl u. Demeton-s-methylsulphon)	Dichlorvos
	Dieldrin
1,2-Dibromethan	Diethylamin
Dibutylzinndichlorid	Dimethoat
Dibutylzinnoxid	Dimethylamin
Dibutylzinn-Salze (andere als Dibutylzinnchlorid u. Dibutylzinnoxid)	Disulfoton
	Endosulfan
Dichloraniline	Endrin
1,2-Dichlorbenzol	Epichlorhydrin
1,3-Dichlorbenzol	Ethylbenzol
1,4-Dichlorbenzol	Fenitrothion
Dichlorbenzidine	Fenthion
Dichlordiisopropylether	Heptachlor (einschl. Heptachloepoxid)
1,1-Dichlorethan	Hexachlorbenzol
1,2-Dichlorethan	Hexachlorbutadien
1,1-Dichlorethen (Vinylidenchlorid)	Hexachlorcyclohexan (einschl. aller Isomere und Lindan)
1,2-Dichlorethen	Hexachlorethan
Dichlormethan	Isopropylbenzon
Dichlornitrobenzole	Linuron
2,4-Dichlorpenol	Malathion
1,2-Dichlorpropan	MCPA
1,3-Dichlorpropan-2-ol	Mecoprop
1,3-Dichlorpropen	Quecksilber und Quecksilber-Verbindungen
2,3-Dichlorpropen	
Dichlorprop	Methamidophos

Vorgeschlagene Einzelstoffe

Mevinphos

Monolinuron

Napththalin

Oxydemetonmethyl

PAH (mit besonderer Bezugnahme auf 3,4-Benzopyren und 3,4-Benzofluoranthen)

Parathion (einschl. Parathionmethyl)

PCB (einschl. PCT)

Pentachlorphenol

Phoxim

Propanil

Pyrazon

Simazin

2,4,5-T (einschl. 2,4,5-T-Salze und 2,4,5,-T-Ester)

Tetrabutylzinn

1,2,4,5-Tetrachlorbenzol

1,1,2,2-Tetrachlorethan

Tetrachlorethen

Toluol

Triazophos

Tributylphosphat

Tributylzinnoxid

Trichlorfon

Trichlorbenzol (technische Mischung)

1,2,4-Trichlorbenzol

1,1,1-Trichlorethan

1,1,2-Trichlorethan

Trichlorethen

Trichlorphenole

1,1,2-Trichlortrifluorethan

Trifluralin

Triphenylzinnacetat (Fentinacetat)

Triphenylzinnchlorid (Fentinchlorid)

Triphenylzinnhydroxid (Fentinhydroxid)

Vinylchlorid (Chlorethen)

Xylole (technische Mischung von Isomeren)

Anhang 3

Besonders unerwünschte Schadstoffe (nach Angaben der US-Environment Protection Agency - "EPA Priority Pollutants"). Die mit dem Zeichen § bezeichneten Verbindungen werden auch in den EG-Ländern berücksichtigt.

Flüchtige Verbindungen

- Acrolein
- Acrylonitril
- § Benzol
- Brommethan
- Bromdichlormethan
- Bromoform
- § Chlorbenzol
- Chlorethan
- 2-Chlorethylvinylether
- § Chloroform
- Chlormethan
- Dibromchlormethan
- § 1,1-Dichlorethan
- § 1,2-Dichlorethan
- § Tetrachlorkohlenstoff

Basisch und neutral extrahierbare Verbindungen

- Acenaphthen
- Acenaphthylen
- § Anthracen
- § Benzo(a)anthracen
- § Benzo(b)fluoranthen
- § Benzo(k)fluoranthen
- § Benzo(a)pyren
- Benzo(g,h,i)perylen
- § Benzidin
- Bis(2-chlorethyl)ether
- Bis(2-chlorethoxy)methan
- Bis(2-ethylhexyl)phthalat
- Bis(2-chlorisopropyl)ether
- 4-Bromphenylphenylether
- Butylbenzylphthalat
- § 2-Chlornaphthalen
- 4-Chlorphenylphenylether
- Chrysene
- Dibenzo (a,h)anthrazen
- Di-n-butylphthalat
- § 1,2-Dichlorbenzol
- § 1,3-Dichlorbenzol
- § 1,4-Dichlorbenzol
- § 1,1-Dichlorethen
- § trans-1,2-Dichlorethen
- § 1,2-Dichlorpropan
- § cis-1,3-Dichlorpropen
- § trans-1,3-Dichlorpropen
- § Ethylbenzol

Methylenchlorid

§ 1,1,2,2-Tetrachlorethan

§ Tetrachlorethen

§ 1,1,1-Trichlorethan

§ 1,1,2-Trichlorethan

§ Trichlorethen

Trichlorfluormethan

§ Toluol

§ Vinylchlorid

§ 3,3'-Dichlorbenzidin

Diethylphtalat

Dimethylphthalat

2,4-Dinitrotoluol

2,6-Dinitrotoluol

Dioctylphthalat

1,2-Diphenylhydrazin

Fluoranthen

Fluoren

§ Hexachlorbenzol

§ Hexachlorbutadien

§ Hexachlorethan

Hexachlorcyclopentadien

Indeno(1,2,3-c,d)pyren

Isophoron

§ Naphthalin

Nitrobenzol

N-Nitrosodimethylamin

N-Nitrosodi-n-propylamin

N-Nitrosodiphenylamin

Phenanthren

Pyren

2,3,7,8-Tetrachlor-dibenzo-p-dioxin

§ 1,2,4-Trichlorobenzol

Sauer extrahierbare Verbindungen

§ 4-Chlor-3-methylphenol

§ 2-Chlorphenol

§ 2,4-Dichlorphenol

2,4-Dimethylphenol

2,4-Dinitrophenol

Pestizide

§ Aldrin

-BHC

-BHC

-BHC

-BHC

§ Chlordan

§ 4,4'-DDD

§ 4,4'-DDE

§ 4,4'-DDT

§ Dieldrin

§ Endosulfan I

Endosulfan II

Endosulfansulfat

2-Methyl-4,6-dinitrophenol

2-Nitrophenol

4-Nitrophenol

§ Pentachlorphenol

Phenol

2,4,6-Trichlorphenol

§ Endrin

Endrinaldehyd

§ Heptachlor

§ Heptachlorepoxid

Toxaphene

§ PCB-1016

§ PCB-1221

§ PCB-1232

§ PCB-1242

§ PCB-1248

§ PCB-1254

§ PCB-1260

Sachverzeichnis

A
AAS 243
- in der Boden- und Gesteinsanalyse 249
- Störungen 246
AA-Spektrometer 246
Abwasserabgabegesetz 150
Adsorption 60
Adsorptionsverluste 38
ätherische Öle 303
Aflatoxine 321f.
- Trennung durch Dünnschichtchromatographie 321
Aldrin 306
Aminosäuren, Trennung 320
Ammoniak 149
- Bestimmung nach Hoskins 242
Ammonium, Bestimmung 179
anaerober Abbau 149
anaerober bakterieller Abbau 162
anaerober Zustand 147
Analysendauer 30
Analysenkosten 31
Analysenmethode, Auswahlkriterien 12, 34
Anionen 164
anorganisch gebundener Sauerstoff, Bestimmung 178
Antioxidantien 301
Aromastoffe 303
Arsen 325
Aspergillus flavus 321
Association of Official Analytical Chemists (AOAC) 295
Atmosphäre, Bleigehalte 72
- gesetzliche Regelungen 76
- H_2S-Bestimmung 127
- Schadstoffe 75
- Schwefelkreislauf 71
- SO_2-Bestimmung 129
- Staubpartikel 73
- Stickoxide 130
- Verunreinigungen 71
- Zusammensetzung 70
Atomabsorptionspektrometrie (AAS) 243
Aufschlüsse, Erhitzen im Gasstrom 53
- durch Schmelzen 52
Aufschlußmethoden für biotische Materialien 271
- feste Proben 51
Austauschacidität von Böden, Bestimmung 239
Ausreißertest nach Dean und Dixon 19
Auto-Analyzer 191

B
Beimengungen zu Lebensmitteln 297
Bestimmbarkeitsgrenze 21
Bestimmungsmethoden, Prinzipien 64
Bestimmungsparameter 64
biochemical prospecting 264
Biocoenose 173
biologischer Sauerstoffbedarf 147, 149, 162, 173
Biosphäre 260
Biphenyl 300
Blei 325
- Bestimmung 204
Bleibilanz, Mensch pro Tag 6
Bleigehalte, Antarktis 72
Bodenanalyse 232, 237
Bodenhorizonte 229
Bodenkunde (Pedologie) 229
Bodenprobenaufschluß 236
Bodenprofil 229
Bodenzusammensetzung 234
Bor-Bestimmung, fluorimetrisch 279
- kolorimetrisch 279
- in pflanzlichem Material 275
Bor-Mangelerscheinungen 275
Braggsches Gesetz 85
Brauchwasser für industrielle Zwecke 154
BSB, mit dem "Sapromat" 176
- nach der Verdünnungsmethode 175
- nach der Warburg-Methode 175

C
Cadmium 325
Calcium-Bestimmung
durch AAS 274
Camping-Gas, gaschromatographische Analyse 114
Carbonat-Bicarbonat-Gleichgewicht 146, 166
chemische Spezies 210
chemischer Sauerstoffbedarf 147, 162, 177
Chlorid-Bestimmung 193
Cholinesterase 286
Chromatographie-Säuren 308
clean room 36
Cobalt, Bestimmung in pflanzlichem Material 280
Control of Pollution Act 155
Council for Mutual Economical Assistance 150

D
DDE 306
DDT 306
Derivatisierung von Fettsäuren 310
Derivatisierungsreaktionen für die Gaschromatographie 314
Destillation 60
Desorption 60
Detektoren für Flüssigkeitschromatographie 318
Detritus 146
Deutsche Einheitsverfahren 150, 163
- zur Wasser-, Abwasser- und Schlammuntersuchung 164
DEV 164
Dichlorvos 308
Dieldrin 306
Differentialimpuls-Inversvoltammetrie 209
Differential-Thermoanalyse 258
dissolved organic carbon 212
Dithizon 202
DOC 212
Donauversickerung 145
Dräger-Prüfröhrchen 103
Drainagewässer 149
Drehkrankheit 263
Dünnschichtchromatographie 321

E
EG-Richtlinien 163
elektrische Leitfähigkeit 168
Elektroneneinfangsdetektor (ECD) 117, 307
Elektronenstahl-Mikrogramm, Schwebstaub, 91
Elektronenstrahl-Mikrosonde, 90
elektrothermische Atomisierung 287
Emissionsbegrenzung 153
Empfindlichkeit 28
Entnahme von Wasserproben 158
Environment Protection Act 157
Enzyme 283
- Hemmung 286
EPA-Richtlinien 222
EPA-Verfahren für die Gewässerüberwachung 222
Erfassungsgrenze 21
Eutrophierung 188

F
Fehler, durch Adsorption 38
- grobe 18
- durch Kontamination 37
- Normalverteilung 15
- bei Probenahme 50
- Standardabweichung 14
- statistische Bewertung 13
- systematische 16f.
- durch Verflüchtigung 43
- zufällige 16
Fehlerquellen, Bestimmungsmethoden 65
- in der Spurenanalyse 35
- vollständiges Analysenverfahren 66
FES 252
Fettsäuren 310
- Bestimmung in eßbaren Fetten und Ölen 310
- Gehalt in Fetten und Ölen 312

Flammen-Atomabsorptions-
Spektrometrie 201
Flammen-Emission-
Spektrometrie (FES) 252
Flammenionisations-
detektor FID 117
flammenphotometrischer
Detektor 117
Fließgewässer 150
- Qualität 152
Flow-Injektion-Analysis 191
Flüssig-Flüssig-
Extraktion 60
Flüssig-Flüssig-
Verteilung 54
Flugstäube, Konzentrations-
angabe 82
Fluoreszenzspektro-
metrie 276
Fluorid-Bestimmung 195
Fourier-Transformations-
Infrarotspektrometer 100
F-Test 25
Fungizide 298
- Bestimmung auf Citrus-
früchten 299

G
Gaschromatogramme, quanti-
tative Auswertung 122
Gaschromatographie (GC)
111, 221
Gas-Flüssig-Chromato-
graphie 215
Gaußsche Normalver-
teilung 15
GC 221
- Optimierung der Trenn-
leistung 118
- Temperaturpro-
grammierung 121
GC-Bestimmung aromatischer
Kohlenwasserstoffe 123
- von Luftverunreini-
gungen 124
- von Sauerstoff, Stick-
stoff und Kohlenmonoxid
124
- von Vergasertreib-
stoffen 124
GC-Detektoren 115
Genauigkeit 20, 27
gelöster Sauerstoff 167
Geruchsschwellenwerte 73
Gesamt-Kohlenstoff-
gehalt 150
Gesamt-Stickstoff,
Berechnung 186
Gesamt-Stickstoff in
Böden, Bestimmung 242
Gewässergüte 150
Gewässergüteklasse 151
Gewässerqualität 147
Glaselektrode 164
Glassorten für Labor-
geräte 40
Gletschereis 146
Gradientenelution 320
Graphitrohrofen-AAS 287
Grünfutter, Analyse 263
Grundgesamtheit 13
Grundwasser 144
Guidelines for Drinking
Water Quality 153

H
Head-Space-Analyse 303
Heptachlor 306
Heterogenität 47
Hochleistungsflüssigkeits-
Chromatographie
(HPLC) 31
HPLC 316
- Trennungen 319
Hydrid-AAS 289
Hydrosphäre 142

I
ICP-optische Emissions-
spektrometrie 256
Immissionsbegrenzung 153
Impinger 109
Indikatorpflanzen 263
Infrarot-Emmissions-
spektroskopie 99
Infrarotspektrometer 95
Infrarotspektrophoto-
metrie 95
International Standards for
Drinking Water 153
inversvoltammetrische Be-
stimmung von Metallen
Iod-Differenzverfahren 168
Ionenaustauscheigenschaften
des Bodens 232
Ionenaustauschkapazität
von Böden 239

Ionenaustauschverfahren 61
Ionenchromatographie 200
isotherme Destillation 44

K
Kalium-Bestimmung, flammenphotometrisch 274
Kalkbedarf von Böden, Bestimmung 239
Kaltdampf-AAS zur Hg-Bestimmung 189
Kapillar-Gaschromatographie 313
Karstwasser 145
Kaskadenimpaktor 81
Kationen 164
Kationenaustauschkapazität in Böden 251
kinetische Analysenmethoden 284
Kjedahl-Aufschluß 271
Kjedahl-Methode 243
Klärschlammproben 262
Kohlendioxid 149
- Bestimmung 133f.
Kohlenmonoxid-Bestimmung 125, 133
Kohlenwasserstoffe, Bestimmung 216
- Gaschromatographische Bestimmung 219
- Löslichkeiten in Wasser 218
- Siedebereiche 218
- in Trinkwasser 216
Kolbenmethode nach Schöniger 281
Kondensation 59
Konservierungsmittel 297
Konservierungsstoff-Verordnung 297
Kontamination 3
- Laboratoriumsluft 37
Korngrößenklassen 232
Korngrößenverteilung 232
Kühlfalle 59, 106
Kühlfallensysteme 107

L
Laborgeräte, Glassorten 0
- aus Kunststoffen 42
- Reinigung 41
Lambert-Beersches Gesetz 96
Lebensmittelgesetze 294
LIDAR-Technik 180
Limnologie 147
Lithosphäre 228
Lösungsmittelextraktion 55
Luftprobenahme, mit Adsorptionsröhrchen 106
- Diffusionsgeräte 108
- Geräte zur Absorption in Flüssigkeiten 108
- mit Kühlfallen 106
- Ortswahl 82
- Sammelbehälter 105
- Wirkungsgrad der Absorption 109
Lumineszenz 276

M
Magnesium-Bestimmung durch AAS 274
MAK-Werte 346
Makrophyten 148
Malathion 308
Mangelerscheinungen 233, 261
Markierungsverouche 146
Massenspektrometrie (MS) 102, 221
metallorganische Verbindungen, Bestimmung 326
Methämoglobinanämie 145
Methan 149
Methylquecksilber-Verbindungen 326
mikrobiologische Verfahren 164
mikroskopische Methoden 228
Minerale, Identifizierung, durch Röntgenstrahlbeugung 85
Mineralstruktur, Bestimmung 228
molarer Absorptionskoeffizient 96
Mondgestein 330
MS 221
Multielement-Analyse mit Hilfe der Emissionsspektrometrie 282
Mycotoxine 320

N
Nährstoffelemente, verfügbare 231
Nährstoffmangel 260
Nahrungskette 293
Nahrungsmittel 293

natürliche Gewässer 147
Nernstsche Gleichung 165
Neutronenaktivierungs-
analyse 63
nicht-dispersive Infrarot-
Meßgeräte 98
nicht-dispersive IR-
Analysator 99
Nitrat-Bestimmung 182
Nitrate 144
nitrifizierende
Bakterien 134
Nitrit-Bestimmung 181
Nitrosamine 145
NO_x-Bestimmung 132
Nutzungsarten von
Wasser 153

O
Ökosystem 6
organisch gebundener
Kohlenstoff 212
- Bestimmung 211
organisch gebundener Stick-
stoff, Bestimmung 186
organische Substanzen
in Wasser 211
Organoblei-Verbindungen 326
Organochlor-Pestizide 306
Organohalogen-Verbindungen,
Bestimmung 220
Organophosphor-Pestizide
286, 307
Organoquecksilber-
Verbindungen 290
Organozinn-Verbindungen 326

P
PAH 219
Parathion 308
Pedogenese 229
Pedologie 229
Perchlorsäure 272
Permeationsröhrchen
für H_2S 111
Pestizide 306
- gaschromatographische
Trennung 308
Pflanzenmaterial,
Analysen 260
Pflanzenwachstum 260
pflanzlichen Öle 310
pflanzliche Pigmente,
Bestimmung 271
Phenole, photometrische
Bestimmung 214
pH-Messung 164
- von Böden 239
Phosphine 149
Phosphor-Bestimmung,
spektrometrisch 274
Phosphoreszenz 276
Phosphor-Verbindungen,
Bestimmung 187
photometrische Oxidation
mit UV-Licht 212
photochemische
Umsetzungen 271
Phreatophyten 263
pH-Werte von Böden 237
Phytoplankton 148
Plasma-Emissions-
Spektrometrie 282
Polargraphie 168
polargraphische
Bestimmung 205
Probenahme 47, 160
- Fehlerquelle 49
- Feststoffe in Luft 80
- von Gestein und Boden 233
- Luft 81
- von pflanzlichem
Material 266
- von Regenwasser 159
- von tierischem
Material 268
- Zeitfaktor 48
Probenahmegefäße 160
Probenahmegeräte,
Gase und Luft 105
- Luft 81
Probenheterogenität 47
Probenhomogenisierung 271
Probenkonservierung 161
Probenlagerung 50
Probenvorbereitung 50
- von biotischem
Material 268
Pufferlösungen 165

Q
Qualitätsanforderungen
an Wasser 156
Qualitätskontrolle 4
Quecksilber 326
- Bestimmung 202, 205
Quecksilber in Urin,
Bestimmung 290
Quellwasser 144

R
radioaktiver Tracer 269
Radioisotope 146
Reagenzien,
Reinheitsgrad 46
Reinigung 44
Regenwasser 142, 144, 160
Regenwassersammelgefäße 160
Regressionsanalyse 22
Reiner Arbeitsplatz 36
Reinigen der Glasgeräte 41
RGW-Richtlinien 151
Richtigkeit 20, 27
Richtlinie 153
Ringversuche 330
Rivers Pollution
Prevention Act 155
Röntgenbeugungs-Untersuchungen 229
Röntgenfluoreszenzanalyse 88
Röntgenspektrometrie,
Prinzipien 88
Röntgenstrahlbeugung 257
- Drehkristallmethode 85
- Prinzip 85
- quantitative
Auswertung 87
- an Quarz 87
Rohwasserqualitäten 154
Routineüberprüfung 4f

S
Säureaufschluß für
die Spurenanalyse 272
Säure-Basen-Indikatoren 239
Sauerstoffbedarf 147
Sauerstoffbestimmung mit
der Mackereth-Zelle 171
- nach Winkler 167
Sauerstoffbilanz 148
Sauerstoffsättigung 148
saurer Regen 136, 262
Schlämme 164
Schleppdampfdestillation 296
Schmelzaufschluß 52, 273
Schwefel-Gehalt in
Pflanzenproben,
Bestimmung 281
Schwefelwasserstoff
147, 149
Schwermetalle,
Bestimmung 201
Sedimente 164
Selektivität 29
Spektrophotometer,
Prinzip 95
sphärischer Äquivalentdurchmesser 232
Sporendriftversuche 145
Sprungschicht 146
Spurenanalyse, Fehlerquellen 35
Spurenelementbestimmung
an geringen Probemengen 287
Spurenelemente 231f,
283, 323
Spurenelementmangel 264
Spurenelementüberschuß 264
Stabilität von Wasserproben 160
Standardabweichung 14f.
Standard-Zusatz-Methode 210
statistische Bewertung 13
Staub, Bestimmung organischer Verbindungen 92
- Bleibestimmung 92
- Eisenbestimmung 92
- Fluoridbestimmung 92
- Radioaktivität 94
Staubanalyse in
Stadtluft 94
Staubmeßgeräte 80
Staubpartikel, Analyse 83
- Größenverteilung 83
- lichtmikroskopische
Identifizierung 84
- Partikelgrößentrennung 83
Stichprobe 13
Stickstoff 149
Bestimmung durch Destillation und Titration 274
- Mangel 233
Störfaktoren 29
Sulfatbedarf 143
Sulfat-Bestimmung,
turbidimetrisch 281

T
Taumel-Krankheit 263
Testverfahren mit
Wasserorganismen 164
theoretische Bodenhöhe 315
theoretische Bodenzahl 118
thermische Analysenmethoden 258
Thermogravimetrie 258

TIC 212
tierisches Probenmaterial, Analyse 264
TOC 162
- Bestimmung 211
total organic carbon 147, 212
Trennmethoden, allgemein 53, 59
Trennung durch Adsorption 60
- allgemeine Probleme 62
- durch Desorption 60
- durch Destillation 60
- durch Flüssig-Flüssig-Verteilung (Extraktion) 54, 60
- durch Ionenaustausch 61
- Nernstscher Verteilungssatz 55
- durch Verflüchtigung 60
- Verteilungskoeffizienten 56
Trinkwasser 153
Trinkwassergewinnung 152
Trinkwasserqualität 155
Trockenveraschung 273
t-Test 26

U
Umkippen eines Gewässers 148
Umweltverträglichkeit, Bewertung 9

V
van Deemter-Gleichung 119, 315
Verflüchtigung 43, 60
verfügbarer Stickstoff in Böden, Bestimmung 241
verfügbares Phosphat in Böden, Bestimmung 240
Verunreinigung, Laboratoriumsluft 37
Vitamin B_1 302
Vitamin C, Bestimmung 302
Vitamine 302
voltammetrische Sauerstoffzelle nach Clark 172

W
Wärmeleitfähigkeitsdetektor 115
Water Quality Criteria 157
Wasserdampfdestillation 241, 298
Wassergüte 150
Wasserkreislauf 142
wasserrechtliche Bestimmungen 152
Wasserwirtschaftskataster 147
WHO (World Health Organisation) 153

X
Xerophyten 263

Z
Zinn 325